Report of International Science and Technology Development

2016
国际科学技术发展报告

中华人民共和国科学技术部

科学技术文献出版社
SCIENTIFIC AND TECHNICAL DOCUMENTATION PRESS
·北京·

图书在版编目（CIP）数据

国际科学技术发展报告.2016 / 中华人民共和国科学技术部编著. —北京：科学技术文献出版社，2016.8
ISBN 978-7-5189-1477-7

Ⅰ.①国… Ⅱ.①中… Ⅲ.①科学技术—技术发展—研究报告—世界—2016
Ⅳ.①N11

中国版本图书馆 CIP 数据核字（2016）第 119914 号

国际科学技术发展报告·2016

策划编辑：周国臻　　责任编辑：张　丹　　责任校对：赵　瑗　　责任出版：张志平

出 版 者　科学技术文献出版社
地　　址　北京市复兴路15号　邮编　100038
编 务 部　（010）58882938，58882087（传真）
发 行 部　（010）58882868，58882874（传真）
邮 购 部　（010）58882873
官方网址　www.stdp.com.cn
发 行 者　科学技术文献出版社发行　全国各地新华书店经销
印 刷 者　北京京师印务有限公司
版　　次　2016 年 8 月第 1 版　2016 年 8 月第 1 次印刷
开　　本　710×1000　1/16
字　　数　491千
印　　张　25.75　插页8面
书　　号　ISBN 978-7-5189-1477-7
定　　价　98.00元

《国际科学技术发展报告·2016》编辑委员会

《国际科学技术发展报告·2016》课题组成员

序

进入21世纪以来，新一轮科技革命和产业变革孕育兴起，全球科技创新呈现出新的发展态势和特征。学科交叉融合加速，新兴学科不断涌现，前沿领域大幅度延伸。物质结构、宇宙演化、生命起源、意识本质等基础科学领域正在或有望取得重大突破性进展。信息、生物、新材料和新能源技术广泛渗透，带动了几乎所有领域以绿色、智能、泛在为特征的技术革命。颠覆性技术不断涌现，正在改变和重塑产业发展路径和市场竞争格局。科技创新活动日益突破地域、组织和技术的界限，在全球范围内展开竞争与合作，成为体现国家综合实力最重要的内容。

面对科技创新发展新趋势，世界主要国家都在未雨绸缪，主动作为，抢占未来经济科技发展先机。一是把科技创新放在经济社会发展的核心位置，包容性、智慧型和可持续增长成为重要战略选择。2015年美国发布最新版《美国创新战略》，首次提出发展“包容性创新经济”，将创新的参与者和受益者扩大到前所未有的范围。欧盟出台《欧洲2020战略》及《创新型联盟》配套旗舰计划，坚持包容性、智慧型和可持续增长理念，致力在10年内将欧盟建成创新型联盟。二是持续快速增加科技创新投入。根据美国《科学与工程指标2016》，2003—2013年全球研发支出年均增长7.2%，从0.84万亿美元增加到1.67万亿美元，几乎翻了一番，这是世界各国向知识和技术密集型经济转型竞争加剧的直接表现。三是提高科技创新治理水平。随着科技创新目标、工具和利益相关方日益多元，各国在创新政策设计和实施方面面临诸多挑战，加强政产学研用统筹协调，建立战略性公私合作伙伴，完善科技评估和科学决策成为各国共同选择。四是大力培养和引进创新人才。各国纷纷制定人才培养和引进战略，完善人才使用政策，吸引和争夺全球最优秀人才为本国使用。五是积极开展科技外交。一方面，通过国际科技合作促进外交目标的实现，解决全球性挑战，提升国际影响力；另一方面，利用外交手段促进国与国之间的科学创新合作。

中国政府高度重视科技创新。近年来持续增加科技投入，制定创新发展战略纲要，积极开展国际科技创新合作。在2016年召开的全国科技创新大会上，习近平总书记提出了将中国建设成为科技强国的宏伟目标。为了全面反映国际科技发展动向、世界科技前沿领域进展和主要国家科技创新情况，科技部组织研究完成了《国际科学技术发展报告2016》，供政府部门、科研机构及企业参考。

科学技术部副部长 阴和俊

前　言

《国际科学技术发展报告》从20世纪80年代开始发布延续至今，已经有30多年的历史了。报告由科技部国际合作司与中国科学技术信息研究所共同组成专题研究组，在我国驻外使领馆科技处（组）的配合下，对当年世界各国科技发展的最新趋势和动向进行全面调研和分析，是国内介绍世界科技新发展的重要报告之一。

《国际科学技术发展报告·2016》共分四部分。第一部分主要对2015年的国际科学技术发展动向进行综述，包括各国科技创新战略与规划的动向、政府促进企业创新的举措、全球科技投入与人才发展的最新趋势。第二部分主要选择一些重点科技领域的国际发展状况进行较深入的综合介绍，包括气候变化、清洁能源、生命科学与生物技术、信息技术、航天和先进制造等。第三部分介绍了美国、加拿大、墨西哥、巴西、智利、欧盟、英国、法国、爱尔兰、荷兰、比利时、挪威、瑞典、芬兰、丹麦、意大利、西班牙、罗马尼亚、保加利亚、塞尔维亚、希腊、德国、瑞士、奥地利、俄罗斯、乌克兰、日本、韩国、朝鲜、越南、印度、巴基斯坦、泰国、印度尼西亚、哈萨克斯坦、澳大利亚和埃及等国家和地区2015年的科技发展概况。第四部分提供了最新的科技统计数据。

在撰写本书的过程中，我们参阅了大量的政府机构、国际组织和知名研究机构的公开报告，也引用了国内外许多期刊的资料。由于涉及资料很多，报告中未一一列出被引用文献的名称，谨表歉意。

由于时间和编写人员水平有限，本书难免有疏漏之处，敬请读者批评指正。

“国际科学技术发展报告”课题组

目　录

第一部分　国际科学技术发展动向综述

第二部分 国际科技热点追踪与分析

第三部分 主要国家和地区科技发展概况

第四部分　附　录

第一部分

国际科学技术发展动向综述

本部分主要对近几年尤其是2015年的国际科学技术发展动向进行综述，包括各国科技创新战略与规划的动向、政府促进企业创新的举措、全球科技投入与人才发展的最新趋势。

全球科技创新呈现新态势

当前，世界科技发展呈现新的动向和趋势，科技发展加速推进，技术应用和转化的时间不断缩短、深度融合，广泛渗透到人类社会的各个方面，成为重塑世界格局、创造人类未来的主导力量。

一、科技发展加速推进

当前，科技发展正在加速推进。纳米技术、生物技术与生命科学、信息通信技术等领域在过去已经取得了长足的进步，未来几十年内将取得更大的发展，有证据表明某些领域甚至出现了指数级技术进步。

1. 信息通信技术

信息通信技术在全世界已经普及，信息处理、存储和传输能力显著提升。英国议会科技办公室在《面向2020年及以后》报告中指出，计算机性能仍以摩尔定律的速度在提高，而其成本却出现了指数级下降。例如，1970年1 M计算机内存成本接近100万美元；而到1990年，它的成本已经下降到低于100美元；到了2010年，成本已经降到0.01美元。计算机性能的提高和成本的降低促使网络计算在整个经济领域内被广泛应用，从零售支付、股票市场销售到高速列车和商用飞机的指导和控制系统。计算机、互联网和手机已经渗透到世界各地。国际电信联盟估计，到2013年全球有近70亿手机用户，几乎与全球人口一样多，渗透率达到97%，远高于2000年的约10%；此外，世界上40%的家庭拥有计算机，互联网的渗透率为43%（2000年为7%）。

未来数十年，信息通信技术将继续快速发展，这在一定程度上得益于纳米技术的应用。纳米技术可带来更小的电路和运行更快、寿命更长的计算机，从而减少计算机硬件生产对资源的需求。同样地，基于纳米技术的超级电容器使电池容量得以增加，从而使缺乏可靠电力供应的地区能够全面使用移动互联网。纳米机电设备的发展可能导致一系列移动互联网设备的出现。

信息通信技术的新兴领域之一是“物联网”，即利用局部网络或互联网等通信技术把传感器、控制器、机器、人员等联系在一起，形成人与物、物与物相连，实现信息化、远程管理控制和智能化的网络。物联网将进一步扩大自动化，更好地控制工厂并使农业灌溉和农药的使用更加精确。

信息通信技术的另一个新兴领域是“大数据”。据估计，2012 年全球每天创造出 2. 5 万亿字节的数据，每两年增加一倍。预计到 2050 年，网络互联设备数量将增长到约 500 亿台，从而带来数据量的激增。同时，通过机器学习技术，计算机可以通过分析“大数据”改变自己的算法，这使它们具备更强大的机器学习能力和“智能”。

信息通信技术另一个极富前景的领域是量子通信，该技术是量子物理与信息技术结合发展的新学科，因其能产生的巨大前景成为世界科学领域最闪亮的“明珠”之一。从理论上讲，一个 250 量子比特（由 250 个原子构成）的存储器，可能存储的数量达 2^{250}，从而使得量子计算产生远超以往的计算速度。此外，采用量子态作为密钥具有不可复制性，因而无破译的可能，这使得量子密码被视为“绝对安全”的回归。当前，世界各国高度重视量子通信，如美国国防高级研究计划局（DARPA）制订了《量子信息科学和技术发展规划》，美国洛斯阿拉莫斯国家实验室正在研究量子局域网的密码体系和自由空间量子密码，英国国防部及欧盟各国也启动了类似的量子密码研究计划。

2. 生命科学和生物技术

过去 10 年，作为生物科学的一个关键性的工具，基因组测序的成本出现了指数级下降：2013 年，对单个人类基因组的测序在几个小时内就可以完成，花费仅需要几千美元，而这一任务在 10 年前则需要花费 27 亿美元，并需要整整 13 年的时间。这种成本下降将成为生物技术研究和创新的催化剂。例如，基因测序可能会成为医疗保健行业的一个常用手段，它可以为多种疾病创造出更有效、更个性化的治疗方法。

生物技术近年来出现了一个新的领域——合成生物学，该学科主要设计新的“生物组件、设备和系统”，并对已有的进行再设计。在实验室里，合成生物学技术被用于改变细菌以生产青蒿素；未来几年内，将有一系列经过改良的和新的生物可以用于医疗保健行业。2013 年，研究人员用实验室产生的基因组创造出第一个“人造细胞”。

生物技术带来了目前范围广泛的各种应用，其中包括：新药物的开发和失智症等疾病的医疗诊断和治疗；动物疾病和更广泛范围内食品安全的检测方法；化工生产用酶，纸浆与造纸，纺织生产和其他工业用途，用于受污染场地生物修复的微生物。

3. 纳米材料和先进制造

研究人员在纳米尺度上对物质的控制仍在继续取得进步。2010 年，科学家成功地创造出一个 DNA 组装线，从而可以有效地在纳米尺度创造新材料。2013 年，研究人员首次实现了纳米链的自组装，为新材料和产品的创造开辟了道路。

尽管纳米技术只有几十年的历史，但它在航空、汽车、建筑、电子、能源与环境等多个行业发挥着重要的作用。同时，纳米材料正越来越多地应用于消费产品领域，如化妆品，个人护理产品和服装等。研究人员正在试图用纳米材料制造特殊产品，以替代关键原材料和矿产等存在较高供应短缺风险的材料。部分纳米材料被用于先进电池和太阳能电池等关键性产品。治疗癌症的药物可以嵌入纳米颗粒，在到达肿瘤时进行靶向释放。

3D 打印技术使零件和产品能够快速成型，从而使设计生产周期更短，它还可以制造出形状复杂的产品。目前，3D 打印技术不断发展，已经可以利用镍合金、碳纤维、玻璃、导电油墨、电子、药品与生物材料等各种材料。在这些创新技术持续带动用户需求的同时，3D 打印机的实际用途也拓展到更多产业，包括航空航天、医疗、汽车、能源与军事。随着 3D 打印材料种类越来越多，预计 2019 年以前，3D 打印机的出货量将达到 64.1% 的年复合增长率。这些进展将迫使机构重新思考组装生产线与供应链流程，以更好地利用 3D 打印技术。

机器人技术也不断发展。传感器技术、软件信息处理技术和人工智能技术（图像与语音识别、机械学习）的跨越式发展，推动了机器人自身能力的进一步提升，使得机器人不断能够从事更加高级的工作。此外，机器人将从不同功能的独立单体，朝着相互联网、协同合作的机器人发展，呈现出“网络化”的趋势。未来，机器人将不仅仅是一个单体，将成为各种系统的一部分，以发挥成员的作用。

此外，信息通信技术所改变的行业本身也带动了科技发展。通信技术使世界各地的科学家可以一起工作，且大量的数据能够在网上通过基因库（GenBank）等来源找到。新的“网络科学”本身就可以加快科学发现的速度。

二、创新呈现三大趋势

创新正超越科学和技术范围，社会和组织创新日益成为重要的创新方式。创新参与者日益多元化，合作日益紧密。当前，创新呈现出三大趋势：一是开放创新日益重要；二是大众创新蕴含巨大能量；三是创业障碍趋于减小。

1. 开放创新日渐重要

全球化的不断深入、信息技术的融合和发展使得开放创新日渐重要。以技术发展为导向、以科研人员为主体、以实验室为载体的传统科技创新活动正面临挑战，以用户为中心、以社会实践为舞台、以开放创新为特点的用户参与的创新模式正逐步显现。

传统上，企业创新一般把内部研发作为新创意和新产品的主要源泉。但现在企业越来越多地寻求与新创公司、大学研究人员和前沿用户共同开发新产品和服务。企业会赞助编程马拉松活动，让计算机程序员与图形设计师、界面设计师等软件开发人员合作编写程序和应用。当前，很多企业都非常重视均衡协调内部和外部的资源进行创新，积极寻找外部的合资、技术特许、委外研究、技术合伙、战略联盟或者风险投资等合适的商业模式来尽快地把创新思想变为现实产品与利润。

世界各国均认识到开放创新的日渐重要性，美国总统奥巴马指出："只有在人人参与的情况下，研究和制造业技术突破的潜力才能汇聚在一起。"欧盟委员会科研与创新委员奎恩指出："要将研究转变为真正的创新，则需要各成员国、研究机构和企业之间密切的合作。"英国财政大臣奥斯本指出："创新的关键在于科学界与企业之间创造性的交互活动。只有当优秀的大学、领先的人才、世界一流的企业和新创企业汇聚在一起，我们才能实现创新。"

2. 大众创新蕴含巨大能量

众筹、众包、众创等在创新中正在发挥越来越大的作用。众筹是一种在线的、分布式问题解决和生产模式，通过这种模式，中小企业、创新项目等可以向公众进行融资，大众可以通过众筹平台对创新进行投资，从而参与创新。众包是一个机构把内部工作任务，以自由自愿的形式外包给非特定的大众网络的做法。众包通过动员大众的力量，利用其多元化的知识背景，可以高效、快速地完成创新任务和解决问题。众创是指公众主动参与科学过程，以各种方式解决现实问题，这些方式可能包括确定研究问题，进行科学实验，收集和分析数据，解释结果，做出新的发现，开发技术与应用并解决复杂问题等。大众创新之所以重要，主要原因有三点：一是利用了巨大的未开发的资源——大众的技能、奉献精神和聪明才智；二是社会各界的多元参与有助于增强和加快科学研究，同时产生新的想法和见解；三是参与者可能会终身保持对科技创新的热情和技能。

大众创新因其巨大的能量受到各国的关注，德国研究与创新专家委员会、英国科技艺术基金会、美国科学促进会等重要智库和团体均对众筹等开展了专项研究。一些国家已经出台相关举措支持大众创新的发展，如美国 2012 年已将股权型众筹写入《促进初创企业融资法》，欧洲众筹框架专家组建议欧洲构建众筹框架等。

3. 创业障碍趋于减小

云计算和开源软件等信息技术的快速发展，大幅度降低了创建互联网企业或软件企业的成本。以前需要数百万美元才能创建的公司，现在所需资金大幅度减少。孵化器、加速器和商业计划大赛使得创业者创办新企业更加便利。这些不仅提供种子投资，而且便于首次创业者向同行和导师学习。美国国家工程院发布的报告指出，分布式工具减小了潜在企业家的创业障碍，不同行业的很多新企业正在通过整合软件、数据与产品来创造新的机会。

在其他行业，创业的障碍也在不断减小。例如，在制造领域，设计和制造所需的工具越来越便宜，且更加简便易用，如计算机辅助设计软件、计算机数控机床、激光切割机、3D 打印机等。现在许多社区都有一个“创客空间”，以较低的价格提供这些工具，并教授使用这些工具所需的技能。

在生命科学领域，企业创建了基于网络的自动化实验室，使得任何人只要有一个笔记本电脑就可以开展远程实验。这有望降低创建生命科学新公司的成本，使得生命科学领域科学家可以不受他们目前可用设备的局限，自由进行实验设计，而且也可提高他们的研究结果的可重复性。

三、科技创新为振兴经济提供强大动力

经合组织指出，第二次世界大战后推动经济增长和生活水平提高的主要驱动力是技术创新的发展。据美国商务部估计，第二次世界大战以后，美国经济增长的 75% 来源于技术创新。近年来，随着科技的快速发展，其转化为生产力的时间日益缩短，技术创新仍将是经济增长的核心推动力，且将促使经济体系和能源体系发生重大变革。

1. 科技应用和转化时间日益缩短

实践表明，科技发现转化为生产力的时间日益缩短。照相机从发明到应用经历了 100 多年的时间，电话为 50 多年，原子能为 6 年，晶体管为 4 年。美国国会的调查报告显示，从科学的发明、发现到实际应用，所经历的时间在 20 世纪初为 35 年，两次世界大战之间为 18 年，第二次世界大战后则为 9 年。当前，很多科学发现转化为实际应用的时间更短，如结构生物学的发现很快就可以转变为能够治疗疾病的药物等。

数据也表明，科技应用和转化的时间越来越短。康明（Comin）和梅斯蒂埃里（Mestieri）通过对 25 种技术突破成果在 132 个国家的应用情况进行研究发现，这些技术的应用滞后期显著缩短（参见图 1－1）。尤其是手机和互联网这类技术，它们在推出后几年便进入了发展中经济体。距今更近的技术创新在向低收入和中等收入国家传播时更迅速。

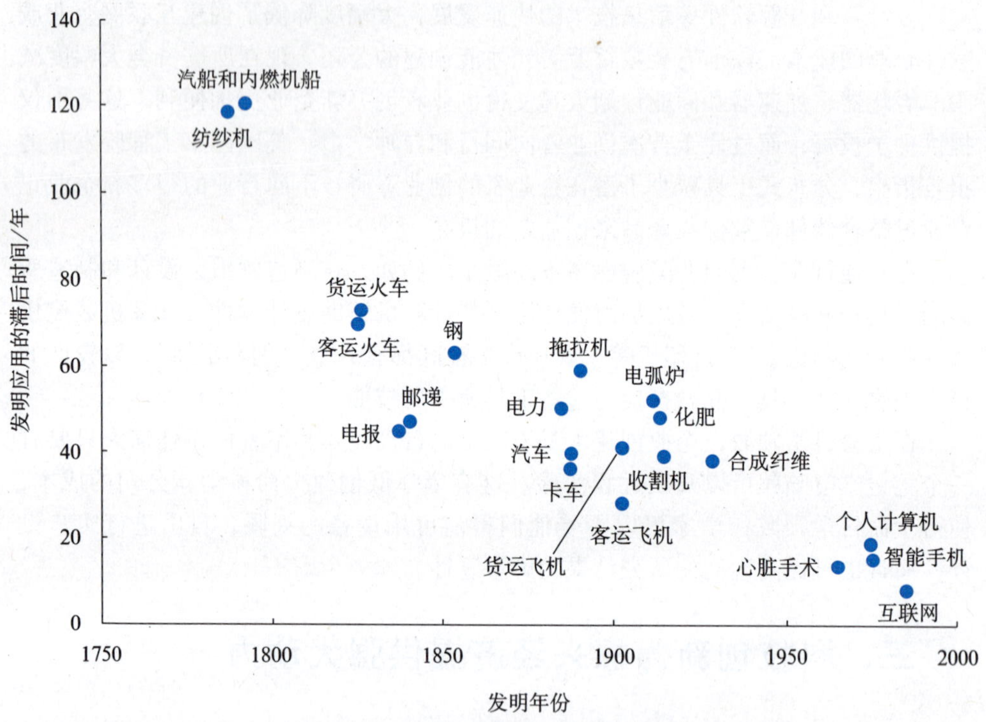

图 1－1 技术发明应用的时间越来越短

数据来源：Comin and Mestieri (2013)。

此外，科技创新尤其是信息技术的创新渗透速度快得惊人。2015 年年末，移动手机订户超过了 70 亿，渗透率达到 97%，远高于 2000 年的大约 10%。同期互联网接入的渗透率从 7% 升至 43%。

2. 新技术将成为未来经济的核心驱动力

技术变革是生产率提高和长远经济增长的最主要推动力。经合组织报告估计，1995—2013 年，约 0.35% 的年均 GDP 增长率源于信息通信技术投资。而且，公共研究机构的科技成果用于企业生产，能大幅度提高企业的全要素生产率（TFP）。以制造业为例，2002—2007 年，企业 TFP 增长率为 0.34%，公共研发机构的贡献度为 0.36%。此外，政府的研发投资对于提高企业生产率产生了积极影响，并且促进了经济增长率的提高。由于公共研发经费的投入，新创企业的劳动生产率增加约45%，成熟企业的劳动生产率上升约25%。

随着新兴技术的快速发展，它将成为未来经济的核心驱动力。

物联网和大数据：物联网将为众多产业领域带来经济效益。在制造业，现在全球约25%的制造商已经在应用物联网，到2025年，这一数据将超过80%，物联网将为全球制造业增加2.3万亿美元产值。在农业领域，美国摩根士丹利公司预测，如果全球采用物联网技术近实时分析天气数据，则可创造200亿美元效益。在零售领域，摩根士丹利预测，如果采用射频识别来完善库存管理，则可为英国企业节省30亿英镑。随着大数据的指数级增加和数据分析技术的快速发展，大数据蕴含的价值不断被挖掘，它正在发展成为一个巨大的产业，在移动通信企业、互联网服务企业、信息技术大企业中，数据收益化正在成为新的核心增长战略，2015年大数据全球市场规模预计为183亿～384亿美元。

材料是人类生产生活的物质基础，新材料的出现有助于促进技术发展和产业升级。近10年来，世界材料产业的产值以每年约30%的速度增长。当前，纳米材料、石墨烯等材料成为最活跃、发展最快、应用前景广阔的新材料领域。纳米材料因尺寸达到纳米级产生了很多新的特性，也给纳米产品带来巨大的经济价值。Lux研究预测，纳米产品在2012年带来的收入为7310亿美元。石墨烯作为目前发现的最薄、强度最大、导电导热性能最强的一种新型纳米材料，经济应用前景非常广阔，Transparency Market Research预测，到2025年，其全球市场规模将达12亿美元。Idtechex预测，超级电容器材料2025年全球市场规模将达到80亿美元；Markets and Markets预测，生物降解塑料到2020年的全球市场规模将达到34亿美元；碳纤维的全球市场规模到2020年将达37.3亿美元，而碳纤维增强复合材料的全球市场规模到2020年将达357.5亿美元；超材料的全球市场规模到2022年将达26.3亿美元；高性能合金将达97亿美元；金属航空材料到2019年将达185亿美元；

此外，其他一些新兴技术也将带来巨大的经济价值。Wohlers Associates预测，全球3D打印产业的规模到2021年将达到108亿美元；euRobotics预测，全球工业机器人市场到2020年将达到500亿～620亿欧元。

3. 新技术促使经济体系发生变化

实践表明，新技术会对经济体系和结构产生影响。18世纪末和19世纪初，电力、蒸汽动力改变了欧洲和北美的经济体系和结构，大规模生产、集中供电等成为经济结构的重要组成部分。随着新技术的不断发展，当前的经济体系将发生变化，包括新的产业结构、消费结构和金融制度等。

互联网正在推动分享经济的形成，分享经济是一个面向网络和基于平台的经济模式。在此模式下，资源所有者将自己闲置的资源拿出来，供那些需要的人有偿使用。分享经济最早是从房屋、车辆、物流、服务和其他闲置物品开始的，现在几乎涉及所有领域。越来越多的人选择购买商品的使用权而非所有权，这将给个人、企业和社会带来深刻影响。分享经济不仅将影响物质财产，在数字世界中也引发了有关数据资产的激烈争夺与争论。在未来，数据资产的访问权与使用权将比物理所有权更重要，并将被作为个人或企业财富的衡量标准。分享经济在2014 年之后进入了快速扩张期，迅速渗透到许多领域和细分市场。根据统计，2014 年全球分享经济的市场规模达到 150 亿美元。到 2025 年，这一数字将达到3350 亿美元。

3D 打印技术将改写制造业的生产方式，进而改变产业链的运作模式。首先，3D 打印将大幅度减少直接从事生产的操作工人，劳动力所占生产成本比例随之下降；其次，3D 打印的个性化、快捷性和低成本能够更快地适应本地市场需求的变化，包括满足小批量产品的生产需求，这将促使部分制造业从低收入、大规模生产型经济体返回发达国家；再次，3D 打印给消费者带来了在大规模生产和个性化制造之间进行选择的自由；最后，3D 打印不需要模具，可以直接进行样品原型制造，因而大幅度缩短了从图纸到实物的时间。

数字移动技术消除了时间和空间的界限，使消费者时刻联网，企业也可以在任何时候与它们的客户互动。社交媒体快速成为主要交流和合作平台。在数字化时代的今天，消费者的选择范围更加广阔，有些甚至超出了企业的能力所及，而消费者的行为也在发生根本性改变。例如，信息的可获得性使消费者可以实时掌握产品价格动态并进行比较，从而掌控市场的主动权；消费者不再像过去那样相信品牌和广告，而是更加相信“同行评议”的结果；高技术产品的消费者已经不再满足只是购买一个产品，而是需要配套具体业务的解决方案。消费者行为的改变影响到了所有行业，迫使其向实体——数字化的右端移动，甚至是那些以实体产品为主的产业，如农业，也正“被迫”进行这样的改变。

新技术将对现有的知识产权制度造成影响。首先，新技术的出现将挑战已有的知识产权体系。例如，产品外观与结构方面等方面的创新原来可以受到版权和工业设计的保护，但 3D 打印技术的出现使得人们只要掌握产品的数字表述，无须获得其知识产权的许可就可以很方便地打印出这件物品，从而对现有的工业设计或版权保护造成前所未有的挑战。其次，知识产权预设的逻辑是通过个体追求最大化私利的行为达成提升社会整体福利的目标，而当前的分享经济强调合作共享。在一个合作、资源开放的世界之中，新一代人更加习惯对创造力、知识、专业技能甚至产品和服务的开放性共享，广泛获取的权利远大于排他的所有权，因此，版权和专利将不可能以现有的形式继续存在。

4. 能源体系将发生重大改变

可再生能源的技术进步和成本降低将带来新的可再生能源，减少碳排放，同时，信息技术在能源体系中的应用将有效提高能源效率。

新兴技术可以降低可再生能源发电的成本。例如，光伏电池成本的降低使得光伏发电的价格在1998—2008年下降了60%以上。在接下来的几年中，预计还将有进一步的下降（参见图1－2）。

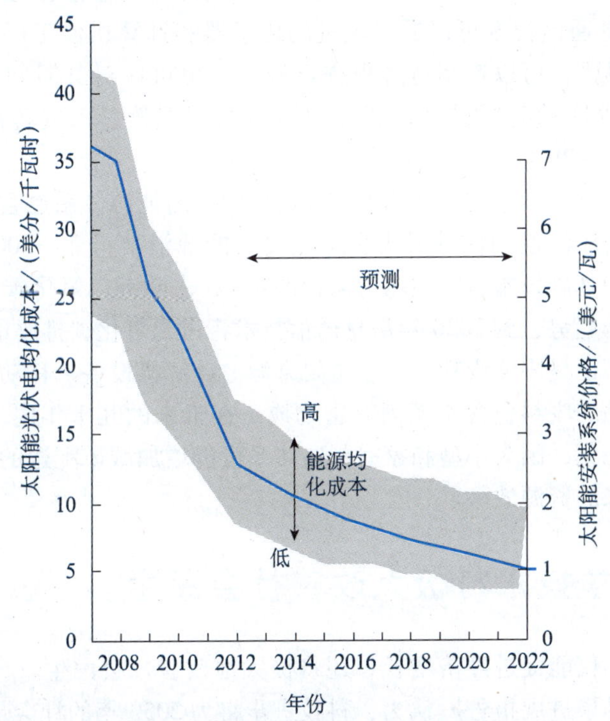

图1－2　太阳能光伏系统价格的下降

注：均化成本是指一个系统整个生命周期的全球成本，包括初始投资、运行、维护、燃料成本以及资本成本。

数据来源：NREL，2013；Pernick et al.，2013。

纳米技术和材料的进步有望降低电力储存的价格。基于石墨烯或者碳纳米管的超级电容器电池可以大幅度降低电池的充电时间，增加其电力存储容量。预计未来10年该技术将进一步取得进步，使电动车辆和混合动力车辆更有竞争力。能源储存技术的改变将支持可再生能源的发展，使它们能够更有效地应对高峰负荷，同时使小型离网可再生能源系统具备可行性。

生物燃料技术的进步既可以带来新的可再生能源，还可以有效减少二氧化碳的排放。第二代生物燃料可以利用纤维作物和废物开发出来，如使用转基因藻类生产燃料，这可以有效克服“第一代”生物燃料会夺走土地从而无法生产粮食作物的问题。此外，生产生物燃料的方法是碳中性，甚至是碳阳性的，这些方法所生产的碳副产品可用于农业，从而有效地减少碳排放。

信息技术在能源体系中的应用使得能源效率大幅度提高。智能电网通过采用先进的监控和计量，可以在电力供应商和消费者之间实现双向沟通，从而提高电网管理和能耗效率。智能电网的使用可以增加可再生能源在能源中所占份额。同时，信息通信技术可以通过先进的传感器和计算机使工厂、建筑和住宅具备“智能能源”，可以对制造过程进行调整，也可以对其时间进行规划，使其在能源价格较低的时候进行。智能仪表若与恒温器、天气传感器和锅炉相连，可节能6%～29%。

值得注意的是，信息技术在降低能耗的同时，对能源体系也会带来一些负面影响。计算机的广泛使用使其成为全球主要的能源消费行业。2005 年，信息通信技术的设备和基础设施占欧盟电力消耗的8%，占欧洲二氧化碳排放的1.9%；如果按照现有的趋势，到2020 年信息通信技术将占二氧化碳排放量的4.2%。信息通信技术设备也是固体废物的一个重要来源。计算机设备、移动电话和其他信息通信技术物品的废料包含一系列有害物质。在未来的几十年内，3D 打印将使交通状况更加恶化，因为小型和家庭制造体系可能增加城市配送的需求，部分抵消该技术所带来的资源效率。

四、科学技术将极大改善社会民生

科学技术不仅能促进经济增长，还将极大地改善社会民生。日本《第 10 次科技预测调查结果进展报告》认为，科技进步将为2050 年的社会带来新的特征：各种各样的技术和系统融入日常生活，个人健康维护开始流行；可以处理和应对由于环境引起的各种灾难。

1. 大幅度改善和加强人类健康状况

生命科学和生物技术的进步将大幅度改进人的健康状况。新药物可以提高人类的能力，如智商、注意力和我们的情绪。遗传筛查可以变得更加成熟，不仅帮助父母在发现胎儿存在严重缺陷时终止妊娠，也可以帮助他们选择“最佳的后代”。

精准医学有望彻底改变人们改善健康和治疗疾病的方式。基因测序成本的迅速下降使得个人基因测序成为医疗保健的一个必备手段，从而可以让医生考虑个体基因、环境和生活方式差异，针对不同的患者开展精准的治疗方法。精准医学方面的进步已经带来了强有力的新发现和一些根据个体具体特点的新疗法，如个体基因标志或肿瘤基因图谱，这将导致癌症等疾病治疗方法的转变。

人机界面技术将有效提高医疗保健的水平：可穿戴传感器在医学和体育领域将越来越普及，越来越多的纳米机器将被植入人体以监控我们的健康状况，加强疾病的预防和早期诊断，此外，科学家正在探索把大脑与计算机直接相连，以恢复视觉或听觉，或者恢复麻痹肢体的运动功能等。此外，修复学的不断进步使得设备与人体组织之间的边界进一步模糊，人体一半以上的组织和器官可以被替换。

保健提供商可通过数据来分析不同时间和区域的疾病发展趋势，从而监测和预防疾病，尤其是传染病。数字技术不仅有助于预防和治疗疾病，还可使保健系统更加有效、高效和可持续。

2. 加快向环境友好型社会转变

一些技术有助于提高资源的使用效率，从而减少对环境的影响。在制造业领域，3D 打印技术可以降低能源和原材料消耗，极大地减少了浪费。在农业领域，新的诊断设备可以更快地识别动植物疾病，传感器可以确定使用化肥和杀虫剂或者灌溉田地的最佳时刻，一些农药可能装在纳米胶囊内投放，目标物种吞咽胶囊之后胶囊会自动开启释放农药。这些方法可以减少农用化学品的释放量、残余量和其他影响。在交通领域，物联网可使旅行更加便捷畅通，提高物流效率。

一些技术属于环境友好型技术，从而推动向环境友好型社会转变。如生物技术可用于开发新的环境修复技术，纳米材料可用于能源储存、更轻更强韧的建筑材料，以及新的水处理过滤技术和海水脱盐等。绿色化学通过对化工产品和过程的设计，减少或消除有害物质的使用或者生成。生物工厂可以利用转基因微生物、阳光、二氧化碳和简单的有机与无机成分生产一系列化学品。

3. 促使就业结构发生变化

在信息技术的推动下，许多需要人力的工作正快速朝自动化转变，技术进步将替代当前的很多工作。机器人已经广泛应用于制造业，同时，它们可以承担越来越多的服务业工作，如老年人护理。未来的几十年里，信息技术可能改变管理性和专业性的工作，如可以搜罗海量医学保健数据集，并在某些情况下替代医生对患者进行诊断；在律师事务所进行法律研究；取代教师的某些作用甚至帮助他们批改试卷；承担工程师和科学家的一些技术性工作。欧盟的报告预计，未来全球工业机器人市场年增长率 8%～9%，服务业机器人市场年增长率将超过 25%。

同时，科技进步将创造很多新的职业。世界经济论坛指出，以移动互联网和云技术、大数据、新能源、机器人及人工智能技术等为代表的第 4 次工业革命将创造 210 万个新工作岗位。未来，很多生产部门和服务部门需用复杂先进而又尖端的科学技术才能进行工作。谷歌总裁施密特指出："科技行业每创造一个工作岗位，就能在非科技部门创造 7 个工作岗位，欧洲数字化单一市场可帮助创造 400 万个新的工作岗位。"

尽管科技进步能够创造新的工作岗位，但其替代的工作岗位更多。牛津大学的一项研究指出，科技发展相比于促进就业增长，其起到的却是相反的效果。数字经济兴起带来的就业岗位增加比人们所预想的要少得多。在早期计算机革命中成长起来的大公司 IBM 与戴尔（Dell）分别拥有 43.1 万名与 10.8 万名雇员，而这一波引领了数字革命的科技公司胜任脸书（Facebook）并没有带来多少就业机会，2013 年仅拥有 7185 名员工。同时，从传统产业转移到新兴产业中去的劳动者非常少，在 2010 年仅有 0.5% 的美国劳动力受雇于那些在 2000 年时还不存在的新兴行业。

4. 带来隐私、安全及伦理等问题

科技进步还将带来一系列意想不到的风险，包括个人隐私、国家安全和伦理问题等。

信任与隐私问题将更加严峻。信息通信技术为政府监督公民提供了新的途径，物联网、微型传感器和纳米传感器的发展将进一步提升监测能力。但随着人们更多地开展网络共享、合作与互动，软件应用及相关经济的发展将使得信任与隐私问题变得更加严峻。政府和企业需要提供新的服务方式，以保护公民和消费者的信心，如通过新的方法向用户说明数据使用政策，避免让用户去消化冗长、充满晦涩术语的隐私政策条款。

对国家安全带来了巨大的隐忧。世界经济论坛警告企业和市场可能遭遇"数字野火"，这种"数字野火"可能先带来错误信息，继而失去控制，产生意想不到的影响；海量数据欺诈或者盗窃事件及日益严重的网络攻击，也增加了风险。3D 打印能够方便地打印众多产品，从玩具、电子配件到药品或者武器，这可能对生命、健康和环境带来威胁。纳米材料对皮肤和细胞的渗透性更强，这将增大罹患肺癌和神经系统中毒风险的可能，并可能对生态系统造成一定影响。互联网成为犯罪分子和恐怖分子的攻击对象，各组织可能被迫运行独立于互联网的自有网络，美国等一些国家已经建立了网络防御部门。

社会不平等有扩大的趋势。第一，"赢者通吃"市场的崛起，少数成功人士、企业和产品将主导世界经济。第二，加大"数字鸿沟"。2015 年，发达国家 81% 的家庭能够接入互联网，而所有发展中国家的互联网接入比例为 34%，最不发达国家的接入比例仅为 7%。第三，越来越多地使用机器可能会压低工资，由此产生的工作机会两极分化可能导致更大的收入不平等。

此外，科技发展还将引发其他一些重要问题。例如，生物技术的发展将引发深刻的伦理问题，即人类生命的价值和人类可以操纵生物体的程度；转基因新生物可能会与现有的受保护物种和受保护生态系统相互作用，产生意想不到的后果；合成生物学可能“重现”目前已经灭绝的物种，应该任其发展吗？

各国也已经认识到科技进步可能带来的风险，正在积极采取预防措施以应对新出现的问题。经合组织发布的报告称，加强研究纳米材料垃圾可能给人类健康和生态带来的风险已是当务之急。经合组织呼吁，应该对各类垃圾中的纳米材料类型、数量和潜在危害进行深入研究，并探讨是否需要对可能触及纳米材料垃圾的回收人员加强防护。欧盟的《地平线 2020》计划确立了实施负责任研究和创新的目标，强调利益相关者的重要性并预测研究的潜在影响。美国国家纳米技术项目的四大目标之一就是“对纳米技术负责任的开发”。欧盟等国纷纷制定相关管控措施，加强个人信息保护以防止大数据所导致的隐私事件的发生。

科技创新的战略地位空前提高

当前，全球进入一个创新高度活跃期，科技创新与经济社会发展的结合越来越紧密。科技创新引领全球经济社会发展，成为推动全球发展的核心和动力源泉。科技创新不仅支撑了世界主要经济体的经济复苏进程，而且有望深刻改变未来的经济和产业结构，为新一轮科技和产业变革及经济社会快速跃升和进步做出重大贡献。

一、科技创新在世界经济社会发展中的核心地位更加突出

2015 年，科技创新在世界各国经济社会发展中的核心地位更加突出，各国依靠科技创新谋求经济增长新动力的战略部署加强，特别是智慧型、可持续和包容性增长成为重要战略选择。2015 年 10 月美国政府发布了升级版的《美国创新战略》，这是美国政府在 2009 年奥巴马政府上任伊始出台、2011 年修订的《战略》基础上，对创新战略的再次调整和完善。新版《美国创新战略》的出台再次显示了美国依靠科技创新确保其世界领先地位的战略目标和意图。新版《美国创新战略》首次提出要发展“包容性创新经济”，将创新的参与者和受益者扩大到前所未有的范围。欧盟的《欧洲 2020 战略》及《创新型联盟》的配套旗舰计划坚持智慧型、可持续和包容性增长理念，注重科技创新，致力于在 10 年内将欧盟建成创新型联盟。欧盟各成员国秉持创新理念，加强科技创新，并将科技创新作为支撑经济社会发展的重要力量源泉。英国强调巩固其科技在世界的领先优势，并将科技优势转化为经济优势，以支撑经济增长及社会可持续发展。英国还提出要通过打造世界最好的科研、创新与商业环境及服务，确保英国经济的长期繁荣。法国新科技战略立足有效解决本国经济社会发展中面临的问题，通过实施

5～10 年的中长期重大专项带动科技水平的提升，并促进经济社会发展。2015 年 12 月爱尔兰推出《创新 2020》战略，确立了要成为全球创新领导者的目标，依靠创新推动经济社会可持续发展。爱尔兰强调政府投资创新的重要性，提出要加大公共研发投入力度，建设竞争性知识经济和知识社会，提高经济生产力和竞争力，改善人们生活，并带来健康、社会和环境效果。日本《2015 年科技创新综合战略》强调将建立绿色环保经济的能源体制作为解决经济社会课题的重要措施，提出要实现能源价值链的最优化。澳大利亚 2015 年 12 月发表的《国家创新和科学议程》强调科技创新对经济各个部门的关键作用，指出创新可以创造经济增长的新源泉，带来高薪就业岗位，有助于把握和创造新一轮经济繁荣。

二、重点科技领域的战略部署明显加快

为应对经济社会发展面临的各项重大挑战，世界各国在关系国计民生的众多科技领域做出重要部署。各国继续推动重大科技计划的启动和实施，以脑科学研究、精准医疗、机器人技术、新材料、新能源、先进汽车、信息技术等为重点的一批新兴技术计划迅速部署实施，以智能、精准、绿色为特征的各类新兴技术不断涌现，新一轮科技竞赛序幕已经拉开。

1. 信息技术与智能网络向各个领域渗透，技术融合的速度进一步加快

世界各国强调要努力挖掘并充分利用信息通信技术潜力，抢抓数字化、网络化所带来的机遇，集计算、网络和物质系统于一体的信息物理系统代表了新技术的发展方向，一批重大战略计划部署实施。例如，德国的“智能网络化战略”着力支持教育、能源、卫生、交通和公共管理五大应用领域。英国数字经济研究计划强调帮助企业利用基于数字的信息、内容、服务及新的商业模式创造更多价值。法国将建设信息通信社会作为科技发展战略的十大新方向之一，并明确了大数据开发、人机协作和物联网三大重点领域。美国加强大数据研发，4 家大数据区域创新中心成立并有望发挥辐射带动作用。美国还于 2015 年 9 月启动《智慧城市计划》，拟投入 1.6 亿美元联邦研发资金，通过物联网等信息技术解决交通、犯罪、气候灾害、公共服务等城市发展和管理面临的共性问题。另外，智能电网呈现迅速发展势头，增强现实和虚拟现实技术应用范围扩大。以德国《自动与互联汽车战略》为代表的汽车发展战略有望推动自动驾驶汽车发展进入快车道。

2. 生命科学和健康相关技术走向精准，新技术热点开始形成

2015 年美欧脑研究计划稳步推进，参与机构和资助规模趋于增加。2015 年美国新启动了精准医学计划，英国新启动建设的两个弹射创新中心之一也以精准

医疗为重点，这些新研究计划的推出预示着生命科学研究支撑的精准医疗时代即将开启。另一方面，新兴生物技术已成为世界各国提升产业竞争力的一大重点。印度《国家生物技术发展战略（2015—2020）》提出要将印度打造为世界级的生物制造中心，到2025年印度生物技术产业产值要达到1000亿美元。与此同时，与基因组编辑、干细胞研究等有关的政策、伦理和社会问题引起各界广泛争议和关注。

3. 能源和低碳技术持续受到关注，清洁能源研发投入有望翻番

清洁能源和可持续发展相关技术在现在和未来很长一段时期都将是各国政府重点投入的领域。美国、中国、法国、印度等20个国家在2015年巴黎气候大会上发起了“创新使命”倡议并与企业界共同发表了《创新使命联合声明》，各国承诺未来5年清洁能源研发投入将翻一番。英国2015年秋季提出的新预算中已经提出了能源创新开支翻番的目标，并提出要投资2.5亿英镑支持核能研发。印度确立了2022年太阳能发展新目标，提出太阳能发电量要增加100 GW。为保障能源供应安全和稳定，日本提出要根据未来的能源供需结构，推出一揽子计划，推广可再生能源与核能发电，实现能源来源多样化。

4. 先进材料创新支持力度增强，材料研发成本趋于下降

先进材料对产业竞争力的重要作用获得各国公认，新材料研究计划、研究平台和研究机构建设获得大力支持。美国继续将国家纳米技术计划、材料基因组计划等新材料技术研发作为创新战略的重点。为推动先进材料研究与创新，英国2015年投资2.35亿英镑创建了亨瑞罗素研究所。作为新一轮高技术战略的一部分，德国教研部2015年1月出台了促进材料研究框架计划——《材料创新计划》，未来10年每年资助约1亿欧元，建立材料研究平台，支持3D打印等计算机辅助新技术，改进生产工艺，促进新材料在能源技术、汽车与交通、医疗健康及未来建筑等领域的应用。

5. 先进制造技术部署进一步扩大，未来产业竞争趋于激烈

美国、德国、英国、新加坡、印度等国都以将制造业做大做强作为政策目标，他们瞄准下一代先进制造技术，加大资金投入，力争抢占未来竞争先机。2015年美国继续推进国家制造创新网络（NNMI）建设，高级合成材料、智能制造技术、柔性混合电子等一批产业共性技术和平台型技术成为新的资助重点。德国大力支持灵活的制造系统、创新产品的高效研发、资源与能源的高效利用、电动汽车相关的制造技术、工业4.0等。英国致力于保持和提升高端制造领域的竞争力，通过高端制造研究计划资助研发与创新，促进新技术商业化。2014—2015

年度英国政府还增加了对高端制造弹射创新中心的投资。美国奥巴马政府一直倡导的“美国制造”和印度总理莫迪提出的“印度制造”如出一辙，未来制造强国和制造大国之间的竞争有愈演愈烈之势。

三、创新基础条件和创新生态环境建设备受重视

世界主要国家和地区越来越注重创新生态环境建设，致力于完善创新创业基础条件，并大力支持产业创新。这些措施有望大幅度加快科技创新的步伐。

1. 注重创新基础要素投资

全球研发投入在2003—2013年翻了一番，年均增长率为7.2%，超过了GDP的增长速度。从研发强度（研发占GDP的比例来看），许多国家都致力于提高研发强度，中国和韩国研发强度10年几乎增长了一倍。2013年，研发强度最高的是韩国和以色列，两国的研发强度达到4.2%。美国和欧盟都在致力于为实现研发强度达3%的目标而努力。

2. 重视营造良好创新生态，发挥政府在支持和激励创新方面的关键作用

新版《美国创新战略》致力于加强创新生态环境建设，不仅强调联邦政府在投资创新基础要素方面的重要作用，而且还提出要激发私营部门创新的动力、激励全民创新。该战略指出联邦政府应着力解决阻碍创新的市场失灵问题，确保有利于研发和创新的框架条件。新版《美国创新战略》还支持区域创新生态系统的发展，明确要保障区域创新活动集聚所需的基本条件和“桥接式社会资本”，并加强知识和数据共享等。欧盟注重持续改进创新生态，完善欧盟创新创业公平竞争环境，积极采取各种优惠政策措施，如投融资便利机制、创新集群、单一市场、知识产权保护、标准规范和明确长期目标任务等举措。英国努力强化创新生态系统中的各个要素，以支持创新型企业，激发英国创新活力。日本则重视官产学合作，明确各省厅职责，并着力完善预算、税收等方面的制度和政策。爱尔兰提出要建立统一的创新生态系统，以抓住新机遇，增强知识创造和应用带来的效果。爱尔兰认为，创新生态系统的许多要素已经存在，关键是要加强整合协调，以推动爱尔兰从创新强国向全球创新领导者转变。

3. 重视科研基础设施建设，大力改善创新基础条件

各国不仅重视传统基础设施，包括实验室和科研基础设施的升级改造，还积极致力于推动数字基础设施的建设和普及。德国教研部2015年8月宣布启动《未来国家科研基础设施路线图》的制定工作。2015年德国有一批重要科研基础

设施和设备开始建设或落成，如德国性能最强的超级计算机 HRSK-II 在德累斯顿工业大学莱曼计算中心投入运行，首个移动 3D 打印实验室 FabBus 投入使用，弗莱堡机器－人脑接口技术研究所开始建设。美国 2011 年宣布的《国家无线计划》已见成效，2015 年美国政府宣布美国已经实现该计划的目标，向至少 98% 的美国人普及了高速（4G）无线服务。澳大利亚提出未来 3 年要将宽带网络用户扩大 4 倍，从目前的 150 万增加到 750 万。

4. 打造创新平台和网络，支持平台和共性技术发展

美国在继续扩大制造业创新网络的同时，不断加强联邦实验室创新网络建设，凝聚各方力量加快科技创新。截至 2015 年 10 月，美国国家制造业创新研究所已有 7 家得以落实，还有两家在征集过程中，有数百家企业、大学和各类研究机构加入到国家制造业创新网络中来。德国经济部和教研部共同启动了升级版工业 4.0 平台的建设，接管此前由三大协会负责的工业 4.0 平台，并在主题和结构上对其重新改造。目前工业 4.0 平台的参与机构已超过 100 家。德国联邦经济部和教研部还正式推出了“工业 4.0 平台地图”，从该在线地图上可以清晰地看到遍布德国各地的工业 4.0 应用实例和试验点，这有助于推广实践案例，分享和推广实践经验，为中小企业采纳工业 4.0 提供有益帮助。

四、公众参与创新创业的热情空前高涨

支持创新创业成为世界各国促进经济增长和就业增加的主要手段。在政府积极倡导下，社会各界广泛参与创新创业的热情高涨。

1. 政府大力倡导创新创业，推动创新创业在全社会蔚然成风

很多国家的创新战略向广大公众释放了支持创新创业的政策导向和积极信号，激发了全社会参与创新创业的热情。例如，新版《美国创新战略》提出要建设“创新者之国”，促进全民参与创新。奥地利政府出台了“创业者之国”战略。2015 年 8 月印度总理莫迪在独立日演讲中提出“创业印度，振兴印度”的口号，以鼓励青年人创新创业。以政府为主举办的各类科学节、创客节等活动对于培育创新创业文化发挥了重要作用。继 2014 年美国白宫成功举办创客节之后，2015 年 6 月白宫举办了“创客周”及国家创客节；8 月 4 日又举行了第一个“白宫演示日”，展示全美的创业成功故事，宣传联邦支持多元社区创业的新举措。法国设立了“全民创新活动周末”，并发动公共媒体加大对创新创业文化的宣传。在政府引导下，大学、企业、图书馆和社会团体在支持创客创新创业中的作用增强，创客空间如雨后春笋般涌现，公众参与创新创业的积

极性和机会显著增加。

2. 简化创业程序，减少创业者面临的困难

各国政府通过开放政府数据，改进政府数字服务，加快专利审批，打造创新创业平台，开发可以推广的方案等，为创新创业者提供各种便利。简化政府流程，减轻创业者和企业面临的各种障碍已成为经合组织区各国政府的共同做法。澳大利亚等少数国家还对政府内部法规进行了评估，并针对发现的问题进行改革。2015 年美国发起了“一天创业”倡议，呼吁全美各城市开发网络工具，让企业家在不到一天的时间内了解创业所需满足的地方、州和联邦规定并提出申请。小企业管理局向开发“一天创业”解决方案的城市提供 150 万美元的竞争性种子基金。25 个城市和两个美国原住民社区获得了 5 万美元奖金。小企业局还向洛杉矶提供 25 万美元支持它开发一种开源的平台，以便于广泛推广。

3. 支持众筹、创客和公众广泛参与，充分挖掘创新创业者的聪明才智

众筹、创客空间、孵化器、加速器和商业计划大赛等为公众参与创新创业提供了便利和机遇。这些不仅可以为创新创业提供种子投资，而且便于首次创业者向同行和导师学习。一些国家还重视为众筹这种新的融资途径提供立法保障。韩国国会 2015 年 7 月通过了《资本市场与金融投资业法修正案》（又称《互联网众筹法》），旨在改善韩国的创业融资环境，有效缓解对初创企业投资不足的问题，保护社会弱小投资者的利益。美国提出了“平民科学”，通过平民科学，让公众主动参与科学过程，以各种方式解决现实问题，为广泛的科学和社会问题贡献自己的聪明才智，包括公共卫生、救灾、生物多样性研究和天文学等领域的重大问题。

4. 注重教育和培训，使创新创业者具备必要的技能

欧美国家将创新和创业精神的培育贯穿到初级和中级教育中，大学不仅是在校学生创新创业的摇篮，更是可以通过参与政府项目，为社会上的创业者提供专业化辅导和培训。法国提出要加强初中班级与公共研究实验室在建设科技文化方面的互动。德国强调要鼓励和支持创业和企业家精神，大力支持社会特别是青年人创业，同时重视现有中小企业接班人的培养。2011 年以来，在美国国家科学基金会创新团队（I-Corps）计划支持下，有来自 45 个州的逾 115 个教育机构参加了 I-Corps 课程，7 个大学联盟提供创业学习环境和课程开发。已有近 600 个团队完成 10 周的实验性教育培训，其中约半数决定成立公司。另外，各国越来越注重创新创业绩效的评估和相应政策调整。特别是，欧盟提出要坚持对创新创业绩效的跟踪评估，并适时做出符合实际、切实可行的创新政策调整。为此要继续

改进完善欧盟创新记分牌、创新创业社会调查和工业企业咨询服务平台建设等。

五、政府服务创新提上重要日程

世界主要国家将政府服务创新提上重要日程。

1. 注重提高政府绩效，政府服务创新的紧迫性和必要性增加

一方面，当前，世界各国政府面临各种复杂问题，特别是2008年经济危机以来，政府预算普遍吃紧，政府提高自身服务效率和效果的紧迫性显著增加；另一方面，新技术的出现为政府服务创新提供了新机遇。公众对政府服务更高的期待也是政府创新的一大动因。各国政府将自身服务的创新提上重要日程，努力寻求创新工作方式，创新服务内容和服务方式，将创新作为提高公共部门绩效的重要途径。

2. 倡导政府创新文化，确保创新融入政府管理

各国政府积极致力于激发政府部门创新的动力，推动各部门创新管理和服务模式，并鼓励共享信息和分享经验，使创新理念渗透到政府服务的各个环节。美国政府积极致力于创建一套“创新工具包”，以促进政府雇员对整套核心创新方法的了解和这些方法在政府各部门的广泛运用。创新工具包将包括高质量的在线资源，解释这些方法如何和为什么可以为人民带来好处。美国还致力于建立“实践社区”，以便于联邦雇员共享信息和分享经验，应对许多机构所面临的共同挑战。澳大利亚建立专门网站提供“公共部门创新工具包”，专门面向政府部门的公务员、团队和机构，为他们创新服务提供帮助。

3. 强调利用数字技术机遇，积极推动开放政府数据和创新政府服务

为能充分利用大量公共数据，政府致力于政府自身掌握的信息的数字化、可机读性和非敏感信息的开放。美国总统奥巴马明确提出联邦数据是国家资产，要尽可能地将联邦数据面向公众开放，以提高政府效率，增强责任感，激励私营部门创新，推动科学发现和促进经济增长。政府还致力于确保联邦资助的研究产生的大量数字化数据和出版物开放获取，以便于创新者、科学家和普通公众自由利用。澳大利亚提出政府要加入数据革命，大力推动公共数据的开放和利用。澳大利亚已经成立了数字转型办公室，帮助政府部门向公众提供更便捷的数字服务。德国将经济、社会和管理的数字化确立为联邦政府未来的核心任务，提出了布局“数字化未来”的十大举措，包括支持初创企业、创新数据保护、实现在线公共管理等。

4. 增加对外部力量的倚重，让公众及各界更多参与政府服务并与政府一道解决实际问题

各国政府正致力于寻找新途径，加强政府与公众、企业和民间团体的互动与协作，让公众及各界更多参与公共服务，甚至共同设计和创造公共服务。一些国家和城市正在采取措施建立创新机制，使这种共同设计公共服务的做法制度化，如美国卫生与公共服务部等部门的创意实验室、丹麦的思想实验室、英国的政策实验室、芬兰赫尔辛基的设计实验室、美国波士顿和费城的新城市机制办公室等。在这些灵活的组织方式和协作下，有关各方参与政府服务以及和有关政府部门协同工作的意愿显著增加。

各国重视提高科技创新治理水平

目标、工具和参与方日益多样化，创新政策设计和实施中新因素的加入，都使政策领域更加复杂，引起了优化政策组合和多层次治理的问题，这要求协调创新政策要有新方法，以确保政策设计和执行的连贯性，维持政府的政策掌控能力。近来科技创新系统的治理发生了一些变化。例如，许多国家制定和实施了全国科技创新战略，倾向于让部分自治的专业化机构承担各种不同的任务，精简整顿公共支持计划，开展科研机构改革，并通过战略性公私合作调动私营部门投资创新，科技评估工作也备受政策关注。

一、提高统筹协调水平的努力在逐步升级

近年来，随着人们对创新理念、创新过程及其决定因素的认识在不断深化，人们越来越关注各类不同的行为主体及它们的相互影响，科技创新政策的范围在拓宽，科技创新政策工具及其组合的复杂性在上升，利益相关部门和机构在数量上和范围上都在大幅增加，加强协调成为一项非常具有挑战性的任务，创新政策更加需要“整个政府”来有效运作，需要更多参与者更有效地参与到政策的设计、实施和评估循环中。

1. 纷纷制定实施国家创新战略

国家科学技术创新战略通常会包括广泛的磋商和评议，总体上有几方面功能：首先，将科学技术创新贡献相关的政府愿景与国家社会经济发展联系起来；其次，为科技创新的公共投资设置优先次序，并识别出政府改革的重点；最后，吸引各方面的利益相关者，范围从研究团体、投资机构、企业和民间社会，到制定和实施政策的区域和地方政府。近两年来，美国、英国、日本、法国、德国、

日本、加拿大、爱尔兰、澳大利亚等国纷纷制定和实施了国家科技创新战略，阐述了要为社会经济发展做贡献的愿景及相应的投资和改革议程。德国的新一轮高技术创新战略成为全方位、跨部门的创新政策，以更有效地整合资源，为经济和社会创新注入新活力。2015 年，美国推出了《创新战略》升级版，日本更新了《日本科技创新综合战略》，法国推出了《2015—2020 年国家科技发展战略》，澳大利亚出台了《国家创新与科学议程》，爱尔兰政府发布了《创新 2020——科学技术研发战略》。

2. 强化高层政策委员会职能

许多国家都有各种不同的委员会来处理科学技术创新的政策协调事宜。在日本和韩国，采用的是强有力的联合规划模式；但在大多数国家，高层政策委员会只局限于协调或顾问角色。韩国国家科学技术审议会是韩国科技政策最高决策和协调机构，委员长由国务总理和总统任命的民间专家共同担任，委员由 13 名部委负责人和 10 名各领域民间专家组成。近几年来，有越来越多的高层政策委员会致力于创新政策，有的国家还扩大了已有委员会的职权范围。日本政府积极推进科技振兴与创新政策一体化进程，提高科技创新的宏观统筹水平，已经将内阁府“综合科学技术会议”改组为“综合科学技术创新会议”，从根本上强化其司令部职能，使之在权限、预算方面将发挥前所未有的强大推动作用。2015 年 11 月，欧委会决定正式成立最高科学咨询委员会，使原先的单一科学顾问制转变为集体科学顾问制。欧盟最高科学咨询委员会将加强同欧盟联合研究中心、各类专家委员会和成员国科技创新组织的紧密合作联系，致力于为欧盟及欧委会的政治决策，提供中立、独立、透明的意见建议和科学依据。2015 年，智利总统巴切莱特宣布成立“科学促进智利发展总统委员会”。

3. 推进科技计划管理改革

一些国家正在推进科技计划管理改革，进一步提高资金使用效益，使资助机制简单透明、运行高效，避免分散重复。

《地平线 2020》计划是欧盟有史以来规模最大的科研创新计划，它汇聚欧盟层面的所有科研创新资金，简化规则，大幅度删除繁文缛节，首要目标是打造一个连贯一致、简单易行的计划，其最突出的特点是建立囊括欧盟所有研发创新投入的统一框架。韩国政府重新审查现有投资项目，整合类似或重复项目，减少预算浪费，把剩余预算集中用于战略性投资，提高政府投资效率。德国新一轮高技术战略的核心原则是加强部门间计划制定和联邦政府跨部门创新议程的协调性。为此，德国联邦政府持续开展跨部门对话，在考虑各部门方针的情况下协调各项战略，发现并共同克服现有创新政策和工具的潜在不足，进一步完善资助体系，例如，把现有较小的激励措施整合为较大的、甚至是跨部门的资助计划。日本政府加强科技创新宏观统筹，编制预算支持提高日本国家竞争力和跨部门创新的“战略性创新创造计划”和支持高风险、高回报、非连续性创新的“推进革新性研发计划”，由内阁府综合科学技术创新会议统一主导，并从2015年开始将各部门的医疗领域研发项目合并成一个计划。针对重大科技专项，法国政府在制定优先实施的14项重大专项方案的同时，联系有关行业标准管理部门，参照他们已掌握的标准，分别制定国家重大专项的制定遴选标准及实施行为准则。

在支持颠覆性技术创新方面，美国政府已将国防高级研究计划局（DARPA）的创新模式从国防领域扩展至能源、教育等领域。日本政府效仿DARPA模式，通过全新的《推进革新性研发计划》（ImPAcT）促进颠覆性创新，转变国内研发的固有思维模式，由同行评议制转为项目经理负责制。英国创新署也已经在考虑与英国研究理事会形成新的合作方式，以制定更全面的方法来识别并利用颠覆性技术，首个试点项目是量子技术项目。

4. 建立专业化创新管理机构

许多国家在努力建设创新体系的同时，纷纷设立创新管理机构或赋予科技管理部门以统筹国内创新职能，加强创新在促进本国经济社会发展中的作用，如挪威的挪威创新署、法国的国家创新署、新西兰的先进技术研究院。新西兰先进技术研究院（又称卡拉翰创新院）模式是近来新西兰创新体系运作的巨大变化，它通过一站式服务，为科学、工程、设计或技术提供更强和更聚焦的体系。丹麦政府把战略研究理事会、技术创新理事会和国家高技术基金会合并重组为国家创新基金会，减少碎片化，促进专业化。英国把技术战略委员会已更名为英国创新署，强调其创新支持职能。2015年，瑞士联邦政府向议会提交一项关于瑞士创新委员会的立法建议，建议明确其国家创新促进公法机构地位，以便更好担负促进技术创新职能。为加强尖端医疗技术研发，日本政府于2015年4月正式成立了日本医疗研究开发机构，希望使之像美国国立卫生研究院那样，成为日本医疗卫生领域的领头羊和指挥部，负责将分散在文部科学部、厚生劳动部、经济产业部的相关预算1400亿日元进行集中和分配。

5. 改善不同层级之间的协调

一些国家已经采取具体的方式来改善不同层级之间的协调。例如，阿根廷、澳大利亚、巴西和丹麦都宣布采取以圆桌会议或政策委员会形式的制度化研讨会方式，而西班牙则依靠国家政府和区域政府之间科学技术与创新合作协议的配合。德国通过法律和若干协定来进一步强化联邦政府和州政府之间在科研、创新和教育方面的合作。为扩大联邦和州在科研领域的合作范围，进一步消除制约联邦和州协同促进科学、研究及教学工作的法律障碍，德国联邦内阁通过的基本法修正案2015年起正式生效。修正条款改变原先高等教育属于州事务，联邦政府不对高校直接提供稳定性资助的局面，允许联邦政府和州政府通力合作，更加有计划性、战略性地稳定支持高校的科研创新工作，在联邦与州两个层面充分利用科研资源，解决共同面对的科技难题，提高成果产业化效率。2015年2月，德国研究创新专家委员会向总理提交的评估报告指出，修改基本法中对联邦政府直接支持大学科研工作的限制具有突破性意义。一些国家正在重视地方的自主与特色、中央的一揽子补助与帮扶、各主体之间的分工与对接。法国创新新政强调，创新近扎根于本地生态系统中，创新活力源于基层的主动性，不能在集中型经济的观点下管理创新，要支持各地区实施区域创新治理，以便更加贴近创新型企业的需要。韩国政府提出，区域创新体系建设要改变以往由中央政府主导，自治体研究力量不足，机关部门各自为政的局面，要加强地区自由度和事业责任感，加强自治体的研究力量，促进各主体间分工及对接，措施包括：研究引进“一揽子补助”方式，即由中央部门提供全方位的资金支持，地方政府自主选择符合自身特色的发展项目，整合中央和地区研发支持体系。

二、公共政策追求科研卓越、自由和开放

公共研究在国家创新体系中举足轻重，在公益领域或企业不宜投资或无投资动机的领域尤为如此。公共研究的目标和焦点发生变化，以适应更广泛的社会经济和政治形势，增强国家竞争力。目前新一轮公共研究机构改革和科研政策的目标是，聚焦于高端研究和战略重点领域，更好地发挥公共研究在以企业为中心的国家创新体系中的作用，并使科学事业成为一项更为开放的事业。

1. 以新型资助形式追求科研卓越

科研资助的决策方式要体现追求卓越、尊重自由探索，同时又要反映政府和社会关注的战略重点和面临的挑战，以更具战略性、目标导向型的方式解决紧迫的社会需求。为提高研发投资使用效率，公共研究日益依赖于竞争性的项目资助，其代价是减少非竞争性的机构事业费或机构核心拨款。不过，科研活动也需要一定的稳定性资金支持，国家科研体系需要在竞争和稳定之间努力保持适度平衡。在这种背景下，2/3的经合组织国家实施了科研卓越计划，在重点领域战略性地投入资源，为卓越研究中心主办单位提供大规模的长期稳定资助，采取竞争择优资助和同行评议的方法遴选主办单位，能者上庸者下，鼓励主办单位开展具有挑战性的杰出研究，支持复杂、高风险，特别是跨学科领域中的研究议程，这结合了稳定性的机构拨款（机构科研事业费）和竞争性项目资助的元素。

主要国家正在加紧实施科研卓越计划。加拿大政府新设了“加拿大第一研究卓越基金”，计划投入15亿加元协助加拿大高等教育机构在能够为加拿大赢得长期经济优势的领域打造全球杰出的研究实力。法国《卓越大学计划》被视为法国高等教育近40年来最大力度的改革之一，首批获得资助的学校已获得77亿欧元资金。德国政府继续支持卓越计划，目的是发展德国大学的卓越成就和加强科学界的前沿研究，让德国成为一个更有吸引力的研究强国。《卓越研究中心计划》是芬兰主要的基础研究计划之一，2014—2019年支持对象包括14个实验室。新西兰政府加大了对卓越研究中心的支持力度，到2016—2017年度，总数将达到10个。俄罗斯联邦政府2015年宣布将连续3年划拨经费优先支持重点大学的发展，提高其在世界大学中的竞争力排名，实现到2020年有5所俄罗斯大学进入世界大学百强的目标。

2. 立足不同导向开展科研机构改革

德国《科学自由法》（《关于非高校研究机构经费预算原则之法令》）已经简化了国家和管理部门对德意志研究联合会、弗朗霍夫学会、马普学会、亥姆霍兹国家研究中心联合会等11家非大学研究机构的微观管理，为促进卓越研究开拓了新的自由空间，通过赋予非大学研究机构在经费预算、人力资源、参与企业投资和工程建设等方面更多的自主权和灵活性，旨在提升非高校研究机构的综合能力和国际竞争力。德国联邦政府将进一步加强行业部门的研究能力，重点是让联邦物理技术研究院、联邦材料研究与测试研究院、联邦地理科学与自然资源研究院等部门直属科研机构也能从《科学自由法》的优惠政策中获益。

为了进一步激发约30家大型公立研发机构的创新活力，从2015年开始，英国公立研发机构在执行政府采购、工资帽等政策规定方面享有自主权和灵活性，以便公立研发机构购买世界先进的、高质量的实验设备以及吸引更高水平的创新人才。2015年年底英国政府发布的开支审查与秋季声明宣布，将这一财务自主政策扩大到商业、创新与技能部下属所有的、非公立的部门研究机构，在一定的限额条件下，这些研究机构也可自由灵活地使用其所积累的商业收入储备。

为了创造适合科研机构产生最佳效果的环境，日本政府进行了独立行政法人分类改革，将独立行政法人分为中期目标管理法人、国立研究开发法人和行政执行法人。一方面，由主管大臣参与这些机构的政策制定与成果评价，评价目标计划、成果业绩与业务运营，以利于机构贯彻政府制定的大政方针。另一方面，从2015年4月起，科学技术振兴机构、新能源与产业技术综合开发机构等科技项目专业管理机构与产业技术综合研究所、理化学研究所等31个研发机构列为国立研究开发法人，采用中长期目标管理（最长7年）；包括日本学术振兴会在内的60家中期目标管理法人则采用中期（3～5年）目标管理，获得了一定的业务自主权。《2015 年日本科技创新综合战略》还提出，推进大学与研究经费改革，包括强化国立大学功能，将优秀的研究型大学建设为“特别研究大学”，并在经费和政策上给予支持，调整竞争性资金，强化间接经费促进科研的作用；强化研究开发法人的职能，给予其更多的自主权。在人事制度改革方面，为了解决“任期制”（一般为 3 ～5 年）在提高人才流动的同时也带来相关人员“担心后续任期”“不能专心工作”等的问题，日本政府提出，将推动实施“卓越研究员”制度，由国家相关部门根据产学研单位需求，以“任期制”中 40 岁以下的助教或博士后研究员为中心，面向社会选拔并认定“卓越研究员”，由设置“卓越研究员”岗位的产学研机构负担其工资薪酬并保证“终身雇用”，给年轻优秀人才一个稳定的环境。

鉴于教育科学部、科学院、高校系统及其他科研机构长期割据，存在政令不畅，各类科技资源难以协调，俄罗斯科学院事务管理混乱等现象，俄罗斯联邦政府于 2013 年启动了俄罗斯科学院改革重组工作，由新成立的俄罗斯科研机构管理署对俄罗斯科学院、俄罗斯医学科学院、俄罗斯农业科学院移交的国有资产行使所有权，负责任命其下属科研机构的负责人，对其下属科研机构的工作进行评估。这反映了俄联邦政府通过改革提高科技创新整体效率，在经济转型期更好地支撑国家经济发展的战略意图。2015 年，随着国有科学院系统资产和人员盘点冻结期结束，俄罗斯政府围绕厘清俄罗斯科学院和联邦科研机构管理署之间的关系、下属机构的合并重组、人才培养、资产清理等方面进行重启改革进程，明确了联邦科研机构管理署和俄科院之间的协调规则，推出了下属科研机构改革计划，按照联邦研究中心、国家研究院、联邦科学中心及地区科学中心等 4 个层次进行机构重组。其中，联邦研究中心主要从事对国家具有战略意义的突破性研究和应用研发；国家研究院主要从事基础研究；联邦科学中心主要承担科学创新中心和技术平台功能；地区科学中心主要致力于发展地区科学网络，组织地域内的研究所共同解决地区性问题，提升地区生产力。

法国政府正在推进教育与科技深度融合，加强整合力度。一是拓宽高校与科研机构的合作渠道。规定高校重组不再局限于本地区，凡是有利于高校与其他科技机构加强科研合作，本地区与其他地区之间的高校在科研方面也可以进行重组。二是积极组建高校科技合作研究联合体建设，推动高校之间加强合作研究。三是发挥高校和科研机构在提升地方科技水平中的重要作用。2015 年法国正在整合和重组高校科技合作研究联合体，计划当年建成 25 家。

3. 积极建设国家级技术创新中心

公共研究成果的转移和商业化是科技创新政策至关重要的领域，在新的经济形势下更为突出。特别是，近年来许多国家在战略性新兴领域支持产学研各界共建技术创新中心，借此帮助企业解决技术创新共性难题，共享先进的科研设备仪器，促进高级人才技能培养，从而弥补企业对于不确定性较大和时间跨度较长的创新支持的不足，缩小研究发现与后续商业开发间的缺口。

总体来说，在这些技术创新中心的建设过程中，政府有3个职责：一是咨询各界意见，制定建设指导文件；二是瞄准战略性产业方向，对技术创新中心进行重点领域和重点机构布局；三是对技术创新中心给予早期启动经费，调动私营投资，政府前期投入大，后期投入减少或只提供稳定性核心经费，甚至政府最终退出。其中，政府稳定性核心经费主要是支持技术创新中心承担一些着眼较长远的共性技术研发。总体上来看，各国的产业技术创新中心基本上均为“公助、非营利”性质，其治理模式是由董事会控制，一般享有充分的自治权，奉行开放创新理念，需要与研究界和产业界的关系保持密切联系，并要注重为中小企业服务。

英国自2010年开始筹建技术创新中心（又称“弹射中心”），专注于市场潜力大、英国研究水平世界领先的产业，到2014年年底已经建成7个中心，计划2015年再建两个中心，获得了企业界的广泛支持。英国技术创新中心的预期投资模式是政府出资核心经费占1/3，企业投入占1/3，竞争性经费占1/3。美国奥巴马政府在先进制造领域计划建设一个由15家制造业创新中心组成的国家制造业创新网络，2015年制造业创新中心数量已经达到8家，未来10年目标是达到45家。为产生重大经济影响，美国政府对增材制造创新中心的投资达7000万～1.2亿美元，带动私营部门至少匹配同等投入。美国政府还希望制造业创新中心在政府支持7年后能够实现自我维持。参照德国弗朗霍夫学会和英国弹射中心模式，加拿大对国家研究理事会进行改革，使其重点转向为企业提供更有效的支持。巴西政府则成立了巴西工业创新研究院，作为企业和科研机构间的桥梁。

4. 努力使科技创新事业更为开放

当前，科研组织和执行方式正在经历变革，科学事业正变得成更为开放。政府积极推进科学开放，有助于达到以下目的：一是强化科学研究的内在本质，通过开放和可重复性提高科研质量和效率；二是提升科学研究的社会影响力，为研究人员、决策者、企业、公共机构和公众创造新的机会；三是使公众成为科研活动的支持者、参与者、监督者和科研议程的共同设计者，让科学事业接受公众监督，反映社会诉求；四是促进国际合作。

当前，各国政策重点已经由国家科研设施仪器的开放共享扩展至受公共资助的、非保密的科研成果（包括出版物、研究数据）的开放获取，许多国家政府正在这方面强化规章制度框架。2015—2017年，芬兰政府将通过开放科研计划、科研基础设施战略、开放数据行动等国家计划，为国家开放式科研路线图的实施提供经费1600万欧元。法国政府已提出，要制定法国开放科学的发展框架，在开放科学方面开展技术普查和需求管理，梳理国外和法国的良好做法，在获取研究数据方面向投资者提出指示性建议，发展科研机构在数据格式、数据管理等方面的能力，开发元数据。

欧美国家还注重通过“公民参与科学”这种自下而上的方式丰富研究工作，并通过采用设置挑战赛、先完成后奖励的资助方法给更加多元化的研究者、创新者和企业家创造机会，并帮助解决某些重要挑战。特别是，美国已经把有奖竞赛型奖励作为国家创新战略的一项标准的政策工具。德国联邦政府也积极推动社会成为创新的核心主体之一，加强技术开放、公民参与科学等要素，重视社会力量参与政策设计，并增加新技术给社会带来的机遇和风险方面的评估内容。

三、战略性公私合作在创新领域愈加流行

随着财政预算紧缩、新的公共管理思潮正在兴起、科技创新更注重加强合作和结成网络，许多国家正在采取新的治理安排，特别是通过创新的公私合作或伙伴关系机制，从各种公私来源吸收创新资源，促进多方协同创新。

1. 公私合作工具在科技创新领域应用广泛

对于政府来说，公私合作（PPP）能够调动私人研发投资，能够帮助科技创新政策反映创新的开放本质，并有助于应对社会挑战和全球挑战。对于产业界来说，与公共研究机构合作能够帮助其解决现实问题，开发新市场，并通过合作创造价值。PPP 传统上用于基础设施领域，现在在科技创新领域更加流行，这是因为它比补贴、减税等政策工具更适合某些创新目标或挑战，更能反映研发和创新过程的性质变化。例如，创新高度依赖外部知识源，创新需要更加以用户为中心。在 20 世纪 90 年代，一些国家开始在技术创新计划中采用公私合作模式。2008 年国际金融危机以后，创新型国家纷纷着力把私人投资吸引到创新领域，加强对产业驱动的优先领域的资助，以提高公共资金使用效率，在科技创新领域形成一轮公私合作热潮，几乎涉及科技创新领域的所有方面，包括在技术转移、重大科技专项、风险创业投资、科研设施建设、联合机构建设（如联合研究中心、产业技术创新中心）、产业战略制定与实施等许多方面的应用。

2. 战略性公私合作在许多国家明显兴起

近年来，在战略性、长期性、高风险、跨学科、大范围、利益相关方多元化的科技和产业创新领域，PPP 在许多国家明显兴起。这些 PPP 通常由政府推动，通常配合再工业化、绿色增长、竞争力等方面的国家和产业创新政策，通常涉及广泛的参与者网络和长期的大笔投资。

从欧盟来看，只要一些大型项目的投资规模超越了单个成员国的能力，PPP就成为大有希望的科技创新政策工具，因而在《地平线2020》计划中占据重要地位，其中投入不菲的5项“联合技术计划”和8项契约型公私合作专项定位于在欧洲产业竞争力的关键领域保证欧盟技术全球领先。此外，美国的先进制造业伙伴关系计划和精准医学计划、德国的未来项目、法国的“工业新法国”34项计划、韩国的未来增长动力计划旗舰项目等重大专项也都是战略性PPP的重要范例。德国联邦政府支持的未来项目每个都努力寻找能够提高生活质量、保护生存基础、保障德国经济在全球主要市场占据竞争优势的系统化解决方案，注重将经济界、政界、科技界和社会的各方力量团结起来，共同制定和落实科研及创新议程。英国政府近年来也十分注重与产业界建立长期的战略伙伴关系，除了与产业界共同制定和实施一些产业的长期发展战略，还积极建立重要的联合研究机构。例如，联合产业界共同出资20亿英镑创建英国航空技术研究所，共同出资10亿英镑建立汽车高级推进中心。又如，英国的研究伙伴投资基金（RPIF）向大型科研设施项目拨款，吸引的私人和慈善机构投资至少是公共投资的两倍，目前新投资共超过13亿英镑。2015年，俄罗斯启动《国家技术倡议推进计划》（全称为《面向2035年构建全新市场并为俄罗斯占据全球技术领先地位创造条件措施计划》），公私合作机制在该倡议实施过程中将起到重要作用。

3. 构建战略性公私合作联合治理模式

在大多数国家，这些战略性的联合研究或协同创新工作由各方代表组成的联合管理委员会实施，由公共部门联合私营伙伴共同投资，以分担风险并取得事先承诺。这是新型治理方式的一个重要原则，意味着私营部门和学术界的强烈参与。

欧盟的具体做法是，由欧盟产业界代表（如非营利性协会、技术联盟）根据产业发展需求结成利益伙伴，提出联合技术计划立项申请，经过欧盟根据“战略的重要性与可操作性”“存在市场失灵”“能对欧盟产生重大的经济社会价值”“产业界义务明确”“现有的欧盟政策工具不充分”等遴选标准批准后，与欧盟成立专门的联盟法人实体——“联合执行体”予以实施，这意味着私营机构更多地参与重大科技专项执行机构的治理。“联合执行体”负责执行共同的战略研究议程，明确详细的工作方案（多年度执行计划和年度工作计划），并直接管理联合技术计划各方面的实施工作，包括遵照透明、竞争和卓越原则，负责组织项目招投标、项目建议书评价、项目选择、科研合同谈判和签署、项目立项后续工作及报告工作。

韩国政府也重视官民合作，提出在13个未来增长动力方向上，专门设立官民合作旗舰计划，挖掘并支持成功可能性大且民间关注度高的项目，并为此成立官民合作创新推进机构。

在日本政府主导下，产学官合作组织“机器人革命倡议协议会”于2015年5月成立，由企业用户、公立研究机构、学会等组成，预计会有超过200家公司和机构参加。不仅丰田汽车、日产汽车等使用机器人设备的大企业会加入，而且新能源产业技术综合开发机构等研发机构，以及大学、甚至专家个人也可以加入，旨在建立举国体制，使日本在机器人应用与出口处于世界领先水平。为了借助物联网技术实现未来新型社会，日本政府于2015年10月还成立了以民间主导的产学官合作组织“物联网推进联盟”，成员涵盖企业及地方政府，约达750个，其中政府的作用是致力于改革妨碍业务开展的监管制度、新规则的制定及建立资金援助机制，而企业相关人士和专家建立工作组，就物联网技术研发测试及先进示范项目制定计划，向政府提出政策建议，并就网络安全对策等展开讨论。

德国经济部和教研部2015年3月共同启动升级版“工业4.0平台”建设，在主题和结构上重新改造，领导小组由联邦经济部长和联邦教研部长共同领衔；下设战略圈，由两部门国务秘书牵头，负责政策协调，发挥社会动员与“倍增”作用；由企业家牵头的操作圈与参考架构及标准规范、研究与创新、网络安全系统、法律框架、就业与教育培训5个工作组，负责技术能力及应用决策；产业联盟和国际标准委员会，负责进入市场的有关活动。

四、强化科技创新政策评审评估应时兴起

随着科技日益成为国家的核心竞争力，科技投入加大，全球化进程加快，政府和公众更加关注科技投入的效率和效益，科技决策者越来越需要提供可靠、直观的科技投入效果信息，越来越需要加强对科技创新政策的评估和认识，政府越来越有必要更广泛地使用事前和事后评估，改变管理方式，重新调整政策工具，从而提高行动效率和效益。

1. 把评估工作纳入国家创新战略

一些评估评价工作不仅仅是关注分散的政策干预或工具，而是关注整个科研组合或整体的科研创新体系。日本政府提出，开展全面的政策评估、全方位追踪，把评估工作作为创新战略实施的重要一环。保证科研项目质量和检验支持措施的成效是德国联邦政府创新政策的重要组成部分。德国高技术战略中的所有重要举措和行动在事前、事中、事后均要接受评估。在德国新一届联邦政府的联盟协议中，联邦政府表示要进一步提高政府行动效力，因此会更多地在政策制定阶段进行政策效力分析，更多地评估已有法律和方案，系统地检验其效力。德国联邦政府将定期报告新的高技术战略的实施和进一步发展情况。2015年2月，德国研究创新专家委员会还向默克尔总理提交了年度评估报告，建议针对高技术战略

中的六大未来重点领域应提出更加清晰明确的目标和任务，同时及时建立系统化的监控机制，制定兼顾近期目标和长远影响的评价标准体系。英国政府委托外部专家开展的许多评审建议已经纳入商业、创新与技能部的核心方案，审查原则已经内化为英国科研与创新战略方向的一部分。法国创新新政要求，建立一个独立的、持续的评估过程，使国家要在真正的绩效文化下评估和改进公共创新政策的效果。欧盟注重跟踪评估创新创业绩效，适时做出政策调整，继续改进完善欧盟创新记分牌、创新创业社会调查和工业企业咨询服务平台建设。2015 年5 月，欧盟还决定通过《地平线 2020》每年投入 2000 万欧元设立创新政策支持便利机制（PSF），以进一步改进完善新入盟国家，特别是中东欧国家的研发创新体系，消除东西欧之间存在的巨大科技能力差距，提高欧盟总体研发创新水平。新机制将组织国际资深科技人员和管理专家，对中东欧国家的研发创新体系进行综合评估评审，提出进一步改革建议。

2. 加强科技创新政策评估能力建设

加强对科技创新政策的评估和认识是政府的着力点之一。特别是，美国和日本正在积极创建《科学与创新政策学》（SciSIP），以制定、改善和扩展适用于科学技术与创新政策决策流程的模型、分析工具、数据和标准。要构建和完善科学与创新政策学，需要完善理论基础，开发分析工具，建设高质量的数据库，并培养一批接受过专业培训的专业研究人员，以便最大限度地保证科学与创新政策研究的科学严谨性和定量化基础。美国的《科学与创新政策学》研究计划试图构建一个共同的研究框架，通过这一框架将不同学科的研究连接起来，并注重数据平台建设和数据的可视化呈现，重视和支持科学与创新政策学的方法研究工作和人才队伍建设工作。由美国科技政策办公室建立的科学政策学跨部门工作组（SOSP ITG）还实施了一系列共同体建设活动。例如，举办国际会议，研究并制定科学政策学的发展路线；举办大型的科学政策年度会议；研讨重要学科发展问题；建立交流信息和思想的中心服务器，构建共同体长期交流的网站等。

法国在国家战略和预测总署内设立创新政策评估委员会，由其向总理提交“法国创新情况”年度报告，用于准备关于创新的政府年度研讨会。该委员会联合国家创新体系和外部专家的各参与者，建立一个由所有参与者共同参与的独立诊断系统，指导所有公共政策及其评估，以便提高公共政策对法国创新能力特别是经济效果方面的影响。其成员组成包括：国内外创新方面的专家及经济学家和国家创新体系中不同类型的创新参与者的代表，如科研人员、成果转移技术人员、风险投资者、创新型企业的负责人等。其任务是：分析和评价法国的创新体系，从国家和地区层面提出关于提高公共创新政策的效率特别是经济影响方面的建议，开展创新体系总体评估，并向政府部门提出建议，以增强创新政策的有效性。

3. 评估框架更加注重经济社会影响

新形势更加要求将基础研究与生产和技术发展紧密结合起来，使政府和公众更关注科研在学术之外的影响力，尤其是对产业生产力和竞争力的影响。法国最近成立的创新政策评估委员会将注重从经济影响方面评估公共创新政策，并且据此做出相应调整。

美国在科研影响力测度方面正在开展试点探索，STAR METRICS（“美国再投资中的科学与技术——测度研究在创新、竞争力及科学上的影响”）项目的启动就是因为，根据《政府绩效与结果法（GPRA）》和《经济复苏法（ARRA）》，奥巴马政府面临着向公众展示经济复苏法中用于科学研究的资金如何对美国经济社会产生影响，特别是保留和创造工作机会并促进经济复苏方面的压力。

为了应对金融危机带来的财政紧张状况，将有限的政府科研资金更有效地用于推动经济发展和就业，爱尔兰政府2013年发布的《国家在科研优先领域投入监测框架》从国家目标、部门目标、重点领域具体目标3个层次制定了政府未来科技投入的准则和目标，旨在监控和评估政府在科研优先领域的投入产出效果，强化科技创新对经济发展和就业增长的推动作用。

英国最近废除了原有的研究评估制度（REA），2014年按照“卓越研究框架”（REF）对大学开展了英国有史以来规模最大的科研投资质量及影响评估，涉及52 061名学术人员、191 150项研究产出和6975份案例研究。REF调整了评估标准和方法，更加强调原创成果和科研影响力，在三大评价指标中“研究质量”和“研究环境”保持不变，但用“经济社会影响”（基于案例的形式进行评价）取代了原先的“研究声誉”，三项权重分别占60%、15%和25%。2015年12月，商业、创新与技能部再次委托英国皇家学会会长保罗·纳斯（Paul Nurse）、牵头对REF体系进行独立评估，其主要任务是：一是调查评估英国高等教育研究绩效的不同方法，既能加强卓越研究与影响的导向，同时简化和减轻大学的管理负担；二是基于2014年评估结果，提出可供参考的其他研究绩效评估模型，为指导未来研究经费的分配提供强有力的方法；三是对更简单、更少打扰的研究评估方法未来的重复周期提出意见和建议，在保留专家评审的基础上，新方法应该更有效地利用数据和定量方法。此外，虽然英国研究理事会、高等教育拨款委员会和英国创新署最近开展了影响力评价研究，但是英国政府还希望改进影响力评价方面的政策框架，要求英国研究理事会、英国创新署和高等教育委员会提出关于制定全面系统的影响力研究方法的提案，以促进理解科研产出与经济和社会后果之间的影响力关系，进一步提高科研创新体系的效率和灵活性，优化对系统风险和机遇的意识。

4. 设法改进影响评估成果的利用

评估结果可以揭示国家科技创新战略、政策和计划的实施状况及影响，促进政策讨论，推动战略、政策和计划的重新定位，形成公共资金的分配或再分配。作为科技治理中的一个重要方面，政策影响测度不仅更加关注政策制定的证据基础的开发，还更加关注评估作用的强化。日本最新修改了政府资助研发评估国家指南，要求资助机构使用评估结果检查其研发计划，而且必须向日本公众展示怎样使用了评估结果。韩国试图通过把影响评估结果与研发预算分配和公共研究机构的董事工资正式联系起来，强化影响评估的影响。经过 4 年多的酝酿和实施，英国于 2014 年年末发布了新的《研究卓越框架》（REF）评估结果。该结果将决定未来 6 年英国各大学从英国政府资助机构所获得的研究经费数量，将作为每年 17 亿英镑左右的英国大学科学研究资金的分配依据。绩效导向型研究基金（PBRF）是新西兰政府对高校进行科研水平评价和安排研究经费的主要依据。使用这一制度的国家并不止英国和新西兰，其他一些英联邦国家和北欧国家也使用这种方式来管理科研经费。为促进科研机构提高工作效率，俄罗斯于 2015 年推行基础科学类与应用研究类科研机构工作业绩分类评定的新办法。对于绩优单位追加资金拨款，末位机构轻则更换领导，或并入其他单位，重则解散。

科技外交在世界范围内兴起

科技外交并不是一个新现象，但在近年来越来越受到重视，已经发展成为现代大外交观的核心要素之一。其背后动力是全球化挑战、国际关系变化及国家发展需要。

一、科技外交的概念及内涵

1. 科技外交的起源

英国皇家学会早在1723年即设立了外交秘书一职，比英国政府首次任命外交大臣还早将近60年。1941年英国皇家学会会员查尔斯·高尔顿·达尔文（查尔斯·达尔文之孙）被任命为驻华盛顿的中央科学局局长，成为英国第一位官方认可的驻外科学代表。

将科技合作与外交关系挂接起来，美国开创了历史先河。从许多案例来看，可以说科学外交正是发端于冷战时期。美苏两国科学家在1957年7月举办了“科学和世界事务系列会议”，为正处于对抗状态的两国创造了建设性的对话渠道。

2. 科技外交的概念

随着科学技术的实际作用和影响在国际关系中日益重要，科技外交开始为各方所关注。国际上，科技外交概念发展于美国，随后扩散至多个国家和区域。

（1）各国的官方提法

一般认为，美国国务院于1999年10月发布的《科学、技术和卫生在外交政策中的全面深入》，是最早地正式提出科技外交的官方文件。美国国务院科技顾问 Nina Federoff 博士认为，科技外交是国家间的科技交流，以解决人类面临的共同问题和构建建设性的基于知识的国际伙伴关系。

2008 年 5 月日本综合科学技术会议发布报告《强化科技外交战略》，明确了科技外交的概念——“把科技和外交政策联系起来，实现共同发展”及“利用外交促进科技的进一步发展和利用科技手段实现外交目的”。

法国在 2013 年 1 月颁布《法国科技外交战略》，将科技外交定义为“通过科技合作搭建桥梁，推动不同国家和地区之间的合作及对话，其外交效用在其他官方政治对话机制失灵时将更为明显”。

（2）多边组织的官方提法

联合国贸易和发展会议①在 2001 年设立了科技外交行动计划，重点是提升发展中国家的科学家和外交官参与国际谈判的能力。在该计划中，科技外交是指为多边谈判和执行多边谈判成果而提供的科技建议，也包括在国家和国际层面为兑现国际承诺而开展的科技行动。

（3）学术界的提法

以英国皇家协会《科技外交新前沿》② 报告为里程碑。2009 年 6 月，英国皇家学会联合美国科学促进会召开“科技外交新前沿”研讨会。2010 年 1 月同名报告发布，对科技外交进行了定义，认为科技外交包括三方面的含义：“外交中的科技”，“为了科技的外交”和“为了外交的科技”。

2014 年世界科学出版社的《科技外交——崭新时代还是虚假曙光?》③ 一书中，继承了《新前沿》中关于科技外交三方面含义的架构。同时指出，科技外交是“各国在国际知识舞台，以科学方法实现知识的获取、运用和交流，从而展示自身形象和获取自身利益的过程”。

3. 科技外交的 3 个含义

目前国际上认同度较高的解释来自英国皇家学会的《科技外交新前沿》，被视为科技外交理论研究的里程碑。报告对科技外交的概念从 3 个维度予以解释。

第一，外交中的科技（Science Diplomacy）：依靠科技促进外交目标的实现。

当前人类社会面临着一系列全球性挑战，包括：新兴疾病、能源短缺、气候变化、水资源持续性、自然灾害管理、食品安全等。要解决这些复杂的全球性难题必须通过广泛的国际科技合作，科学与外交的结合成了一种必然。

为解决这些共性议题，外交政策的制定者需要了解和掌握更多的科学专业知

---

① United Nations. Science and technology diplomacy. Concepts and Elements of a Work Programme. New York and Geneva, 2003.

② The Royal Society and AAAS. New Frontiers in Science Diplomacy. January 2010.

③ Davis L S, Patman R G. Science Diplomacy—New Day or False Dawn? Singapore: World Scientific Publishing Co. Pte. Ltd, 2015.

识或得到科学界的支持。例如，为应对全球气候变化，政府间气候变化委员会成立，用以支持气候变化的国际谈判。

相关文献也指出，在外交中有效地应用科技建议需要两个基本条件：一是决策者具备良好的科技素养，能认识到听取科技建议的必要性并加以综合判断；二是科学家要能够以通俗易懂的方式表达他们的科技思想，要提供关于自然和社会的最新信息，并明确指出尚存在哪些不确定性因素。

第二，为了科技的外交（Diplomacy for Science）：通过外交手段促进国际科技合作。

外交应为科技发展和科技合作提供便利。随着全球范围内科技与创新能力的增强，将会出现越来越多的国际合作网络。很显然，在凭一国之财力和人力无法实现的大目标上，应采用共同投入、成果分享的共赢模式。许多国家在双边峰会上把科技纳入重要议题，并签订政府间科技合作协定，为科技合作提供保障。

大科学工程“平方千米阵列（SKA）”所开展的工作鲜明地体现出外交活动对科学事业的重要性。该项目的成本需要由参与国摊缴，项目活动也扩大到了两个地点，目的是同时利用澳大利亚和南非的得天独厚的优势。还有如大型强子对撞机（LHC）、国际热核聚变研究项目（ITER）等旗舰型国际大科学工程，也要依靠有效的外交活动。

第三，为了外交的科技（Science for Diplomacy）：利用国际科技合作作为政策工具，维系或促进国家间关系。

由于科技活动本身所具备的非政治性、少意识形态影响和国际交流通用的特性，因此可作为外交政策工具发挥独特作用。特别是在常规外交手段失效的情况下，科技交往可用于改变敌对或冷淡的外交关系。

法国考古研究的国际合作就是一个通过科技打破外交僵局的典型案例。由法国外交部支持的考古领域合作项目能绕开政治的跌宕起伏，作为一个有效的对话渠道支撑双边交流。例如，法国和利比亚，在2012年后，通过考古项目重建交流渠道。又如法国和伊朗、乌兹别克斯坦等国的合作交流，考古研究也作为重要的渠道，承担着打破外交瓶颈的重任。

二、各国的科技外交战略及主要措施

1. 世界主要国家和地区认可科技外交在发展科学技术和外交关系中的重要作用，从国家战略乃至全球战略的高度，纷纷制订科技外交和科技国际化战略

如前文所述，美国是最早提出并实践科技外交理念的国家。美国国务院于1999年10月发布报告《科学、技术和卫生在外交政策中的全面深入》，在2009

年6月通过《国际科学技术合作法》，设立跨部门委员会，专司科学技术合作、协调相关部门，实现外交目标。2010年美国国会制订了《为国家安全、竞争及外交服务的美国全球科技计划》，明确提出国际科技合作有利于加强国家安全，提升经济竞争力。2015年，美国国家研究委员会受国务院委托发布报告《21世纪外交——让科技覆盖整个国务院》。美国已经深刻意识到科技在外交政策中的重要性，关注科技在外交政策的制定和实施过程中独一无二的作用，因此要将科技文化融入整个国务院，成就21世纪的新型外交。

日本自安倍政权开始将科技外交上升为国家战略。2008年5月，日本综合科学技术会议（CSTP）发布了《强化科技外交战略》的报告，确立推进科技外交的基本框架，明确了全方位推进科技外交的4个基本方针。2009年6月，CSTP提出日本应进一步加强科技外交。CSTP成立了科技外交战略特别工作组，并在2010年2月发布《坚韧—头脑》报告，指出科技外交具备振兴日本的战略意义。2011年8月，《第四期科学技术基本计划（2011—2015）》发布，首次把科技外交提升到国家战略高度。

欧盟在2008年9月出台了《欧盟国际科学技术合作战略框架》，提出强化欧洲研究区的国际化属性。2012年9月，欧委会提交了题为《促进和突出欧盟科研与创新国际合作的战略路径》的政策文件。文件称，欧盟将大力推动科技外交，为《欧盟2020战略》的实施提供重要支撑。科技外交还将作为展示软实力的重要工具和改善与重要国家和地区关系的重要手段，为欧盟整体外交政策提供支撑。研发与创新国际合作政策将与欧盟的睦邻政策、共同外交与安全政策、人道主义援助和发展政策等统筹协调，是欧盟整体对外行动的有机组成部分。2015年6月22日，欧盟研究、科技和创新委员卡洛斯·莫达斯在“欧洲新起点：一个创新的欧盟研究区域”大会上发表讲话，提出了“3个开放”——开放创新、开放科学、向世界开放的理念。卡洛斯指出，欧洲的科学领先优势应该转化为在全球事务中的主导声音。欧盟应该继续投入科技外交和国际科技合作，不仅仅支持合作项目，而且要启动地区和国家间的伙伴关系。

法国政府于2013年发布《法国科技外交战略》，明确提出将根据当今世界形势，加大对科技外交的倚重，确立了一系列目标以鼓励科研人员的国际流动，落实创新政策以支持法国企业的国际化战略，从而推动法国科研界为世界科学发展做出更大贡献，更有效地应对全球挑战。2015年11月，法国促进发展及国际团结委员会发布《以研究促发展——法国科学外交抱负》报告，指出科学外交的抱负旨在加强科学、社会和政策间的联系，尤其要注重与发展中国家的合作伙伴关系，确定了5个目标，提出了5点政策意见。

英国政府最早提及科技外交，是时任首相布朗2009年2月在牛津大学发表演讲时，提出“在制定国际政策及开展外交事务时，要发挥科技的新作用”。此后不久，英国皇家学会联合美国科学促进会召开“科技外交新前沿”研讨会并稍后发布同名报告，被学界公认为科技外交理论研究的里程碑。这一情况表明，英国学术界认同科技外交的论述和相关的外交实践。尽管英国政府并未以科技外交为主题提出国家战略或计划，但英国外交部、英国皇家学会和英国研究理事会等，一直倡导开展高度国际化的科技活动。英国于 2004 年出台了《科学创新投资框架（2004—2014）》，作为科技创新基础的基本计划，提出了国际科学和技术合作的战略方向。为了协调政府有关部门，共同促进英国参与国际科技创新合作，英国成立了全球科学创新论坛（GSIF）。其成员包括有英国外交和联邦事务部，英国创新、大学和技能部等。2006 年 10 月，GSIF 发布“研究开发的国际合作战略”，针对加强国际合作提出 7 项建议。

2008 年 2 月，德国联邦教育和研究部牵头制定了《加强德国在全球知识社会的作用——联邦政府的科学研究国际化战略》。2015 年 11 月，德国发布首个国别战略——《中国战略（2015—2020）》，构建德国和中国在科研、创新和教育领域的合作框架。该战略同时也是联邦政府中国政策的重要组成，极有利于两国全面战略合作伙伴关系的发展。

2. 各国的主要做法和特点综述

（1）美英法日等国家充分重视“人”的工作

一方面在领导制度和人员培训等方面为科技外交提供保障；另一方面以“人”的外交推动科技外交。

美国、英国、法国和日本等国家不断强化科技外交的领导机制，在决策部门设立高级职位。例如，美国从 2000 年起设立国务卿科技顾问，英国外交部设立了首席科学家，法国设立科技、创新领域大使级代表，日本设立外务大臣科技顾问，确保科技问题能正确纳入国家的外交政策。

美国还任命了国家科学特使，以普通公民的身份出访伊斯兰国家，将访问和交流中的心得体会向白宫、国务院和科学界汇报，提出合作建议。科学特使被认为是非常关键的人事布局，能够充分利用他们在科技界的名望和已有的资源，以“个人科技外交”支持奥巴马政府在伊斯兰世界的大外交布局。

（2）周边科技外交成为新的热点

当前主要模式有二：以促进经济发展为目标的“中心增长模式”和以实现国家战略部署和周边安全为目标的“战略安全模式”。

欧盟建立了欧洲研究区，利用地域优势加强地区经济联合。对于欧洲自由贸易联盟国家、欧盟入盟候选国和欧洲睦邻政策覆盖的国家，欧盟促进其融入研究区，向其实行最大程度的开放，或者给予其欧盟研发计划结伴国地位。欧洲 - 地中海研究区也正在建设中。

日本在东南亚和大湄公河次区域的利益一直长期存在，包括获得东南亚国家的资源，拓展在东南亚的市场和制造基地，遏制中国等。日本自2001年起，不断加强与这些国家的科技合作，提出“亚洲科技共同体”构想，构建类似东盟ASEAN+3框架的研究圈，实施日本主导的科技合作项目和人才开发项目、设立研究开发机构等。《第四期科学技术基本计划（2011—2015）》将科技外交上升为国家战略后，提出建设“东亚科学和创新区域”。该倡议有助于建立一个更加一体化的东亚社会，这是由当时首相鸠山由纪夫提出的外交倡议，很显然科技被作为明确的外交软实力。为此，日本推出了e-亚洲联合研究计划（e-Asia JRP），用于东亚多边基础上的联合研究项目的发展和支持。这个跨国科研合作计划的目标是多方面的：一是促进多边联合研究，在一些领域诸如生命科学、绿色技术、灾害预防等，为解决共同的区域挑战做出贡献；二是提升地区的科学和技术能力，预计将对地区进一步发展产生积极的影响，东亚地区将会是全球经济增长的中心；三是从外交的角度发挥积极的作用，促进该地区各国加强相互信任。

（3）面向第三世界国家的发展研究是各国科技外交的重要议题，借力科技援助，寻找与其长期、稳定的合作机会

法国的科技外交将“发展研究”作为重要议题，加强与发展中国家的合作。如参与引导公共决策者应对全球关键问题的世界科学专业能力构建，增强发展中国家在国际谈判时的倡议能力和在国际论坛中的参与程度，特别支持“被遗忘的”的法语国家与地区。

日本也注重与发展中国家开展联合研究，解决全球性问题，提升其研究能力。2008年，文部科学省和外务省发起了全球问题科技合作计划，包括两个子计划：《科技研究人员派遣计划》和为可持续发展的《科技研究伙伴关系计划》（SATREPS）。《科技研究人员派遣计划》根据伙伴国的需要，选择最适合的研究人员派遣至发展中国家，从事联合研究项目。SATREPS则基于发展中国家的需要，开展以全球问题为目标的国际联合研究——如自然灾难预防和传染病控制等。

欧盟在非欧联合战略框架下，大力推动与非洲在研究和创新领域的合作。欧盟在研究计划中关注第三世界国家的合作需求，建立了“欧洲和发展中国家临床试验伙伴关系”的合作机制，主要研发预防和治疗艾滋病、肺结核、疟疾等疾病的新方法，是发展中国家抗击与贫穷相关疾病的重要支撑。

英国的国际发展部作为对外合作机构，每5年制订一个研究战略，开展支持发展中国家的研究，其支持区域集中于亚洲（特别是南亚）和非洲（特别是撒哈拉以南），近年尤其增加了对非洲的援助。

（4）发达国家注重发挥民间科技机构和团体的作用，积极推进民间科技外交

美国科学促进会、德国洪堡基金会、英国皇家学会、日本科学技术振兴机构等民间机构或半官方机构，与政府部门紧密合作，在气候变化谈判、吸纳国际顶级人才、利用发展中国家资源等一些敏感问题上，游刃有余，事半功倍，发挥了十分重要的作用。

德国洪堡基金会在2007年出台人才吸引计划，提出招徕国际顶级研究人员的十大措施。弗朗霍夫学会也于同年推出《弗朗霍夫吸引力》资助计划，招募具有创新思想的外国科学家来德建立科研团队。

（5）一些欧洲国家充分利用驻外力量，构建国际科技创新网络，搭建合作平台，开展信息收集，协助政策决策

英国的“科学创新网络”，以分布在25个国家、39个都市的英国大使馆和领事部为据点。

法国的“科技外交网络”包括派驻各国的科技参赞（或专员）、社会科学研究机构、考古领域国际合作项目和上百个科研合作项目。

瑞士的科技外交网络则采取了“公私合作”的模式。一方面，在19个国家的25个地点派驻正式的科技外交官；另一方面，设立瑞士科技中心，从政府处获得基础设施和人员经费，其首席执行官一般是来自科学或科学管理领域的专家，他们拥有外交身份，但并不是职业外交官。一个标准的科技中心有10～15个兼职或全职工作人员、实习生和来自伙伴组织的代表。瑞士科技中心与政府签有4年的服务协议。

三、对科技外交的深度理解

科技作为专业知识、外交手段和合作活动的重要性在不断上升。从经济全球化、科技全球化和国家软实力等多个角度出发，有助于加强对科技外交的理解。

1. 从经济全球化来看

气候变化、能源、粮食安全、可持续发展等事关科技的全球性议题进入国际政治议程，在高级别外交讨论中发挥并将持续发挥重要作用。各国均希望在这些议题中引导国际舆论，宣传和实现国家利益。

科技外交已成为涵盖众多要素的集合，包括气候、能源和生物等。1998年，政府间气候变化专门委员会（IPCC）应G7要求成立，这标志着科技议题正式进入国际政治议程。如今，科技外交在最高级别的G7、G8、G20，以及各国双边及多边外交舞台上，都是突出、重要的议题。

由于世界各国人民的生活已变得息息相关，这些全球性问题可能会导致某些国家出现经济衰退和产生政治危机，甚至诱发国际争端，因而日益成为影响国家安全的重要因素。近年来，西方国家借气候变化议题在国际环境领域争取主导地位，发展中国家沦为被围攻、遏制的对象。这些迹象表明，科技外交已进入重要发展阶段，处于外交战线的前沿。

2. 从科技全球化来看

重大科技问题需要科技合作弥补人力、财力的限制，共享资源与知识，实现突破。

随着经济全球化的不断深入与发展，科技的主导地位日益突出，在新的国际经济格局中，科学技术的决定性作用得到了前所未有的加强。科技全球化日益成为经济全球化的重要表现形式。科技的进步需要科技外交。

尽管在科研领域，知识的国际传播不需要依靠国家政治手段进行推动，但通过建立科研合作框架予以支持和协调，能帮助科研界更好地迎接来自其他国家的挑战，如各国在科研人才抢夺方面的竞争。巴西通过“科学无国界”活动（也称《巴西科学流动计划》），培养未来的国际科学家，并且大力倚重科学，将它作为与关键的战略同盟和重要经济合作伙伴联络的途径。此外，针对人类共同面临的重大科学与技术问题，国际科技合作能够弥补财力和人力的不足，实现技术的快速、重大突破。对于参与国来说，有利于科学家迅速接触科学研究的前沿，分享世界先进科学研究成果。例如，大规模的多边计划行动，国际太空站、平方千米阵列（SKA）、国际热核实验反应堆（ITER），以及中东地区实验性科学与应用同步中心①（SESAME）等，需要外交界和科学界的合作。科技外交是科技研发的关键助推者，为跨越国界的交流与合作创造条件。

3. 从国家综合实力来看

科技作为一种重要的软实力，当传统外交出现瓶颈，科技外交能打破僵局，促进两国交流。

科学外交在美国过去几十年的外交政策中发挥了重要作用。例如，冷战时期，科学机构的发展和美苏两国之间的科学交流，成为联系两大敌对阵营的重要纽带；30 年前，中美之间密切的科学交流，为两国关系全面深入的发展打下了坚实的基础；而近几年，美国与印度、印度尼西亚和巴基斯坦等国的科学交流是双边友好关系的标志。特别是在伊斯兰世界，美国充分开展科技外交，利用科技弥补公共外交的失败。

中国和日本两国的关系因钓鱼岛问题陷入历史冰点。即使这种情况下，日本专家黑川真一教授仍获得了“2012 年度中华人民共和国国际科技合作奖”。中国

---

① 中东地区实验性科学与应用同步中心（SESAME）是设在约旦的大型政府间科学工作场所，它的目的是“促进中东和地中海地区的科技力量和卓越性”，并且“通过科学合作来构建科学工作的纽带，并促进大家更好地理解和平文化”。在这个项目的早期实施阶段中，巧妙的外交活动和国际合作发挥了核心作用。

科技部部长万钢在接受采访时指出："科学本身无疆界。科学家在与中国合作时做出了贡献，我们应给予奖励，这和两国外交之间的争议、争论没有直接的关系。这是科技事业很重要的一个原则。"

尽管过去 10 余年间科技外交的概念和内涵有了显著发展，但目前还只能称之为一种论述或理念，尚未形成独立的理论体系。但是，从实践层面来看，当今世界面临的大部分重大问题都根源于科学技术，这个事实是无法改变的；再者，尽管许多这类问题都有可行的技术解决方案，但却需要外交方面的努力才能加以实施。科学在外交活动中介入的程度和这个世界日益由科学技术所决定的现实，意味着势必要将科技外交融入未来。

全球科技投入持续快速增长

2015年，国际金融危机的深层次影响依然存在，世界经济在深度调整中曲折复苏、增长乏力。与此同时，国际科技竞争日趋激烈，新一轮科技革命和产业变革蓄势待发，各主要经济体纷纷实施创新驱动发展战略，极力保持和增加研发和创新投资，并将此作为实现经济社会长期可持续发展的根本途径。

一、全球科技投入基本概况

根据美国《科学与工程指标2016》，按当前购买力平价计算，全球研发总支出已由2003年的0.84万亿美元、2008年的1.27万亿美元增长到2013年的1.67万亿美元，5年年均增长率为5.7%，10年年均增长率为7.2%。

1. 全球研发投入地区分布高度集中于亚洲、美洲、欧洲3个地区

2013年，东亚和东南亚（36.8%）、北美（29.4%）、欧洲（21.9%）3个地区的研发支出之和占了全球研发总支出的88%，而且东亚和东南亚已经超过北美，位居世界首位。其他地区的研发支出只占12%，其中包括俄罗斯在内的中亚占2.5%，包括印度在内的南亚占2.7%，包括澳大利亚在内的大洋洲占1.5%，包括南非在内的非洲占0.8%，包括巴西在内的南美洲占2.4%，中东地区占2.0%，中美洲和加勒比地区则不到0.1%。

就具体经济体而言，研发投资地理分布高度集中的状况更加显著。美国仍然是最大的研发执行国（4570亿美元，占全球研发支出的27%），中国居第2位（3360亿美元，20%），这两大国几近占了全球的50%；日本（1600亿美元，10%）和德国（1010亿美元，6%）分居第3和第4位；韩国（690亿美元）、法国（550亿美元）、俄罗斯（410亿美元）、英国（400亿美元）和印度（360

亿美元）属于第三梯队——各占全球研发支出的 2% ～4% 不等；中国台湾、巴西、意大利、加拿大、澳大利亚和西班牙构成第四梯队，各占全球研发支出的 1% ～2% 。前 3 个梯队的九大研发支出国合计占了全球研发总支出的 78% ，前 4 个梯队的 15 个国家和地区更是占了全球研发总支出的 87% 。

2. 全球研发投入持续快速增长，知识密集型经济竞争加剧

2003—2013 年，全球研发支出年均增长 7. 2% ，从 0. 84 亿美元增长到 1. 67 亿美元，几乎翻了一番，这是世界各国间知识和技术密集型经济竞争加剧的直接表现。各国政府越来越重视知识和研发等科技活动对于推动经济增长的作用。中国是全球研发投入增长的最大贡献者，其研发投入增量占全球增量的 34% ，其次是美国（20% ）和欧盟（16% ），然后是日本（6% ）和韩国（5% ）。2014 年，全球商业、金融和信息三大知识密集型服务业的增加值为 12. 7 万亿美元，其中美国占了 33% 。知识密集型服务业执行了美国 29% 的产业研发活动；航空航天、制药、计算机、通信和科学仪器等高技术制造业执行了美国 50% 的产业研发活动。

3. 亚洲研发增长强劲，中国独占鳌头

尽管美国和欧盟仍是全球研发的主要经济体，但其全球占比不断显著下滑。过去 10 年，美国研发支出占全球研发总支出的比例已由 35% 降至 27% ，欧盟所占比例也由 25% 降至 20% ，而同期东亚和东南亚的占比则从 25% 增长到 37% ，成为全球研发最密集的地区。其中，中国是世界研发支出增长最快的国家，过去 10 年年均增速高达 19. 5% ，韩国研发增速为 11. 1% ，远高于全球的平均增速 7. 2% ；美国（4. 5% ）和欧盟（5. 0% ）——其中德国 5. 7% 、法国 4. 1% 、英国 2. 5% ——则低于全球的平均增速。从研发强度来看，中国和韩国也是增长最强劲的国家，过去 10 年两国的研发强度几乎都翻了一番；2013 年全球研发强度最高的国家是以色列和韩国，达 4. 2% ，日本、德国和美国分居第 3 ～第 5 位。从研发投入结构看，中国、日本和韩国企业投入比例约 75% ，美国企业投入比例约 61% 。中国基础研究投入只占 5% 左右，与其他国家大约 15% 的比例相去甚远。一方面，这反衬出中国企业在研发投入中的重要作用；另一方面，也表明中国在利用世界其他地区基础研究成果方面存在机遇。

二、各国政府努力增加科学和创新投资

当前全球经济增长缓慢，社会挑战严峻，各国政府积极把握和顺应创新发展趋势，加大创新支持力度，加快经济结构转变，创造就业机会，建设更为强劲、

更可持续的未来。

1. 美国加强创新基础要素投资

尽管面临财政紧缩的困境，美国政府一直主张加大研发投入。美国政府2015年版《创新战略》强调联邦政府投资要为创新过程提供基本保障，加强美国创新生态系统的四大基础要素——基础研究、高质量的STEM（科学、技术、工程和数学）教育、21世纪先进的物质基础设施和下一代数字基础设施方面的投资力度。2015年2月，美国政府向国会提交的2016财年联邦研发预算为1457亿美元，比2015财年国会批准预算增加76亿美元，增幅高达6%。其中，基础研究和应用研究预算共670亿美元，占46%，较之2015财年增加了20亿美元，增幅3%。预算案提出继续增加国家科学基金会、能源部科学办公室和商务部国家标准技术研究院三大基础研究资助机构的预算——共138亿美元，比2015财年的实际水平多出7亿美元。此外，研究开发预算为760亿美元，占总研发预算的52%，增长53亿美元，增幅7%；科研仪器设施预算28亿美元，占总研发预算的2%，增长近2.7亿美元，增幅10%；针对提高和扩大国民STEM的能力教育预算为31亿美元，较之2015年增加1.03亿美元。

2. 欧盟助力创新成果商业化，启动研发创新资助快车道

2015年是欧盟面临重重困难、深陷内政外交泥潭的一年，在极力破解当前困局的同时，欧盟始终着眼长远，强调实现经济增长和扩大就业战略目标的新机遇来自可提供的新产品与新服务，并为此大力探索加快科技创新成果商业化的路径，优化科技创新政策与举措。

启动研发创新资助快车道试点。为了加速创新产品或服务的市场化，改变大量科技创新成果的商业化应用“墙内开花墙外香”的状况，欧盟于2015年1月正式启动实施了已纳入《地平线2020》计划的“创新快车道”试点行动。这是欧盟加快创新产品或服务走向市场化的一种全新尝试，主要通过加大投入，为具有市场潜力的创新产品或服务提供更强助力，实现从创意到新产品或新服务完全进入市场、在整体上加强产学研用的无缝衔接。该试点项目为期两年，总经费2亿欧元。项目遴选的两个基本条件是项目团队精悍，必须由3～5个具有较强商业背景的科研机构和创新型企业组成；必须保证欧盟项目资金主要用于将新产品或新服务推向市场。欧盟工业关键使能技术及面向社会民生需求和挑战的重点优先领域均可申请该项目资助。

探索科技创新技术转移有效路径。科技成果如何有效地转化为商业上的成功，一直是制约欧盟创新技术转移的最主要障碍。2015年1月，欧盟通过组建PROGRESS-TI研究团队，拟利用3年时间研究制定出一整套欧盟切实可行的技术

转移工具、方法、机制和指南，包括采取行之有效的财政、税收、金融和政策等市场导向综合手段，促进技术向工业或商业成功转移；最大化公共财政吸引社会或金融投资技术转移，加速新兴创投风险基金建设等。此外，欧盟于《地平线2020》启动之初即推出专门的 COWIN 行动计划，特别针对欧盟第 6 和第 7 框架计划的信息通信技术主题所取得的科技成果转化，成功支持创办了 20 家创新型中小企业，协助 30 家创新型初创企业提升市场竞争地位和盈利水平，吸引 25 家私人投资机构长期投资高风险高回报的创新型中小企业，积极探索研发创新价值链产学研用紧密合作机制，已选择 3 家创新型集群进行先行试点。鉴于 COWIN 行动计划的成功实践，欧盟 2015 年初又启动了 BLUMORPHO 行动计划，进一步扩大科技成果商业化应用的主题领域。

3. 英国投资战略优先领域，研发税收优惠力度创新高

2015 年，英国政府在继续削减财政赤字、减少支出的情况下，仍然严格执行 2010 年发布的预算承诺，继续维持 46 亿英镑的资源性科学经费投入水平。2015 年 11 月英国政府发布了新的为期 5 年的财政支出审查与秋季声明，为确保英国长期的经济安全，未来 5 年政府将投资战略优先领域，总计开支 4 万亿英镑。其中关于科技与创新的预算主要包括：一是每年资源性科学经费投入保持 47 亿英镑的名义值，并将一直延续到本届议会结束，其中包含一个新的 15 亿英镑的全球挑战基金；二是未来 5 年保持每年 11 亿英镑总计 59 亿英镑的资本性投入；三是保持对英国创新署及航空航天和汽车两大技术领域的预算投入；四是保持 5 个国家职业技术学院的投入，为数字、高铁、核能、油气、文化创意 5 个行业培养 2.1 万名高级技能人才；五是能源创新开支翻倍，并投资 2.5 亿英镑支持核能研究开发计划；六是未来 5 年政府将在公共卫生健康领域投入近 60 亿英镑，开展与癌症、抗生素耐药性、基因组等相关领域药物、检测与设备的新技术研究开发；七是为环境、食品与农村事务部的科学设施投资 1.3 亿英镑；八是支持创新，政府承诺在本届议会期间将不断增长的国防预算的 1.2% 用于科学技术创新。

此外，研发税收减免也是英国政府为实现强劲的、可持续的、私营部门主导的经济增长而实施的一项具有国际竞争力的支持政策。除采取一揽子措施规范简化小企业对研发投入的申请程序外，自 2015 年 4 月 1 日起，英国政府将大企业研发税收减免的比率由 10% 提高到 11%，将中小企业计划的研发税前加计扣除比率由 225% 提高到 230%，而大企业可享受 130% 税前扣除。截至 2015 年，研发税收减免相当于支撑了英国 1.8 万家企业 140 亿英镑的研发投入。

4. 德国研发投入持续增长，重点投资国计民生未来项目

根据 2015 年德国教育研究数据，近年来德国政府和产业界持续增加研发投

入，2013 年全社会研发总投入近 800 亿欧元，占 GDP 的 2.85%。2015 年德国政府研发投入计划达 149 亿欧元，比 2014 年增加 2.61 亿欧元，比 2005 年增长 65%。德国政府重点支持数字经济与社会、可持续经济与能源、创新就业环境、健康生活、智能交通和公民安全等对社会发展、未来经济增长具有特别意义的研究主题。2015 年政府研发经费预算分布在 21 个领域中，其中健康研究和健康经济领域最多，达 20.72 亿欧元，能源研究与能源技术、气候环境与可持续发展、航空航天、人文经济与社会科学、中小企业创新基金、基础研究大型设施等 6 个领域的经费超过 10 亿欧元，总体结构比例与 2014 年基本持平。

5. 法国聚焦创新驱动发展，多渠道保障财政科技投入

法国科技投入规模较大，全社会研发支出占 GDP 的比例约为 2.29%，其中公共财政投入占 GDP 的比例为 0.8%。根据《2015 年法国国民教育、高等教育和研究预算法案》，2015 年法国削减财政支出 210 亿欧元，但高等教育和科研预算总额同比却增长了 0.2%。教育和科研预算经费（不包括农业部、环境部、经济部、国防部的高等教育和科研计划）为 260.6 亿欧元，其中法国教研部的高教和科研预算内专项资金总额为 230.5 亿欧元，同比增加 6.38 亿欧元。法国政府还计划在未来 5 年安排国债资金 120 亿欧元，分期投向战略性新兴产业和教育，2015 年安排了 11 亿欧元。此外，通过实施科研税收信贷政策、竞争力与就业税收信贷政策、创新税收信贷政策和 2014 年设立的能源转型税收信贷政策，2015 年法国政府为创新型企业等减免了各项税收约 50 亿欧元。

6. 日本发布新科技基本计划，研发支出创历史新高

根据日本总务省统计局发布的“2015 年科学技术研究调查结果”，2014 年日本国内研发总支出为 18.97 万亿日元，比 2013 年增长 4.6%，实现了连续 3 年的增长。研发强度达到 3.87%，仅次于韩国，居世界第 2 位。无论是研发投入总额还是研发强度，都达到日本历史最高水平。

2015 年是日本《第四期科学技术基本计划（2011—2015）》的收官之年，也是制定《第五期科学技术基本计划（2016—2020）》的关键之年。日本政府相继出台了《2015 年科技创新综合战略》《第五期科学技术基本计划（2016—2020）》等一系列重大科技相关战略、计划和措施，以期借助科技力量实现日本经济和科技在全球的领先地位。其《第五期科学技术基本计划（2016—2020）》提出，未来 5 年日本政府研发总投入为 26 万亿日元，将占日本 GDP 的 1%，并力争使全社会研发投入达到 GDP 的 4% 以上。第五期基本计划的核心内容是“四大支柱”，即促进产业创新与社会变革，解决经济与社会发展的关键课题，强化科技创新的基础实力，构筑人才、知识、资金的良性循环体系。其中，前两大支

柱涉及科技创新战略的重点，决定了未来5年国家研究开发投入的方向；后两大支柱涉及科技创新系统的改革，决定了未来国家科技计划管理、科技预算管理的改革方向，以及科技创新规则的完善、修改与设定等。

7. 韩国推进“创造经济”战略，确定五大科技优先发展领域

韩国政府高度重视科技驱动经济发展，大力扶持创新创业，推动创造经济发展，重点研发领域的投入大幅度增加。2015年度韩国政府在“创造经济”理念指引下，研发预算总额为18.9万亿韩元（约合180亿美元）。其中，基础研究和科技人才培养领域共6.2万亿韩元，占32.8%；国家战略技术开发领域投入8.9万亿韩元，占47.3%；强化中长期创意力量领域预算1.9万亿韩元，占10%；支持培育新产业领域1.9万亿韩元，占10%。各领域预算中共有17.9%、约3.4万亿韩元用于扶持中小企业。

根据最新韩国《国家重点发展科学技术战略规划》，韩国未来部明确了韩国科技优先重点发展的五大领域、30项技术，为韩国未来10年的科技发展指明了方向。五大优先发展领域分别为：创造ICT融合新产业领域（8项技术）、打造未来新产业基础领域（7项技术）、环境领域（6项技术）、健康长寿领域（5项技术）、社会安全领域（4项技术）。其中，《K-ICT战略》（《韩国——信息通信技术战略》）提出未来5年内投入9万亿韩元，实现信息通信技术产业增长率达到8%、到2020年ICT生产额达240万亿韩元、出口额达2100亿美元的目标。

三、全球企业研发投资长势强劲

在全球市场竞争加剧和技术发展变化持续加速的大背景下，创新创造成为决定企业未来发展的战略性关键因素，因此，世界创新领先企业更加重视研发投资。据《2015年欧盟产业研发投资记分牌》报告对全球44个国家41个产业中研发投资最多的2500家企业（这些企业的研发投资占全球企业研发投资总额的90%以上，占全球研发总投资的55%以上）的调查，2014年，全球企业研发投资继续增长，总额达6072亿欧元，比2013年增长6.8%，远高于其净销售额2.2%的增长幅度。

1. 中美企业研发投资增长迅速，欧日企业稍逊一筹

全球研发投资排名前2500家的企业中，美国829家，欧盟608家，日本360家，包括中国大陆（301家）、中国台湾（114家）、韩国（80家）、瑞士（55家）、以色列（27家）、印度（26家）等在内的其他国家和地区共703家。其中，美国、欧盟和日本企业研发投资总额全球占比分别为38.2%（+2.2%）、

28.1%（-2%）和14.3%（-1.5%），其他地区占19.4%（+1.4%）。2014年，美国企业研发投资增长迅速，同比增长8.1%，这主要是受其高研发密集型行业企业的驱动，美国很多大型制药与生物技术公司和软件与计算机服务公司的研发投资都出现了两位数的增长，技术硬件与设备行业的大型企业如苹果、高通也分别出现了35.0%和10.3%的高研发增长率。欧盟企业研发投资增速为3.3%，其研发投资增长主要受德国企业（主要是汽车及零部件行业）研发投资增长（增速为6.3%）的驱动，德国企业研发投资占欧盟企业研发投资总额的36.8%。日本企业的研发投资增速（2.6%）落后于美国和欧盟企业，与德国相似，其研发投资强烈依赖于汽车和零部件行业（28.5%），日本该行业的研发投资同比增长6.6%。其他地区企业研发投资继续大幅度增长，增幅为13.1%。其中，增幅最大的是中国大陆（23.6%），中国软件与计算机服务业及技术硬件与设备这两个高技术行业的研发投资分别增长47.3%和24.8%，华为公司的研发投资增长了33.8%；其他增速较大的地区还有中国台湾（增速12.4%）和韩国（增速10.6%）。

2. 全球企业研发投资主要集中于中高研发强度行业

全球企业研发投资高度集中于制药与生物技术（占比18.2%）、技术硬件与设备（占比15.6%）、汽车与零配件（占比15.6%）和软件与计算机服务（占比10.4%）等中高研发强度产业，这4个产业的研发投资占到41个产业研发总投资的59.8%，而前11个产业的投资则占到总投资的91.5%。研发投资增长最快的产业是软件与计算机服务产业，同比增长12.8%，其次分别是汽车与零配件（占比9.9%）、医疗设备与服务（占比8.7%）、制药与生物技术（占比7.2%）和技术硬件与设备（占比6.7%）。

从单个企业来看也是如此。2014年全球研发投资前10强中，大众、三星、微软和英特尔连续第二年蝉联前四，其后分别是诺华、谷歌、罗氏、强生、丰田和辉瑞。前10强企业研发投资占到2500家上榜企业研发总投资的14.7%，50强占到40%，100强占到53.3%，500强占到82%。百强企业中研发投资同比增长最快的7家企业是塔塔汽车、脸书、道达尔、海力士、苹果、吉利德和华为。研发投资和净销售额均实现两位数增长的9家百强企业是微软、华为、吉利德、塔塔汽车、脸书、易贝、百健、台湾半导体和海力士（按研发投资降序排名）。

3. 中国信息通信技术产业研发增长强劲

2014年，中国企业研发投入增长强劲，华为、中石油、中兴和中国中铁4家企业进入全球百强，信息通信技术企业表现尤为突出。从行业来看，全球的软件与计算机服务产业研发增长最快，同比增幅达12.8%，这虽然主要归功于占全球该产业研发投资达 77% 的美国企业（同比增长 13. 1%），但中国软件业研发投资同比增长高达 47. 3%，做出重大贡献。众多软件企业实现两位数增长，如百度（全球排名第 131 位，同比增长 69. 9%）、腾讯（全球排名第 132 位，同比增长 52. 2%）、奇虎 360（全球排名第 299 位，同比增长 59. 2%）等。中国硬件企业也有不俗表现，整体增长 24. 8%，华为（全球排名第 15 位，同比增长 33. 8%）、中兴（全球排名第 83 位，同比增长 22. 4%）、联想（全球排名第 128 位，同比增长 65. 1%）等企业一马当先。华为和中兴多年来一直是中国企业研发领头羊，华为在 2015 年的排行榜中排名提升 11 位，列全球第 15 位，是中国首个进入前 20 强的企业。联想、百度、腾讯的排名分别提升 63、72、47 位，首次跻身中国 10 强，一些常见的石油、建筑和工程企业被挤出 10 强。百度、华为和中兴在 10 强中研发强度（研发投入与主营业务收入之比）最高，分别为 14. 2%、14%、12. 6%，略高于全球 10 强企业的平均强度（13%），远高于全球百强企业的平均强度（9. 9%）。

各国强化科技创新人才队伍建设

21世纪，各国已经深刻地认识到，创新的一个关键要素是拥有一支具有国际竞争力、能够在知识密集程度越来越高的经济中取得成功的劳动力队伍，这就是各国不遗余力地加强科技人力资源队伍建设的根本原因。

回顾2015年，尽管全球经济处于低增长状态，但各国致力于科技人力资源建设的目标依旧坚定，并制定了积极应对国家当前及未来人才需求的策略，采取了一些参与国际人才竞争的措施。总体来看，全球科技人力资源建设工作，呈现出了以下一些趋势和特点。

一、发达经济体人才竞争力强势依旧

在全球化时代，人才竞争力是指各国围绕人才的培养、使用和争夺而展开的竞争，这种竞争与国家或经济体所拥有财富密切相关，现有的数据表明，人均GDP高的国家一般比低收入国家的人才竞争力更强。这是因为富裕国家往往拥有更好的大学，能够为人们提供更高的生活质量和更好的经济报酬，能够培养、吸引和留住那些拥有高级技能的人才。而对贫穷的经济体来说，人才流动现状总是和人才政策有些相悖而行，一些国家致力于为青年人提供优质的教育，到头来其毕业生却涌向了能够提供更高薪酬和更好福利的发达国家。

英士国际商学院（INSEAD）、新加坡人力资本领导力研究院（HCLI）和德科集团（Adecco）于2015年12月发布的《2015—2016年全球人才竞争力指数》，从激励因素、人才吸引、人才培养、人才保留、劳动力技能和全球知识技能等六大方面，使用61个参数对全球109个国家（占世界总人口的87.4%，全球国民生产总值的97%）的人才竞争力状况进行了比较。其结果，排在前20名的国家依次为瑞士、新加坡、卢森堡、美国、丹麦、瑞典、英国、挪威、加拿大、芬兰、新西兰、荷兰、澳大利亚、德国、奥地利、爱尔兰、冰岛、比利时、日本和捷克，这些国家全部为高收入国家并且大部分是欧洲国家。与高收入国家相比，中等收入及中等以下收入国家排名均较为落后，其中马来西亚排名最靠前，排在第30位，哥斯达黎加排在第40位，中国居第48位，俄罗斯、南非、巴西和印度则分别居第53、第57、第67和第89位。

排在前20位的国家与上述3家机构在2013年和2014年发布的报告中的国家相比，没有太大的变化，说明这些国家的人才竞争力仍然很强。

1. 发达经济体的研究人员队伍稳定增长

研发人才是科学技术活动的基础，为保障国家科技活动的有序发展，加强研发人才队伍建设是各国的重要国策。而研发人才通常包括研究人员和研究辅助人员。

尽管各国的统计口径不一，各国的统计年份也不尽相同，但是我们还是根据OECD的数据，对主要国家从事研发活动的研究人员①数量（FTE）进行了一个粗略的比较。

根据目前可获得的最新数据，研究人员总量最多的是欧盟28国（2013年数据），达到了172.6万人，其次是中国（2013年数据），达到了148.4万人；第3位是美国（2011年数据），有125.3万人；日本排在第4位（2014年数据），有66.1万人；其他一些国家，如德国（2013年数据），有36.1万人；韩国（2013年数据），有32.1万人；法国（2013年数据），有26.5万人；英国（2013年数据），有25.9万人。

需要说明的是，美国的研究人员数量是根据OECD的数据进行估计的数值。中国从2009年开始根据OECD《弗拉斯卡蒂手册》的定义收集数据，因此，其研究人员数在2009年有一个较大幅度的减少，之后一直在增加。英国大学部门在2005年之前不进行调查，因此，2005年以前的数据是根据OECD的数据估算所得。

一个相对数值——每万名人口中的研究人员数量，也许能够更好地显示主要国家研究人员队伍规模。韩国的每万名人口中的研究人员数量最多，有64.1人；其次是日本，有51.6人；德国是44.0人；英国、法国和美国差不多，分别是40.5、40.2和40.2人；欧盟28国每万名人口中的研究人员数量是33.8人。而总量排在第2位的中国只有10.9人，远不及美国、日本、英国和德国几个发达国家和韩国。

---

① 本文中，关于研究人员的定义限定于经合组织《弗拉斯卡蒂手册》中的定义。各国的统计略有差异，但通常包括在企业工作的、具有大学本科及以上学历的研发人员，大学教员，博士在籍人员，非营利团体和公共研究机构中的研究人员等。

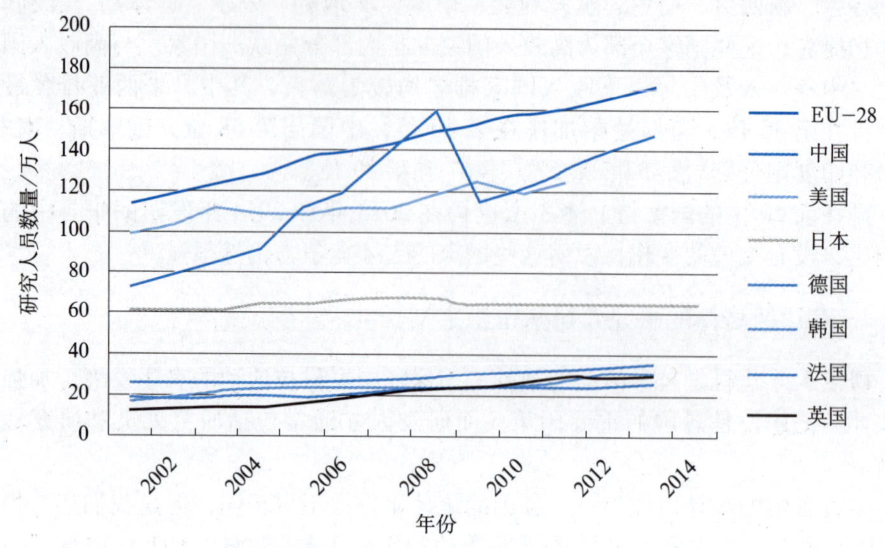

图 1-3 2001—2014 年主要国家与地区研究人员数量

2. 多数国际学生流向发达国家

在过去 10 年，全球高等教育国际学生数量经历了快速的增长，2000 年，高等教育国际学生数量是 210 万，到 2012 年这一数量达到了 450 万，增长了一倍有余。据 OECD 预测，到 2025 年，高等教育国际学生数量将达到 800 万人。全球化是导致学生流动的关键驱动力，尽管流动的快速增长是近些年的事情，但是到海外获得高等教育的需求却是由来已久。学生和学者总是在寻找赴海外获得学习和接受不同文化熏陶的机会。有很多社会和经济因素激发年轻人走出国门，也有很多因素，如人口老龄化和负增长及高等教育国际化等因素促进发达国家接收留学生。发达经济体因为拥有优质的高等教育机构和优越的经济条件，而成为追求卓越的高等教育和未来打算留在当地的青年人竞相追逐的目的地。因此，通常国际学生从欠发达地区流向了发达地区，从欧洲和亚洲流向了美国。尽管近年来很多因素促进了国际学生流向的多样化，但目前美国仍然是全球最大的国际学生接收国。

根据 2015 年 11 月 Project Atlas 发布的最新监测数据，2014 年，分布在美国的国际学生数量是 974 926 人，占全球国际学生总量的 22%；其次是英国，其国际学生数量达到了 493 570 人，占全球国际学生总量的 11%；排在第 3 位的是中国，其接收的国际学生数量达到了 377 054 人，占到了全球比例的 8%；之后依次为德国 301 350 人，法国 298 902 人，各占全球总量的 7% 左右；澳大利亚 269 752人，加拿大 268 659 人，各占全球总量的 6% 左右；日本 139 185 人，占到了全球总量的 3%。其他人数较多的国家还包括：荷兰 90 389 人、新西兰 46 653 人、丹麦 32 076 人、挪威 25 660 人和墨西哥 12 789 人。

从目前各国高等教育机构中国际学生所占比例来看，发达经济体普遍较高。英国高等教育机构的国际学生比例最高，达到了 22%，其次是澳大利亚 21%，爱尔兰 16%，之后依次是加拿大 13.5%、荷兰 13%、丹麦 12.5%、法国 12%、德国 11.5%、新西兰 11%、挪威 9.5%、美国 5% 和日本 4%。中国虽然接收国际学生的总量较大，但国际学生在高等教育学生总量中所占的比例却只有 1%。

3. 最具影响力的科学家主要分布在发达经济体

“高被引科学家”（Highly Cited Researchers）是由美国汤森路透公司（Thomson Reuters）开创性地提出的一个全球性科学家荣誉概念，它指以论文被引次数为指标，从自然科学、社会科学的 21 个学科领域中选出的全球论文被引次数最高的科学家。在现代科研体系中，论文被引次数已经成为评价科研成果的影响力的重要的指标之一，而如果论文是“高被引”就意味着科学家在其从事研究活动的领域内具有很高的国际影响力。因此，高被引科学家能够在一定程度上反映一个国家的学术影响力和科研实力，高被引科学家越多说明一个国家的学术影响力和科研实力也就越强。

2015 年 9 月，汤森路透对 2003—2013 年 ISI Veb of Science 收录的涉及 21 个领域的 120 793 篇论文的被引情况进行调查，从中选出了被引频次排在前 1% 的论文的作者共 2975 名（3125 人次），这些人即高被引科学家，也被誉为全球最具影响力的科学家。根据汤森路透发布的《2015 年全球最具影响力科学家》，美国入选高被引科学家的数量最多，有 1565 人次；英国以 354 人次居第 2 位，排在第 3 位的德国入选 177 人次。中国排在第 4 位，共有 168 人次入选，其中中国大陆高被引科学家 117 名。入选人次排在第 5～第 10 名的国家是澳大利亚（97 人次）、加拿大（88 人次）、荷兰（85 人次）、日本（81 人次）、瑞士（70 人次）和法国（69 人次）。除近年来论文发表数量和高被引论文数量异军突起的中国外，其他 9 个国家均为发达国家。

与 2014 年公布的根据 2002—2012 年的论文评选出的高被引科学家情况相比，前 4 位没有变化，从第 5～第 10 位顺序发生了一些变化，但国家没有太大变化。可以看出，全球的顶尖人才仍然大都集聚在发达国家。

二、培养创新人才是各国创新政策的重点

依靠教育系统培养创新人才，是各国加强人才竞争力的关键。为培养出具有高度技能的创新型人才，各国都在不断调整着本国的教育政策。

近年来的政策趋势显示，各国强化创新人才培养的主要手段包括，增加科学、技术、工程和数学（STEM）教育机会使更多的学生参与STEM教育，加强教学改革和课程改革，提高硕士生和博士生的录取率等。

1. 加强STEM教育

STEM技能是未来知识经济发展中不可缺少的关键技能，因此各国都在积极发展学生的STEM技能，通过贯穿于从幼儿园到大学、继续教育和在职培训中的STEM技能，培养他们解决现实问题的能力。

在美国，STEM教育受到了政府及其他部门的极大关注，特别是近年来，STEM教育改革更是被视为应对21世纪知识经济发展所面临的挑战，实现创新的关键政策屡屡出现在各类战略性文件和计划中。据美国总统科技顾问委员会（PCAST）的估计，未来10年美国产业界对STEM领域大学毕业生的需求将出现100万的缺口。考虑到特定STEM职业及其他领域对STEM能力的需求日益提高，对此类毕业生的需求量实际可能更高。因此，美国政府正在不遗余力地通过强化STEM教育，着力培养21世纪的研究人员。在2013年确立的《联邦STEM教育五年战略计划》中已经纳入了以往的国家目标，如将美国孩子的科学和数学国际排名从中游提高到上游，培养10万名优秀STEM教师，10年内增加100万STEM大学毕业生，促进女性和少数族裔群体参与STEM领域并在这些领域取得成功等，并带动了几项联邦重大投资。总统2016财年预算继续高度重视STEM教育，划拨30亿美元预算，比2015财年执行的预算水平增加了3.8%。政府也一直寻找机会将STEM纳入更广泛的教育工作中。例如，教育部40亿美元的力争上游计划就优先考虑注重STEM教育创新的州。在2016财年预算中，总统提出由教育部开展1.25亿美元的竞争计划，帮助全美社区创办下一代高中。此外，更为重要的是，2015年，美国还对STEM教育进行了立法，意在强化STEM教育措施。

英国在2014年12月发布的《我们的增长计划——科学和创新》战略文件指出，英国的目标是成为世界最佳科研和经商之地，并为此确定了6项关键举措，科技人才培养便是其中一项。英国政府认为，严格的教育培训既能增加个人价值，又能带来经济价值，尽管过去10年英国拥有STEM技能的人数不断增长，但大量研究表明，市场对STEM技能的需求增长更快，人才短缺风险仍然存在。为此，政府需要确保为未来的科学家们提供最佳的教育、培训和职业机会，培养更多拥有出色STEM技能的毕业生和技师。这就需要为年轻人提供从初等、中等到高等教育各阶段的技能培训。为提高英国学生的数学成绩，政府使用1100万英镑资金在全英国建立数学网络，希望通过网络中的优质学校和大学实施亚洲式“精熟学习”法，提高数学教育水平。政府还将致力于优质STEM教师的培养，通过 6700 万英镑的新计划培训 1.75 万名数学和物理教师，使用各产业主导的资助金，为 1.5 万名教师提供技能培训。另外，政府还将对 A-Level 的、参加数学或物理学学位师范培训的学生试点新的财务支持计划，让他们从入学起即可获得工资，以作为其致力于教学的回报。2015 年 9 月，英国财长在秋季预算声明中指出，在 2019—2020 年，政府计划投入 13 亿英镑培养 STEM 领域新教师；投入 15 亿英镑，用于核心成人技能培训；新设 5 所国家学院，支持全国工科大学的新网络，到 2020 年为全国的信息技术和高速铁路产业培育 21 000 名毕业生。

韩国公布了《第 3 次科学技术人才培养及支持基本计划（2016—2020）》，计划未来 5 年通过吸引更多的青少年进入科技领域、加强大学理工科专业教育，系统开发科学、技术、工程、艺术、数学领域人才，培养出具有挑战未来难题能力的科技人才。

澳大利亚政府于 2015 年 12 月发布的《国家创新和科学议程》中提出了政府投资 4800 万澳元，在基础教育中加强 STEM 教育的一揽子计划，其中包括：为鼓励学生参与科学和数学教育并取得突出成绩，在总理科学奖中增设青年奖项；开发注重 STEM 概念的、适于学龄前儿童使用的探索性 APP；支持国家科学周等科普项目，激发年轻人对 STEM 领域的好奇心。随后，政府又发布了《国家 STEM 学校教育战略（2016—2026）》，力图从国家层面上采取行动，改进澳大利亚学校的科学、数学和信息技术教育，培养学生的未来技能。

爱尔兰 2015 年《政府就业行动计划》在强调保持和增加 STEM 领域就业的重要性的基础上提出，今后将逐年增加 STEM 毕业生数量，到 2018 年，使 STEM 毕业生数量增加到 13 800 人，以确保爱尔兰有足够的从事科学技术职业的劳动力，有足够的高层次人才能够持续开展科研活动。

2. 强化创业教育和技术教育

创业教育和技术教育是近年来各国教育政策中不断加强的两个重要方面。许多国家都已经认识到创业教育有助于学生创新思维的形成，能够帮助学生掌握创新和创业知识，具备创业行事素质，提高人们的创新和创造性。

挪威从 2004 年起就制订了一套关于创业教育的策略，之后 2009 年又发布了《2009—2014 年国家行动》，将创业教育融入各层级教育当中。此外，还有许多国家，如西班牙、波兰、比利时、爱沙尼亚、斯洛文尼亚和以色列等，也都在初等、中等和高等教育中开展创业教育。在斯洛文尼亚，政府通过《小学创造力与创新计划》为小学生开设创业教育课程；在西班牙通过《维 E 创业教育计划》为中学生提供创业教育课程，培养他们的主动性、冒险性和创造性。在爱沙尼亚，创业还是高等教育教师必须接受的培训内容之一，在比利时的瓦隆州，“教师培训活动”（ASE）是专门为该地区的教师设置的创业培训课程。丹麦为在国家层级上确保将创业和创新融入丹麦各级教育系统中，强化有关创业能力的施教工作，2010 年在各部委间通力合作下，创建了丹麦创业基金会初创企业中心。在该中心的努力下，从 2013 年 6 月起，创业教育已成为丹麦四～七年级（初等教育）学生必须接受的强制性课程内容。此外，丹麦小学教授的所有课程也都规定了创业教育学习结果，这意味着丹麦所有初等教育学生在校学习的某段时间内都要创业和创新方面的教育。通过数年的努力，创业教育活动已经对丹麦各层级的学生产生了影响，他不仅增强了大学生和中小学生成为创业者的志趣，而且在一个教育层级上教授的创业知识还会扩散到其他层级，还会影响中小学生和大学生在学业以外的创业行为。

将技术带入学校课堂，是当前应对数字鸿沟、使未来劳动者拥有“连通世界”所需技能的关键。法国于 2015 年 5 月启动了《学校数字化》计划，以引领法国学校迈入数字时代。澳大利亚教育委员会则在 2015 年 9 月通过了《澳大利亚国家课程——数字技术》课程大纲，并宣布从 2017 开始，《国家评估计划——阅读与数学》全都将转向在线测试，这些都为澳大利亚学校重新关注、聚焦学校 ICT 教学提供了新的契机。此外，澳大利亚政府还将投入 5100 万澳元用于以下项目：通过线上计算挑战，教授 5 ～7 岁儿童编程；通过线上学习和专家帮助，支持教师完善数字技术课程；通过 ICT 夏令营等特定的 ICT 和 STEM 课程及 STEM 教育合作计划，将科学家和 ICT 专家带进教室。日本通过实施《教育 IT 化环境构筑 4 年计划》《提升教师的 ICT 活用能力与指导能力》计划，致力于加快教育环境中的 ICT 应用进程，提高学生的技能。

3. 加强对研究生的培养和训练

研究生技能是推动创新和促进增长、解决重大社会问题和挑战的关键，也是工业部门和商业界灵活应对科技进步的基础。因此，各国都在加强对研究生的培养。

2015 年 3 月，德国马普学会宣布设立了一项资助青年科学家的新计划，每年投入 5000 万欧元，改善博士和博士后的教育、培训和职业条件。在新制度下，马普学会招收青年科学家的成本将提高 40% 。这些资金来自于德国《研究与创新协议Ⅱ》，该协议是由联邦政府、州政府、国家资助设立，已经在 2011—2015 年为马普学会每年的预算增加了 5% 。

英国博士培训中心（CDT）和博士培训计划（DTP）旨在提高研究生研究培训标准，鼓励多机构合作，并将机构研究优势与研究理事会重点事项结合起来，培养未来英国增长的核心力量。基于以往的成功实践，政府于 2015 年 3 月宣布投入 1500 万英镑，培养下一代量子工程师，以助力 6G 智能手机等创新产品的研发制造。这笔投资将通过工程和物质科学研究理事会（EPSRC），在英国创建几个量子技术“技能中心”，通过与产业界建立伙伴关系，为博士生提供培训和职业发展项目。

爱尔兰发布《创新2020——科学技术研发战略》，提出将支持高等教育体系中卓越中心的建设，通过持续的投资提供驱动创新和社会进步所需的人才，将硕士和博士研究生招生规模扩大30%至每年2250人。

三、调整科研劳动力政策是各国提升创新技能水平的关键

通过调整科研劳动力政策，能够有效提高科研人才运用知识和技能的水平。从各国当前的政策走向来看，主要集中在为职业生涯早期的研究人员提供更好的职业前景，帮助他们进入科研劳动市场和帮助各类人员掌握更多的技能以满足市场的需求等方面。

1. 为科学家创造良好的职业前景

德国联邦内阁于2015年9月批准了《科研时限合同法》（修改草案），以为年轻的科研人员开辟更可靠、更有计划性的职业道路。《科研时限合同法》于2007年生效，要求科研人员与院校签订的短期聘用合同最长不超过6年。然而在过去几年的运行中，尽管科研领域出现大量就业岗位，却仍有半数以上青年科研人员首次签署的合同期限不足1年。由于受所获取的第三方资助的资助年限限制，大量青年科研人员的合同期无法与科研项目或博士论文撰写所需期限相吻合，需在任务过程中不断寻求新资助，这在一定程度上影响了科研工作的稳定性。德国政府此次修改《科学短期合同法》，主要是为了消除上述影响。

为留住并用好卓越科学家，提升俄罗斯大学的国际知名度，俄罗斯联邦教育科学部已宣布计划从2016年开始在国立大学中设立新的联邦教授职位。按照教育科学部的计划，联邦教授应当开展“全球级别的”研究并在主流的科学期刊和论文上发布他们的研究发现。联邦教授还应负责为其所在的大学设计培训课程，组织科学研讨会和开展研究工作。此外，联邦教授还必须通过组织和参与各种投标和竞赛为研究工作募集资金，如参加联邦研究计划或者从研究基金会获取资金。联邦教授一旦入选，可持续获得5年的聘期，薪酬预期将比俄罗斯的平均薪酬水平至少高出4倍。如果该项计划能够成功实施，那么俄罗斯大学中联邦教授的数量将有显著增加，科研质量也有望得到快速提升。

日本虽然通过对青年研究人员实施“任期制”，提高了研究人员的流动性，但是也由于该制度的实施对研究人员的稳定性形成了一定的影响，导致大学里青年教员数量趋于减少。为增加大学40岁以下青年教员数量，增强产学官的联动

机制，促进青年人才向企业流动，培育挑战新领域的青年研究人员，日本在《再兴战略》2015 修订版中提出，从 2016 年起，实施卓越研究员制度，届时，设置“卓越研究员”岗位的产学研机构将从具有博士学位或任期制研究员中选拔认定一些卓越研究员，负担其工资薪酬并保证终身雇用。此举将不仅能够保证科研人员的流动性，也能够使优秀的青年研究人员获得稳定的就业。

2. 培育未来职业技能

全球化时代，技能已经成为人才在全球流动的通行货币。提早培育未来社会所需技能，根据需求构筑知识体系，是各国劳动力政策中的重要内容。当前各国主要通过对职业需求的调查和分析，识别出未来技能，进而通过政策调整来培养人才。

2015 年俄罗斯对未来“最急需和最有前景的前 50 种职业”进行了评估，并出版了职业指南。在进行这项评估时，相关部门主要考虑到了高技术领域、服务行业，同时考虑到了“世界技能大赛”（World Skills）对参赛者能力的要求。俄罗斯教科部将根据上述职业排行情况，在各区制定新的人才培养标准，推行有效的培养方式。

新加坡劳动力发展局于 2015 年 10 月宣布在未来 3 年将投资 2700 万新元实施《创新学习 2020 战略》（Innovative Learning 2020），支持培训机构打造创新学习环境，开发有效结合网上与课堂学习的培训模式，以推动继续教育培训，提升劳动力所需的未来技能。

澳大利亚政府于 2015 年 5 月成立了产业与技能委员会，以加强未来技能教育与培训工作。该机构将以产业为主导，以雇主的需求为核心，调整相关的教育培训政策，以满足市场的技能需求，让每个人都拥有高技能并为未来就业做好准备。

英国商业、创新与技能部于 2015 年 12 月发布了《面向 2020 年学徒发展远景计划》，旨在通过进一步的教育和培训，提高学徒的技能和数量，到 2020 年培养出 300 万名拥有未来职业需求的技能的学徒。为了提高学徒技能与职业需求的匹配度，此前在 8 月，卡梅伦首相还宣布过一个一揽子计划，以增加企业对学徒计划的话语权。其中包括对企业征收学徒税，促进其对学徒和技能培训投资，以及建立高质量学徒岗位的“行业标准”和让雇主列出学徒应具备的技能等。

印度政府于 2015 年 7 月发布了《技能印度——求职者技能培训运动》计划（Skill India Mission），计划到 2022 年为 4 亿印度人提供技能培训。莫迪总理还在首个“世界青年技能日”上发起了《2015 年全国技能发展和创业政策》（National Skill Development and Entrepreneurship Policy 2015），试图将印度打造为“高技能劳动力”国家。莫迪提出，印度应了解整个世界的需求，从而提供相应的人才资源，政府将为接受技能培训的贫穷学生提供5000～150 000 卢比的资助，为其创造就业机会。此外，政府将更加关注劳动力的技能提高，将退役军人发展为技术学院培训员，印度私营部门将建造更多的技能培训中心。

四、吸引争夺全球最优秀的人才是各国提升创新能力的重要手段

吸引和争夺国际人才对于任何国家或者地区来说都是其发展战略的一个核心维度，在很大程度上决定着其与全球价值链之间的关系。可以认为，能否吸引和争夺到合适的人才，决定着一个国家或经济体的经济发展战略能否取得成功。

美国各界一致认为，高技能移民对于美国经济的价值远不止是创业，他们还是重要的创新源泉。基于这一认识，2014 年 11 月总统宣布多项举措，为移民扫清障碍，让移民为美国经济做出重大贡献。这些举措包括：允许更多高技能工人及其家庭在等待绿卡和最终成为美国人期间，获得一份便携的工作许可，允许他们晋升，变更工作岗位或工作单位，或者创办新公司，释放高技能准美国人的才能，缓解因等待“绿卡”时间过长、导致高技能人才难以变更工作的问题；针对以合法永久居民身份或临时移民身份创办和发展公司的企业家，发布详细的指南和规定，让世界上最有前途、最具创新力的企业家在美国创新、创造就业；加强美国大学外籍 STEM 学生的岗位培训，让他们有额外的时间获得必要的技能，以利于他们继续接受教育，留住那些在美国接受教育的科学家和工程师。根据总统经济顾问委员会的分析，如果上述举措能够全面实施，带来的经济增长 10 年内有望使联邦年度赤字缩减 300 亿美元，降至 650 亿美元。

俄罗斯联邦政府近年来十分关注人才引进工作，一直在致力于创造条件吸引高水平的外国科学家到俄罗斯的国立大学任职。联邦政府的努力包括：通过为科学家提供巨额资助鼓励他们来俄罗斯工作；为在俄罗斯工作并退休的外国科学家提供养老保障；针对俄罗斯高校教师每周工作时间可能超过 25 h，远远高于西方大学的情况，为在俄罗斯大学工作的外国专家制定专门的工作时间表；将在俄罗斯工作的外籍科学家的所得税税率从目前的 17% 降至 13% 等。

在欧盟，高技能人才是用以提升欧洲竞争力，促进发展和创造就业机会，确保欧洲 2020 战略顺利实施的重要资本。为推动欧洲成为全球研究和培训的卓越中心，吸引更多的第三国国籍的学生和研究人员，欧盟司法与内政事务部于 2015 年 12 月就第三国人员入境和永久居住通用规则达成新协议。新协议提高了针对国际学生规定的学习期间每周打工小时数的限制，各成员国将不再对学生入学第一年进入劳动力市场设置全面的障碍；此外，新协议允许研究人员的家人陪伴研究人员进入欧盟并准许他们参加工作。

澳大利亚在 2015 年末推出的《国家创新与科学计划》中对吸引人才工作加以强调，提出新设“企业家”签证，改进 457 签证，为创新型企业全球招募合适人才提供便利，为 STEM 和 ICT 领域高水平研究生获得澳大利亚永居身份提供便利。

为吸引、留住和招募来自全球的顶尖青年人才，韩国研究基金会于 2015 年 4 月推出了韩国研究奖学金（Korea Research Fellowship），支持获得博士学位不超过 5 年的、在韩国从事研究活动的外国青年研究人员、海外韩国青年研究人员和外国青年研究人员来韩国从事博士后研究活动。

比利时弗拉芒科研基金会（FWO）于 2015 年 9 月推出了《飞马 2》博士后流动计划，吸引国外博士后人才来比利时开展为期 1 ～3 年的研究工作。

第二部分

国际科技热点追踪与分析

本部分主要选择一些重点科技领域近几年尤其是2015年的国际发展状况进行较深入的综合分析与阐述，这些领域包括气候变化、清洁能源、生命科学与生物技术、信息技术、航天和先进制造等。

各国应对气候变化意愿空前一致

全球气候变化的危害和影响不仅关系到某个国家的生死存亡，还关系到整个人类社会的可持续发展。2015 年，受全球气候变化和厄尔尼诺现象的影响，全球极端气象事件频发，使各国应对气候变化的意愿空前一致，巴黎气候变化大会一致通过了《〈联合国气候变化框架公约〉巴黎协定》（简称《巴黎协定》），成为 2020 年后取代《京都议定书》的全球气候协议，各国也相应提出了应对气候变化行动目标。

一、极端天气频现，凸显了全球应对气候变化的紧迫性

（一）全球地表和海洋温度创新高

2015 年 11 月 25 日，世界气象组织（WMO）在日内瓦发布了《世界气候状况年度临时声明》，称 2015 年的全球平均地表温度有可能创造有气象记录以来的最高纪录。报告估计 2015 年的全球平均地表温度相比 1961—1990 年高出了 0.73 ℃，比工业化前的 1880—1899 年高出约 1 ℃。这意味着全球气温升高跨过了一个重要门槛。从 2015 年春末至夏季，欧洲、非洲北部、中东均受到高温冲击，许多地区的高温纪录不断刷新；五六月时，极端高温席卷印度，大部分地区最高平均气温超过 42 ℃，部分地区高于 45 ℃；巴基斯坦南部地区在 6 月时最高平均气温超过 40 ℃。

与此同时，北极海冰面积总体下降，达到历史最低纪录；全球平均海平面则达到自 1993 年有卫星观测以来的最高值。由于人类排放的温室气体积聚在大气系统中，且超过 90% 均由海洋吸收，这导致了海洋温度升高，海平面上升。热带太平洋、太平洋东北部、印度洋大部、大西洋北部和南部区域等海表温度均高

于往年平均值。

（二）暴雨、洪水等极端天气事件频现

除全球地表和海洋温度创下新的纪录外，受厄尔尼诺现象和气候变化的影响，2015 年发生了许多极端天气事件，包括暴雨、洪水、飓风、干旱等。美洲和非洲多地都遭遇了强降雨；与此同时全球多地还出现干燥和干旱天气，阿拉斯加共发生 1100 多起山火，巴西全国共发生火灾超过 22 万起。另外，从 2015 年年初到 11 月，全球共形成了 84 个热带风暴，10 月 24 日登陆墨西哥的帕特里夏飓风是有记录以来的最强飓风。圣诞节前后，洪水、龙卷风、热浪等各种极端天气更是在全球各地集中出现。如美国东部出现了异常的暖冬状况；南部和中西部多个州接连遭遇龙卷风和暴风雨袭击。墨西哥出现异常降雪。南美国家出现过去 10 年以来最严重的密集洪灾，共造成巴拉圭、阿根廷、巴西和乌拉圭等国 17 万人撤离。英国北部多地遭遇暴雨侵袭，部分地区暴发洪水。

科学评估发现，由于人类活动引发的气候变化，许多极端天气事件，特别是与极端高温相关的事件发生的可能性大幅度增加，有些甚至高出 10 倍之多。极端天气将对全球经济、社会发展和人类生活造成严重的负面影响。世界经济论坛 2016 年 1 月 14 日发布《2016 年全球风险报告》显示，气候变化应对措施不力是 2016 年影响力最大的全球风险，其对全球的破坏力高于大规模杀伤性武器、水资源危机、大规模非自愿移民和能源价格显著波动。这是自 2006 年以来该报告首次将环境问题列为风险影响力之首。全球应对气候变化迫在眉睫。

二、国际组织日益关注气候变化

2015 年，各国际组织、各国领导人纷纷助力应对气候变化。世界经济论坛、第 3 次联合国世界减灾大会、七国集团首脑会议（G7）、联合国可持续发展首脑峰会、20 国集团（G20）、亚太经合组织（APEC）会议等都将应对气候变化和绿色低碳发展作为重要议题，提出了一系列的目标任务，彰显了国际社会应对气候变化的决心。

1. 气候变化成为世界经济论坛重要议题

达沃斯世界经济论坛是讨论世界经济发展趋势的重要平台，近年来，随着极端气候事件的频频发生，气候变化已成为世界经济论坛上与经济增长和对抗贫困同样重要的议题。在 2015 年 1 月的冬季达沃斯世界经济论坛上，气候变暖成为首日议程中最重要的一个议题。会议对如何在全球层面上综合应对全球变暖进行了探讨。在 2016 年 1 月的世界经济论坛上，气候变化被列为八大关键主题之一，

会议探讨了如何通过新型公私合作模式，政府和企业共同努力减少碳排放，以及采用新型科技成果，更有效地解决全球面临的共同问题。

2. 第 3 次世界减灾大会通过《2015—2030 年仙台减灾框架》

2015 年 3 月 14—18 日第 3 次世界减灾大会在日本仙台召开，来自世界 187 个国家的代表通过了《2015—2030 年仙台减灾框架》，这是全球第一个与 2015 年后发展议程相关的重要协议，确定了包括到 2030 年大幅度降低灾害死亡率，减少全球受灾人数及直接经济损失等全球性七大目标和四项优先行动事项，呼吁全球各国加大减灾投入力度，加强能力建设，减少自然灾害带来的损失。会议成果对 7 月在亚的斯亚贝巴举行的融资会议，9 月在纽约举行的可持续发展特别峰会，以及年底的巴黎气候峰会起到推动作用。

3. G7 峰会重点关注气候变化问题

2015 年 6 月 7—8 日 G7 峰会在德国巴伐利亚州的小镇埃尔茂举行。七国领导人就气候变化议题达成一致，并重申将兑现为发展中国家应对气候变化提供资金支持的承诺。同时，七国集团支持在 21 世纪实现全球经济“去碳化”，到 2050 年实现全球温室气体排放量较 2010 年减少 40% ～70% 。他们还承诺至 2050 年努力实现本国能源转型，并制定长期低碳发展战略。不过，七国集团强调要求《联合国气候变化框架公约》所有缔约方共担减排责任。

4. “联合国可持续发展峰会”提出遏制气候变化目标

2015 年 9 月，“联合国可持续发展峰会”正式通过了一份由 193 个会员国共同达成的成果文件，即《2030 年可持续发展议程》，其中相当多的目标都涉及气候变化。事实上，针对全球气候变化采取的行动是实现消除贫困、水安全、粮食安全及经济可持续增长等发展目标的基础。

《2030 年可持续发展议程》专门针对气候变化的具体目标包括：认为《联合国气候变化框架公约》是商定全球气候变化对策的主要国际政府间论坛；加强各国应对与气候有关的灾害和自然灾害的抗灾能力和适应能力；将应对气候变化的措施纳入国家政策、战略和规划；提升关于减缓与适应气候变化，减少影响与预警方面的教育、认识，以及提高人员和机构能力；履行《联合国气候变化框架公约》发达国家缔约国的承诺，在切实开展减缓行动和提高执行工作透明度的背景下，实现到 2020 年每年从各种来源共同筹资 1000 亿美元，解决发展中国家需要的目标，并尽快利用绿色气候基金，将其充分投入运行；促进在最不发达国家建立增强能力的机制，以有效进行与气候变化有关的规划和管理，包括把妇女、青年、地方社区和边缘化社区作为重点。

5. G20 峰会就气候变化问题达成一致

2015 年 11 月 15—16 日，G20 领导人第 10 次峰会举行，主题是“共同行动以实现包容和稳健增长”，但在峰会上，各方也重点关注了气候变化等全球热点问题。G20 领导人认识到气候变化是当代我们面临的最严峻的挑战之一，而 2015 年是采取有效、强有力和集体行动应对气候变化及其影响的关键之年。会上，发达国家与发展中国家围绕是否需要坚持到 2100 年全球温度升高不超过 2 ℃的目标，是否需要重申“共同但有区别的责任”及各自能力原则，是否需要坚持联合国气候变化框架公约是全球气候变化谈判的主渠道等具体问题进行了争论，并达成了一致：重申《利马气候行动倡议》关于控制气温升幅低于 2 ℃的目标，并决心通过一项在《联合国气候变化框架公约》下具有法律效力并适用于各方的议定书、法律文件或达成一致的成果；将继续坚持国际合作应对气候变化的基本原则，包括“共同但有区别的责任”的原则、公平原则、各自能力原则等；将坚持《联合国气候变化框架公约》是全球气候谈判的主要国际政府间机制；在巴黎大会前，G20 领导人将指示各国谈判代表要更加灵活、更有建设性地讨论减缓、适应、资金、技术发展与转让、透明度这些将构成巴黎气候协议的关键要素，以便在巴黎能达成一项更加富有雄心壮志的协议。

三、《巴黎协定》开启 2020 年后全球应对气候变化新征程

（一）“利马气候行动倡议”为巴黎大会奠定良好基础

2014 年 12 月《联合国气候变化框架公约》第 20 次缔约方大会暨《京都议定书》第 10 次缔约方大会通过了《利马气候行动倡议》，决议就 2015 年巴黎大会协议草案要素基本达成了一致，为各方在 2015 年进一步起草并提出协议草案奠定了基础。大会还就继续推动“德班平台”谈判达成共识，进一步明确并强化 2015 年的新协议在《联合国气候变化框架公约》下，遵循共同但有区别的责任原则的基本政治共识，初步明确了各方 2020 年后应对气候变化“国家自主贡献”所涉及的信息，为各方在 2015 年年底巴黎气候大会前尽早提出应对气候变化行动目标提供了参考依据。在本次大会上，旨在帮助发展中国家适应气候变化的绿色气候基金获得的捐资承诺已超过 100 亿美元。尽管这个数字距离到 2020 年每年提供 1000 亿美元的目标似乎还很遥远，但它毕竟是增进各方信任的“首付款”，其发出了积极信号。

（二）巴黎气候大会一致通过《巴黎协定》，开启全球应对气候变化新征程

在上述国际组织和利马气候大会营造的良好氛围的基础上，2015 年 11 月 30 日—12 月 11 日，《联合国气候变化框架公约》第 21 次缔约方大会暨《京都议定书》第 11 次缔约方大会在巴黎举行，超过 150 个国家元首和政府首脑参加了本次气候大会的开幕式。

历经 13 天马拉松式的艰苦谈判之后，来自 195 个国家的代表一致通过了一项举世瞩目的成果文件——《〈联合国气候变化框架公约〉巴黎协定》（简称《巴黎协定》）。协定在总体目标、责任区分、资金技术等多个核心问题上取得进展。这是自 1992 年达成《联合国气候变化框架公约》，1997 年达成《京都议定书》以来，人类历史上应对气候变化的第 3 个里程碑式的国际法律文本。

1. 重申全球温度升高 2 ℃控制目标

《巴黎协定》确立了一项综合性的全球应对气候变化长期目标：一是 21 世纪末实现全球温度较工业化革命前升高不超过 2 ℃，并力争实现温升不超过 1.5 ℃的目标；二是增强适应气候变化，提高气候耐受力和实现低温室气体排放增长目标的能力；三是提供与增强气候耐受力和低排放增长模式相适应的资金支持。为此，各国将共同行动，力争尽早实现全球温室气体排放达到峰值，并在之后迅速下降，到 21 世纪下半叶实现碳排放与碳吸收的平衡。

在本次巴黎气候大会上，2 ℃目标再度成为一个热门争论话题。这一次争论的焦点是全球气温增幅控制目标为什么是 2 ℃，而不是 1.5 ℃？据报道，在 195 个巴黎气候大会与会国或组织中，有 106 个国家称，将全球气温增幅控制在 1.5 ℃才是具有人道主义的唯一可行路径。1.5 ℃目标的支持者主要是小岛国集团和一些非洲国家，他们应对能力弱，受气候变化影响也更大，因此希望目标能更严格，该说法也得到了联合国一些高级官员的支持。而主要的大国缔约方认为 2 ℃目标相对平衡，可以照顾到各方面的利益。其主要考虑的是资金问题。据世界银行一份报告称，1.5 ℃目标虽然可以显著减少气候变化带来的灾害，但会比 2 ℃目标增加超过 50% 的投入。因此，大会设定温升不超过 2 ℃，力争不超过 1.5 ℃的目标是考虑各方利益的结果。

无论是 2 ℃还是 1.5 ℃的升温目标最终都要跟温室气体排放挂起钩来，确定未来应该如何排放才是问题的关键。政府间气候变化专门委员会（IPCC）第 5 次评估报告认为升温 2 ℃对应的二氧化碳当量浓度不应超过 450×10^{-6}①。联合国

---

① 二氧化碳当量浓度指将所有温室气体排放物折算成二氧化碳后的浓度。

环境规划署发布的《排放差距报告 2014》指出，全球温室气体排放量与 1990 年相比，其增长已超过 45%。为避免升温幅度超过 2 ℃，到 2020 年全球温室气体排放总量不应超过 440 亿吨二氧化碳当量/年。因而，为了把升温幅度控制在 2 ℃内，到 2030 年全球温室气体排放至少应减少 15%；到 2050 年，应减少 50%；在 2055—2070 年实现全球碳中性，即通过森林、土壤等吸收的二氧化碳及地球工程技术抵消人类排放，使二氧化碳净排放为零。

2. 坚持“共同但有区别的责任”原则

“共同但有区别的责任”是 1992 年联合国环境与发展大会所确定的国际环境合作原则。根据这个原则，发达国家率先减排，并给发展中国家提供资金和技术支持；发展中国家在得到发达国家技术和资金支持下，采取措施减缓或适应气候变化。近年来，随着各国经济实力的变化，是否要坚持“共同但有区别的责任”原则成为气候谈判难以达成的核心问题。在此次气候大会上，经各方共同努力，《巴黎协定》坚持了“共同但有区别的责任”原则、公平原则和各自能力原则，包含减缓、适应、资金、技术、能力建设、透明度等全球应对气候变化关键要素。按照协议，发达国家将继续带头减排，并加强对发展中国家的资金、技术和能力建设支持，帮助后者减缓和适应气候变化。

3. 采取“自下而上”的行动机制

由于《京都议定书》对发达国家采取“自上而下”的强制减排安排，导致部分发达国家不愿接受而退出，从而削弱了其效力。哥本哈根气候大会也是采取了“自上而下”的分配方式，即在基于 2 ℃目标的基础上，给各国分配减排任务，导致未能达成一份可以取代《京都议定书》的具有法律约束力的全面协议。此次巴黎气候大会吸取了教训，采取了“自下而上”的方式，即让各国在开会之前就准备自愿减排的目标和方案。2020 年后，各方将以“国家自主贡献”的方式参与全球应对气候变化行动。并从 2023 年开始，每 5 年盘点一次全球行动总体进展，以帮助各国提高力度，加强国际合作，实现全球应对气候变化长期目标。这表明《巴黎协定》作为《联合国气候变化框架公约》下第二份有法律约束力的文件，与第一份法律文件《京都议定书》“自上而下”方式有所不同，是以各国“自下而上”的方式作为行动机制。

《巴黎协定》是一项有法律约束力的国际条约，将于 2016 年 4 月 22 日—2017 年 4 月 21 日在纽约联合国总部开放供各国签署，联合国秘书长作为协定的保存人，于 2016 年 4 月 22 日举办高级别签字仪式，邀请各缔约国出席并签署巴黎协定。巴黎协定的生效，需要获得至少 55 个《联合国气候变化框架公约》缔约国提交批准文件，且这些国家的温室气体排放总量至少占全球排放总量 55%

以上。巴黎会议决定设立“巴黎协定特色工作组”，在巴黎协定生效前，负责筹备协议生效事宜和第一次缔约方会议的召开。工作组应于2016年开始工作，并与该公约下其他附属机构同期举行会议。

四、各国应对气候变化新举措

（一）制定应对气候变化行动计划

国家自主贡献预案（INDC）是根据《联合国气候变化框架公约》缔约方会议的要求，由各国自主提出的2020年后应对气候变化行动计划。截至2015年12月15日，共有160个国家或经济体制定并提交了各自国家的自主贡献预案文本。这些文本代表了187个国家（其中欧盟28个国家），其代表的排放总量接近当前世界排放总量的98%。

根据“全球碳计划”最新统计数据①，2014年碳排放排在前10位的国家分别是中国、美国、欧盟28国、印度、俄罗斯联邦、日本、印度尼西亚、伊朗、沙特阿拉伯和韩国。这10个国家碳排放总量占全球碳排放总量67%，其中前5位国家和地区的排放量占一半以上（58%）。因此，这些国家的减排计划对于实现全球的温控目标至关重要。

中国于2015年6月30日向《联合国气候变化框架公约》秘书处提交了国家自主贡献文件，提出二氧化碳排放2030年左右达到峰值并争取尽早达峰，单位国内生产总值二氧化碳排放比2005年下降60%～65%，非化石能源占一次能源消费比例达到20%左右，森林蓄积量比2005年增加45亿立方米左右。美国在自主贡献预案中提出到2025年将实现在2005年的基础上减少26%～28%的温室气体排放，并会尽最大努力实现减排28%的目标上沿；欧盟在自主贡献方案中承诺到2030年将其温室气体排放较1990年减少至少40%；印度的国家自主贡献预案的目标是到2030年将非化石燃料在其能源结构中所占比例从现在的30%增加到40%左右，单位GDP排放强度在2005年的基础上降低33%～35%，并通过加强造林力度，增加25亿～30亿吨的碳汇；俄罗斯的目标是到2030年，将人类温室气体排放限定在1990年水平的70%～75%；日本制定的目标是到2030年温室气体排放较2013年减排26%（较2005财年减排25.4%）；印度尼西亚将承诺2030年前实现二氧化碳排放减少29%；伊朗宣布将在2030年以前实现最多12%的温室气体减排目标；沙特提出的减排目标是从现在起到2030年，每年削减1.3亿吨二氧化碳排放量。

① 详见http：//www.globalcarbonatlas.org/？q=en/emissions。

（二）限制燃煤发电，大力发展核能

鉴于化石燃料是温室气体排放的主要元凶，减少化石能源的使用，大力发展和使用清洁能源和可再生能源，成为各国应对气候变化的主要途径和能源政策的重要内容。

1. 限制燃煤发电

关闭燃煤发电厂，是削减温室气体排放的重要举措之一。2015 年一些国家陆续出台了限制燃煤发电的政策。8 月 3 日，美国总统奥巴马宣布了《清洁电力计划》的最终方案，提出到 2030 年美国发电厂碳排放目标将在 2005 年基础上减少 32%，这意味着大量燃煤电厂将关闭，新的煤电厂停止建设，太阳能和风能等清洁燃料、可再生能源发电将获得全新发展动力。11 月 18 日，英国能源与气候变化大臣宣布了“弃煤电”的能源政策，明确提出从 2023 年起限制国内燃煤电厂使用，到 2025 年将关闭所有燃煤电厂，同时大力发展天然气和核能发电，以保证全国电力供应。这意味着，主导英国电力结构 100 多年的煤电时代将彻底终结，以低碳为标志的新一轮能源革命进入实质阶段。加拿大安大略省于 11 月通过《终止燃煤使空气更清新法》，禁止新的及现有的设施燃烧煤发电。法案规定将对违法者处以最高罚款，同时列明禁止燃煤发电对居民健康及环境可能带来的好处。这是个里程碑式的立法，是安大略省积极应对气候变化的进一步措施。

2. 核能在充满争议声中前行

由于化石能源的逐渐枯竭，环境污染的日益严重，以及能源需求日益增加，在削减碳排放方面，核能仍是一个虽有争议但切实可行的选择。国际原子能机构（IAEA）认为，核能在各国实施减轻气候变化影响战略及“不超 2 ℃”目标的过程中可以发挥更加重要的作用，帮助全球经济向低排放、气候可逆的方向发展。2015 年 1 月底，国际能源署（IEA）和经合组织核能机构（OECD-NEA）联合发布了《核能技术路线图 2015》，报告指出，核能是限制全球变暖的最为重要的技术之一，并指出核能帮助各国实现全球升温不超过 2 ℃目标的方法。根据该技术路线报告设想，未来能源的综合情景是到 2050 年全球核能装机容量达到 930 GW，占全球总发电装机容量的 17%。即使考虑到 2050 年电力需求将有所增长，核能从现在的 396 GW 实现这样的涨幅也将帮助降低 13% 的碳排放，从而限制全球变暖。

虽然短期而言，由于受到日本福岛核事故的影响，很多国家的核电不仅更加关注对核电的安全，降低了公众对核电的接受程度，而且如德国等不少国家都改变了核电政策。但中长期而言，核电的前景仍是积极的、正面的。2014 年开始，在建的反应堆有 72 座，为 25 年来的最大数量。中国和印度作为两个能耗和排放大国，十分重视核能的发展。中国政府已决定在 2016 年开始的第十三个“五年计划”中，以每年 6～8 座的速度新建核电站，并为引进自主开发的新型核电站将投入共 5000 亿元资金。到 2020 年，全国运行核电装机达到 58 GW，在建 30 GW 左右。到 2030 年，中国预计将有 110 座以上核电站投入运行。印度也正在以前所未有的速度发展核能，印度政府计划在 2020 年实现核能发电 13.5 GW，建造 60 座核反应堆，到 2032 年将核电装机容量提升到 63 GW，到 2050 年能够利用核能提供 25% 的电力，即履行减少燃烧化石能源、扼制全球气候变暖的承诺，成为仅次于中国的全球第二大核能市场。

（三）扩大气候融资，发展碳交易市场

1. 扩大气候融资

气候融资对于推动应对气候变化的行动，吸引金融资本支持低碳技术发展具有重要意义。2015 年年底，总部设在美国旧金山的非营利性组织“气候政策中心”发布的《全球气候融资概览》指出，2014 年全球气候金融增加了 18%，达到历史新高的 3910 亿美元，其中超过一半的气候融资来自私营部门（62%），投资总额为 2430 亿美元，比 2013 年增长 26%；政府等公共部门的投资总额为 1480 亿美元，连续 3 年保持稳定增长。

气候融资有许多渠道，其中绿色气候基金（GCF）是目前规模最大的全球公共气候基金。根据以前的决议，发达国家应在 2010—2012 年出资 300 亿美元作为绿色气候基金的快速启动资金，并在 2013—2020 年每年出资 1000 亿美元帮助发展中国家积极应对气候变化。由于资金长期未能到位，启动基金的筹资目标缩减至 100 亿美元。截至 2015 年 10 月，GCF 共收到了 102 亿美元的承诺捐款，其中近 60% 已签署协议，达到了启动目标。11 月 6 日，绿色气候基金理事会批准向秘鲁、马拉维和孟加拉等国的 8 个减排和适应项目注资 1.68 亿美元资金。此次注资标志着向发展中国家气候融资正式启动，而这些项目在今后 5 年内将带来 13 亿美元的投资。

成立于 1991 年的全球环境基金（GEF）是《联合国气候变化框架公约》指定的资金机制，主要以赠款方式支持发展中国家的环保行动。GEF 每 4 年增资一次，自 1994 年重组以来，全球环境基金已进行了 5 次增资，分别获得 19.9 亿美元、27.5 亿美元、29.2 亿美元、31.3 亿美元和 42.48 亿美元的承诺增资。在 2014 年 4 月举行的研究第六增资期增资事宜的会议上，增资方同意将增资额度最后确定为 44.33 亿美元，其中气候变化主题获得 12.6 亿美元增资额。

2014 年 8 月由亚洲开发银行、欧力士集团（ORIX）与荷宝基金管理公司（Robeco）共同组建的亚洲气候基金（ACP），资本达 4 亿美元，是针对有利于环境保护、应对气候变化的公司和交易进行私募股权投资的合资企业，投资方向包括可再生能源、清洁技术、自然资源效率等领域。

世界银行、亚洲开发银行、国际金融公司等国际金融组织是发展中国家气候资金的重要来源，其为发展中国家参与碳市场的补偿项目提供了强有力的支持。2015 年 9 月亚洲开发银行宣布，其年度气候融资到 2020 年将增加一倍，达到 60 亿美元，约占全部融资的 30%。

此外，2015 年 9 月，中国宣布设立总额为 200 亿元人民币的中国气候变化“南南合作”基金。在发达国家尚未尽到足够义务之前，中国自愿为全球应对气候变化机制注入了额外的财政贡献，帮助其他发展中国家减轻财政压力。11 月，加拿大新政府宣布，拟改变其过去对石油产业保护而忽视环境问题的态度，加入国际碳定价领导联盟等国际组织，将在 5 年内提供 26.5 亿加元帮助发展中国家应对气候变化。同时，欧盟也承诺未来几年增加公共资金用于气候融资，为实现到 2020 年发达国家每年向发展中国家提供 1000 亿美元资助的目标做出应有贡献。自 2009 年哥本哈根气候大会确定资助目标以来，欧盟及其成员国提供的公共资金已超过公共融资总额的一半。2014 年，欧盟及其成员国提供了 145 亿欧元，资助最贫困和脆弱国家减少温室气体排放和应对气候变化。2014—2020 年，欧盟至少 20% 的预算将用于气候行动。欧盟将通过有关资助机制增加赠款数量，使 2020 年气候项目投资额达到 500 亿欧元。

根据国际能源署数据显示，若将温升控制在《巴黎协定》规定的 2 ℃以内，则需要 16.5 万亿美元。气候融资的高额增加虽令人欣喜，但仍存在巨大缺口。不过 2015 年年底顺利闭幕的巴黎气候变化大会传来利好消息，并且可持续发展和低碳转型在全世界范围得到认可和推崇对未来的气候融资将会起到较大的推动作用。

2. 发展碳交易市场

碳排放交易是气候融资的一个重要渠道。由《京都议定书》的生效至今，全球碳市场的发展突飞猛进。据世界银行《2015 年碳定价机制现状及趋势》报告，2015 年，约 40 个国家和超过 20 个地区已采用或计划采用碳定价工具，其中包括碳排放交易机制和碳税。碳定价机制覆盖上述国家和地区约一半的温室气体排放，相当于全球年温室气体排放量的 12%。受益于韩国碳市场的启动和其他碳市场的扩张，2015 年全世界碳排放交易总值达到约 340 亿美元，比 2014 年上升 20 亿美元。全球碳交易和碳税的总价值达到 500 亿美元。据世界银行预测，2020 年全球碳交易总额有望达到 3.5 万亿美元，或将超过石油市场，成为全球最大的能源交易市场，巨大的交易量成为世界各国争夺的焦点，各个国家都为此未雨绸缪。

欧盟排放交易体系（ETS）是全球最大的碳交易市场，是欧洲应对气候变化的重要工具。为确保 ETS 在未来 10 年仍然是最有效和最具成本效益的减排方式，2015 年 8 月，欧盟委员会对 ETS 进行了修订，以实现欧盟到 2030 年温室气体排放量减少不低于 40% 的承诺。

为加速减排，落实在巴黎气候变化会议上达成的协议，美国、日本、德国等 18 个国家将共同建设国际碳交易市场。18 国分别是澳大利亚、加拿大、智利、哥伦比亚、德国、冰岛、印度尼西亚、意大利、日本、墨西哥、荷兰、新西兰、巴拿马、巴布亚新几内亚、韩国、塞内加尔、乌克兰和美国。这些国家将建立共同标准和指南，确保碳交易。

建立高效的碳排放交易市场，根据供求关系来确定碳排放权价格，是充分发挥市场在资源配置过程中的决定性作用，有利于各国实现减排目标。

（四）开展国际合作共同应对气候变化

由于大气资源具有典型的公共物品属性，应对全球气候变化问题需要世界各国的共同努力。2015 年是气候变化多边进程中的关键一年，世界经济论坛、G7 峰值、联合国可持续发展峰会、G20 峰会等国际组织会议对于气候变化问题都达成了共识，特别是巴黎气候变化大会取得达成包括《巴黎协定》和相关决定的巴黎成果，在国际社会应对气候变化进程中又向前迈出了关键一步，标志着 2020 年后的全球气候治理将进入一个前所未有的新阶段。这些成果的达成是世界各国共同努力的结果。

除多边机制外，许多国家还就应对气候变化问题开展双边合作。2015 年，中国先后与印度、巴西、欧盟、美国、法国等方面发表气候变化联合声明。这些声明阐明中国与各方在一些气候变化重要问题上的共识，并为弥合气候谈判主要分歧提出具体解决方案。

近年来，中美气候变化合作已成双方合作亮点，连续两年两国元首发表气候变化联合声明，不断加强气候变化务实合作，推动中美气候变化工作组在相关领域取得进展，并积极发挥地方政府和企业在应对气候变化中的作用。

2015 年美国瞄准印度、墨西哥等新兴经济体，加强以温室气体减排为主要目标的双边科技合作。美印两国已建立“应对气候变化联合工作组”机制，并在 2015 年 9 月召开的首次美印战略与商业对话中明确双方将加强智能电网、能源存储等领域的技术合作，并将尽快签署美印能源安全、清洁能源和气候变化合作谅解备忘录，向外界释放合作应对气候变化的积极信号。2015 年年初，美国和墨西哥将能源和气候合作首次列入两国高层经济对话，两国将继续致力于实现气候变化目标，包括促进可再生能源发展，分享低碳发展战略，通过技术合作和信息交流为实现2020年及以后共同的气候目标而努力。

德国和巴西达成多领域合作应对气候变化。德国政府宣布5.5亿欧元用于资助巴西的环境和清洁能源项目。德国发展署将为巴西提供5.25亿欧元贷款来资助可再生能源开发和保护热带雨林。德国还将拨款2300万欧元帮助巴西建立一个农村土地局以加强其对森林采伐的监控。

日本和泰国联合成立了气候变化技术转移中心，日方将向泰方转移减缓和适应气候变化的技术，尤其是农业领域的技术，以减少气候变化对水稻等农作物的影响。

全球能源发展迎来大变革

2015 年，石油、煤炭等传统能源市场面临极其严峻的挑战。受页岩气革命，石油开采成本下降，OPEC 成员国未就削减石油产量达成一致，世界经济增长前景暗淡和国际原油严重供过于求等诸多因素影响，国际油价跌至每桶 30 美元以下，创 12 年来低点。煤炭也遭到前所未有的冷遇，在节能减排和发展低碳经济的大趋势下处境不容乐观。美国 6 月公布减排计划，降低对煤电的依赖；德国 7 月宣布 2021 年前淘汰所有使用褐煤的发电站；英国也决定放弃煤炭，宣布到 2025 年关闭所有燃煤电站；新西兰和荷兰分别于 8 月和 11 月公布了弃煤决议；用煤大户印度也表态将减少燃煤电站投资，计划 2017 年停止进口煤炭。相形之下，天然气成为全球唯一稳步增长的化石能源。加拿大、美国开始角逐液化天然气（LNG）出口，日本电力企业从 LNG 的低廉价格中获益颇丰，印度在 2015 年成为亚洲 LNG 进口的“后起之秀”。据预测，未来 5 年，LNG 相关产业的投资总额将比过去 5 年增长 88% 。

英国石油（BP）集团在其 2015 年 2 月发布的《2035 年世界能源展望》报告中指出，到 2035 年，石油需求量每年将增长 0. 8% ，而这些增长将全部来自非经合组织国家。印度增长超过 400 万桶/日，预计 2035 年后将超过中国成为需求增长的最大来源。中国到 2035 年能源产量将增加 47% ，消费量将增加 60% ，成为世界上最大的能源进口国。在报告中，BP 集团对未来 20 年液体燃料、天然气、煤炭和非化石燃料的发展轨迹进行了预测，得出结论，到 2035 年，尽管化石燃料占比将从 2013 年的 86% 降至 81% ，全球能源需求仍将继续依赖化石燃料，能源结构将向更低碳的燃料倾斜：未来 20 年，约 1/3 的新增能源需求由天然气满足，1/3 由石油和煤炭共同满足，1/3 由非化石燃料满足；到 2035 年，中国和北美约占全球页岩气产量的 85% 。而煤炭将从 2000 年以来增长最快的化石燃料变为增速最慢的燃料；可再生能源的比重将迅速提高，从目前的 3% 增至 2035 年的 8% ，21 世纪 20 年代初将超过核电，30 年代初将超过水电。

一、全球清洁能源投资总体保持增势

彭博新能源财经（BNEF）发布的最新数据显示，2015 年，全球对清洁能源的投资总额达到创纪录的 3289 亿美元，比 2011 年历史峰值还高出 3%，若按美元计算，新增投资额大约是 2004 年的 6 倍。其中，占比最大的是风电场、光伏园、生物质和垃圾发电设施及小型水电项目等公用事业并网项目融资。例如，中国近海海域的大型海上风场，墨西哥的陆上风电项目，巴西的生物质发电项目，以及土耳其的地热能项目。屋顶光伏项目和其他小型太阳能发电项目在全球清洁能源投资排行榜上位居第二。2015 年该领域投资总额达 674 亿美元，比 2014 年增长了 12%。

从国家和地区来看，美国 2015 年清洁能源投资总额达 560 亿美元，比 2014 年增长了 8%。这是美国自 2011 年实施“绿色激励”项目以来投资额最高的一年。此外，美国 2016 财年联邦预算案提出，向清洁能源领域投入 74 亿美元，支持太阳能、风能、核能、低碳化石能和提高能效等清洁能源技术的研发与推广应用。2015 年 11 月底，在巴黎召开的联合国气候变化会议上，美国发起了名为“创新使命”的新倡议，占全球清洁能源研发投入总额 80% 的 20 个国家响应倡议，并承诺未来 5 年将各自清洁能源研发投入翻一番。日本清洁能源投资额增长了 3%，达 436 亿美元。澳大利亚的清洁能源投资额也增长了 16%，达 29 亿美元。但加拿大的清洁能源投资额为 41 亿美元，下降了 43%。

新兴市场国家对清洁能源投资几乎都表现出“热情高涨”。其中，中国再次成为全球清洁能源产业的最大投资国，2015 年投资额增长 17%，达到 1105 亿美元，继续保持领先地位。印度增长 23%，达 109 亿美元，为其 2011 年以来的最高值。墨西哥、智利、南非的清洁能源投资增幅均超过 100%。只有巴西的清洁能源投资下滑了 10%，仅为 75 亿美元。

与美国、日本和新兴市场相比，欧洲清洁能源投资市场表现不佳。2015 年欧洲清洁能源投资额共计 585 亿美元，比 2014 年下降了 18%，是 2006 年以来的最低值。在新能源领域，英国是欧洲第一大市场，投资总额为 234 亿美元，增长了 24%；德国投资额只有 106 亿美元，下降了 42%；法国投资额骤降 53%，只有 29 亿美元。

此外，世界银行发布的“社会资本参与基础设施建设数据库”简报指出，尽管 2015 年前 6 个月社会资本参与能源、交通和水务基础设施投资额大幅度下降，但可再生能源项目投资额近乎升至投资总额的一半，在投资总额中的占比达到历史最高水平。在各国政府的可再生能源计划的推动下，清洁能源投资承诺额在全球社会资本投资中的占比创下史上最高的 49%，在 253 亿美元中占 124 亿美元。仅南非就签订了16项可再生能源项目协议，投资总额达40亿美元，此外，智利、摩洛哥、巴基斯坦、约旦和巴西也签订了26个可再生能源项目，投资总额达53亿美元。

二、各国能源政策关注基础设施建设和降低能耗

2015年，各国政府发布的能源政策不多，但从具体内容来看，更多强调能源基础设施建设和降低能耗。美国能源部于2015年4月和9月相继发布了两份能源相关评估报告：《四年能源评估：能源运输、储存、配送基础设施》和《四年技术评估：能源技术和研发机遇评估》。前份报告建议美国政府提高能源基础设施的灵活性、可靠性和安全性，支持工具和方法的研发以加速实现电网的现代化，促进北美能源市场一体化，改善能源基础设施对环境的直接影响，提高能源基础设施选址与许可审批效率。后份报告提出能源系统研发示范和部署的8个关键领域：电网现代化、系统集成、网络安全、能源与水、地球浅表层研究、材料科学、燃油发动机联合优化及储能。

德国联邦教研部2015年发布的《能源转型的哥白尼克斯计划》明确提出德国能源转型的4个重点领域：将可再生能源转换为其他能源；开发与大量可再生能源入网相适应的智能电网系统；重新定位工业生产过程中变化的能源供应关系；无缝衔接可再生能源与常规能源。为此，德国教研部将重点支持能效、可再生能源、能源基础研究、核安全与核处理研究、核技术试验示范、装置的停运拆除处理等研究。

法国政府在2015年出台的《2015—2020年国家科技发展战略》中，将发展清洁、安全和高效能源作为解决当前社会经济发展挑战的十大主题研究之一，其重点研究方向包括：能源系统的动态管理、政府对能源新系统的多层级管理、能源高效、减少对战略性材料的需求及替代煤化石的能源与化学。

英国政府在2015年启动了能源弹射创新中心、能源催化创新研究计划及页岩气开采技术的可行性研究，目标是确保未来5年拥有安全的、用得起的和可持续的能源供应。英国政府将在米德兰投资6000万英镑建设一个新的能源研究加速器重大项目，用于研究未来能源储能、传输和效率技术。能源催化创新研究计划将投资2500万英镑支持40个项目，鼓励创新，解决能源领域面临的三重困境（降低排放、安全供应与降低成本）。

韩国政府于2015年11月发布了韩国中长期能源规划——《2030年新能源产业扩散战略》，计划将纯电动车累计销量增加到100万辆；将3.3万余辆市内公交车更换为电动车；扩大储能系统在电力系统中的覆盖范围，把市场规模提高至10 GW·h。

印度总理莫迪在2015年2月举办的“首届可再生能源投资峰会”上表示，印度将重点发展太阳能、风能和生物质能3种可再生能源。印度新能源和可再生能源部将制定《促进可再生能源发展的国家实验室政策》，以便解决可再生能源项目开发中的测试、标准化和认证等问题。

三、可再生能源成为重要的供电来源

根据国际能源署（IEA）发布的《2015年世界能源展望》报告，在世界各国切实履行自身承诺的背景下，到2030年，可再生能源发电量占全球总发电量的比例有望提高到33%，可再生能源将成为全球最主要的供电来源。未来15年，2/3的全球新增发电能力将来自中国、欧盟、美国和印度。当前可再生能源发电量约占全球总发电量的22%，远低于煤炭发电占比（41%）。IEA在报告中建议到2030年将电力行业对可再生能源技术的投资从2014年的2700亿美元提高到4000亿美元。

从发达国家来看，美国共和、民主两党于2015年12月就延长可再生能源发电税收抵免政策（PTC）和联邦商业能源投资税收抵免政策（ITC）达成协议，将已于2014年失效的PTC延长至2020年，将原本于2017年失效的ITC延长至2022年。PTC规定，2016年12月31日前，企业利用可再生能源每发1度电可获得2.3美分税收抵免①；从2017年开始，优惠幅度将逐年递减，并于2020年结束。德国联邦经济部2015年7月发布的《适应能源转型的电力市场》白皮书提出，德国将构建能够适应未来、以可再生能源为主的电力市场2.0，确定未来电力市场坚持市场化原则，保证德国电力供应优质价廉，具有市场竞争力。日本从2013年开始计划用3年时间，以最快速度建设可再生能源设施，大力发展可以稳定供电的地热、水力和生物质发电设施，目标是到2030年，可再生能源在电力构成中占比达到22%～24%。

从发展中国家来看，印度在巴黎气候大会上提出国家自定贡献预案（INDC），表示到2030年将可再生能源发电占比从现在的30%增至40%，以满足14.5亿人口的用电需求。墨西哥政府在2015年12月审批通过了《能源转型法》，确定墨西哥清洁能源发电量的比例目标为2018年占25%，2021年占30%，2024年占35%。埃及政府在2015年发布的《2030年可持续发展战略》中提出，最大限度利用国内传统能源和新能源，努力成为可再生能源领域的领先者，到2020年，新增7000 MW太阳能和风能电力，将可再生能源发电占比增至20%，其中，风电占12%，水电占6%，太阳能占2%。印度尼西亚大力发展电气化和可再生能源，

① 1度电=1千瓦时（kW·h）；1美元=100美分。

计划到 2020 年实现 99% 的电气化，到 2025 年将可再生能源占能源供应总量的比例提高至 23% 。

（一）太阳能产业发展迅猛

2015 年，世界主要光伏市场呈现强劲增长态势，中国、欧洲、日本、拉丁美洲和美国的光伏企业的表现十分抢眼。2015 年，中国太阳能装机容量为 15 GW，比 2014 年增长了 37% ，累计装机容量达 43 GW，超越德国；日本装机容量为 10 GW；美国装机容量达 9. 8 GW，比 2014 年增长了 56% ；欧洲装机容量为 8. 5 GW，其中增势迅猛的英国市场占 4 GW，德国市场占 1. 4 GW；印度装机容量为 2 GW，并且未来增长空间较大。据彭博新能源财经（BNEF）统计，2015 年，全球光伏总装机容量约 57 GW。

近年来，美国太阳能电池效率大幅提升，成本下降，大规模光伏电站、聚热太阳能电站、屋顶光伏发电增长迅速。据预测，美国政府延长税收优惠措施后，到 2022 年其太阳能装机容量将增加 3 倍，达到 95 GW，可满足 1900 万美国家庭的用电需求，而太阳能占美国总发电量的比例将从 2010 年的 0. 1% 提升至 3. 5% 。到 2020 年，美国太阳能光伏发电成本将比 2010 年降低 75% ，约为 6 美分/千瓦时。

鉴于目前太阳能占日本可再生能源发电量的 90% 以上，在一定程度上影响了其他可再生能源的发展，经济产业省于 2015 年 11 月修改了电力收购政策，对新加入的大规模太阳能发电项目实施招标制度，发电成本低的企业拥有优先权，从而降低国民负担。经济产业省计划在 2016 年例行国会期间修改《可再生能源特别措施法》。为控制太阳能发展过快，日本自民党税制调查会决定到从 2016 年开始不再对新建太阳能发电设备企业实施法人税减税措施。

印度政府于 2015 年 10 月修订了国家太阳能计划目标，将并网太阳能发电总量从 2022 年达到 20 GW 提升为 100 GW。印度政府投资 1650 亿卢比（约 27. 5 亿美元）补贴太阳能发电公共设施建设及部分电价，建立分布式屋顶太阳能项目和大中型太阳能项目。印度政府规定，为各邦和边疆地区提供 30% 财政补贴发展太阳能；对屋顶太阳能并网连接提供 70% 的补贴；对一些特别的邦提供 90% 的财政补贴，鼓励发展离网和分布式太阳能。印度政府还免除进口太阳能制造设备器件相关原材料的关税和消费税，降低太阳能设备成本。印度公用事业部门联合海关和税务等部门，为每个太阳能发电厂提供 25 年的电力购买协议，以确保太阳能发电项目的可行性。

埃及政府积极发展太阳能。2015 年，埃及电力和可再生能源部与约旦 FAS Energy 公司达成协议，投资 35 亿美元在阿斯旺省建设装机容量 2000 MW 的太阳能电站。埃及武装部队阿拉伯产业化组织阿拉伯可再生能源公司的太阳光伏电池板生产线投入运行，总投资 340 万美元，年产能力 50 MW。

巴西政府计划在亚马孙的巴尔比纳水库上建设世界最大水上太阳能发电站，装机容量为 350 MW；还鼓励企业建设大型地面太阳能电站及推动修建若干装机容量小于 1 MW 的太阳能项目，用于即将举行的 2016 年里约奥运会。

与多数国家鼓励发展太阳能不同，英国政府 2015 年选择了截然相反的道路，先是下调了 64% 的上网电价补贴，接着宣布现行可再生能源义务法案将于 2016 年 3 月 31 日终止，未来无论屋顶还是地面型太阳能均不再适用。尽管英国政府反复强调，取消补贴，太阳能产业仍将茁壮成长，但英国绿色事业遭受冲击却是不争的事实。英国太阳能产业 2015 年大约减少了 576 个工作岗位。

（二）海上风电技术日臻成熟

据 BNEF 统计，2015 年全球风电总装机容量约 64 GW。近海国家在风电技术研发和应用方面表现非常积极，特别是海上风电技术，丹麦、英国、日本、印度等国家在项目测试、示范和推广方面均取得了一些新进展。

丹麦海上风电行业近几年发展较快，建成了新的海上风电测试中心，通过技术创新提高风机单机容量和效率，海上风电项目建设成本不断降低。2015 年丹麦政府新招标建设 Horn Rev 3 海上风电场，中标方提出的项目上网电价仅为 0. 1031 欧元/(kW·h)，创欧洲海上风电项目价格新低。该项目首台风机预计于 2017 年 1 月并网发电，到 2020 年全部建成。作为风电大国，丹麦风电占电力消费总量的比例预计到 2020 年将超过 50% 。

英国苏格兰政府 2015 年批准在东北部海域建设“全球最大”漂浮式风力发电站。该项目由挪威国家石油公司承建，计划在距离彼得黑德 25 km 处放置 5 台涡轮发电机，每台设备发电量为 6 MW。

日本正在进行一系列海上风电技术实证性试验，寻找重点技术问题的解决思路，同时评估相关技术的安全性和可靠性，使其适应复杂的气候条件，并确立相关的环境评价技术。2015 年 6 月，日本经济产业省等在福岛县栖叶町近海处实施浮体式海上风力发电的实证研究项目，由丸红、三菱重工业等 10 家日本企业及 1 所高校共同参与实施。其设备输出功率达 7 MW，是世界上最大的浮体式风电机组，可以维持 6000 户家庭用电，预计于 2016 年投入试运行。

印度联邦内阁 2015 年 9 月批准了旨在推动印度 7600 km 海岸线风能利用和发展的“国家海上风力能源政策”，为发展海上风力能源铺平了道路。据估算，印度古吉拉特邦沿海约有 106 GW 的海上风能潜力，在泰米尔纳德邦约有 60 GW。

（三）生物质能在政府支持下稳步前行

生物质能源的发展离不开政府强有力的支持。政府可以通过制定明确的生物能源发展目标，提供法律保障和进行必要的行政干预，实行有效的经济刺激政策，建立健全生物能源技术研发机构，形成比较完善的产业服务体系。

美国生物质能应用世界领先，生物直燃发电领域发展迅速。预计到 2030 年，美国将有 6.8 亿吨生物质原料可用于制备生物质能源。美国有 300 多家发电厂采用生物质能与煤炭混合燃烧技术，到 2030 年装机容量将达到 40 GW。美国农业部 2015 年投资 1 亿美元推动生物质能发展，便于用户获得更多的可再生能源燃油选择。

欧洲在生物燃料特别是第二代乙醇生产方面进行了很多工艺技术开发，加上耕地资源丰富，目前欧洲已建成或正在建设一些试验和示范工厂。此外，欧洲加油站也有使用更高比例乙醇混合汽油的实例，如芬兰 St1 生物燃料公司在 100 家服务站提供含乙醇 85% 的 E85 汽油。欧盟和多家欧洲企业 2015 年启动了一项总投资 600 万欧元的清洁能源项目，开发用蓝藻大规模生产生物能源的新技术，以便减少各类污染物排放。

日本经济产业省与国土交通省牵头成立了“面向 2020 年东京奥运会使用生物质航空燃油讨论委员会”，旨在 2020 年实现航空燃油等生物质燃料的使用。日本生物风险企业有谷丽那（Euglena）2015 年 12 月宣布投资 30 亿日元，联合全日空、五十铃汽车和伊藤忠 ENEX 等公司，开展日本首个国产生物质航空燃油和柴油实用化项目。该公司将在横滨市建设一座实证工厂，于 2018 年上半年投入运行。此外，日本昭和壳牌石油公司在川崎市建成的生物质火力发电厂于 2015 年 11 月开始投入商业运营，建设总投资为 160 亿日元，是日本国内最大规模生物质发电厂，约 49 MW，可供 8.3 万户普通家庭用电。其燃料主要是进口北美的木屑和东南亚的椰子壳。

巴西的生物燃料产业链现已成为拉动巴西就业和增长的强大引擎，全国 47% 的能源供应来自可再生能源。巴西政府计划未来 5 年投资约 60 亿美元建设新甘蔗种植园和乙醇工厂，同时投入数亿美元用于生物燃料技术研发。

印度尼西亚国家能源委员会制定了加快利用生物燃料的计划，采取七项措施推动生物燃料发展：一是落实能源与矿产资源部关于发展生物燃料的条令，促使业界执行生物柴油含量强制性政策；二是责成相关机构为公共运输工具采购生物燃料；三是为生物燃料提供财政补贴；四是设立新能源和可再生能源发展基金；五是责成国有企业支持生物柴油和生物乙醇生产供应；六是发展毛棕榈油等油棕产业；七是国家标准化机构研究制定生物柴油和生物乙醇国家标准。

四、核能发展更加注重安全

据国际原子能机构（IAEA）统计，截至 2015 年 11 月，全球共有 30 个国家的 441 台核电机组在运行，总装机容量 381.7 GW，其中美国、法国和日本机组数和总装机容量位居世界前 3 位；另有 15 个国家的 65 台机组在建，总装机容量 64 GW，其中，中国在建机组数量最多，为 21 台，占全球在建规模四成以上。2015 年全球共有 9 台新机组并网运行，4 台机组新开工建设。为了更好地支持成员国开展核电建设计划，特别是首次开工建造核电厂的新兴国家，IAEA 制定了综合、全面的援助计划，通过提供评审服务等方式，为成员国提供实际支持。2015 年，IAEA 在肯尼亚、尼尔利亚和摩洛哥等地进行了"综合核设施评审"（INIR），并且专门面向正在考虑开发核能的国家出版了《核能国家基础设施开发里程碑》指南材料。

《核安全公约》缔约方外交大会于 2015 年 2 月 9 日在 IAEA 总部召开，通过了《维也纳核安全宣言》，要求新建核电厂的设计、选址和建造要能防止调试和运行过程中发生事故，一旦发生事故，必须减轻放射性核素造成场外污染的释放量。针对现有核电厂，必须在其整个使用期内定期进行安全评价，及时实施合理可行的安全改进行动。9 月，IAEA 正式对外发布了《福岛第一核电站事故》报告，对日本福岛第一核电站事故本身、事故发生后的应急与响应措施、放射性后果、事故后恢复，以及 IAEA 和国际社会在事故后所采取的措施进行了全面评估，帮助各国政府、核安全监管机构及核电厂运营商汲取经验教训。报告指出，任何国家对核安全都不应产生自满情绪，同时强调福岛核事故反映出有效开展国际合作的重要性。

经合组织核能署与 IEA 联合发布的《2015 年核能技术路线图》指出，中国将成为核电最大的增长极，其核电装机容量将从 2014 年的 17 GW 增至 2050 年的 250GW，占世界核电装机容量的 27%；核电是全球第二大低碳电力来源，占发电总量的 11%；福岛核事故带来的影响尚未完全消除，过去 4 年启动的核电项目数量和并网率有所下降；监管部门在核安全领域应发挥重要作用，确保核电遵循最高安全标准操作和运行；政府应继续支持核领域的技术研发，尤其是核安全领域、先进燃料循环、核废料管理和创新设计。

日本政府在福岛核事故发生后，针对核安全采取了一系列举措，不仅将所有核电站全部关停，还对日本核安全监管主体部门进行了重组，成立新的核安全监管机构——原子力规制委员会（NRA），同时修改了核安全监管相关法律。经过严格的法律和监管程序审查，位于鹿儿岛县的川内核电站于 2015 年 9 月 10 日重启，结束日本两年来的"零核电"状态。日本政府在其 2015 年 7 月发布的《长期能源供给与需求展望》报告中提出，到 2030 年，核能在日本能源总量中约占 20%～22%。文部科学省 2015 年投入 13 亿日元研发具有较高安全性的核能技术。日本政府在 2015 年 4 月成立了制定下一代核电产业化战略的官产学协议会，文部科学省、原子力机构、经济产业省、大学、核能设备公司、汽车公司和钢铁公司等26家机构参与，共同制定研发进度，落实高温气冷堆的使用途径和向国外推广等战略目标，力争到2030年实现下一代核电高温气冷反应堆的产业化。

印度总理莫迪2015年着力打“核外交”牌，与美国、日本、法国、韩国、加拿大、澳大利亚和俄罗斯就核能进行不同程度的合作或对话。俄罗斯表示将在未来20年协助印度新建至少6座核反应堆。印度政府计划建造60座核反应堆，到2032年将核电装机容量增至63 GW，到2050年利用核能提供25%的电力，成为仅次于中国的全球第二大核电市场。印度政府2015年7月启动《战略铀储备》计划，为未来5～10年核能可持续发展储备5000～15 000 t铀，避免其核反应堆出现核燃料短缺。

五、国际能源合作愈加密切

随着国际能源市场格局的发展变化，国际能源署（IEA）昔日的身份及权威地位开始动摇，亟待向更加包容、覆盖面更广的全球性能源组织转型，面向新兴经济体敞开大门，加强国际能源合作。墨西哥、泰国和摩洛哥分别表达了加入IEA的意愿；巴西、印度和南非也积极推动相关进程。中国正式成为IEA联盟国。2015年5月20日，由荷兰经济事务部主持的部长级会议协同来自75个国家的代表团正式通过了《国际能源宪章》，力图加强签约国间的能源合作关系。10月举行的G20能源部长会议提出，可再生能源问题应被置于更高层面的国际多边合作舞台，便于各国进一步分享知识和经验，实现可再生能源变革。据预测，到2030年，G20拥有75%的全球可再生能源投资潜力。G20合作将促进可再生能源融资，加强各国间的知识和技术交流。

欧盟2015年2月正式宣布成立能源联盟，公布能源联盟的战略纲领，肩负起打破俄罗斯天然气垄断，保证能源安全和恢复自由市场竞争的使命，助推欧盟能源市场的一体化进程。其纲领内容包括：全面落实和严格执行现行能源相关立法；天然气供应实现多元化；政府间协议更加透明并完全符合欧盟立法；建立一个让公民受益的无缝内部能源市场，确保能源的安全供应，整合市场的可再生能源，同时纠正目前成员国不协调的产能机制，呼吁重新审视当前市场设计；能源成本和价格更加透明；到2030年节约27%的能源；改造现有建筑，提高能效，减少欧盟能源进口量，降低家庭和企业的能源成本；加快交通运输部门的能效和脱碳化改造，发展替代燃料，整合交通系统能源；2030年欧盟可再生能源占比至少达到27%。

此外，印度在巴黎气候大会上牵头成立由120多个国家参与组成的“国际太阳能联盟”（ISA），联系众多非洲国家和南北回归线之间的国家，加强在太阳能领域的合作。印度政府将为太阳能联盟注入3000万美元的启动资金，并在印度国内设立联盟总部，从成员国和国际组织筹集 4 亿美元资金。印度希望自己成为可以影响全球的太阳能领导者，而不只是被视作一个新兴的太阳能市场。ISA 将成为各国分享技术的一个平台，而不只是依赖于从欧盟和美国进行昂贵的技术转移。该平台将有利于推动非洲太阳能技术的使用和经济发展，帮助非洲国家应对气候变化。预计其贸易额到 2020 年将达到 1000 亿美元。

生命科学关键领域蓬勃发展

生命科学领域是世界新科技革命的热点，也是未来产业革命最有希望突破的领域。2015 年，生命科学继续蓬勃发展，主要特点表现：一是主要国家加大公共财政投入；二是以精准医疗为代表的关键领域研发正当其时；三是研究过程中充分体现了对法律、伦理和隐私保护问题的关注，公私合作、国际合作等模式发挥了重要作用。

一、全球主要战略政策动向

1. 生命科学是各国公共资助重点

以美国为代表，在当前府院分治、两党斗争不断的前提下，生命科学研究是国会两党较易达成共识的领域，成为国会改革工作的亮点之一。2015 年 6 月 16 日国会众议院发布 2016 年预算案，与奥巴马政府提出的预算请求相比，国立卫生研究院（NIH）的预算不仅得到完全满足，还额外增加 1 亿美元，达到了 312 亿美元，相比 2015 财年提升 3. 5% 。奥巴马政府近两年提出的重点卫生研究计划（如精准医学、抗药性研究、脑研究计划、阿尔茨海默病研究等）预算均获得批准，甚至有不同程度的增加。

日本效仿美国的 NIH，在 2015 年 4 月成立了国立研究开发法人日本医疗研究开发机构，统筹医疗领域研发资源。该机构申请 2016 年度预算 1515 亿日元，比 2015 年度增加 267 亿日元。这些预算将针对 2016 年度 9 个重点领域实施研发，如新药开发、医疗器械开发、再生医疗项目、阿尔茨海默病和精神疫病等。

德国联邦政府 2015 年研发经费预算分布在 21 个领域中，其中健康研究和健康经济领域最多，达 20. 72 亿欧元。

英国 2015 年秋季科学预算确定未来 5 年公共卫生健康领域投入。在未来 5

年，政府将投入近60亿英镑，开展与癌症、抗生素耐药性、基因组等相关领域药物、检测与设备的新技术研究与开发。

2. 生命科学在各国创新战略中占据重要地位，各国加大力度开展研究计划和基础能力建设

美国于2015年10月21日发布升级版《美国创新战略》，提出要促进国家优先领域的重大突破，在11项战略目标中，与生物技术和卫生保健技术相关的有三个：通过《脑计划》加快神经科学的新发展，通过《精准医疗计划》认识疾病，推动卫生保健领域的突破性创新。2015年3月，美国国防高级研究计划局（DARPA）推出《增强国家安全的突破性技术》报告，把“掌握生物技术”列为4个研发投资重点领域之一。意识到生物技术已经显现出颠覆性的特质，DARPA在2014年成立了生物技术办公室，正在从以下方面着手展开工作：一是加速合成生物学研究；二是消灭传染性疾病；三是掌握新的神经科学。

白俄罗斯在2015年4月22日公布的《白俄罗斯科技活动优先发展方向(2016—2020)》中，涉及9个优先发展的科技领域，医学、制药和医用技术为其中之一，主要包括：组织和皮肤移植；疾病预防、诊断和治疗技术；康复技术；制药技术、医用生物技术；药品及诊断试剂；医用技术；母婴保健；居民卫生评价及标准、人类健康风险最小化。

韩国政府在2015年支持了生物医疗及脑科学技术的研发活动，共投入3300万美元，开展“生物医疗技术研发项目”和“脑科学原创技术研发项目”。韩国还大力支持产业类项目，以抢占尚处于萌芽期的生物健康市场。如“生物未来战略核心项目”在11月启动，总共投入800亿韩元，包括“生物医药产品打入国际市场项目”和“新市场创造下一代医疗器械项目”两个项目。3月17日发布的《生物健康新产业未来发展战略》确立了三方面内容：强化技术研发，大力扶持企业医药成果的国际临床进程，以及开拓国际市场。目标是到2020年培育50个具有国际竞争力的生物企业，其中10个成功企业开拓欧美市场，全球市场占有率达到3%。

而英国则注重下一代生物科学家培养。生物技术与生物科学研究理事会宣布在未来5年投资1.25亿英镑培训1250名生物科学领域的博士研究生，提供最佳技能和博士培训，确保受训人员有助于英国开发新的产业、产品和服务。

加拿大加强重大科研设施的投资。在加拿大创新基金（CIF，加拿大政府支持重大科研基础设施的拨款机构）用于支持和改善现有重大科研设施的拨款中，基因组网络获得最多支持，共计2330万加元，用于购置最新基因测序和分析设备，达到每年2万人的基因测序和分析能力。

3. 主要国家确定未来医学发展蓝图

美国《NIH 战略规划（2016—2020 财年）：将发现转化为健康》勾勒全美生物医学发展蓝图。12 月 16 日，NIH 发布 5 年战略规划，设定了未来 4 个目标：一是大力支持生物医学的基础研究、疗法研究，以及促进健康和疾病预防相关的研究工作；二是 NIH 的优先支持领域必须有助于获得新知、培育创新，必须充分考虑疾病负担和根除疾病的价值，必须加强对罕见病研究的支持力度；三是通过招聘和留住杰出的生物医学研究人才，提高人才多样性和多元化水平及加强对外合作等方式，增强 NIH 科学管理能力建设，确保研究结果的精准和可重复性，优化资助决策通告、鼓励创新及前瞻性风险管理的方式方法；四是作为联邦科学管理机构，发展“科学学”，平衡产出与成果，开展人类资源分析，不断改进同行评议体系，评估提高研究结果精准性和可重复性的有效步骤，降低管理负担，跟踪决策制定过程中风险控制的有效性，不断提升 NIH 结果导向的管理能力。

预计 5 年后，NIH 的研究工作及其支持的研究将有望在癌症、艾滋病、流感、精神疾病、严重外伤和瘫痪等方面的预防和治疗方法取得突破，以药物基因组和新一代结构生物学为基础的新型药物研发筛选方法获得进展，移动医疗、生物传感器等新型医疗模式和设施得到更广泛应用。

欧盟《地平线 2020》在卫生健康领域研发创新的总目标业已确定，包括持续改善所有人的终身健康与福祉。研发创新活动将主要集中于积极开发低成本高效预防、治疗和管理疾病与残疾的解决方案。重点优先研究方向主要包括：深入理解健康的主要决定性因素，包括营养、体育锻炼、性别、环境、社会经济、职业和气候相关因素；低成本改进健康预防和疾病治疗；快速有效疾病诊断预测技术；易感性疾病预防和治疗疫苗或药物开发；可再生医学和适应性治疗，包括姑息医学；硅基医学应用于高效管理和疾病预测；医学数据收集、处理、使用技术；信息数据标准化规范分析处理技术；知识转移、临床实践和拓展市场；综合护理技术，包括心理健康护理；积极健康老龄化，生活独立和辅助技术；提高个人健康自我管理与意识；创新型技术方法成功实践的广泛传播等。

《地平线 2020》的 2016—2017 年工作方案中，优先领域之一是要建立更加强化的产业基础，因此在个性化医疗领域投入 6.59 亿欧元，更早和更有效地预防、诊断和治疗疾病，解决欧洲人口老龄化和慢性疾病负担，促进欧洲工业和“银色经济”的发展。

日本新成立的国立研究开发法人日本医疗研究开发机构，主要职能之一是加强尖端医疗技术的研发，占领世界医疗领域制高点。该机构确定的未来发展重点包括：构筑政府、研究机构、企业的融合型研发网络，在再生医疗、癌症对策、阿尔茨海默病治疗等重点领域获得研发成果，目前，制定的计划涉及药品与加强医疗机械开发、建立临床研究治疗体制、实现世界最先进的医疗、加强对疾病研究四大领域共 9 个课题。日本政府还希望大力培育医药产业发展，在 2020 年前后开发 10 种以上的癌症治疗药物，并将采用 iPS 细胞技术的新药应用到实际治疗中。

印度在 12 月发布《国家生物技术发展战略（2015—2020）》，计划 2025 年印度生物技术产业产值达 1000 亿美元，并将印度打造为世界级的生物制造中心。未来将开展实施大型生物技术研发项目，吸引多方投资，创新生物技术产品，建立强大的基础设施和商业化设备，培养大量生物技术领域科技人才。此外，还将同全球行业内的企业和研究院所建立技术开发和技术（商业化）转移网络，新建 5 个生物技术集群、40 个生物技术孵化器、150 个技术转让中心、20 个生物技术互联中心，建立开展人力资源培养和吸引重点投资的生命科学与生物技术教育委员会。

二、精准医疗蓄势待发

精准医学（又称个性化医疗）是一类考虑个体基因、环境和生活方式差异的创新型疾病预防与治疗方法，其目标是在正确的时间为正确的患者提供正确的治疗。真正的精准医学一旦付诸广泛的实践，必将在全球带来一场新的医疗革命并深刻影响未来医疗模式。美国、德国和日本等国高度重视精准医学，在推进精准医疗方面采取了一系列措施。

1. 精准医疗的经济效益

精准医学将大幅度减少治疗风险，有望彻底改变人们改善健康和治疗疾病的方式，不仅将开启医疗新时代，还有利于减轻政府财政在医疗保健方面的负担，造就新的经济增长点。

（1）精准医学及相关技术应用创造新的市场空间

从 2002—2012 年美国情况来看，用于精准医学的基因分析及诊断市场年均增长率达到 11%，增长势头明显。2009 年该市场规模为 2300 亿美元，2015 年预计达到 4500 亿美元，2020 年预计将达到 7600 亿美元。2005 年后生物标志市场年均增长率超过 21%，2012 年该市场的整体规模达到 210 亿美元。定制医药及诊断市场 2009 年的市场规模为 240 亿美元，预计到 2015 年将增长到 420 亿美元。分子诊断和即时检测的市场规模最大。从增长速度来看，分子诊断、生物标志、生物芯片和基因筛查等领域将会有一定程度的增长。由于在医药品研发过程中积极引进并应用生物标志的比例越来越高，未来市场对生物标志的需求预计还将进一步得到提升。以癌症生物标志领域为例，2007 年，该领域市场规模为 36 亿美元，到2016年预计将增长到63亿美元。对胎儿DNA进行测序可以更精确地预计胎儿健康情况，据麦肯锡公司预计，到2025年全球产前筛查每年价值约300亿美元。随着市场规模的扩大，通过互联网提供个人基因组分析、健康数据分析的服务市场预计也将得到大幅度地提升。以23 and me等企业为例，通过公司的互联网主页提供购买个人用DNA分析试剂盒的链接，未来这种供应遗传信息检查的生物风险公司将会出现更多，个人花费相对低廉的费用在短时间内获得自身的基因组信息，这些信息预计将被用于实施更加健康的健康管理，相关市场的规模也将不断得到拓展。

（2）精准医学将大幅度降低治疗费用

精准医学最重要的是为不同患者提供最优的治疗，将不良反应降到最低，通过减少不必要的治疗方案大幅度降低治疗费用。新技术特别有潜力改善基因相关疾病的诊疗，比如癌症和心血管疾病，目前这些疾病每年造成2600万名患者死亡。预计2025年全世界会诊断出约1400万例新的癌症病例。据2008年美国国立卫生研究院的调查结果显示，在医疗体系转向精准医学时期，对平均百岁预期寿命的个人来说，医疗费用将至少减少10%，最多减少30%，药物不良反应将减少3/4。精准医学技术的应用预计还将能够每年减少450亿～1450亿美元的医疗费用支出。乳腺癌化学药物治疗费用将减少34%。仍以美国为例，若医疗体系不加以改变，美国的医疗支出到2018年预计将占国家GDP的20%，超过4.4万亿美元，这将赋予精准医学更加强烈的引入动机。

（3）精准医学有望带来巨大的健康收益

在未来10年，下一代基因组学技术将进一步改变医疗卫生领域的面貌。迅速下降的基因测序成本正在制造大量可用的基因数据，信息技术的巨大威力正被用于加快数据分析过程，探索基因如何决定性征或是如何突变引起疾病。台式基因测序设备已不遥远，很可能让基因测序成为医生例行诊断工作的一部分。一些行业领先者认为大部分类型的癌症最终都可以通过基于下一代基因组学测序的靶向治疗进行医治。据麦肯锡公司估计，若从患者寿命延长可能产生的价值来看，把下一代基因组学技术应用于肿瘤、心血管疾病和Ⅱ型糖尿病医疗领域，到2025年，先进诊断和精准治疗的潜在经济影响达5000亿～12 000亿美元，这还不包括应用于免疫与移植药物、中枢神经系统紊乱、儿科药物、产前护理和传染性疾病等其他领域。

2. 各国大力支持精准医疗发展

在全球精准医疗起步伊始，一些国家先后出台相关计划，对精准医学进行顶层设计，围绕目标、关键投资重点布局。

美国总统奥巴马在2015年国情咨文中宣布将精准医学计划提上日程。1月

30日，奥巴马专门就精准医学计划发表讲话。美国精准医学计划将通过公私合作，利用基因组学研究、新兴的大数据管理分析方法和卫生信息技术方面的进步，加快生物医学发展。精准医学计划还将使上百万美国人自愿贡献自己的健康数据，以提高医学研究能力，推动发展新的治疗方法，并催生以数据为基础的、疗效更精准的医疗新时代。

德国政府将个性化医学列为《新的高技术战略——创新为德国》（2014 年 9 月）的重要内容，同时也把其作为《健康研究框架计划》的 6 个优先支持领域之一。2013 年 4 月，德国联邦教研部启动《个性化医疗研究行动计划》，准备于 2013—2016 年投入 3.6 亿欧元，支持个体化医学基础研究、临床前研究、临床研究和促进企业、高校与科研机构建立新的伙伴关系，推动健康经济整个创新链的研发活动。

其他国家也高度重视精准医疗的发展。日本政府在其《医疗创新战略》中将“精准医疗”列为其重点之一；英国在 2014 年 8 月出台了《十万基因组计划》，投入资金 3 亿英镑发展精准医疗；加拿大政府在 2012 年启动《个性化医疗》计划，共计投资 6750 万加元；法国在实施《工业新法国》计划时，提出即将出台的国家医疗战略将更加注重个性化医疗。

3. 战略重点及未来发展趋势

（1）支持以基因组研究为核心的基础研发

各国普遍支持基础医学研究，特别是基因组基础研究。随着信息通信技术、生物技术、纳米技术产业的快速发展，下一代测序技术、高通量基因组分析技术、基因/蛋白质靶物质探索技术、DNA/蛋白质芯片技术和个性化新药开发等战略性领域得到了集中资助。

以美国基因测序产业为例，国立卫生研究院自 2004 年起大力支持基因测序技术研发，启动了《先进测序技术资助》计划，投入经费一直维持在较高水平①。2014 年 NIH 的资助以基于纳米孔的测序方法为主。

（2）支持以癌症为重点的特定病种研究

攻克癌症是当前精准医疗的主要目标。由于多年来各国对癌症基因测序及分析的持续支持，以抗癌治疗剂开发为目标的精准医疗技术已经走上正轨，商业应用也在有序拓展中。

美国精准医学计划向国家癌症研究所提供 7000 万美元，用于肿瘤基因组学研究，开发更加有效的肿瘤治疗方法；英国在 2011 年启动大规模癌症基因筛选

---

① 2010—2014 年，NIH 对千元基因组测序研究经费的投入分别为 1836.5 万、1441.4 万、1869.6 万、1675.6 万和 1476.3 万美元。

先锋计划，将个性化医学与集成式研究结合起来。2013 年的《10 万基因组计划》以癌症、罕见病和传染病患者为首批服务人群。

（3）支持以生物标志物验证为关键的临床技术研究

精准医疗要实现巨大的市场潜力，需要将研究成果转化为服务患者的措施。确证的生物标志物有助于单个患者或者患者群采取有效的预防、诊断和治疗策略。生物标志物验证作为关键技术，是临床研究阶段的核心方向。

德国支持有前景的生物标识验证，除了单纯从医学角度发现并明确生物标志物的特征外，还按照审批需要和市场要求开展大范围研究分析；加拿大希望开发出能够跟踪疾病发展过程或显示病患对治疗反应的分子标志物、标志物平板等。

（4）加强以基因数据库为中心的基础设施建设

各国都在加紧生物数据库和医疗数据库建设，以大量健康人群、患者作为研究对象，观察并搜集每个人的健康信息、诊疗信息和基因生物信息，探索建立持续的信息观察、解析和共享机制。

2015 年 3 月，美国国立卫生研究院成立了精准医疗计划工作组，研究并制定了《精准医疗计划之队组计划——为 21 世纪的医学奠定基础》。国立卫生研究院将耗资 1.3 亿美元，建立百万规模的被研究群组。参与者将提供医疗记录、基因、代谢物与体内外微生物图谱、环境与生活方式数据、个人设备与传输器数据等各种数据源。

日本精准医疗计划以《东北医疗银行计划》为中心，大力完善与精准医疗相关的基础设施。东北医疗银行以大地震受灾地区人民为主要对象，通过与医疗信息网络的合作，构建由 15 万人组成的大型生物银行。除此之外，日本还推进健康人群、病患基因组队列研究与生物银行建设，在全日本范围内建立 10 万健康人群和 20 万病患的采样标本生物银行。

（5）注重隐私和伦理道德保护

政策环境和标准问题是公众讨论的核心。各国在开发精准医学技术时，普遍重视对伦理、法规和社会问题的研究，希望创造能够接受精准医学技术的社会和法律氛围。

德国在不同计划中支持有关生命科学发展对社会影响问题的研究。在《个性化医学研究行动计划》中，支持建立相应的信息和交流平台，依托互联网开展信息交流，举办讨论活动及向媒体提供相应的专业信息，内容涵盖个性化医学的方方面面。

美国精准医学计划重点提出了隐私保护，2015 年 11 月 9 日，白宫正式发布《精准医学隐私及信任原则》，用于切实保护参与研究志愿者的隐私，建立研究活动中不同主体间的相互信任。

（6）强调公私合作

各国关注精准医疗整个创新链的研发活动和健康经济。通过公私合作，及时、主动、有效地开辟健康经济发展的新前景。在这一过程中，医疗产业间的战略合作将进一步深化，出现的不仅仅是国内外医疗机构、制药企业、学界、分析技术企业间的研发合作，机构间的兼并和重组活动也将更加活跃。

美国在推动实施精准医疗项目的过程中，政府将与现有的被研究群组、患者群体和私营部门建立强有力的伙伴关系。政府将协调学术医学中心、研究人员、基金会、隐私专家、医学伦理学家和医疗产品创新者的活动。

德国支持科研机构、医院和企业之间建立伙伴关系，实现科技和健康产业紧密结合的研发联盟。在个性化医学创新项目的第一阶段，科技界、医疗界和产业界的专家将共同讨论制定个性化诊断和治疗措施开发的战略方案，推动形成新的设计思路和团队，帮助中小企业寻找科技和经济界的合作伙伴。

英国在 2015 年成立精准医疗弹射中心，采用公私合作投资模式，将和细胞疗法弹射中心互为补充，使英国成为世界上开发精准医疗测试和疗法的最具吸引力之地。

三、基因组编辑在争议中发展

2015 年，中国科学家发表的一篇关于人类胚胎干细胞基因编辑的论文受到全世界的广泛关注。一方面，人类基因编辑技术能够利用先进的分子生物学手段，对人类细胞的基因进行靶向修改和编辑，是未来疾病治疗的一种全新途径；另一方面，其可能引发人类正常遗传种系的风险和伦理问题，因此饱受争议。

1. 各国充分肯定“基因组编辑”技术的科学性和应用前景

新的“基因组编辑”或“基因组外科术”方法引发了分子生物学研究的根本性变革。CRISPR-Cas9 方法使得调控遗传物质的改变变得出奇的简单，比以往所有用到的方法都更加有效。该方法的应用将开启分子生物学基础研究的新局面，特别是针对分子遗传学方面之前难以涉足的生物及知之甚少的基因功能的研究。这种方法上的创新为植物育种和生物技术提供了新的选择，开辟了广阔的应用空间。人类遗传疾病的体细胞基因治疗技术也有望从中显著获益。“基因组编辑”技术具有很高的科学潜力。

领先的英国研究机构组在 2015 年 9 月发表联合声明，支持继续使用 CRISPR-Cas9 和其他基因组编辑技术在临床前研究。包括出于研究目的而使用人类生殖细胞和早期胚胎，指出这完全符合法律、伦理范畴。6 月，英国首次采用基因编辑技术治疗婴儿白血病，收到了比较好的效果，癌细胞被完全消除。

2. 各国谨慎思考“基因组编辑”技术可能引发的伦理和法律问题

但是，CRISPR-Cas9 方法在人类基因组改造和医学方面的应用还不成熟。此外，相关试验涉及与遗传疾病治疗有关的、广泛的社会、伦理和法律方面的问题，涉及人类种系的完整性，并触及科学自由的底线。出于这一担忧，国际社会普遍认为应谨慎对待基因编辑组技术，并支持在国际层面上自愿暂缓将其用于对人类种系实施人工干预的各种方式。但同时又强调，暂缓应用并不意味着限制该技术的进一步发展，以及其为研究和应用所提供的新的可能性。

2015 年 5 月 18 日，美国国家科学院（NAS）和医学院（IOM）共同宣布，将启动一项关于人类基因编辑的研究计划，旨在针对当前颇具争议的人类基因编辑研究工作开展政策和伦理学研究，为政策制定提供参考。12 月，美、中、英三国科学院联合组织“人类基因编辑国际峰会”，20 多个国家的研究人员和各方专家深入讨论有关人类基因编辑的科学、伦理和政策性问题。最终，组织方期望该研究计划可以为基因编辑技术的合理使用提供通用的标准、指南和最佳实践。

德国国家科学院（Leopoldina）、德国工程科学院（Acatech）、德国科学院联盟和德国科学基金会（DFG）等主要科学机构在 2015 年联合发布报告《基因组编辑的机遇与局限》，科学家们提出了德国今后面对该技术的建议：

一是针对公众所关心的相关问题，开展透明地、批判性地讨论。除了科学界内部的对话，还应针对“基因组编辑”技术对科学、伦理和法律产生的可能性、局限性和后果进行公开辩论，尤其是涉及疾病治疗方面的应用和有可能深层干预生态系统的措施，评价其应用和风险。二是继续研究和完善“基因组编辑”技术。三是评估“基因组编辑”在医疗方面的影响。四是制定未来法规。五是建立新的以产品为基础的评估方法和“转基因生物”的管理规程，巩固和加强生物安全研究。

四、耐药性继续为各国关注

继 2014 年世界卫生组织首次发布《抗生素耐药：全球监测报告》、美国出台《抗击耐药菌国家战略》后，抗生素耐药性问题继续在全球发酵，并引起了更多国家的重视。

1. 各国采取行动计划

2015 年 5 月 25 日，第 68 届世界卫生大会通过《抗微生物药物耐药性全球行动计划》的决议，敦促世界卫生组织各成员重视抗微生物药物面临的耐药性问题，并采取行动，根据各自情况调整优先应对事项，调动额外资源促进决议落实。决议设定 5 项目标，包括增强意识、加强研发与监测、减少传染病发生、优化抗微生物药物使用及保障可持续性投资。

美国在《抗击耐药菌国家战略》之后，于2015年4月又出台《抗击耐药菌国家行动计划》，旨在加强美国在应对抗药性细菌挑战中的能力，挽救更多感染抗药性细菌的患者，降低抗药性细菌造成的经济压力。奥巴马政府已经在2016财年预算中为该计划申请了12亿美元的预算。

德国联邦政府也十分重视对抗生素耐药性研究的支持，于2015年5月13日批准了新的《德国抗生素耐药性战略2020》（DART 2020），为人医、兽医和畜牧业领域的抗生素使用制定更清晰的规则，支持研发新的抗生素、替代疗法和快速诊断试验，呼吁国际合作。

2015年英国抗生素耐药性战时内阁①宣布拨款约500万英镑用于抗生素耐药性研究。这是英国在该领域内最大的一笔财政拨款之一。主要研究抗生素耐药性链的关键一环——细菌细胞壁，以及使用抗生素对全部动物肠道菌群所产生的影响。

2. 各国加强合作

抗生素耐药性问题是一个全球性问题，无法由一个国家独力解决。为此，各国都高度重视与外国卫生与农业部门、世界卫生组织、联合国粮农组织、世界动物卫生组织及其他跨国组织合作，在全球范围内增强对抗生素的使用及耐药性进行检测、分析和报告的能力，激励开发新疗法和新诊断手段，为预防和控制抗生素耐药性的出现和传播而努力。

（1）欧美加强抗生素耐药防控协作

欧盟和美国共同将耐药性视为全球卫生威胁，并且以“同一健康”（One Health）策略在人类健康和动物卫生领域采取综合防控措施。2009年欧美领导人峰会提出建立“跨大西洋抗生素防控工作组”的工作机制，2011年起该机制通过双方定期举办会议和研讨会，交换防控信息和最佳实践等措施，充分协调统筹《美国国家应对抗生素耐药行动计划》和《欧盟抗生素耐药行动计划》，同时对“全球卫生安全议程”和《世界卫生组织抗生素耐药行动计划》等国际行动和规划提供技术支持。

2015年10月“跨大西洋抗生素防控工作组”举办例行会议，协商深化双方在应对危及生命的药品耐药问题领域的合作。加拿大和挪威作为该机制新成员派员首次参加会议。本次会议达成未来重点合作领域：一是在人体和动物中合理使用抗生素；二是预防耐药性感染；三是促进人体使用抗生素的研发和生产。重点合作活动包括：共同制定医院抗生素使用规划的机制和程序指标，促进形成全球

① 原指在战争时期的联合内阁，独揽大权。这里是说耐药性是一场战争，因此组建了一个跨委员会的类似战时内阁的管理机构。

药品使用和处方措施的标准化；发生点普查，查找监测漏洞，确定医源性感染风险；支持满足监管要求的药物开发规划。

（2）中英联合出资900万英镑开展抗生素耐药性研究

中英两国于2015年10月宣布，英国医学研究理事会、生物技术与生物科学研究理事会、经济与社会研究理事会和中国自然科学基金会将联合出资900万英镑支持抗生素耐药性研究。该投资将帮助中英两国的主导科学家分享专长和创新成果，开发新的疗法，以帮助根除抗生素耐药性对全球公共卫生所带来的威胁。

（3）德法加强抗生素耐药性研究合作

德国弗朗霍夫学会分子生物学和应用生态学研究所（IME）与法国制药巨头赛诺菲（Sanofi）自2014年起在法兰克福建立联合天然材料研究实验室，依托当地的赛诺菲－安万特公司，对自然产生的化学和生物物质进行研究，开发新型抗生素、替代疗法来治疗传染病。

新一代信息通信技术成为未来发展的重要原动力

近年来，信息通信技术（以下简称 ICT）的发展不仅表现为各细分领域技术的纵向升级，更表现为 ICT 创新链、产业链的整体代际变迁。特别是以移动互联网、社交网络、云计算和大数据等为特征的新一代信息通信技术正蓬勃发展，网络互联的移动化和泛在化，信息处理的集中化和大数据化，信息服务的智能化和个性化等成为当前和未来信息社会对 ICT 需求的基本特征。2015 年，以美国、韩国、日本和欧洲地区为代表的发达经济体在 ICT 领域持续发力；有望实现变革式应用的量子信息技术在若干细分领域获得实质性进展；大数据发展正迈进以技术集成为基础、以应用创新为导向、以创造实际价值为目标的新阶段；全球的超级计算机强国都在为攻克百亿亿次超算技术积极部署；新材料、新工艺等的不断涌现成为摩尔定律仍可延续的重要保障。总体来看，新一代信息通信技术已成为未来经济社会发展的重要原动力，然而为了充分获得 ICT 收益，发展中国家和新兴经济体，甚至包括发达国家在 ICT 基础设施建设、ICT 创新能力持续提升和创新生态营造等方面仍面临巨大挑战。

一、主要国家（经济体）ICT 政策动向

世界经济论坛发布的《2015 年全球信息技术报告》显示，全球“数字鸿沟”日趋拉大。在全球 143 个经济体 ICT 发展条件和应用成效评估中，表现最佳和最差的经济体之间的差距正在扩大，发达经济体在信息通信技术利用方面要比发展中经济体表现突出。其中，美国、韩国和日本在全球网络就绪指数①排名中分列

---

① 网络就绪指数设有 53 个单项指标，共分为四大类：环境（政治与监管环境、企业与创新环境）、就绪程度（基础设施、支付能力和技能）、使用情况（个人使用、企业使用和政府使用）、影响（经济影响和社会影响）。

第7位、第12位和第10位，同时排名居前10位的国家中有5个属于欧盟成员国。2015年，美国、韩国、日本和欧盟等在信息技术领域持续发力。在充分认识信息通信技术具有变革性力量的基础上，所有的经济体在完善自身ICT生态系统上依然任重而道远，而这也是消除数字鸿沟的必要条件。

1. 美国强化ICT基础设施并聚焦未来的关键领域

多年来，不论是在信息基础设施还是在ICT研发领域，美国一直占据全球领导地位。2015年，美国一方面强化高速宽带网络在全国的普及，投入1.6亿美元的联邦研发基金促进通过物联网等信息技术解决城市发展的共性问题；另一方面，增加国家网络与信息技术研发计划战略规划（NITRD）2016财年经费预算，进一步聚焦战略优先领域。

宽带是信息社会最为重要的基础设施之一，因此提高宽带网络的普及率和接入速度始终是奥巴马政府的施政重点。2015年年初，奥巴马政府出台系列政策，激发地方政府投资宽带建设的积极性，商务部、农业部等联邦政府部门出台新的技术支持及补贴贷款政策，以促进高速宽带网络在全国特别是农村地区的普及。2015年9月，奥巴马政府启动投资总额为1.6亿美元的新计划，吸引20个城市参加，促进通过物联网等信息技术解决城市发展的共性问题，包括交通、气候、犯罪和公共服务领域等。实施该计划的具体举措包括：建立物联网应用测试床并开发多部门合作模式，与民间科技社团共同推进城际合作，充分利用现有的联邦资源，开展国际交流与合作。

NITRD计划始于1991年，是美国在信息技术领域进行跨部门研发协调的顶层机制。NITRD计划2016财年经费预算为41亿美元，比2015财年的预估经费（40亿美元）增加了2.5%。这与2015财年预算比2014财年预估经费减少2.6%的情况形成鲜明的对比。包括网络安全与信息保障（CSIA）、高可信软件与系统（HCSS）、高端计算基础设施与应用（HEC I&A）、高端计算研究与开发（HEC R&D）、人机交互与信息管理（HCI&IM）、大型网络（LSN）、IT社会经济与劳动力意义及IT劳动力发展（SEW）、软件设计与生产（SDP）在内8个研究领域的预算均有所增长。

2015年8月，总统科技顾问委员会PACST发布研究报告《确保美国在政府投资IT领域的领导地位》，对事关未来IT发展的8个关键领域的发展现状进行了梳理，并提出NITRD中各政府机构的应尽职责，这8个关键领域包括网络安全、信息医疗技术、大数据与高强度数据计算、信息物理系统、隐私保护、人机交互、高性能计算、信息技术基础研究。报告指出NITRD计划应以5年（或6年）为周期更新其研究领域，并提出2017财年需关注的领域：大规模数据管理与分析（BD或LSDMA）、机器人与智能系统（RIS）、计算驱动的网络物理系统

(CNPS)、网络安全与信息保障（CSIA)、计算驱动的人际交互（CHuman)、IT基础研究与创新（IT-FRI)、高性能IT系统（EHCS)、大规模研究基础设施(LSRI，含计算、网络和存储)。

2. 韩国将ICT打造成创新型主导产业

多年来，韩国的ICT产业一直作为出口主导产业引领经济增长，并为国家两次顺利渡过经济危机做出突出贡献。然而，最近出现的“坚果钳子”①，使韩国ICT产业面临危机。2015年3月底，韩国发布《K-ICT战略（草案)》，希望将ICT产业发展成为创新型新产业与强大的主导产业。计划于2015—2019年累计投入超过9万亿韩元，到2020年使ICT产业增长率达到8%，生产总值达到240万亿韩元，出口额达到2100亿美元。

战略的重点包含5个方面：一是改善ICT产业结构，包括加快ICT创新步伐、培养ICT创新人才、推进创新和风险企业的全球化；二是扩大对ICT融合领域的投资，包括交通、能源、旅游、城市建设、教育和医疗六大领域；三是培育九大战略性产业，包括软件、物联网、云计算、信息安全、5G移动通信、超高清、智能设备、数字内容和大数据；四是确保ICT先导产业下一代的国际竞争力，包括创新性半导体、融合显示器和超越想象型智能手机；五是加强国际合作。

3. 日本提出面向未来的ICT服务展望

日本政府历来重视ICT在其长远发展中所发挥的作用，并将ICT作为增强其产业竞争力的重要源泉。2015年，日本对《日本复兴战略》进行修改，出台《日本复兴战略（2015年修订版)》，其中强调要支持IT领域创新，加强网络安全。而为了实现“世界上最高水平的信息化社会”这一宏大目标，日本总务省于2015年10月公布《对未来ICT服务诸多发展课题的展望》（以下简称《展设》)，分析了物联网（IoT）时代日本面临的诸多课题，包括支持IoT发展的技术、制度与人才，利用IoT创造新价值，确保IoT运营安全，为解决人口减少问题、增强地方经济活力做出贡献，保障信息全球自由流通、开拓国际市场。

《展望》提出未来提供ICT服务需要解决的具体问题与发展方向：一是基础设施与终端，包括解决信息流量增大的问题，解决多类型通信的问题，保障网络安全性、提高网络数据可信度，提供大体量、多样性的IoT终端，探索IoT时代的网络运行机制，促进移动通信领域的竞争；二是平台与软件，包括解决信息流

---

① “坚果钳子”是对韩国出口产业在技术及质量方面落后于美国、日本等发达国家，而在产品价格方面不及中国、东南亚等发展中国家的状态表述。

量增大的问题，提供公正的软件开发平台，开发新软件、保障可信度与安全性；三是信息流通，包括保护个人隐私，保障网络安全，建立并完善数据所有权、信息共享的运行机制。《展望》同时提出近期必须实现：完善 WiFi 基础实施并扩大免费使用范围，建成 IoT 平台，普及开放式数据软件，设立专门机构集聚优势资源推动 IoT 社会发展。

4. 欧盟统一数字市场并加大 ICT 研发投入

（1）统一数字市场弥补数字鸿沟

目前仍有 41% 的欧洲企业并未利用任何数字技术，而随着越来越多硬件设备连接至互联网，欧洲企业迎来新一轮机遇。有预计统一的数字市场将给欧洲 GDP 带来 3400 亿欧元的增长，创造 380 万个工作岗位，并使公共行政成本下降 15% ～20% 。为实现欧洲主要产业进入数字时代，以及经济由此复苏，并“使欧洲重新成为信息与通信技术的全球领先者”，欧盟于 2015 年 5 月公布统一数字市场战略。

统一数字市场战略的三大支柱：一是使消费者和企业可以更好地在欧洲境内获得在线商品和服务，这需要尽快取消线上和线下服务的巨大差异，打破跨境在线活动的壁垒；二是营造数字网络和服务蓬勃发展的有效生态，这需要高速、安全和可靠的基础设施和内容服务，同时具备恰当的创新、投资与公平竞争条件的支撑；三是最大化欧洲数字经济的增长潜力，这需要扩大 ICT 基础设施投资，加强对云计算、大数据技术的投资与创新性研究，提高产业竞争力，更好地提供公共服务。

（2）加大 ICT 研发投入

“欧洲数字议程”2014 年度进展报告显示，欧盟整体的 ICT 领域政府研发投入占总研发投入的 6.6% ，落后于日本（9.1% ）和美国（7.9% ）。实际上，欧盟在数字领域技术研发公共资金投入落后于许多其他领域的先进技术。由此，对欧盟来说加大 ICT 研发投入变得十分必要。

2015 年 10 月，欧盟委员会正式确定《地平线 2020》2016—2017 年的工作计划，研发投入总额为 160 亿欧元，其中 ICT 领域投入共约 11 亿欧元。计划中确定的“连接数字单一市场”这一优先领域中包括：物联网领域投入 1. 39 亿欧元，通过大规模试点项目在众多社会挑战性领域实现技术发展；数字安全领域投入 1. 18 亿欧元，解决 ICT 驱动转型中的机遇及脆弱性问题；自动化公路运输领域投入 1. 14 亿欧元，实现汽车行业的范式转移，以大幅度提高安全性和能源效率，降低交通拥塞和污染物排放；在开放科学云领域投入 5000 万欧元。

同期，《地平线 2020》正式公开总资助额度约达 4. 64 亿欧元的 2016 年 ICT 领域招标计划，具体资助领域包括智能网络物理系统、有机薄膜大面积电子技术、智能系统集成、云计算、软件技术、网络创新计划、未来互联网实验室、大数据公私合作伙伴关系（跨行业和跨语言的数据整合与试验、数据驱动创新行业的大规模试点行动、工业技能与基准测试及评估、隐私保护大数据技术）、先进机器人能力研究与应用、系统能力与开发和试点应用和光子学关键使能技术等。

（3）力促科研成果转化

针对长期以来欧盟科研成果多商业化应用少的突出矛盾，《地平线 2020》推出专门的 COWIN 行动计划，旨在进一步改进完善研发创新价值链，特别针对欧盟第 6 和第 7 研发框架计划信息通信技术（ICT）主题所取得的科技成果转化。截至 2015 年年初，COWIN 行动计划已利用 FP6 & FP7 科技成果成功地创办 20 家创新型中小企业（SMEs），协助 30 家创新型初创企业提升其市场竞争地位，积极探索的研发创新价值链产学研用紧密合作机制已于 3 家创新型集群进行先行试点等。鉴于 COWIN 行动计划的成功实践，《地平线 2020》于 2015 年年初再启动 BLUMORPHO 行动计划，进一步扩大科技成果商业化应用的主题领域。COWIN 和 BLUMORPHO 行动计划，均将作为欧盟支持创新型中小企业可持续发展框架的重要组成部分，积极支持科技成果拥有者进入创新市场。

二、量子信息技术发展迅猛

量子信息技术是量子物理与信息技术相结合的前沿科技，因其构建于量子物理基础理论之上而极富神秘气质。科学家预测，量子信息技术在提高运算速度、保障信息安全及提高探测精度等方面具有不可预估的影响，其在金融、国防、航空、能源和通信领域有望实现变革式应用。为此，英国和美国均在 2015 年提出相关战略与规划，而量子信息技术造就的量子计算机、量子通信、量子雷达等，也在近两年结出了丰硕的成果。

1. 英国发布国家量子技术战略

英国是全球量子研究的主要投资国之一，其在 2013 年即宣布投资 2.7 亿英镑设立了《国家量子技术计划》，并成立量子技术战略顾问委员会。在该计划的驱动下，国防部投资建造了量子导航和重力成像仪的样机；创新委员会（Innovate UK）围绕“推动企业探寻量子技术可能带来的商业机遇”开展了一系列活动；工程与物理科学研究理事会（EPSRC）投资 1.2 亿英镑创建了国家量子技术网络中心，以积极探索物质的量子力学特性及其在技术开发中的应用；EPSRC 还投资建立了一批博士培训中心，以满足未来高技能劳动力的需求。

为了使英国在未来新兴的数 10 亿英镑量子技术市场中占据领导地位，量子技术战略顾问委员会于 2015 年年初发布报告建议英国制订量子技术国家战略，

3 月英国创新委员会（Innovate UK）和 EPSRC 发布《国家量子技术战略》，10 月 Innovate UK 发布《英国量子技术路线图》。这两项重大部署将引导英国未来 20 年的量子技术研发与应用。

《国家量子技术战略》中明确了 5 项重点任务：创建坚实的科研基础与能力；促进量子技术在英国的应用，并创造市场机遇；培养专业的量子技术人才；创造良好的社会和管理环境；通过国际协作实现英国效益的最大化。战略中还描述了量子技术可能的未来应用及商业原型实现的预估时间。

《英国量子技术路线图》中进一步分析得到量子技术可能商业化的时间。短期（0～5 年）：量子系统组件、量子钟、非医学成像技术（电磁、重力影像仪、单光子成像）、量子安全通信（点对点安全通信）；中期（5～10 年）：医学成像技术、导航（高精度惯性导航）、第二代组件（固态、小型化、自给式量子器件，如加速度计）；长期（10 年以上）：量子安全通信（复杂网络通信）、消费品中的量子技术、量子计算。以上 10 组技术同时被归纳为 7 项重要的量子技术，每项技术均有相应的发展路线图，具体包括组件技术、原子钟、量子传感器、量子惯性传感器、量子通信、量子增强影像和量子计算机。

2. 美国制订量子信息科学研发规划

一直以来，美国高度重视量子信息技术的相关研究，并且以美国国防部、美国陆军研究实验室为代表的军方机构主导了相关领域的计划制订与组织实施等。美国国防高级研究计划局（DARPA）早在 2002 年便制订《量子信息科学和技术发展规划》，并于 2004 年发布 2.0 版，给出量子计算发展的主要步骤和时间表。DARPA 下设高级研发中心（Advanced Research and Development Activity，ARDA，颠覆性技术办公室 DTO 的前身），对量子计算等领域的提案开展评估、提供资助。美国国家航空航天局喷气推进实验室下设量子计算技术工作组展开相关研究。美国国家科学基金会（NSF）则设立了《量子与仿生计算计划》（Quantum and Biologically Inspired Computing，QuBIC）。特别是，美国将量子芯片研究提升至原子弹研制的高度，将相关研究计划命名为《微型曼哈顿计划》，集中了包括 Intel、IBM 等半导体行业龙头企业及哈佛大学、普林斯顿大学、桑迪亚国家实验室等著名研究机构，组织多部门跨学科协同攻关。

2015 年 1 月，美国陆军研究实验室发布《2015—2019 年技术实施计划》，提出 2015—2030 财年量子信息科学研发目标与基础设施建设目标，这两大目标又分列近期（2015—2019 年）、中期（2020—2025 年）和远期（2026—2030 年）目标。

量子信息科学研发的近期目标包括：①可伸缩、模块化量子网络物理架构（包含异构系统接口）；②量子纠缠相关技术，主要有量子纠缠创建、量子纠缠与光子的相互转换、3 个及以上量子节点之间量子纠缠的传输、利用纠错技术保护量子纠缠、利用量子存储器存储与恢复量子纠缠；③量子网络算法与协议。中期目标包括：①提高异构量子网络的量子控制、保真度与纠缠速度、频率变换效率与存储时间；②开发量子纠错与纯化协议，防止量子信息发生退相干；③有效增加量子网络中的节点数量；④开发新型部件和技术，满足应用需求。长期目标包括：①研究并集成新型分子量子部件，提升分布式量子系统的性能；②开展基础量子运算，探索量子信息在安全信息处理、超精确定位、导航、计时和传感等方面的能力；③探索量子科学在陆军中的新型应用，实现经典系统所无法实现的功能。

量子信息基础设施建设的近期目标包括：①实验室空间与设备，以开发基于离子、中性原子、固态材料的量子结点；②设计与制造设施，以开发模块化集成部件；③工具与软件，以评估量子系统的性能；④建成分布式量子信息中心并投入使用。中期目标包括：①实现异构量子网络集成的设备与设施；②扩展混合式量子网络的实验室空间；③利用量子科学团体中已有的设施开展量子调控研究。长期目标包括：①开发测试床，通过光纤和自由空间两种方式开展基础量子网络运行；②通过更新、升级及新能力挖掘等手段实现设备的现代化；③建成新兴的量子系统并投入使用。

3. 若干细分领域获得实质性进展

量子信息具有的经典信息无可比拟的优越特性（如相干性、纠缠性、非定域性和不可克隆性等），使得超高速量子并行计算、绝对安全的量子保密通信等成为可能。近年来量子信息技术发展迅猛，特别是 2015 年若干细分领域取得重大突破，具体内容参见表 2－1。

表 2－1 细分领域重大突破

领域	时间	事件
量子通信	2013 年 4 月	德国研究人员采用激光束发射系统，实现了空地量子密钥传输，试验中密钥传输速率为 145 量子比特/秒，通信链路持续时间 8 min，误码率 4.5%
	2014 年 11 月	中国科技大学、中国科学院上海微系统研究所和清华大学合作，将可以抵御黑客攻击的远程量子密钥分发系统的安全距离扩展至 200 km
	2015 年 3 月	中国科技大学实现多自由度量子体系的隐形传态
	2015 年 11 月	维也纳大学研究者实现了 143 km 距离独立量子位的纠缠传送，以及 3 km 距离扭曲光子的纠缠
量子计算机	2014 年 5 月	美国加利福尼亚大学圣塔芭芭拉分校（UCSB）开发出了利用 5 个量子位（qubit）的冯·诺依曼型量子计算机用处理器
	2015 年 1 月	英国苏塞克斯大学的物理学家们利用微波辐射替代激光构建纠缠态量子实验，可使离子同时处于两种状态，该技术有望极大地简化通往量子计算的道路

续表

领域	时间	事件
量子计算机	2015 年 3 月	谷歌和加州大学圣塔芭芭拉分校的研究人员取得量子计算重要突破，证明可控制多组量子比特来删除特定种类的错误，避免这些错误破坏整个计算过程。这被看作量子计算用于实际应用迈进了关键一步
	2015 年 4 月	IBM 研究实现可同时检测两类量子错误（比特翻转和相位翻转），这是用于量子纠错的关键技术，为制造具备实用性与可靠性的量子计算机奠定了基础
	2015 年 8 月	奥地利物理学家成功在实验室将两个逻辑门叠加构建出全新量子计算机模型，该模型可比标准量子计算机更高效地完成量子计算任务。此项研究有望为全新量子计算建立理论基础，并设计出计算速度更快的量子计算机
	2015 年 10 月	澳大利亚新南威尔士大学利用两个基于硅的量子位制成了一个可以用于计算的量子逻辑门（之前的量子位不能通过相互作用进行计算），该逻辑门可以基于现有硅芯片技术实现，从而让这一技术的标准化和规模化生产变得更为简单。该成就成为实现全尺寸量子计算机道路上的重要里程碑
	2015 年 12 月	谷歌开发出 D-Wave 2X 量子计算机，其测试运行速度比在传统计算机芯片上运行的模拟装置快 1 亿倍
量子信息存储	2015 年 1 月	来自澳大利亚国立大学与新西兰奥塔哥大学的联合科研小组取得量子信息存储技术的重大突破，有望替代用于量子通信网的激光技术。该技术利用镶嵌在水晶中的稀土元素铕的原子存储量子信息
	2015 年 6 月	美国伊利诺伊州芝加哥大学领导的国际科研小组实现了在碳化硅中利用可见光极化原子核自旋，这一进展可能为基于自旋的量子存储提供一条新道路
量子传感器	2013 年 7 月	美国陆军利用激光冷却原子的方法实现了在量子传感器领域的突破，可以大幅度提高全球定位系统拒止环境下的导航和探测能力
量子成像	2014 年	奥地利科学院量子光学与量子信息研究所、维也纳量子科技中心和维也纳大学联合开发出一种全新的违反直觉特征的量子成像技术，首次实现了无须探测光照射被拍摄物体便可获得物体图像，光不需要接触被拍摄物体即可显示图像
量子导航	2014 年	英国国防科学技术实验室开发出“量子罗盘”导航系统原型机
量子雷达	2015 年 2 月	英国约克大学领导的国际研究团队开发出了一种原型量子雷达，其可利用微波和光波束间的量子关联效应来检测癌细胞、隐形飞机等低反射率的物体
量子系统软件	2015 年 1 月	美国国家标准与技术研究院（NIST）宣布实施“量子物理高级实时基础设施”项目，开发用于控制量子信息系统的开源软件
量子网络	2015 年 5 月	约克大学、丹麦科技大学、麻省理工学院和多伦多大学的研究人员合作开发出高速大城市间距网络协议，可用来建立高速的量子网络，使得设备安全地连接到附近的接入点或者代理服务器上

三、大数据步入创造实际价值的新阶段

当前，大数据已成为众多热门技术的基石，移动互联网、知识工作自动化、物联网、云计算、先进机器人、自动汽车、基因组学等都需要大数据应用。大数据不断地向各行各业渗透，使得大数据的技术领域和行业边界越来越模糊，应用创新已超越技术本身而更受青睐。大数据的发展正迈进以技术集成为基础、以应用创新为导向、以创造实际价值为目标的新阶段。

1. 韩国定义大数据2.0时代

2015 年年初，韩国发布《大数据 2.0 时代：主要问题及政策启示》报告，指出当今世界已进入从大数据中创造实际价值的大数据 2.0 时代，技术日趋精细、专业服务日益多样，数据收益化和创新商业模式是未来大数据主要发展趋势。韩国于 2013 年推出的《“政府 3.0”推动计划》，成为其推动大数据应用的重要一环，包括建设服务型政府、实干型政府、透明化政府三大战略。根据《“政府 3.0”推动计划》阶段性时间表，韩国在第二阶段（2015—2016 年）开展大数据在医疗保健服务、交通信息化建设方面的应用研究，扩大大数据共同基础设施建设，推动“国家未来战略中心”升级改造，促进技术不断升级；第三阶段（2017 年—）将开展大数据在国家经济领域中长期课题方面的应用研究，推进相关中心组建工作，实现数据分析工作常态化。

2. 美国大力发展大数据应用项目

美国将大数据视为强化其竞争力的关键因素之一，把大数据研究和应用计划提高到国家战略层面。近年来，以大数据应用为导向，美国国防部每年投入 2.5 亿美元资助利用海量数据的新方法研究，并将传感、感知和决策支持结合在一起，制造能自己运行和做出决策的自治系统，为军事行动提供更好的支持。美国国土安全局的“可视化和数据分析卓越中心”（CVADA）项目，通过对大规模异构数据的研究，使应急救援人员能够解决人为或自然灾害、恐怖主义事件、网络威胁等方面的问题。美国国家安全局的 Vigilant Net 项目，开发保护计算机网络的数据可视化技术，从而促进和测试网络保护位置感知能力。

2015 年 2 月，美国国家科学基金会（NSF）投入 2650 万美元，用来支持一批能够推动大数据关键技术研发与创新性应用的科研项目。NSF 要求“创新性应用”项目召集计算机科学家、数学家、统计学家，以及各学科领域的科学家和工程师一道解决复杂的数据问题。美国财政部下属的金融研究办公室（OFR）也参与资助金融领域的大数据技术研发与应用。11 月，NSF 投入 500 万美元启动一项

新计划，依托若干高校在全美建立4家大数据区域创新中心，覆盖全部50个州，吸引超过250家大学、企业及城市政府等组织参与，结合生物医药、材料制造、能源环境、教育、金融、减灾防灾等不同领域的需求，深入研究蓬勃发展的数据科学与技术，解决区域及全国性挑战。下一阶段，NSF预计还将投入1000万美元，启动《大数据辐条计划》，紧密围绕4个大数据区域创新中心，结合具体的优先领域开展项目征集，以“辐条”连接各中心的优势研发资源，发挥大数据技术对于经济社会发展的促进作用。

3. 欧盟引入公私合作模式促进大数据行业发展

鉴于大数据在医疗卫生、能源、农业等领域产生的深刻影响，欧盟于2014年7月倡议其成员国积极迎接大数据时代，同时宣布将采取一系列措施促进大数据发展，具体包括：依托《地平线2020》创建开放式数据孵化器；重新定义数据所有权和数据供给责任等；制定数据标准；成立多个超级计算中心；在成员国创建数据处理设施网络等。

2014年10月，欧盟与大数据价值协会建立合作关系，计划通过公私合作模式筹集25亿欧元用于促进大数据行业发展。该计划于2015年1月正式启动，并将从2016年起启动实施一批项目。2016—2020年，基于《地平线2020》欧盟将投资5亿欧元，私营行业合作伙伴的投资将超过20亿欧元。欧盟希望借此推动在能源、制造和医疗保健等行业产生一些颠覆性的大数据理念，如提供个性化医疗和预测分析服务等，增强欧洲地区在大数据领域的实力，并为未来发展数据驱动型经济打下基础。据预测，该计划可帮助欧洲供应商在全球数据市场占据多达30%的份额，至2020年前在欧洲创造约10万个与数据相关的工作岗位，同时减少10%的能源消耗。

4. 多种关键技术助力大数据应用

大数据应用不仅在于对高容量、高速度、多类型数据的采集与集成，更强调挖掘有潜力的原始数据，实现原始数据的高效组织。现阶段，应用场景的精细化对大数据技术及方法提出了更高的要求，与此同时，相继出现的多种关键技术成为大数据应用的有力支撑。

在海量数据通信方面，2014年年底美国国家安全局发布了一款开源的通信软件，该软件能够在数据格式与协议不同的情况下在多个计算机网络之间实现自动化的海量数据通信。更重要的是，软件的开源性使得私营部门的开发人员可以对其进行检测，并可根据自身需要进行加强和优化。在物理传输层面，2015年5月，IBM设计并测试成功了首个全集成波分复用硅光学芯片，基于该芯片验证了距离达2 km的数据中心互联的参考设计。该技术将很快用于制造100 Gb/s的光收发器，使数据中心能够为云计算和大数据应用提供更高的数据传输速度和带宽。

在数据集成方面，英国、西班牙的研究人员共同研发了一种减少待处理数据量的方法。借鉴量子力学辨别两种量子状态之间差异的经典技术，来理解生物系统、社会系统等系统中具有足够相似度、可被视为多余的关系，从而极大减少必须单独分析的信息量，使其更易于理解。目前，该方法已用于分析若干可公开获取的、与一般互动相关的数据集，如动物网络、恐怖分子网络、科学合作系统、世界食品进出口网络、大陆航空网络、伦敦地铁等。不过，应用该方法的同时还需要更加复杂的技术来进行数据的分析与表征。

减少人工参与、提升自动化程度一直以来都是大数据分析过程所追求的目标。2015 年 10 月，美国麻省理工学院（MIT）的研究人员开发出大数据自动化分析原型系统 Data Science Machine（DSM）。经测试，DSM 在陌生数据集中发现可预测模式的准确性可达到人工模式的 87% 以上，同时通常需要人工模式花费数月时间研究预测算法的过程，DSM 仅需 2 ～12 h 即可完成。

四、超级计算机向百亿亿次时代进发

超级计算机（以下简称超算）又称为高性能计算机，是大国综合实力的象征，也是确保国家竞争优势的重要保障。2015 年年末全球最强超算的峰值运算和实际运算速度均已达到亿亿次，与此同时，全球的超算强国都在积极部署，努力攻克百亿亿次超算技术。高性能计算机硬件、系统架构、操作系统及应用软件等均成为亟须攻克的难题。

1. 超级计算机最新榜单

国际 TOP 500 组织每年发布两次全球超级计算机系统排名，旨在促进国际超级计算机领域的交流和合作，推动超级计算机的推广应用。2015 年 11 月，全球超级计算机 500 强新一期榜单公布。第 1 名中国“天河二号”的浮点运算速度达每秒 33. 86 千万亿次，第 2 名美国“泰坦”的浮点运算速度为每秒 17. 59 千万亿次。第 3 ～第 5 名依次为美国“红杉”、日本“京”和美国“米拉”。自 2013 年 6 月以来，该排行榜前 5 名没有发生变化。

美国上榜超算数量相对其他国家优势依然明显，不过已从上期的 231 台降至此次的 201 台，是该榜单自 1993 年发布以来美国上榜数量的最低水平。欧洲从上期的 141 台减少至 107 台，其中德国 32 台，法国与英国各 18 台。日本从上期的 40 台降至 36 台。中国大陆超算的上榜数量出现大幅增长，从上期的 37 台增至 109 台，多于欧洲的上榜总数。

从生产商角度来看，惠普生产的超级计算机最多，为156台；其次是美国克雷公司，为69台；中科曙光以49台居第3位；联想以25台居第6位；浪潮以15台位居第8位。共有445台超算采用英特尔芯片，占总数的89%，上期这一数字为86.2%。采用IBM Power处理器的超算系统从上期的38台降至26台。

此次共有80台超级计算机的浮点运算速度超过每秒千万亿次，较上期多12台。98%的超算系统使用的处理器至少有6个核心，88%的超算系统应用至少含8个核心的处理器，47%的超算系统使用内含10个或更多核心的处理器。然而，上榜全部超算系统的平均计算能力提升速度从2013年开始放缓，近期每年提升约55%，而1994—2008年为90%。

2. 美国向百亿亿次超级计算机发力

2015年7月，美国发起《国家战略计算计划》，整合多部门的研究资源，提出全方位、可协调的高性能计算研发战略，以解决后摩尔时代器件性能面临极限，计算数据量指数级攀升和计算机体系结构有待革新等多重挑战。该计划提出五大战略目标：研究面向艾字节（2^{60}）数据进行每秒百亿亿次计算的系统，使美国始终处于高性能计算领域的国际前沿，提高高性能计算应用的开发能力，增强高性能计算资源的可获取性，以及开发未来的高性能计算硬件。

3. 日本开发百亿亿次“后京”

日本自2014年开始开发下一代超级计算机“后京”，其性能相当于日本最快超级计算机“京”的100倍。2011年11月，日本超算“京”成功提速，最大计算性能达每秒钟1.051亿亿次浮点计算，这是人类首次成功跨越1亿亿次计算大关。“后京”采用协同设计的方式，硬件系统与应用同时开发，通过芯片内电路合理设计及开发出根据不同应用控制电力消耗的系统，努力使电力消耗控制在30 M～40 MW。预计到2019年总投入1300亿日元，2017年完成设计，2018年生产制造，2019年前完成设备，2020年正式投入使用。

4. 欧盟将“百亿亿次级高性能计算”确定为前瞻项目

在《地平线2020》中，欧盟将“百亿亿次级高性能计算”视为未来与新兴技术前瞻计划中重点关注的项目，启动之年的工作计划包括高性能计算核心技术、超级并行和极致数据应用的生态环境构建与算法研究、高性能生态系统的发展。欧盟希望借此实现超大规模高性能的计算系统，并推动形成欧洲可持续发展的高性能计算生态系统。

5. 印度启动超级计算机任务

2015 年 4 月，印度启动《国家超级计算机计划》，这项前瞻性计划将有助印度跻身世界级超级计算机科技强国之列。该计划由印度科技部和电子信息技术部联合开展，印度高级计算发展中心和印度科学院共同研发，预计在未来 7 年投入 7200 万美元经费。该计划将通过 70 个超级计算机形成的网络，连接全国重要的学术和研究机构，并与印度政府另一项前瞻计划——国家知识网络，实现学术和研究机构间的网络连接。由此，学术研发机构和政府机关能够共同对重要技术进行联合研发，并开发新的应用技术，联合研究超级计算机，从而为“数字印度”和“印度制造”提供技术支持。

6. 百亿亿次级计算软件突破有望

2015 年 3 月，英国启动为“可伸缩、高能效、适应性、透明软件自适应”（SERT）的项目，在该项目的支持下，英国贝尔法斯特女王大学正在开发的一种新型计算机软件，在不久的未来可将超级计算机的计算速度提升至百亿亿次级。这一突破有望通过对具体自然现象的模拟及最快的数据处理技术来应对一些全球性重大问题，如气候变化和威胁人类生命安全的疾病等。

五、摩尔定律仍可延续

2015 年正值“摩尔定律”50 周年，半个世纪以来半导体芯片的集成化趋势一如摩尔的预测，推动了整个信息技术产业的发展。尽管以传统材料与制备工艺为支撑的半导体芯片集成度增速有所放缓，然而，碳纳米管等新材料、极紫外光刻技术等新工艺及芯片架构新型设计方法的不断涌现使得摩尔定律仍可延续。

2015 年，晶体管制备及其芯片制造工艺取得重要进展。7 月，一种采用新方法制备而成的分子大小的晶体管问世，该晶体管的新型结构使得其与传统晶体管不同，并有望应用于处理能力超过目前水平几个数量级的计算机系统。同在 7 月，IBM 公司推出全球首片 7 nm 制程测试芯片，该芯片采用全新的硅锗沟道晶体管技术和极紫外光刻技术，内含 200 亿可以实际工作的晶体管。与英特尔公司正在开发的 10 nm 芯片技术相比（预计在 2017 年推出 10 nm CPU），7 nm 芯片有可能实现芯片面积缩小 50%，功耗性能比提高 50%。

碳纳米管被视作最有望替代硅成为半导体材料的候选对象之一，近几年碳纳米管芯片制造技术更是连续获得突破。2012 年 IBM 公司找到将碳纳米管准确放置在芯片上的方法，并制造出集成有 1 万个碳纳米管晶体管的芯片，这成为降低芯片制造成本的关键一步。2015 年，IBM 再次突破碳纳米管晶体管商业化应用的重要瓶颈，提出一种能在原子量级上将特定类型金属与碳纳米管结合的方法。在芯片架构方面，斯坦福大学的研究结果表明，碳纳米管的特性使得存储器和处理器能以立体方式堆叠在一起，从而大幅度提高计算机芯片的运行速度。尽管如此，如何更好地分离金属纳米管和半导体纳米管（半导体形式的纳米管才能被用于晶体管），以及开发出可靠的适用于数十亿级纳米管的非光刻工艺仍是碳纳米管晶体管商用必须解决的技术难题。

国际航天领域竞争激烈

2015 年，航天领域呈现出良好的发展态势，超过 80 次的航天发射使得航天领域的竞争日益激烈。美国、俄罗斯、欧洲和日本等国家和地区纷纷发布新的航天战略，继续加大航天科技领域投入，旨在保持其在航天领域科技与产业发展中竞争优势。相比略为沉寂的 2014 年，2015 年空间科学探测领域十分活跃。美国的“深太空气候观测站”（DSCOVR）和磁层多尺度任务（MMS）相继发射，欧洲航天局的激光干涉探测器新引力波天文台（LISA）先行测试计划 LISA 探路者（LISA PATHFINDER）开启了旅程，而中国的“悟空”暗物质探测器也引起了世人的瞩目。在国际空间站建设方面，美国的商用货运飞船承担了更多的国际空间站货运任务，日本的货运飞船也执行了一次国际空间站货运任务，而俄罗斯在执行货运任务的同时，其“联盟号”飞船仍是国际空间站载人任务的唯一选择，欧洲航天局第一代载人宇宙飞船“过渡试验飞行器”（IXV）开展了进行飞行试验，用于验证欧洲先进再入技术和综合系统设计能力。在卫星领域，2015 年商业通信卫星领域的竞争依然十分激烈，美国、欧洲、中国和印度等导航系统均增添了新的力量，各国军用卫星的部署也在不断加强。此外，多个机构发布的研究报告显示，许多国家政府投资不断提升，世界航天产业发展态势良好，航天产业领域的竞争将更加激烈。

一、各国航天政策与投入动向

2015 年，全球经济仍在深度调整曲折复苏，世界主要国家继续保持对航天科技领域发展的高度重视，纷纷提高航天预算，推动新的航天政策和战略，积极抢占航天科技领域制高点，着力推动航天产业的发展。

（一）美国推出新航天技术路线图

2015 年 2 月 2 日，虽然美国近年来预算压力十分严峻，但美国航空航天局

（NASA）仍提出 2016 财年 185 亿美元的预算需求，比 2015 财年增长 2.8%，其中 122 亿美元为研发预算。在 2016 财年预算申请中科学任务经费 52.89 亿美元，其中 13.6 亿美元用于行星科学，包括木星卫星欧罗巴（木卫二）任务，6.2 亿美元用于詹姆斯·韦伯空间望远镜；6.51 亿美元用于太阳物理探测，包括 2018 年发射的太阳探针和探测任务；载人任务经费 85.10 亿美元，其中“猎户座”飞船 11 亿美元，航天发射系统（SLS）13.5 亿美元；空间技术 7.25 亿美元；航空学研究 5.71 亿美元；教育 8900 万美元；其他 33.08 亿美元。

5 月 11 日，美国航空航天局公布《2015 年技术路线图（草案）》。该路线图草案是对原《2012 年技术路线图》的扩展与更新，考虑了未来 20 年（2015—2035 年）内大范围的候选需求技术和发展路径，提供了更多美国航空航天局期望达到的任务能力与相关技术研发需求的细节。该技术路线图草案还包括一份关键前沿技术介绍文件，以及 15 份独立的技术领域（TA）路线图文件，这些路线图是《战略技术投资规划》（STIP）的基础，重点关注应用研究与研发活动。

10 月 7 日，美国航空航天局发布《NASA 的火星之路：先驱太空探索下一步》报告，提出火星之路计划分“依赖地球”“月地空间试验场”和“不依赖地球”3 个阶段实施，这标志着美国航空航天局正式确立了载人火星探测技术发展路线。其中，依赖地球阶段主要包括国际空间站上的研究，希望通过这个微重力实验室，验证技术并推进乘员健康与机能研究，为长期载人深空探测任务奠定基础；月地空间试验场阶段将了解并实施深空环境下的复杂运行，宇航员能够在该环境中花费约 1 天的时间返回地球，通过在月地空间开展的预先运行，提升并验证宇航员在远离地球的地方（如火星）生存、工作所需的能力；不依赖地球阶段，将根据之前在空间站和月地空间积累的经验开展探测活动，确保载人火星周围空间任务成功，其中可能包括低火星轨道或某颗火星卫星探测，最终将是载人登陆火星。

（二）俄罗斯推动航天领域重大改革

2015 年 4 月 22 日，俄罗斯航天局公布了新的《2016—2025 年俄联邦太空计划预算（草案）》，提出 2025 年之前的航天项目预算需求大约为 370 亿美元，与原有的 567.15 亿美元预算相比有了大较大幅度的削减。该计划草案中，俄罗斯将继续其核动力发动机项目，核动力发动机将在 2029—2030 年完成。新的太空计划还包括一系列其他计划，如载人任务的探月项目，以及超重型火箭。不过，随着俄罗斯航天工业的改革，俄罗斯航天局将由新成立的国有企业取代，包括载人任务的探月项目等将会被取消。

为应对近年来航天业多次出现火箭发射事故、体制弊病和多年积累的痼疾，俄罗斯下定决心对航天业进行彻底改革。2015 年 7 月 13 日，俄罗斯总统普京签署了关于建立航天领域“俄罗斯航天集团公司”（ROSKOSMOS）的法律。依据该法律，将在俄联邦航天局和联合导弹航天集团公司的基础上组建俄罗斯航天集团公司，代表联邦政府行使俄罗斯航天领域内的管理者职能，其中包括落实国家政策，对航天活动实施监管，为航天活动提供国家服务，管理国家资产，开展有关研究和利用太空空间的国际合作等。法律还规定了俄联邦总统和俄联邦政府在该公司中的权利，同时确定监事会为其管理机构，监事会主席由总统任命，共有11名成员：5名总统代表，5名政府代表和1名总经理，而总经理则由总统根据总理的建议进行任免，且不得兼任监事会的负责人一职。该法律的通过还将引起包括俄联邦预算法在内一系列其他法律条例的变更，使新成立的公司拥有联邦预算资金主要分配者、预算资金获得者和国家订货方的权力。俄罗斯航天集团公司的主要任务包括：打造高技术航天业，使航天业实现国家收益最大化，恢复俄罗斯在国际航天领域的大国地位等。

2015年12月28日，俄罗斯总统普京签署总统令，宣布2016年1月1日起撤销俄联邦航天局，由新成立的俄罗斯航天集团公司取而代之。根据该法令，涉及原联邦航天局职权的总统法令将适用于俄罗斯航天国家集团公司。普京责成政府在规定时间内完成相关撤销手续，解决拨款及技术物资转移等问题，保障联邦航天局的权力与职能顺利移交至航天国家集团公司，同时要按照法律规定向被遣散的劳动人员提供保障和补偿。

（三）日本制订新《宇宙基本计划》

2015年1月9日，日本正式出台将“宇宙安保”内容列为重点课题的新《宇宙基本计划》。这份面向未来10年日本太空领域政策的长期计划明确提出，将在太空安全领域强化日美合作，并以应对“太空垃圾威胁”等为由，提出为“强化安全保障能力”，建立与美方共享卫星宇宙监视信息的机制，争取将有助高精度地面定位的日本准天顶卫星等。根据该计划，日本提出利用10年时间，将航天相关设备的产业规模实现销售额累积达到5万亿日元的目标。

11月11日，日本政府公布了宇宙基本计划进程表修订案，进一步强化了其太空安全保障领域的部署，侦察卫星将由目前的4颗增至10颗，以加强对危机事态的管理。该修订案还提出加强日本航天产业建设，并计划于2016年上半年出台《航天产业愿景（暂称）》。该愿景将明确航天产业未来的方向及政府支持的基本态度，加快环境建设，支持日本企业正式参与航天产业，开拓面向海外市场的人造卫星和火箭零件销售的航天商业市场等。

（四）英国发布首份《国家航天政策》

2015年12月14日，英国发布了首份《国家航天政策》，其目标是成为欧洲商业航天及相关太空领域技术的中心，并在世界航天市场中占据更大份额。该政策支持政府在制造与服务、国际合作及高精尖科学与技术开发等领域的投入，并阐明了23个政府机构在太空探索中的角色。根据该政策，2030年前，英国在全球航天市场中所占份额将从当前的6.5%提升至10%，提供10万个新就业机会，年均创造400亿英镑的价值。政策强调，英国政府将充分认识航天对英国的战略重要性；致力于维护和促进太空环境的安全，保护太空不受任何干扰；通过卓越的学术研究培育强大、有竞争力的商业航天力量；通过国际合作建立负责任地利用太空的法律框架，使航天投资能获得最大回报。

二、空间科学探测再掀热潮

与2014年的沉寂相比，2015年空间科学探测领域精彩纷呈。其中，美国深空气候观测卫星再次开启了对太阳活动的探测，美国的“磁层多尺度任务”探测器开始探测空间气候和宇宙磁场效应，欧洲用于验证太空引力波观测技术的“LISA探路者”成功升空，而中国的“悟空”暗物质探测器的成功发射也引起了世人关注。另外，包括“信使号”在内的探测器也在不断开拓新的征程。

（一）美国深空气候观测卫星发射升空

2015年2月11日，美国深空气候观测卫星（DSCOVR）发射升空，如果一切顺利，该卫星将在110天后到达位于地球与太阳之间一个稳定的拉格朗日点轨道。DSCOVR是第一个用于侦测由太阳发出地磁风暴的深太空早期预警系统，携带两个NASA的感测装置，可以更可靠地预测太阳风暴，提高监测太阳活动的能力，并用以监测地球大气的臭氧与悬浮微粒水平，以及地球辐射的变化。

（二）美国发射磁层多尺度任务

2015年3月12日，美国磁层多尺度任务（MMS）发射升空，MMS拥有4个航天器，它们将以“四面体”形状在空间飞行，每个航天器相隔9.6千米（6英里）或400千米（250英里），编队环绕地球拍摄“磁场重联”或磁场爆炸的3D图像，有望帮助科学家们研究空间气候和宇宙磁场效应。

（三）欧洲发射太空引力波观测“LISA探路者”探测器

2015年12月3日，欧洲用于验证太空引力波观测技术的“LISA探路者”（LISA PATHFINDER）探测器发射升空。“LISA”探路者预计在2016年1月下旬抵达日地L1拉格朗日点附近轨道，并于3月正式开始持续180天的科学探测。“LISA探路者”探路者造价超过4亿欧元，高3.1 m、横截面直径2.4 m，质量约1.9 t，内部带有两个质量为2 kg的金铂合金立方体，科学家可通过激光望远镜观测这两个独立放置的物体在运动中的相对位置变化，以证明引力波的存在，并还可以用于验证爱因斯坦广义相对论。作为欧洲引力波探测计划的前期任务，“LISA”探路者主要用于演示和验证相关技术。

（四）印度发射首个太空望远镜

2015 年 9 月 28 日，印度成功发射了该国首个太空望远镜 ASTROSAT。该太空望远镜重 1.5 t，造价约为 2700 万美元，寿命为 5 年，主要用于对 X 射线双星、超新星遗迹、银河系系核和星系团进行光谱研究。

（五）中国首次发射暗物质卫星

2015 年 12 月 17 日，中国在酒泉卫星发射中心使用“长征二号丁”运载火箭成功发射了首颗暗物质粒子探测卫星“悟空”。该卫星是中国首批立项的 4 颗科学卫星之一，它能够通过高空间分辨、宽能谱段观测高能电子和伽马射线寻找和研究暗物质粒子，同时将在宇宙射线起源和伽马射线天文学方面开展研究，是迄今为止观测能段范围最宽、能量分辨率最优的空间探测器，超过国际上所有同类探测器。

（六）美国三颗深空探测器执行新任务

2015 年，美国三颗在太空飞行已久的深空探测器分别执行了新的任务，进一步拓展了人类对深空天体的认识。

3 月 6 日，美国“黎明号”探测器进入谷神星轨道并开始探测该星球，直径接近 1000 km 的谷神星是人类在太阳系中尚未探测的小行星带最大天体。“黎明号”抵达谷神星的轨道有助于人类更深入地了解这个身处小行星带的神秘天体。

5 月 1 日，美国首颗绕水星探测器“信使号”从水星表面低空掠过一个由熔岩沉积而成的盆地区域，按照预定轨道撞击水星表面，完成了自己的最后一项任务，最终在此区域留下了一个直径大约 15 m 的撞击坑，撞击的瞬间速度超过了声速的 11 倍。

7 月 14 日，经过 48 亿千米飞行、九年半太空穿梭，美国“新视野号”探测器终于飞掠冥王星，这是迄今为止人类与冥王星最近距离的一次亲密接触，之后该探测将飞向编号为 2014MU69 的柯伊伯带天体。

三、国际空间站再遇挫折

2015 年，国际空间站继续保持平稳运行。美国“龙”和“天鹅座”商用货运飞船承担了更多的国际空间站货运任务，俄罗斯“进步号”货运飞船依然是国际空间站运输任务的关键力量，日本也执行了一次货运任务。然而，美国的“龙”商用货运飞船和俄罗斯的“进步号”货运飞船则分别有一次发射任务失败，在一定程度上影响了国际空间站的运行。在载人任务方面，俄罗斯的“联盟号”载人飞船仍然是目前唯一的选择，美国的载人航天仍然严重依赖俄罗斯，2015 年 8 月 5 日美国不得不与俄罗斯续签了 4.9 亿美元的合同，用于购买“联盟号”飞船的 6 个座位以便将美国航天员送往国际空间站。另外，被称为迷你航天飞机的欧洲新航天器 IXV 进行了成功的试验。

（一）俄罗斯继续承担国际空间站主要运输任务

2015 年，俄罗斯的“进步号”货运飞船和“联盟号”载人飞船依然是国际空间运输任务的主力。俄罗斯“进步号”货运飞船分别于 2 月 17 日、4 月 28 日、7 月 3 日和 10 月 1 日执行了 4 次航天任务，继续为国际空间站的运行提供稳定的保障，其中 4 月 28 日的货运任务失败。作为载人航天的唯一选择，俄罗斯“联盟号”载人飞船分别于 3 月 27 日、7 月 22 日、9 月 2 日和 12 月 15 日执行了 4 次成功的载人飞行，顺利地完成了国际空间站宇航员的运输任务。

（二）美国商用货运飞船有喜有忧

2015 年，美国的商用货运飞船在国际空间站货运任务中发挥了更加重要的作用。美国太空探索技术公司（SPACEX）的“龙”货运飞船执行了 3 次国际空间站任务。1 月 10 日，美国“龙”货运飞船执行了第 5 次货运任务，向国际空间站运送 1.8 加压吨的急需物资，为 6 名宇航员提供日常补给和科学实验设备，其中，一种名为 CATS 的激光仪器将用于测量云层、污染的位置和分布，以及大气中灰尘、烟雾和其他微粒。4 月 14 日，“龙”货运飞船执行了第 6 次货运任务，装载着近 2 t 食物、试验设备和其他一些货物，其中包括一台专为太空环境设计的咖啡机；6 月 28 日，执行第 7 次货运任务的“龙”货运飞船因箭体发生爆炸以失败告终，给空间站的宇航员和任务执行团队带来巨大的压力。美国私营企业轨道科学公司（OSC）的“天鹅座”货运飞船也执行了其第 4 次国际空间站运输任务。12 月 6 日，“天鹅座”货运飞船将 3.5 t 的补给与仪器送往国际空间站，并成功与国际空间站对接，也使美国恢复了因“龙”货运飞船爆炸而中断的空间站货运服务。

（三）日本执行新的货运任务

8 月 19 日，日本第 5 艘货运飞船 HTV-5 成功向国际空间站发射，由于 4 月与 6 月俄美接连两次向国际空间站发射货运飞船失败，这次 HTV-5 被紧急追加了约 200 kg 的物资共搭载了 4.7 t 加压舱的货物与 1 t 非加压舱的货物，其中非加压舱里搭载了重 600 多千克用于研究宇宙射线与暗物质的“量能器电子望远镜”(CALET)。

(四) 欧洲新航天器 IXV 成功试验

2015 年 2 月 11 日，欧洲新航天器 IXV 执行了一次成功的试验任务。作为过渡性试验飞行器，IXV 可以对再入大气层、高超音速隔热、控制导航等技术进行测试，给今后无人探测器、有翼空天飞机及可复用火箭推进器提供了技术验证。欧洲航天局希望将其发展载人航天器，不仅能够执行空间站任务，也可以胜任地球与火星间的飞行。

四、卫星领域竞争激烈

2015 年，世界卫星领域仍是世界各国竞争的焦点。其中，商业通信卫星继续保持着快速的增长，军用卫星的部署不断加强，美国、俄罗斯、中国和印度等国家的导航卫星建设不断加快，科学探测卫星也得到了飞速发展。

(一) 商业通信卫星竞争激烈

2015 年，世界商业通信卫星仍保持着迅速的发展，有更多国家参与到商业通信卫星的竞争之中。其中，美国发射升空的商业通信卫星主要包括：INMARSAT-5-F2 通信卫星，可为北美洲、南美洲及大西洋地区提供卫星通信服务；DIRECTV-15 卫星，用于向美国本土、阿拉斯加、夏威夷和波多黎各的电视用户提供高清和 4K 超高清卫星通信电视直播服务。

俄罗斯的 EXPRESS-AM7 和 EPPRESS-AM8 通信卫星相继发射升空，可提供电话与广播服务、宽带互联网接入和支持俄罗斯与周边国家多媒体数据链接等；三颗 GONETS-M 通信卫星，提供个人通信和各类数据交换服务，其中包括为俄罗斯“格洛纳斯”导航系统的卫星协调系统提供数据。

欧洲国家发射的通信卫星包括：挪威 THOR-7 通信卫星，可为挪威和北大西洋地区提供 KU 波段海事通信服务；欧洲 EUTELSAT- 8 WEST B 和 INTELSAT-34，前者为中东和北非地区提供高清和超高清直播到户电视广播服务，并为非洲和南美东部地区提供通信服务，后者为拉丁美洲提供媒介分发服务，并搭载一个领先的巴西直播到户平台，该卫星也将为北大西洋的海运与航空供应商提供先进宽带服务支持；英国 INMARSAT-5-F3 卫星将与 INMARSAT-5-F1 和 INMARSAT-5-F2 联手，提供世界首个覆盖全球的高速宽带卫星服务。

其他国家发射的商业通信卫星包括：墨西哥 SKYM-1 卫星，可用于向墨西哥、中美洲和加勒比海地区的用户提供高清卫星通信电视直播服务；墨西哥 MO-

RELOS-3 卫星，可为墨西哥军队、紧急救援人员、偏远地区农村教育工作者和医院提供包括语音、数据、视频和互联网服务；土库曼斯坦第一颗卫星 TURKMENALEM52E/MONACOSAT，可为该国提供高清广播和互联网服务；世界首批全电推进的商业通信卫星亚洲广播卫星 ABS-3A 和欧洲 EUTELSAT-115-WEST-B 相伴进入太空；巴西 STAR-ONE-C4 通信卫星，用于向巴西、南美洲西部、墨西哥、中美洲及美国大陆部分地区提供电话、电视和网络信号；澳大利亚 SKY MUSTER 卫星，可为该国提供高带互联网服务；阿根廷的 ARSAT-2 卫星，可提供数据传输、互联网和电信服务；土耳其 TURKSAT-4B 卫星，可为欧洲、中亚、中东和非洲地区，为土耳其提供数据通信、电视广播等服务；阿拉伯 BADR-7 卫星，可为中东、非洲和中亚提供直接电视节目和宽带服务；印度 GSAT-17 卫星，主要为印度空间研究组织提供通信服务；加拿大通信广播卫星 TELSTAR 12 VANTAGE，可为美洲、大西洋、欧洲、中东和非洲提供宽带通信服务；老挝第一颗卫星 LAOSAT-1，可为老挝和东南亚提供电信和广播服务；亚太九号 APSTER-9 卫星，可向亚太地区提供优质的通信和广播服务。

中国也有多颗商业通信卫星发射升空：由三颗高分辨率卫星组成的“北京二号”遥感卫星星座（DMC3），该星座是中国政府核准的第一个民用商业遥感卫星项目，已纳入中国国家民用空间基础设施规划；“吉林一号”卫星，是我国第一颗商用遥感卫星，开创了我国商业卫星应用的先河；“中星 1C”和“中星 2C”卫星可为全国广播电台、电视台、无线发射台和有线电视网等机构提供广播电视及宽带多媒体等传输业务，将为中国通信广播事业提供更好的服务。

另外，墨西哥 MEXSAT-1 通信卫星等发射失败。

（二）军用卫星持续增长

2015 年，军用卫星领域发展迅速，美国和俄罗斯等国家仍在不断加强军用卫星的部署，继续保持着在该领域的领先地位。日本、印度等国家也有新的军用卫星发射升空，空间领域的军事竞争不断加剧。

其中美国的军用卫星包括：美国海军的 MUOS-3 和 MUOS-4 卫星，旨在提高现有移动卫星通信能力，以便士兵执行机动任务，能够提供移动军事力量更显著覆盖的网络服务；美国最先进的 WGS-7 全球宽频军用通信卫星，该卫星造价 4.45 亿美元，可为世界各地的美军与其盟军一个最快速的侦查与通信平台；NROL-55 间谍卫星，是一颗海洋监视卫星，通过船舶的无线电通信来监视海洋上的船舶、军舰。

俄罗斯 CARTOGRAPHY SATELLITE 新一代机密制图卫星，这颗 4 t 重的卫星被设计用来为俄罗斯国防部提供地表任意地点的立体图像和高程数据，从而能编制高精度小范围地图；KOBALT-M 军用侦察卫星，将用于军用地图测绘等领域；

PERSONA 军用卫星，该卫星是一个纯军用系统，被称为俄罗斯最先进的侦察卫星；3 颗 RODNIK 秘密军用卫星；新一代 EKS-1 导弹预警卫星，是俄罗斯第一颗此类用途的卫星，能够快速根据从发动机排出气的气圈红外线确定弹道导弹的发射；GARPUN 2 军用中继卫星，主要为俄罗斯低轨道军事侦察卫星提供通信数据中继服务。

其他国家的军用卫星包括：日本的 IGS-OPTICAL-5 情报收集备用卫星，该备用雷达卫星是为了在现有卫星发生故障时作为替代卫星继续对地面进行监视；印度 GSAT- 6 军用卫星，将为印度军方提供通信服务，可以确保更小的手持设备能够畅通无阻传送数据，无论视频还是语音通信；意大利和法国合作研发的带有特高频与超高频载荷的 SICRAL- 2 军用卫星等。

（三）导航卫星系统建设加快步伐

2015 年，美国和欧洲等国家和地区的导航卫星系统加快了建设的步伐，印度继续发展其 IRNSS 导航系统，中国也有 4 颗“北斗”导航卫星成功入轨。相比之下，俄罗斯的导航卫星系统建设则止步不前。

2015 年，美国共将 GPS- 2F-9、GPS- 2F-10 和 GPS- 2F-11 三颗 GPS 导航卫星发射升空。GPS- 2F 系列卫星由加利福尼亚州埃尔塞贡多的波音网络与系统公司建造，该系列卫星比以往的 GPS 卫星更精准，抗干扰性更强，主要为美国空军服务。

欧洲明显加快了其“伽利略”导航系统的建设步伐，全年共将 GALILEO-9、GALILEO-10、GALILEO-11 和 GALILEO-12 四颗导航卫星送入轨道，距离 2020 年实现全部卫星组网又迈进了一步。

2015 年，中国有四颗“北斗”卫星被送入轨道，使北斗导航系统的卫星总数增加到 19 颗。作为北斗系统全球组网的主要卫星，新发射的北斗卫星将为中国建成全球导航卫星系统开展全面验证，为后续的全球组网卫星奠定基础。

另外，印度的“区域导航卫星系统”也有了新的进展，其第四颗卫星 IRNSS-1D 于 2015 年顺利发射升空。

（四）科学卫星发展良好

2015 年，科学卫星依然保持着良好的发展态势，遥感、气象和环境等领域的科学卫星不断增长，为开展相关领域的科学研究提供更加有力的工具。

美国 SMAP 土壤水分有源 – 无源卫星，可在 2 ～3 天时间内快速获取并绘制全球范围内的高分辨率湿度地图，可以更好地对干旱、洪涝等气候进行预测，并为农业工作者提供农作物规划提供帮助；俄罗斯 ELEKTRO-L2 气象卫星，设计用于遥感探测地球表面，可在可见光和红外光范围内，实现对整个地球的多光谱拍摄；欧洲第二代气象卫星 MSG- 4，能保证每隔 15 min 提供一次欧洲和非洲地区的全景圆盘气象图、每 5 min 提供一次欧洲地区气象快速扫描图，同时还将对极端天气的临近预报和气候科研发挥重要作用；韩国 KOMPSAT-3A 卫星，可为 GIS 应用获取遥感影像，并用于环境、农业、海洋等领域的研究，以及自然灾害的监测与应急等；与印度 ASTROSAT 天文望远镜同时升空的 6 颗小卫星，其中包括将组成世界第一个商业气象卫星网络星座的美国 4 颗 LEMUR 卫星；新加坡 TE-LEOS-1 遥感卫星（主载荷）、VELOX-CI 卫星、VELOX-II 卫星、ATHENOXAT-1 卫星、KENT RIDGE-1 卫星和 GALASSIA 卫星等。

中国也有多颗科学卫星发射升空："高分八号"和"高分九号"卫星，主要应用于国土普查、城市规划、土地确权、路网设计、农作物估产和防灾减灾等领域；"遥感卫星二十七号""遥感卫星二十八号"和"遥感卫星二十九号"，主要用于科学试验、国土资源普查、农作物估产及防灾减灾等领域；"天绘一号 03 星"主要用于科学试验、国土资源普查、地图测绘、农作物估产及防灾减灾等领域，将对我国科学研究和国民经济建设发挥积极作用。

五、航天产业全面转好

2015 年公布的一些研究表明，尽管全球经济发展仍处于深度调整之中，但航天产业整体上却仍然呈现出良好的发展态势，各国政府均在努力保持航天领域的投入，有越来越多的国家希望能够在未来航天产业发展中占据一席之地。

2015 年 7 月，据美国航天基金会发布的《2015 年航天报告》显示，2014 年是全球航天经济全面好转的一年，全球航天经济活动在 2014 年增长了 9%，全球总收益达到了 3300 亿美元。其中，商业航天活动收入占全球航天经济的 76%，比 2013 年增长了 9.7%，政府在航天领域的投资 2014 年复合增长率为 7.3%。

2015 年 5 月，美国卫星工业协会（SIA）发布《2015 年卫星工业状况报告》。报告显示：2014 年全球卫星工业收益增长 4%，与 2013 年 3% 的增长率相比有所上升；2014 年全球卫星工业总收益达 2030 亿美元，高于 2013 年的 1952 亿美元。卫星工业领域中增长最快的是卫星服务业，其收益增加了 4%，达到 1229 亿美元；卫星发射工业收益增长显著，比 2014 年上升了 9%；卫星地面设备收益迎来 5% 的增长，达到了 583 亿美元；而卫星制造业比 2014 年增加了 1%，达到了 159 亿美元。

2015 年 11 月，欧洲咨询公司发布最新报告《政府航天计划：战略展望、基准和预测》。报告预计政府航天开支将开始新一轮增长，未来 10 年世界平均增长率为 2.1%，到 2024 年将达 814 亿美元；2015—2024 年政府可能会维持高发射频率，预计将有 856 颗政府卫星发射，相比过去 10 年增长 32%，军用卫星预计发射 242 颗，相比过去增长 11%，其中 40% 为美国政府发射。同时报告显示，航天活动投资超过 1000 万美元的国家已从 2005 年的 38 个增加到 2014 年的 58 个；2014 年对地观测计划获得 109 亿美元投资，连续 8 年增长，成为最大的应用领域；载人航天计划获得 108 亿美元投资，位居第二；运载火箭研发项目获得 74 亿美元投资，过去 10 年间以 9% 的速度增长，占据政府航天部门预算的 15% ～ 50%；卫星通信项目 2014 年获得投资总计 59 亿美元，与 2010 年相比降低了 37%；太空科学与探索获得投资据估计为 59 亿美元，预计到 2024 年将达到 86 亿美元。卫星导航领域获得 45 亿美元投资，预计到 2024 年投资将保持当前水平，未来 10 年将有 124 颗导航卫星发射；太空安全计划获得 20 亿美元，其中美国开支占 2/3。

商业太空飞行服务也日益受到关注。2015 年 8 月，英国世界视野公司宣布，将在 18 个月或是更短的时间内提供商业太空飞行服务，这将比维珍银河更快实现商业载人。太空舱将吊挂在足球场大小的气球下进行约 2 h 的飞行，可以以 17 km/h 的速度在亚轨道漂浮，在空中太空舱会像飞机客舱一样进行加压。每次飞行花费约 74 993 美元，该花费不到维珍银河往返 100 km 高空所需 250 201 美元费用的 1/3。

此外，政府和企业在不断加强航天领域的合作。例如，2015 年 11 月美国航空航天局宣布，通过“利用公私合作关系研发新兴太空技术系统能力”合作机会（ACO）招标书，选择 13 家美国企业。在工业界合作伙伴开展技术研发的过程中，NASA 将为其提供专业技术和试验设施，确保关键太空技术成熟度得到提升。NASA 与美国工业界的这些新的合作伙伴关系，能够加速这些新兴太空系统能力的开发与应用。

2016 年，世界航天将继续保持迅速发展的态势。空间探测领域将会十分活跃，日本与美国共同研发的 X 射线天文卫星 ASTRO-H 将发射升空，该卫星将被投入距地球约 580 km 高度的圆形轨道，力争通过捕捉巨型黑洞发出的 X 射线来解析宇宙的结构和进化；欧洲将发射火星微量气体任务（TGM）探测器，该探测器装有遥感实验设备，将对火星大气中的气体进行详细记录；美国将发射“源光谱释义资源安全风化层辨认探测器”（OSIRIS-REX），这将是美国发射的首个旨在从小行星带回样本的探测器。国际空间站的运行将会保持平稳，俄罗斯依然将独立承担载人航天任务，美国的首艘“龙”载人实验飞船将开展一次国际空间站的无人试验飞行。俄罗斯的“进步号”，美国的“龙”和“天鹅座”商用货运飞船和日本的 HTV 货运飞船等继续执行国际空间站的货运任务。商用卫星领域竞争依然激烈，军用卫星的部署将继续加快，而包括美国“飓风全球导航卫星系统”（CYG-NSS）风暴监视系统和新一代 GOES-R 气象卫星在内的多颗科学卫星也将发射升空。美国、俄罗斯、印度和中国等导航卫星系统也将继续加快建设的步伐。

世界主要国家制造业部署加速展开

随着新一轮产业革命的不断深入，工业互联网、工业 4.0、先进制造、智能制造陆续成为席卷全球的制造业理念，世界主要国家都在不遗余力地推动制造业与新一代信息技术的深度融合，以实现本国制造业向数字化、智能化、绿色化和精密化方向迈进。当前，不少国家已基本完成国家层面的战略部署，进入实质性技术开发和平台建设阶段。总体来看，智能工厂、数字技术、机器人和人才培养成为近两三年来各国制造业部署的优先方向。

一、主要国家进一步加强本国制造业部署

国家的创新能力与强大的先进制造业密切关联，因为各企业制造过程创新的溢出对下一代产品和工艺至关重要。为此，世界主要国家依然不遗余力地加大对本国制造业发展的支持。对于美国、德国、英国等较早提出先进制造业发展战略与规划的国家，其支持方向已进入实质性阶段，各领域的研发及平台建设稳步推进。加拿大、韩国和其他一些新兴经济体国家则致力于不断制定和完善国家制造业领域的战略规划与部署。

（一）美国：提高美国先进制造的优势地位

制造业在美国私营部门研发投入中的占比达 2/3，对于增加就业、保证长远经济增长具有重要意义。2000—2010 年，美国制造业流失严重，新增投入陷入停滞，对美国经济带来严重威胁。金融危机爆发后，奥巴马政府以重振美国制造业为施政重点，利用新技术降低成本，促进创新创业，并重在瞄准下一代先进制造技术，抢占竞争先机。

1. 全面启动国家制造创新网络

2015 年，美国继续推进国家制造业创新网络计划，旨在联合联邦政府、企

业及高校的力量，在全国范围内最终建成45家公私合作的先进制造业创新研究所，以帮助企业开发及推广若干关键共性技术，并培养一批高素质的制造业劳动力。迄今，美国共成立了9家制造业创新研究所，公私部门对制造技术的投资总计超过10亿美元。奥巴马政府的目标是在其任期结束前成立15家制造业研究所，在2016财年预算中奥巴马呼吁国会承诺拨付20亿美元，以在10年内全面建成一个包含45家制造业创新研究所的网络。

2. 对供应链创新进行再投资

2015年，奥巴马政府还发起了“供应链创新计划”，旨在帮助受制造业外包冲击的中小企业革新技术，获取资源，加固美国本土制造业的供应链。该计划由商务部制造业扩展伙伴关系中心、能源部相关国家实验室及国防部军事工业基地项目参与，旨在为超过3万家美国中小企业提供最新技术工具，并帮助其拓展市场，这将覆盖美国制造业中小企业的1/3。

3. 支持技术密集型制造领域新创企业的发展

由于技术密集型制造领域新创企业在获取所需资本和能力方面面临着独特的挑战，因此奥巴马政府在2016财年预算中呼吁国会与总统合作，启动总额达100亿美元的制造业成长投资基金，其中包括50亿美元的公共投资基金和50亿美元以上的私营部门基金。该基金将帮助新兴的“美国制造”的先进制造技术实现商业规模生产，以确保美国发明的产品能够在美国制造。基金由美国小企业管理局负责运营，并将鼓励更多私营资本投资技术密集型新创企业的首批商业化生产设施。

（二）德国：加快实施“工业4.0”

德国是最新提出“工业4.0”的国家，并在世界范围内掀起了一阵发展“工业4.0”的旋风。近年来，德国一直稳步推进本国“工业4.0”平台建设。2015年3月，德国经济部和教研部宣布将共同启动升级版“工业4.0”平台建设，接管此前由三大协会负责的“工业4.0”平台。新平台下将设战略圈，由经济部和教研部的国务秘书牵头，负责政策协调，发挥社会动员与“倍增”作用；由企业家牵头的操控圈与参考架构，以及标准与规范、研究与创新、网络系统安全、法律框架、就业与教育培训等5个工作组，负责技术能力及应用决策；产业联盟和国际标准委员会，负责进入市场的有关活动。平台还将另设科学顾问委员会和办事处，分别负责技术咨询和日常工作支撑。另外，2015年11月，德国联邦经济部和教研部还正式推出了“工业4.0平台地图”。这份虚拟在线地图上清晰标注了遍布德国各地的“工业4.0”应用案例和试点，旨在借助实践案例、具体操作建议和试点，推动德国企业特别是中小企业早日进入“工业4.0”时代。

（三）英国：着力推进高价值制造的基础研究和应用研发

自2008年金融危机以来，英国高度重视高价值制造的培育，先后发布《先进制造业增长评价框架》《高价值制造战略》等文件，指导本国制造业的发展。因此，英国持续在制造业领域加大投入，逐渐建立起从基础研究到应用开发相衔接的研发链条。

1. 基础研究

英国制造业的基础研究主要由国家工程与物理研究理事会（EPSRC）支持，其对制造业基础研究的支持不仅力度大、长期稳定、覆盖面广，而且重点突出。2009年，EPSRC开始建立创新制造中心，目前已在复合材料、食品、增材制造、超精密、全周期工程服务、光电子、液态金属工程、再生医学、医疗器械、大分子治疗、基于激光的生产工艺、现代大面积电子系统、智能控制、行业可持续发展、高等计量学等领域建立了16个中心，这些中心共支持了230个前沿研究项目，总投资超过3.5亿英镑。2011年4月，EPSRC发起“未来制造业”研究专题，每年经费投入达8000万英镑。优先领域包括：创新的生产流程、制造信息学、前沿制造、可持续发展的工业体系。另外，从2014年起，EPSRC还启动了“未来制造研究中心”项目，将在7年内为每个中心资助1000万英镑。

2. 应用开发

“弹射中心”项目（又称“技术与创新中心”）是英国支持本国高价值制造应用研发最具影响力措施，旨在将在特定领域的优势研发能力提升为经济创新能力。2013年，技术战略委员会首批启动并运行了7个弹射中心，2015年又启动了2个，并计划到2030年建成30个。在高价值弹射中心建设方面，2015年英国新增投资6100万英镑，其中，《塞奇菲尔德计划》投资2800万英镑新建一个高价值制造弹射中心，以带动该地区制造业的增长，促进区域经济发展的平衡。

（四）加拿大：加大制造业财政投入力度

2014年年底，加拿大在其出台的《抓住加拿大契机：向科学技术和创新迈进》将“先进制造”纳入研究重点。2015年4月，加政府公布了2015—2016财政年度预算，提出将采取5项措施鼓励制造业领域投资：一是保持商业低税负，鼓励投资；二是提供制造业者10年税收激励，鼓励提高生产率的投资；三是未来5年投资1亿加元，设立一项新的汽车供应商创新计划，支持产品研发和技术示范；四是继续发展国家航空航天供应商发展创新计划（2013—2014财年已宣布5年10亿加元的太空和国防创新战略计划，并发布加拿大太空政策框架）；五是从下一财年开始，每年提供250万加元，提高支持国防采购计划所需的分析能力。

（五）韩国：加紧部署智能制造

韩国将制造业视为实现国家“创造型经济”的主力方向之一。为解决韩国制造业软实力不足、生产结构高消耗等结构性问题，韩国紧跟全球制造业转型大潮，积极推动本国制造业的发展升级。

1. 推出并完善《制造业创新3.0战略》

2014年6月，韩国政府发布《制造业创新3.0战略》，意图以本国具有世界最高水平的IT基础设施和坚实的制造业为基础，以实现创造型经济为核心，强化制造业实力，实现制造业的再一次飞跃。2015年3月，韩国政府又公布了进一步补充和完善后的《制造业创新3.0战略实施方案》，针对韩国制造业在工程工艺、设计、软件服务、关键材料与零部件研发、人员储备等领域的薄弱环节，计划于2017年前投资1万亿韩元，研发3D打印、大数据、物联网等8项核心制造技术，尽快缩小与相关技术领先国家的差距。

2. 制定《智能制造研发中长期路线图》

2015年12月，韩国未来创造科学部和产业通商资源部联合发布《智能制造研发中长期路线图》，为实现《制造业创新3.0战略实施方案》提供战略支撑。路线图主打“智能制造”，提出“SMART”理念，这其中的每个字母都代表了制造业不同的创新方向。① Safety & Security，即安全可靠的制造。一是安全事故的事前应对，要制定制造全过程的安全事故预防对策，应对社会安全需求的增加及安全事故的复杂化趋势；二是强化安保的重要性，要制定可以保障制造全过程信息安全的对策，保障物联网通信安全。② Manufacturer，即以人为本的制造。一是提高生产效率，将利用自动化、智能化机械提高作业人员的生产率，应对劳动人口的减少；二是主动的预警完善，要在事前掌握装备的异常状态，对事故进行有效的主动预防。③ Adaptive，即个人定制型的制造。一是弹性生产，要求可以根据消费者需求，弹性改变制造过程的生产系统；二是需求预测，对消费者的个性化需求信息实时预测和把握，并将结果及时反映到设计及样品开发。④ Recycling，即可持续发展的制造。一是能源共享，要克服企业独立实施节能计划的局限，实现企业间的能源共享；二是能源管理，要制定能源管理方案。⑤ Time to market，即迅速响应市场的制造。一是缩短开发周期，减少开发经费，抢占全球市场；二是实现物流及库存的最优化，提高物流管理效率，进行适时生产，减少制造费用。

二、智能工厂成为各国加强制造业部署的前沿阵地

工厂是制造过程发生的首要和核心场所。随着新一轮信息技术的发展，工厂转型也进入实质性阶段，集智能手段和智能系统等新兴技术于一体，以高效、节能、绿色、环保、舒适为典型特征的智能工厂成为各国争相部署的重点领域。

（一）德国：将智能工厂列为“工业4.0”的两大主题之一

德国的智能工厂主要是将信息物理系统运用到制造和物流的技术集成，通过与物联网及服务网的融合，形成的创新型工厂系统。德国工业4.0提倡的智能工厂是实现一种新型生产制造模式的载体，其核心是为了适应产品生命周期新的变化。它能够找到应付产品快速更新换代、产品种类多而批量少、价格竞争和成本压力、投资回报率时间缩短，以及资源优化和能源效率的解决方法。德国智能工厂从4个方面展开，即生产制造流程、生产制造设备、管理软件和工程工艺（生产工艺、制造工艺、产品开发工艺及流程工艺）。根据德国的设想，智能工厂要掌握产品生命周期，制订灵活多样的生产制造周期；要满足产品制造周期的自适应生产制造模式；要具备将人工、半自动和全自动三位一体的适应性生产制造模式的控制系统的基本方法人工、半自动和全自动三位一体的适应性生产制造模式是构成生产价值链轴/生产管理轴的集合；要具备融合互联网技术的企业管理系统。

（二）欧盟：全面实施“未来工厂”公私合作伙伴计划

近二三十年来，欧洲强大的工业地位逐步衰退，2008年金融危机爆发后，欧盟制定经济复苏计划，启动《“未来工厂”公私合作伙伴计划》，旨在通过在广泛的行业开发必要的关键使能技术帮助欧盟制造业企业尤其是中小企业适应全球竞争，推动欧洲工业复兴。在《地平线2020》计划中，欧盟延续了对《“未来工厂”公私合作伙伴计划》的资助，2014—2020年预计总计投入11.5亿欧元。

1. 制定“未来工厂”路线图

2014年，《“未来工厂”公私合作伙伴计划》私营方代表欧洲未来工厂研究协会制定了“未来工厂2020”路线图，用以指导未来研究方向。路线图提出了《“未来工厂”公私合作伙伴计划》的总体目标，包括：通过开展研发创新活动，及时开发以知识为基础的新的生产技术和系统，提高欧盟工业的全球竞争力和可持续性；促进欧盟实现智能、绿色和包容经济2020年目标；支持欧盟工业政策目标，促进欧盟制造业占GDP比重由16%提高至2020年的20%。具体研发目标

包括：为先进制造系统集成并示范创新技术，形成40～50个新的最佳实践；研发环境友好型制造技术，减少能耗高达30%，减少废物高达20%，减少材料消耗高达20%；增强社会影响，建立安全、有吸引力的工作场所，让大部分工科毕业生和博士进入制造业就业，促进创新创业，增加制造业企业研发支出。

2. 启动 FOCUS 项目

2015年2月，欧盟在《“未来工厂”公私合作伙伴计划》下启动了一个名为FOCUS的新项目，通过从现有的“未来工厂”集群中遴选出5个集群，探索能够促进“未来工厂”项目成果商业化的方法。参与FOCUS项目的集群将分享其经验和最佳实践，从而有助于更好地实现项目成果的转化及研究如何最好地利用协同效应。项目遴选出的集群包括：零缺陷制造集群、清洁工厂集群、机器人集群、高精度制造集群，以及维护与支持集群。另外，FOCUS项目还将建立模型并开发相关研究方法，以更加有效地创建、运行并监督未来工厂集群，并促进《“未来工厂”公私合作伙伴计划》项目的商业化应用及产业开发。欧洲7个国家的11个合作伙伴将联合其专业技能和知识，确定集群的最新技术现状。通过共享现有的合作关系，建立起一个能够实现技术共享的网络平台。

（三）韩国：制定《智能工厂技术开发路线图》

韩国在《制造业创新3.0》中提出到2020年要建立1万家智能工厂的课题，为此韩国产业通商资源部专门制定了《智能工厂技术开发路线图》，目标是通过制造业与信息通信技术的融合实现韩国制造业国际竞争力的提升，开发出符合国家制造业现实的智能工厂技术，建立模块化工厂。路线图将分两个阶段实施，2015—2017年重在强化技术实力，优先加强产业链底层企业的技术水平，2018—2020年重在开发融复合技术，实现产业内部企业间的实时对接。韩国希望通过路线图的实施，使国内智能工厂的技术水平提高到最高水平国家的90%以上，并在世界智能工厂市场的激烈竞争中站稳脚跟。路线图的主要推进战略和内容包括：①开发与产业一线需求密切相关的技术，构建开发出的技术能够马上得以应用的体系。一是提升中小企业和骨干企业的智能水平，重点开发新型制造方式的辅助技术；二是在策划和开发阶段最大限度地反映现场需求，相关技术要具备良好的兼容性，以便建立起技术体系；三是在技术开发时要把技术实证过程列为必须环节，并将技术进行现场应用的可能性列入技术评估的考虑范围。②建立示范性工厂，向业界整体进行推广。一是在工厂对开发出的技术进行示范性应用，并实现工厂建设过程的系统化；二是与大企业、创造经济创新中心等进行对接，建立示范性工厂，向业界整体进行推广。③开发中长期高端技术。一是价值链整体进行实时联动，以实现生产最优化和制造业服务化；二是以信息物理系统和物联网等技术为基础，实现设计、生产、物流等制造全过程的高端化和一体化。

三、数字技术成为影响制造业未来的核心因素

工业化与信息化的深度融合是新一轮工业革命的最重要、最典型的趋势，因此数字技术也将成为影响未来制造业发展的核心变革力量。未来数字技术的变革力量和日益增长的影响遍及整个工业领域，将重新定义传统商业和生产模式，带来一系列潜在的新产品和服务创新。云计算、大数据、互联网新应用、融合软件、3D 打印和设计等众多新技术将对制造业产生颠覆性影响。

（一）英国：高度重视国家物联网建设

2014 年 12 月，英国政府办公室发布《物联网：充分利用第二次数字革命》报告，指出物联网将改变人类生活方式，带来巨大的经济利益。报告提出了发展物联网的相关建议：

（1）制订规划

政府应制订明确的物联网发展规划，明确未来 10 年的战略目标，发现并逐步消除有关政策障碍。

（2）政府采购

政府应通过公共采购来推动前沿数字技术的研发和产品化，成为物联网的战略性用户。政府还应主持制定开放、互操作、安全的物联网技术标准，并资助物联网示范项目。

（3）基础设施建设

为了给物联网建设提供相应的无线频谱和网络资源，政府应与各界专家一起制定物联网基础设施网络建设路线图。

（4）政府协调

政府应建立国家物联网咨询委员会，汇集和协调公共与私营部门的投资，以更好地为相关技术研发活动协调资金和支持。

（5）标准与协议

政府应与国内外产学研各界加强合作，商讨和制定通用的物联网安全和保密标准及协议。

（6）开放共享

政府应推动所有公共机构、图书馆及相关行业开放共享数据，使物联网领域的创新活动能够得到实时的公共数据及资料支持。

（7）强化合作

应通过建立企业、政府和学术界之间的最广泛合作伙伴关系，提升物联网基

础设施的连通性和连续使用率。

（8）人才培养

政府、教育部门和企业应协作努力，通过中小学和高等教育为数字技术领域培养数量充足、技能合格的科研人员。

（二）德国：充分发挥添加制造的发展潜力

2015 年 2 月，德国研究与创新专家委员会向德国联邦总理提交《2015 年德国研究、创新和技术能力评估报告》，建议德国充分发挥添加制造的发展潜力。具体措施包括：加强对添加制造研究的资助，既要资助技术供应商，也要资助工业用户；政府应利用合作平台加强不同学科和应用领域专家间的协调；高校和非高校科研机构应加强跨学科研究合作（如材料科学和纳米技术），支持知识转移；充分发挥添加制造潜力，发展“工业 4.0”；尽快制定添加制造相关标准，并加强该领域的国际合作。

（三）法国：致力于大数据应用研究

2015 年 3 月，法国教研部发布国家科研战略《法国—欧洲 2020》提出要致力于大数据应用研究，开发大数据的潜能，促进大数据的应用，并保护数据安全。主要举措包括：①支持非结构化大数据分析研究，满足科学界、企业与公共机构的使用需求；②创建大数据应用跨学科研究组织，以应对科学、经济、环境、社会挑战；③建设不同学科领域大数据存储与处理基础建设；④培养数据管理、数据分析、知识获取的专业人才，如“数据科学家”“知识科学家”等。

（四）韩国：重点开发信息通信基础技术

2015 年 12 月，韩国发布《智能制造研发中长期路线图》，提出重点开发信息通信基础技术。主要包括：①物联网技术，在互联网基础上链接多种物理实体的存在，用于制造、流通、物流等行业提高效率的服务型基础设施；②大数据，通过云计算满足智能制造所需要的计算资源、存储、软件等 IT 资源，并提供一系列的服务；③云计算，对制造过程产生的数据和市场、环境、政策、技术动向等外部数据进行收集和分析，实现制造业全周期智能化及服务化的技术；④全息技术，提供与实际物体类似的立体感模型和现实触感的实感型影像，可分为模拟技术和数字技术，包括模仿全息影像效果的类全息技术。另外，韩国还于 2015 年 3 月制定信息通信技术领域的专门战略——《K-ICT 战略（草案）》，计划于 2015—2019 年累计投入 9 万亿韩元，将韩国建成以信息通信技术（ICT）为核心的创造型国家。战略提出五大优先方向，包括改善 ICT 产业结构、扩大对 ICT 融合的投资、培育九大战略性产业、确保 ICT 先导产业下一代竞争力和加强国际合作。其中，培育战略性产业为重中之重，具体包括软件、物联网、云计算、信息安全、5G 移动通信、超高清、智能设备、数字内容、大数据九大产业。

（五）日本：打造世界领先的“超智能社会”

2016 年 1 月，日本发布《第五期科学技术基本计划（2016—2020）》，提出在世界迎来第 4 次工业革命的大背景下，日本将以制造业为核心，灵活应用信息通信技术，基于互联网或物联网打造世界领先的“超智能社会”，不断创造新价值和新服务。超智能社会是网络空间和物理世界高度融合的社会，日本将通过官产学研合作，建立共同的超智能社会服务平台，实现各个服务系统和业务系统之间的互通协作。具体说来，日本将不断完善知识产权和国际标准化战略，推动网络安全、物联网系统构建、大数据解析、人工智能等服务平台建设不可缺少的共性技术研发。为实现超智能社会，日本十分重视信息物理系统建设，在制造业领域日本的发展方向是通过工厂内不同工程的数据共享，提高产品生产周期效率，将更多的产品迅速投向市场；通过企业间的数据共享，建立最佳供应链，实现多品种少量生产、低价格、快速交货。具体措施包括：推动工厂内部的模拟数据向数字数据发展，推动数据标准化；推动中间设备运用，保证批量控制工厂内的设备和系统；建立科学分析方法，充分利用数据信息收集平台，并加强人才培养，保障所需数据分析人才。

四、机器人成为制造业发展的关键动力

机器人是高端智能装备的代表，被视为影响人类生产和生活的四大技术之一，引领第三次工业革命的技术之一，12 项引领全球经济变革的颠覆性技术之一，同时也被称为制造业皇冠上的明珠。因此，世界主要经济体纷纷将发展机器人产业上升为国家战略，并以此作为保持和重获制造业竞争优势的重要手段。

（一）美国：将机器人与互联网并重

2013 年，美国发布了机器人发展路线报告，其副标题就是“从互联网到机器人”，将现今的机器人与 20 世纪互联网定位于同等重要的地位。机器人将影响人类生活和经济社会发展的各个方面，并被列为美国实现制造业变革、促进经济发展的核心技术。美国在 2010 年推行的《先进制造业伙伴计划》中，明确提出要通过发展工业机器人重振制造业，凭借信息网络技术的优势，开发新一代智能机器人。2011 年，美国启动《国家机器人技术计划》，力图建立美国在下一代机器人技术及应用方面的领先地位。另外，在 2015 年发布的升级版《美国创新战略》中，《国家机器人技术计划》仍被列为未来重点投资的优先领域之一。

（二）欧盟：启动《机器人公私合作伙伴计划》

2014 年 6 月，欧盟启动了全球最大民用机器人研发计划，即《欧洲机器人公私合作伙伴计划》，计划到 2020 年投入 28 亿欧元，创造 24 万个就业岗位，在全球 430 亿欧元规模的工业机器人市场上占有 35% 的份额，在 160 亿欧元的专业服务机器人市场占据 65% 的市场份额，在 24 亿欧元的国内机器人市场占有 20% 的份额。同时，欧盟还发布《机器人战略研究议程（2014—2020）》，分析了未来机器人发展的技术群，主要包括系统设计技术、机械电子技术、人机交互技术及智能技术。其中，系统设计技术群主要技术包括系统设计、系统工程、系统架构、系统整合、制模和知识工程及体系技术；机械电子技术群主要技术包括机械系统、传感器、传动装置、电力供应与管理、通信、材料及控制技术；人机交互技术群主要技术包括人机界面、人机合作和安全技术；智能技术群主要技术包括感知、解读、绘图、定位、移动计划、认知架构、习得与适应、知识再现与推理、行动计划、自然交流。2016 年 1 月，欧盟《地平线 2020》公布其在机器人领域将资助的 21 个新项目，主要涉及健康、交通、物流、建筑、检测及工业等部门，共有超过 120 家企业、科研院所和大学获得经费支持，总额近 1 亿欧元，执行期 2～5 年不等。

（三）日本：机器人被视为经济增长战略的重要支柱

日本早在 2002 年就制订了《机器人技术长期发展战略》，并将机器人产业作为“新产业发展战略”中七大重点扶持的产业之一。近年来，随着人工智能研究的不断深入及机器人对经济社会影响的日益增强，日本进一步加大对机器人发展的支持。2014 年 6 月，日本政府表示将把机器人作为经济增长战略的重要支柱，希望通过发掘机器人的潜能实现日本经济的增长。2015 年 1 月，日本政府召开“机器人革命促进会议”，并发布《日本机器人战略》，提出要充分发挥日本在机器人领域的优势，力争使日本在当今数据驱动时代引领世界。战略提出“机器人革命”理念，其内涵是推动机器人向自律化、信息终端化和网络化转变，普及机器人应用范围，创造新的附加值，提高日本国际竞争力。该战略提出要成立机器人革命倡议评委会，努力开发新一代技术，推动机器人技术标准化，完善实证领域设施建设。在制造业领域，日本机器人战略重点建设内容包括：以零部件组装与食品加工等劳动密集型产业为核心，加快推进机器人生产；在机器人技术发展相对迟缓的准备工序阶段逐步尝试引入机器人，充分利用信息技术提高机器人自身的技术含量；培育链接用户与制造商的系统集成商；推动机器人向标准模块化生产发展，完善基础软件建设。

五、人才培养成为各国加强制造业实力的竞争高地

当前，复杂的资本密集型制造业体系越来越依赖于拥有实践知识、创造力、操作与改进新工序和技术能力的高技能人才。同时，能够开发出新技术的研发人才、具有有效管理运营和了解客户软技能的人才、具有前瞻思维的制造业企业领袖的需求将大幅度增加。因此，加强制造业专业人才培养将是各国都要面临的课题。

（一）美国：启动先进制造领域学徒培训计划，推动设立专业制造业大学

2014 年 12 月，奥巴马宣布投资 1 亿美元启动先进制造领域学徒培训计划，共将建立 25 个学徒制度伙伴关系项目，每个项目资助 250 万～500 万美元，资助活动范围主要包括：为青年提供在工作实践中学习的机会；为青年提供与工作相关的技术指导；为年满 16 周岁未进入高中的青年提供预学徒训练；开展职业通道发展活动；鼓励公私部门围绕人力资源发展建立伙伴关系；开展有助于提高美国人对学徒认知的宣传与推广活动等。

2015 年 3 月，美国国会科学、空间与技术委员会的 6 位医院联名向国会提交《2015 年制造业大学法案》，建议美国政府选择 25 所制造业大学，向其提供为期 4 年、每年 500 万美元的资助，以推动美国制造业的发展。该项立法将有助于构建新型大学与产业关系，激励研究机构更加关注先进制造业的研究与应用，培养出拥有更好知识和技能的人才投身于新兴、基于创新的产业中。按照设想，制造业大学将实现以下主要功能或目标：改进与制造产业相关的制造工程和课程设置；提高制造企业和学校间工程相关的联合项目的数量；提高工程计划学生数量，包括参与学分实习、合作教育或其他在制造企业中的类似计划的学生数量；构建与先进制造业生产力和创新相关的，涵盖不同学院、部门和计划的跨学科计划；合理安排相关设备与设施费用，并提高来自产业界的制造业相关研发资助；任命“首席制造业官员”，以构建和协调大学内的“制造业大学”计划等。

另外，美国国家工程院于 2015 年 3 月发布《为美国创造价值：拥抱制造业、技术及工作的未来》报告，建议美国公司、政府和教育部门必须密切合作，以强化劳动力培训、促进创新和提高制造业生产率。一是强化教育与培训，具体措施包括：国会和州立法机构应制定相应的税收优惠及其他激励政策，刺激企业投资和积极参与教育计划，以使学生和失业工人获得进入高薪生涯所必备的知识与技能；企业应制订各种培训计划，为员工提供多种新技能培训，特别是要加强针对

中低技能劳动力的教育投资。二是吸引和留住人才，具体措施包括：国会应改革移民政策，以吸引和留住具有科学、技术、工程与数学（STEM）学位的高技能人才，特别是那些在美国接受教育的个人，他们中的许多人将成为企业家，美国应确保这些人的事业留在美国。

（二）德国：致力于打造无缝对接的制造业教育模式

在金融危机持续影响的后工业化时代，德国制造业依旧保持着稳健的发展态势，发展前景良好。无缝对接的制造业教育模式来提供高素质专业人才等措施是德国制造业保持竞争力的关键之一。德国制造业教育和培训体系以制造业需求为导向，不仅需要能够提供高水准的技术工人，还需要大幅度缩短工人走向工作岗位的适应时间与成本。德国制造业教育系统包括 3 个方面：

（1）以制造业为导向的初级教育系统

德国初级教育系统的制造业导向特征比较明显。当学生完成小学教育时，初级教育系统提供包括普通中学、实科中学、文法中学等 3 种初中学校供选择。而德国高中教育系统也同时提供包括二元制系统、中等专科、高级中学 3 种学校供初中毕业生选择。

（2）以二元制为特征的职业教育系统

德国的二元制职业教育系统采用职业教育学校、企业和政府共同参与的模式运行，学校负责传授理论知识，企业负责为学生安排实习和培训，政府负责制定确保教学和人才质量的职业毕业考核标准。要求学生用 2～3 年在企业以学徒身份学习实践技术，1 年时间在职业学校学习理论知识。该系统是德国制造业工人获得工作的主要途径，未获得高等教育的工人必须经过“二元制”职业教育系统培训后才能被企业录用。

（3）注重实践与应用的高等教育系统

德国的高等教育系统不仅重视对工程技术和自然科学人才的培养，还发展出一种注重实践的大学形式——应用科技大学。德国大约 43.2% 的高校为应用科技大学，这类大学以培养适应制造业需要的高层次应用型技术人才为导向。为了保证应用科技大学的实践导向性，此类大学的师资安排均有严格要求：专职教师不但有一定的学术资历，而且还必须拥有 5 年以上的企业工作经历；学生不但要学习理论，还须完成规定的企业实习。

（三）英国：强调发展先进制造业人才技能基础

2015 年 6 月，英国就业和技能委员会发布《行业观察：先进制造业的技能与表现挑战》报告，分析了未来先进制造业人才的技能挑战，并提出发展先进制造业人才技能的六条建议。①雇主要加强员工的在岗技能培训，确保其能够利用新技术；②大学和职业培训机构要确保技术技能嵌入到STEM教育中，包括领导力和管理能力、供应链管理能力；③雇主可以评估提供实习的实际情况，保证使实习生成为高水平、专业的技能人员；④先进制造业经理应该探寻适合的方法来继续完善自己的专业技能；⑤政府应支持传统产业以外的技能和知识的发展，多进行研究来考察中小企业研发的成功经验，并在行业内广泛传播。

第三部分

主要国家和地区科技发展概况

本部分介绍了美国、加拿大、墨西哥、巴西、智利、欧盟、英国、法国、爱尔兰、荷兰、比利时、挪威、瑞典、芬兰、丹麦、意大利、西班牙、罗马尼亚、保加利亚、塞尔维亚、希腊、德国、瑞士、奥地利、俄罗斯、乌克兰、日本、韩国、朝鲜、越南、印度、巴基斯坦、泰国、印度尼西亚、哈萨克斯坦、澳大利亚和埃及等国家和地区2015年的科技发展概况，包括最新出台的科技政策、计划、举措，科技投人，重点发展领域与产业动向，以及国际科技合作政策等。

美　国

2015 年是美国经济复苏发展的关键之年，奥巴马政府一直将科技创新作为美国战胜危机、重振经济、赢得未来的重要动力源泉，在其大力倡导下，美国在先进制造、清洁能源、信息技术、生命科学、气候变化等重点领域取得系列突破，国家竞争力继续领先世界。

一、美国科技创新总体情况

（一）科技创新助力经济稳步复苏

奥巴马政府坚持认为创新对美国未来经济发展和国家竞争力保持领先至关重要。2015 年年初，奥巴马发表国情咨文指出，当前美国经济增长速度和就业增长均达到 1999 年以来的最高水平，失业率降到 5%，低于金融危机前的水平。美国石油和天然气产量居世界第一，风电产量居世界第一。2010 年以来，美国创造的新工作岗位超过了欧洲、日本和所有发达经济体的总和。奥巴马指出，21 世纪的企业依赖科学、技术、研究和开发。

2015 年前三季度美国 GDP 增长率分别为 2.1%、3.9% 和 2.1%，总体延续 2014 年的增长态势，基本实现稳定复苏。综观促进经济复苏增长的众多产业，以前沿技术创新为支撑的 50 个先进产业贡献显见，成为美国经济新的增长点。其中，在联邦政府系列创新政策的推动下，2015 年在吸引先进制造企业回流美国本土，显著增加高质量就业机会和提振经济活跃度方面又创造了新成绩。截至 2015 年 6 月，按常规 GDP 衡量，以先进制造为龙头的美国制造业占全社会经济活动的 12%；全美制造业本土出货量保持高于或接近衰退前的水平，2015 年 3 月达到 4827 亿美元；2010 年 3 月—2015 年 4 月，制造业共增加了 869 000 个就业岗位。经过持续的投入和全社会的参与，奥巴马政府重点打造的另一经济增长点是清洁能源。2015 年 2 月，为调动更多的社会资源投入清洁能源领域，奥巴马宣布实施《清洁能源投资计划》，意在向社会私营部门募集 20 亿美元资金加强清洁能源技术创新，提升能源的生产效率和使用效率，减少排放，创造就业机会，推动清洁经济发展。2015 年前三季度，仅清洁能源和清洁交通两个领域的相关产业项目就创造了 3 万多个就业岗位。

在科技成果转化方面，奥巴马政府一直高度重视发明与技术创新对经济增长的驱动作用，要求各部门加强联邦科技成果的转化。据 2015 年 3 月国家标准技术研究院（NIST）向白宫和美国国会正式提交的《联邦实验室技术转移统计报告 2012》，2012 财年联邦政府各机构与私营部门共签订了 8812 个研发协议，建立了 21 677 个研发合作关系；相关技术转移成果包括 5149 项发明披露、2346 项专利申请、1808 项专利授予；在有效期内的 5451 项专利共获得约 1.7 亿美元许可收益。

（二）高度重视联邦研发投入

奥巴马政府一直主张加大研发投入，近年来，政府每年提交国会审议的科技预算不断增加，聚焦重点科技领域的投入持续加码，以此调动和引导社会资金渗透到创新链的前端，为重点领域的创新发展创造条件。2015 年 2 月，奥巴马政府向国会提交的 2016 财年联邦总体预算中，拟投入研发经费 1457 亿美元，相比 2015 财年国会批准预算增长 76 亿美元，增长幅度高达 5.2%。其中，基础研究预算 327 亿美元，占总预算 22.4%，增长 8 亿美元，增幅 3%；应用研究预算 342 亿美元，占总研发预算 23.5%，增长 12 亿美元，增幅 4%；研究开发预算 760 亿美元，占总研发预算 52.2%，增长 53 亿美元，增幅 7%；科研仪器设施预算 28 亿美元，占总研发预算 1.9%，增长近 2.7 亿美元，增幅 10%。该预算建议案充分显示了奥巴马对加强科技创新的决心。

（三）综合竞争力引领世界

伴随美国经济走向稳定复苏的是创新环境不断优化，创新活力持续迸发和综合竞争力世界领先。据瑞士洛桑国际管理学院发布的《2015 年世界竞争力年鉴》报告，美国因其强大的创新驱动力和良好的创新基础设施所发挥的效应，推动本国企业经营效率不断上升、企业创新的环境不断优化等因素，在全球 61 个经济体中，连续第 3 年稳居世界竞争力排名榜首。据波士顿咨询公司（BCG）12 月 3 日发布的 2015 年全球最具创新力的 50 强企业榜中，共有 29 家美国企业入选，且前三甲均为美国企业。9 月 21 日，世界经济论坛发布《2015—2016 年全球竞争力报告》，美国在全部 140 个经济体中再次保持第 3 名。分析原因，其主要优势在于卓越的创新能力，包括完备的创新环境、不断上升的创新能力和强大的科技人才队伍。报告分析指出，2015 年美国所表现出的强大创新能力主要源自一个要素，那就是社会私营部门和大学科研机构在研发领域日益紧密的合作，特别是基础研究领域的合作所带来的创新效率和效益的提升。

专利申请作为衡量创新能力的重要指标，能充分折射出一国创新环境的优劣，反映该国科技创新对于国家经济发展驱动力的强弱。世界知识产权组织（WIPO）2015 年 9 月发布的《2015 年全球创新指数》显示，美国因其完善的创新环境有效地促进创新发展，并刺激经济复苏增长的突出业绩，在参评的 141 个经济体中脱颖而出，由 2014 年的第 6 位上升为第 5 位，与瑞士、英国、瑞典、荷兰比肩，成为世界上最具创新力的 5 个国家之一。11 月该组织最新发布的《世界知识产权报告》显示，美国、日本等少数国家正在牵头以 3D 打印、纳米技术和机器人工程学等突破性技术驱动创新，美国在这 3 个领域抢占技术制高点，获得的专利数量遥遥领先世界其他国家。

科技论文是体现一国科技产出的重要指标。2014 年世界 SCI 论文总数为 176. 63 万篇，其中美国为 48. 66 万篇，占世界比例的 27. 5% 。美国各学科被引国际论文数量和被引用次数均排在世界第 1 位，其中，2005—2015 年被引用次数处于世界前 1% 的高被引论文数量美国高达 65 079 篇，占世界比例的 51. 6% ；论文在发表后 2 年间被密集引用的热点论文数为 1475 篇，占世界热点论文总量的 55. 7% ，远远高于分居第二和第三的英国（540 篇）和德国（448 篇）。

（四）创新创业焕发勃勃生机

美国政府大规模支持科技创新创业活动由来已久，奥巴马执政以来，更是采取了系列激励创新创业的措施：一方面，通过立法等手段，不断完善创新创业环境，优化投融资体系，引导社会资本对高成长性初创企业的投资，充分调动和发挥私营企业、大学和科研机构等创新创业的积极性和主动性；另一方面，联邦政府主导、实施振兴经济的系列创新创业专项计划，通过公共部门、非营利机构和企业的共同努力，提升公共部门服务创业的能力，加大对创新项目的资助力度，在市场化前提下加速创新成果转化，促进有创新能力的初创企业快速成长。

此外，面向全民的创新创业示范引导，是奥巴马政府在全社会倡导创新文化、营造创业氛围、加强创新管理和驱动创新经济的一个重要手段。继 2014 年 6 月白宫举办第一届“创客节”取得成功后，2015 年 6 月 12—18 日，白宫举办了“创客周”，意在推动全美各地草根创新的深入发展。8 月 4 日，奥巴马在白宫举办有史以来第一次包容性创新演示日，邀请来自全国各地的个体创业者、大学、企业、投资者、创新城市等代表展示他们的创新成果，交流创业理念，并承诺致力于加入国家包容性创新行列，共同促进企业充分发挥创新潜力，促进美国创业型经济蓬勃发展。

联邦政府为激励和培养更多学生成为创客，还通过举办系列活动加强教育和人才培训。6 月白宫举办科学节。大力提倡科学、技术、工程和数学教育（STEM），使奥巴马政府的“教育推动创新运动”深入人心。2015 年 3 月 9 日奥巴马宣布实施技术雇佣计划（TechHire Initiative），旨在推动创新培训方式，从而增强低技能工人技能，使之更好地适应工作岗位，11 月再次宣布该计划细化方案。此外，2015 年年初，宣布“美国社区大学希望倡议”（America's College Promise Proposal），呼吁各州投入更多资金支持高等教育和培训，并通过社会各方的共同努力，加强社区大学的教育质量，提高学生的毕业率，使低技能工人能够迅速走上收入较好的信息技术及卫生保健、先进制造、金融服务等领域的工作岗位。

在总统和联邦政府的激励和引导下，全社会参与创新创业的热情空前高涨，纷纷投入到创新创业的热潮中来。大学科研机构将教学、科研与创造活动紧密结合；大企业直接投资创客文化建设，谷歌公司启动了一个可以互动的全国创客地图，帮助创客寻找本地创客空间；图书馆、博物馆和专业学术机构对创客活动提供培训、专业研讨、资料提供等智力方面支持。

二、美国科技创新政策新动向

2015 年 10 月 21 日，奥巴马政府发布了最新版的《美国创新战略》（以下简称《战略》），为抢占新一轮竞争制高点、推动经济增长繁荣和保持世界霸主地位谋篇布局。

（一）完成《战略》三步曲，谋划创新新格局

2009 年发布的第一版《美国创新战略》，目的是应对金融危机，以期创造更多就业机会和促进经济复苏增长。2011 年美国对《美国创新战略》进行了修订，明确了创新对于美国经济增长和繁荣的重要意义，突出强调了在市场化条件下，私营部门作为创新引擎的核心重要性，明确了政府在支持创新体系方面的关键作用。经过 6 年的努力，美国开放创新创业环境日趋改善，创新日益活跃，企业、新创公司、大学和前沿技术用户等共同参与新产品和新服务研发；另一方面，创业的障碍趋于减小，孵化器、加速器等为创业提供便利。2015 年新版《战略》是奥巴马政府从美国当前经济科技发展的现实需要出发，紧密结合创新态势的新变化，对 2009 年和 2011 年两版《美国创新战略》进行的梳理、凝练和升级，构成了奥巴马总统任期内的《战略》三步曲，是对美国未来科技创新驱动经济发展的重大战略部署。

（二）完善创新体系框架，构建持续稳定的创新生态系统

新版《战略》指出，作为国家创新战略的基础要素，联邦政府的重要作用

是投资于国家创新基石的建设、致力于为私营部门创新提供不竭动力及要把美国建设成一个创新者的国度。在基础要素的支撑和引领下，通过三大创新计划的实施，将国家创新战略聚焦于创造高质量的就业机会和持久的经济增长、促进国家优先领域的突破及与民共建一个为民服务的创新型政府等三大重点。

《战略》提出要加大4个方面的投资力度：一是加强在基础研究领域的投资；二是加大和保持对高质量的STEM教育的投入；三是投资建设21世纪先进的物质基础设施；四是投资发展下一代数字基础设施。《战略》强调联邦政府应着力解决阻碍创新的市场失灵问题，确保有利于研发和创新的框架条件。

《战略》首次提出发展"包容性创新经济"，将创新的参与者和受益者扩大到前所未有的范围。《战略》提出，要激励全民创新，使美国成为创新者的国度。联邦政府将继续推动重大激励措施，使奖励成为各个部门的标准工具；同时不断探索新途径，通过支持创客、众筹和全民参与科学等措施充分发挥创新者的聪明才智，并鼓励更多学生参与STEM领域的学习和创业活动。《战略》还支持区域创新生态系统的发展，明确要保障区域创新活动集聚所需的基本条件和"桥式社会资本"，加强知识和数据共享等。《战略》提出的建设制造业创新网络和联邦实验室创新网络的思路，也是凝聚各方力量参与创新的重要途径。

（三）框定优先发展领域，支撑经济复苏繁荣

《战略》确定了九大优先发展领域，即精准医疗、脑科学计划、卫生保健、自动驾驶汽车、智慧城市、清洁能源与节能技术、教育技术、空间技术和高性能计算。《战略》还进一步强调技术创新是经济增长的核心原动力，为促进先进制造业快速发展，创造新的更多就业机会，提出建设由45家制造业创新研究所组成的制造业创新网络的目标，实施促进小企业成长壮大的制造业供应链创新计划，保持全球先进制造优先态势。《战略》明确国家将高度重视一系列重大科技创新计划，主要涉及国家纳米技术计划、材料基因组计划、国家机器人技术计划、大数据研发计划及信息物理系统（融计算、网络和物质系统于一体）等。

新版《战略》更加重视应对美国乃至世界所面临的重大挑战，提出要支持各部门的"大挑战"项目，利用科技创新解决国家和全球性问题；通过投资《精准医疗计划》认识疾病的复杂机制，寻找更有效的治疗办法；通过"脑计划"加快神经科学的新发展；建设智慧城市等。

（四）推进创新型政府建设，提升政府服务创新的效率

将政府对于创新的促进作用提高到前所未有的高度是新《战略》的又一大特点。《战略》提出政府要更加重视营造创新生态，不仅重申联邦政府在投资创新基础要素方面的重要作用，而且还提出政府要刺激私营部门创新的动力，激励

全民创新。《战略》强调政府自身创新的重要性，并首次将政府的创新服务与促进国家优先领域重大突破，创造高质量工作岗位和持续经济增长并列。

《战略》指出要通过人才、创新思维和技术手段的适当结合，提高政府绩效，并为私营部门营造更好的创新环境。美国政府正致力于创建一系列鼓励创新的措施，提高政府部门解决问题的能力。为提供更有效的数据服务提升政府服务质量和效率，联邦政府着手组建跨部门的美国数据服务工作组。《战略》还首次提出通过建设联邦实验室创新网络，促进联邦各部门的创新文化。联邦政府对社会、州和地方政府创新的支持，也是美国以政府服务创新推动全美创新文化建设的新尝试。

三、美国的重点科技领域

（一）先进制造领域

2015 年美国继续推进国家制造创新网络（NNMI）计划，该年度又有 3 家先进制造创新中心得以落实，包括依托田纳西大学的高级复合材料制造创新研究所，依托纽约州立大学的美国集成光子制造研究所，依托加州大学圣何塞校区的柔性混合电子制造创新研究所。再加上之前落实的 4 家研究所，以及正在征集中的智能制造研究所和革命性织物研究所，目前计划内共有 9 家创新中心。奥巴马政府 2016 财年为 NNMI 计划提出 20 亿美元预算，争取到其任满之时使 NNMI 计划范围扩大到 15 家。

2015 年，奥巴马政府还发起了供应链创新计划，旨在为超过 3 万家美国中小企业提供最新技术工具，并帮助其拓展市场，以加固美国本土制造业的供应链。奥巴马政府还在 2016 财年预算中申请了 50 亿美元的制造业成长投资基金（Scale Up Manufacturing Investment Fund），要求私营资本 1∶1 配套，形成总额 100 亿美元的公私合作基金，以扶助美国的技术密集型制造业初创企业迅速从原型试验阶段成长进入商业化生产阶段。

（二）能源领域

美国能源领域正在经历较大变革，主要标志是：石油进口逐年大幅度下降；本土油气（尤其是页岩气）生产大幅度增长；太阳能和风能发电规模增长；广泛的能效措施有效减缓了电力消耗增长的速度并使其趋向于零；大量新兴的先进能源技术为应对能源挑战提供了丰富的选择。

2015 年，美国能源部相继发布了《4 年能源评估：能源运输、储存和配送基础设施评估》（以下简称《能源评估报告》）和《4 年技术评估：能源技术和研发机遇评估》（以下简称《技术评估报告》）两个报告。前者侧重能源运输、储存和配送等基础设施，后者侧重能源技术研发。

首个《能源评估报告》建议美国国会和政府提高能源基础设施的弹性、可靠性、安全性，以及固定资产的安全性；提供激励投资、支持工具和方法的研发以加速电网的现代化；在不断变化的全球市场，推进与农业安全相关的能源基础设施的现代化，改善由能源及其他货物和大宗商品共享的压力不断增长的能源基础设施，促进北美能源市场一体化；改善能源基础设施对环境的直接影响和受环境影响所表现出的脆弱性问题；加强就业及劳动力培训；推动跨部门协调机制的完善；提高能源基础设施的选址与许可审批的效率。该报告发布后，美国政府出台了两项措施：一是能源部建立了能源行业气候弹性伙伴关系计划，与主要电力供应商一起致力于提高能源基础设施弹性，应对极端天气和气候变化的影响；二是农业部设立面向农业地区电力基础设施的计划，支持智能电网、推动太阳能发展等。

《技术评估报告》提出能源系统研发示范和部署（RDD&D）的 8 个关键领域：电网现代化、系统集成、网络安全、能源与水、地球浅表层研究、材料科学、燃油发动机联合优化和储能。同时列出开展研发所必需的 4 项使能工具技术：计算机建模与仿真、数据分析、复杂系统分析和物质多尺度表征与控制。

此外，2015 年还发布了《风能愿景：美国风能的新纪元》战略报告，提出要在 2013 年 61 GW 的基础上，到 2020 年实现风电累计装机容量 113 GW、2030 年 224 GW，以及 2050 年 404 GW，使其分别占到全国终端用户需求量的 10%、20% 和 35% 的目标；提出了降低风电成本，促进制造业进步，加速以风电在各州适宜地区，尤其是离岸风电部署为主要内容的路线图行动。

（三）气候变化领域

2015 年，奥巴马政府继续全力推动气候变化议程，落实 2013 年《总统气候行动方案》（President's Climate Action Plan）确立的各项任务目标，呼应近年来经历“桑迪”飓风、加利福尼亚州持续旱情、南卡罗来纳州洪水等气候灾害后国内要求积极应对气候变化的呼声。

联邦政府继续加大清洁能源与气候变化领域的研发投入。2016 财年联邦预算建议提出，将向清洁能源领域投入 74 亿美元支持太阳能、风能、核能、低碳化石能、能效等清洁能源技术的研发与推广应用。拟向《美国全球变化研究计划》（USGCRP）投入 27 亿美元，相比 2015 财年增长近 9%，继续围绕认识、评估、预测和应对气候变化及其影响开展科学研究，增进对地球系统人类与自然相互影响的科学认识；增强气候评估能力，为及时的决策提供科学支撑；加强公众宣传教育，提高大众对气候变化的理解和认知。预算将投入近 2.4 亿美元支持环境保护署（EPA）通过标准、指南和自愿行动等削减二氧化碳排放，其核心措施

——《清洁发电计划》将通过制定电厂二氧化碳排放强制标准控制各州的发电排放。2016 财年预算还计划投入 12.9 亿美元，包括向联合国绿色气候基金（Green Climate Fund，GCF）投入 5 亿美元，与全球主要经济体合力控制温室气体排放、增强适应能力。为鼓励碳捕集利用与封存技术（CCUS）示范，联邦政府拟投入 20 亿美元为应用 CCUS 技术的发电厂示范项目提供投资税收减免，并为实现封存的 CO_2 提供 10 美元/吨或 50 美元/吨的税收返还；为继续鼓励可再生能源发展，该预算还建议将可再生能源生产税收优惠政策永久化。

8 月 3 日，美国总统奥巴马正式颁布《清洁发电计划》，首次对发电行业的二氧化碳排放进行控制。按照新颁布的标准，到 2030 年，美国电力行业的二氧化碳排放量将比 2005 年降低 32%，将实现减少二氧化碳排放 8.7 亿吨。

充分调动包括联邦、地方、企业、民众在内的各种资源，建立各种伙伴关系，加强气候宣传教育，全力推进气候变化减缓与适应行动。联邦政府发起“气候宣传教育行动”（Climate Education and Literacy Initiative），通过为教师和联邦官员提供专门培训，为国家公园管理局雇员提供材料，加强网上平台的宣传，通过与气候教育联盟、美国气象学会等机构合作等方式加强宣传教育。为引导企业积极应对气候变化，白宫发起“美国商企气候承诺行动”（the American Business Act on Climate Pledge，ABAC），宣誓应对气候变化的企业目标，引领行业内低碳和可持续发展方向。已有包括谷歌、脸书、苹果、可口可乐、GE 在内的 81 家大型跨国公司宣布加入 ABAC，相关承诺包括：降低 50% 的温室气体排放，降低 80% 的用水，实现 100% 的废物利用，使用 100% 可再生电力和确保供应链不造成任何森林破坏等。

（四）生命科学

2015 年，美国《脑研究计划》进展顺利，经费投入超过 2 亿美元，参与政府机构达到 5 个，私营机构也积极响应。

2015 年 1 月和 3 月，奥巴马总统在白宫相继宣布启动《精准医学计划》《迎战抗药性细菌国家行动计划》。前者旨在让美国领导医药新时代，在正确的时刻提供正确的治疗。后者旨在加强美国在应对抗药性细菌挑战中的能力，挽救更多感染抗药性细菌的患者，降低抗药性细菌造成的经济压力。两个计划 2016 财年的预算申请分别为 2.15 亿美元和 12 亿美元。

美国高度重视阿尔茨海默病研究。在 2012 年正式发布《阿尔茨海默病国家计划》基础上，2015 年 5 月，NIH 对外发布阿尔茨海默氏症研究路线图，号召所有阿尔茨海默氏症研究相关的学术机构、生物制药公司和政府部门加强在阿尔茨海默氏症的研究、关键疗法生成、数据共享和知识使用等方面的团结合作，共同推动该领域的发展。2016 财年，NIH 将获得 8.86 亿美元拨款用于阿尔茨海默病的研究。

5 月 18 日，美国国家科学院（NAS）和医学院（NAM）共同宣布，将启动一项关于人类基因编辑的研究计划，旨在针对当前颇具争议的人类基因编辑研究工作开展政策和伦理学研究，为政策制定提供参考。

生物医学研究是美国会两党较容易达成共识的领域，国会主动增加医学研究部门预算。2016 财年，NIH 的预算有望达到 312 亿美元，相比 2015 财年提升 3.5%。此外，美众议院能源与贸易委员会提出《21 世纪治疗计划法案》，并在全院投票中获得高票通过。该法案针对美国的生物医学研究、医药与医疗器械产业发展、国家医疗保险体系提出了一揽子改革方案。

（五）信息领域

信息技术作为重要的使能技术，与各领域专门技术结合，正在深度重塑当代社会的各个方面。大数据、人工智能、高性能计算等信息前沿技术仍在迅猛发展，为未来的技术进步提供了更为广阔的空间。与此同时，网络安全、隐私保护等议题日益受到关注，为信息技术的发展与应用带来了新挑战。2015 年，美国总统科技顾问委员会（PCAST）对联邦网络与信息技术研发计划（NITRD）进行了最新一期评估，全面总结了美国在信息技术领域未来的重点需求，归纳形成了网络安全、信息医疗技术、大数据与高强度数据计算、信息物理系统、隐私保护、人机交互、高性能计算、信息技术基础研究 8 个优先研发领域。2016 财年，NITRD 计划申请预算总额为 40.9 亿美元，比 2015 财年预算增长 3.1%。7 月，奥巴马政府发起了《国家战略计算计划》（National Strategic Computing Initiative，NSCI），整合多部门的研究资源，提出全方位、可协调的高性能计算研发战略，以解决后摩尔时代器件性能面临极限、计算数据量指数级攀升、计算机体系结构有待革新等多重挑战。9 月，启动智慧城市计划，投入 1.6 亿美元联邦研发资金，吸引 20 个城市参加，通过物联网等信息技术解决交通、犯罪、气候、公共服务等城市面临的共性问题。11 月，美国国家科学基金会（NSF）启动一项新计划，投入 500 万美元，依托若干高校，在全美建立 4 家大数据区域创新中心，下一阶段预计还将投入 1000 万美元，启动《大数据辐条计划》（Big Data Spoke Initiative），紧密围绕 4 个大数据区域创新中心，结合具体的优先领域开展项目征集，以“辐条”连接各中心的优势研发资源，发挥大数据技术对于经济社会发展的促进作用。

此外，国家机器人计划继续实行，以开发人机紧密合作的机器人系统；多个联邦部门与企业界广泛合作，研究自动驾驶汽车、智能建筑等信息物理系统及其内在科学规律。

（六）航空航天

虽然近年来美国在严峻的预算压力下，对于发展载人深空探测产生过争论，但在国会和政府的支持下，美国航空航天局（NASA）仍在稳步推进载人登陆火星的远期航天规划，在空间科学、空间技术等领域研究也多有部署。同时，美国着力发展商业航天技术，以降低成熟航天技术的成本，并培养蓬勃发展的航天产业。

在深空探测领域，2016 财年，NASA 申请预算总额为 185 亿美元，比 2015 财年增长 2.8%，其中 122 亿美元为研发预算。载人空间探测领域提出的预算金额为 45.1 亿美元。在 2014 年 12 月猎户座飞船首飞试验成功的基础上，美航空航天局将继续开发由猎户座飞船和 SLS 重载火箭组成的深空探测系统，计划将于 2018 年 11 月进行第一次整体无人飞行试验（EM-1），之后将进行近月空间的载人飞行，预计于 2025 年执行将两名宇航员送上一颗变轨至环月轨道的近地小行星的任务，为实现载人登陆火星的远景目标做好准备。

在空间科学研究领域，NASA 提出的 2016 财年预算为 52.9 亿美元。空间科学包括地球科学、行星科学、天体物理、太阳物理和詹姆斯・韦伯太空望远镜等分支。在地球科学领域，NASA 将发射一系列对地观测卫星，对降水、土壤湿度、大气、生态等进行系统观测，为相关用户提供数据和技术支持；行星科学领域，在“新地平线”号飞船在 2015 年 7 月飞掠冥王星的成功基础上，NASA 还将继续对火星、木卫二及若干小行星开展探测；天体物理领域，NASA 计划发射系外凌日现象观测卫星（TESS），接替开普勒望远镜进行系外行星观测；太阳物理领域，NASA 将继续筹备于 2018 年执行的 SPP 计划，该计划将使太空飞船首次进入太阳大气层。詹姆斯・韦伯太空望远镜将是人类历史上最大的空间天文望远镜，预计于 2018 年升空，接替哈勃望远镜对宇宙进行全方位观测。

在空间技术开发领域，NASA 提出的 2016 财年预算为 7.2 亿美元，重点开发面向未来的空间探测相关技术，如利用原子钟进行惯性系统深空导航，用于火星表面负载着陆的低密度超音速减速器（Low Density Supersonic Decelerator），大功率太阳能空间推进技术，以及航天员宇宙射线防护技术等。

在商业航天领域，NASA 在 2016 财年将投入 12 亿美元，与波音公司和 SpaceX 公司合作，开发商用载人航天技术，在目前商用航天货运的成功基础上，预计将于 2017 年使用商业飞船将宇航员送入位于近地轨道的国际空间站，以结束目前对俄罗斯载人航天发射的依赖。这一项目总投资预计将达 60 亿美元。

（七）现代农业领域

2015 年 3 月，美国农业部发布了“美国植物育种科技路线图”，强调加强国家植物种质资源系统的建设是政府未来 5 ～10 年植物育种的重中之重。10 月，奥巴马政府宣布推行实施《气候变化智慧型农业计划》，拟通过联邦政府各部门联动，采取强有力的措施来应对气候变化，确保国内和国际的粮食安全。农业部将为 1100 个以上的可再生能源和能源效率项目提供资金支持；并将通过《美国农村能源计划》（REAP）提供超过 1.02 亿美元的贷款担保和 7100 万美元的直接资助。

（八）极地科技

在 2013 年发布《北极研究 5 年计划（2013—2017)》的基础上，2015 年，美国进一步加强了对北极等战略敏感地区的研究和相关布局，加强对北极地区的认识并预测未来的变化。为提高各界对北极事务的关注及引起人们对北极地区气候变化的认识，奥巴马于 2015 年 9 月对阿拉斯加进行了为期 3 天的访问。白宫发布官方报告明确北极研究优先方向，成立北极执行指导委员会（US Arctic Executive Steering Committee）协调联邦层面北极政策；成立于 1984 年的北极研究委员会（US Arctic Research Commission，USARC）发布《北极研究方向与目标(2015—2016)》报告，协调联邦各部门北极相关研究活动。此外，美国利用担任北极理事会轮值主席国身份，强调北极研究具有全球性和跨学科的特点，需要加强国际合作。呼吁各成员国加强北极地区长期观测和监测体系建设，开展黑炭气溶胶、冻土层甲烷排放等气候研究和北极地区气候脆弱性评估。

四、美国的国际科技合作

（一）多边科技合作彰显世界领导力

美国充分利用多边平台，推动清洁能源技术全球研发与应用，加速全球低碳转型进程。美国先后发起了碳收集领导人论坛（CSLF，2003 年）、全球甲烷联盟(GMI，2004 年）、清洁能源部长会议（CEM，2010 年）、创新使命（Mission Innovation，2015 年）等能源和气候变化多边倡议，邀请全球主要经济体参加，协调推动低碳和气候友好技术在全球加快推广部署。仅“创新使命倡议”一项，将对世界清洁能源研发和推广应用产生巨大的影响，并吸引私营资本的投资。目前参与的 20 国包括中国、印度、美国、印度尼西亚、巴西等人口大国，也包括加拿大、沙特、阿联酋、墨西哥、挪威等油气生产大国，合计占全球电力二氧化碳排放量的 75%，占全球清洁能源研发投入的 80%；参与国承诺在未来 5 年内将清洁能源研发投入翻番。

围绕人类基因编辑的争论，由美国科学院和医学院倡议，中、美、英三国科学院合作举办了人类基因编辑国际峰会。会后，三国科学院院长发布联合声明称，三国将继续发挥领导作用，组织更多国家参与该问题的讨论，研究各方均可接受的国际行为准则，推动人类基因编辑研究。

（二）美欧双边合作聚焦前沿高技术

早在脑研究计划成立之初，美国政府就提出将号召国际力量参与研究工作。同期欧洲启动《人类脑研究计划》（human brain project）。美国卫生部表示已与该计划的研究团队建立沟通管道，将洽谈合作研究的可能。精准医学计划的研究人员与英国10万人基因组计划相关成员开展合作研讨。

在航天领域美国与多国保持着合作关系。美国面向未来载人深空探测所开发的新一代“猎户座”太空飞船中，深空飞行中供给燃料和补给的服务舱由欧洲空间局（ESA）负责设计制造。目前，“猎户座”飞船与SLS重载火箭的整体测试正在进行，预计将于2018年9月进行首次无人飞行试验。此外，美国与俄罗斯、加拿大等国家或地区航天局签署合作协议，在国际空间站项目中进行密切合作。

2015年1月奥巴马与到访的英国首相卡梅伦共同宣布，继续加强和扩大两国数字政府伙伴关系的承诺。合作重点主要包括转变政府提供数字服务的方式，更好地满足公民的需求；通过开放政府伙伴关系继续引领全球开放政府行动，以提高政府透明度，加强政府数据面向公众的开放；通过培训新一代数字专家和扩大优质互联网普及，提高国家的技术能力。

（三）与新兴经济体合作重点突出

2015年美国瞄准印度、墨西哥等新兴经济体，加强以温室气体减排为主要目标的双边科技合作。美印两国已建立起“应对气候变化联合工作组”机制，并在2015年9月召开的首次美印战略与商业对话中明确双方将加强智能电网、能源存储等领域的技术合作，并将尽快签署美印能源安全、清洁能源和气候变化合作谅解备忘录，向外界释放合作应对气候变化的积极信号。

2015年初，美国和墨西哥将能源和气候合作首次列入两国高层经济对话，通过加强两国的伙伴关系，提升区域和全球领导力。双方将加强能源部门之间的沟通合作，促进能源相关设备的跨境流动，加强能源信息交流，增进法规方面的合作等。两国将继续致力于实现气候变化目标，包括促进可再生能源发展，分享低碳发展战略，通过技术合作和信息交流为实现2020年及以后共同的气候目标而努力。

（四）中美科技合作助力新型大国关系建设

2015年中美双边科技合作空前活跃，为中美新型大国关系注入正能量。9月习近平主席成功对美国进行国事访问，成果丰硕，对促进中美国关系发展意义深远。习主席访美 49 项成果清单中，科技合作和科技相关项目多达 21 项，涉及清洁能源、核能利用、农业技术、民用航空、卫生与传染病、气候变化等，成为建设中美互利共赢新型大国关系的着力点和增长点。6 月的中美战略与经济对话及中美人文交流高层磋商中，科技合作成为重要议题。中美气候变化合作已成为双方合作亮点，连续两年两国发表元首气候变化联合声明，进一步加强在清洁能源、智能电网、重载卡车、碳捕集利用与封存等领域的技术合作。

（五）技术援助强调低碳环保

2015 年美国联合英国、荷兰等发达国家调整海外技术援助政策，避免发展中国家锁定高碳排放能源系统。奥巴马总统发起倡议调整官方发展援助的政策，要求除非特例情况，美官方发展援助将不再支持发展中国家新建燃煤电厂项目。目前，已有英国、荷兰、瑞典等北欧国家效仿美国调整其海外技术援助政策。

（执笔人：吴飞鸣）

加拿大

2015 年，加拿大科技政策聚焦新战略，加大支持先进制造业和世界领先研究力度，持续支持研究基础条件设施建设，鼓励产学研结合，正式启动加拿大第一研究杰出基金（支持高校吸引顶尖人才的科研项目）。自然科学和工程研究理事会发布 5 年战略规划草案“NSERC 2020”。11 月，自由党时隔 10 年后重新执掌联邦政府，在各个领域推行其不同于前执政党的理念和做法。在科技领域，其联邦科技主管部门——工业部，更名为创新、科学与经济发展部，突出强调科技创新对经济发展的引领作用。

一、科技发展概况

（一）全社会研发费用（GDERD）持续小幅度下降，高等教育领域保持增长趋势

加拿大全社会研发费用（Gross Domestic Expenditures on Research and Development，GDERD）从 2011 年以来一直呈现微小下降趋势，但总体维持 300 余亿加元水平。统计数据显示，2015 年加拿大全社会研发支出为 316. 0 亿加元，比 2014 年下降 0. 7% 。

从资金来源看，企业研发投入（BERD）占全社会研发投入的 44% ，达到 140. 4 亿加元，较 2014 年下降 2. 8% 。除企业外，高等教育和联邦政府也是研发投入的主要来源，分别为 63. 7 亿加元和 62. 0 亿加元，占全社会研发投入的 20% 左右；虽然分别增长 1% 和 1. 8% ，成为加全社会研发经费主要增长部分，但受加企业投入不足拖累，导致加全社会研发经费投入仍然呈现下降的趋势。

从经费支出领域看，加企业和高等教育研发费用是主要研发经费支出领域，这两个领域占全社会研发支出的 90% 。其中，2015 年，企业研发费用支出占全社会研发支出近一半，为 154. 6 亿加元，受全社会研发投入下降影响，企业研发

费用支出比 2014 年下降 2.6%。加高等教育领域研发费用支出占全社会研发支出超四成，为 129.9 亿加元，比 2014 年增长 1%。联邦政府（主要是所属研究院所）研发费用支出仅占全社会研发支出的 8.5%，为 26.8 亿加元，比 2014 年增长 3%。

（二）联邦科技财政支出小幅回升

2015—2016 财年，加拿大联邦科技财政支出为 108 亿加元，比 2014—2015 财年增长 2.8%。其中研发支出为 65.0 亿加元。

从联邦科技财政支出的活动主体来看，联邦政府内部支出为 57 亿加元，比 2014—2015 财年增长 4.6%。外部支出仅占联邦财政支出的 47.7%，约为 52 亿加元，比 2014—2015 财年下降 0.5%。其中，高等教育部门支出占外部支出比例最高，超过六成；商业企业支出不足两成。联邦政府科技财政支出在联邦政府（内部支出）、高等教育和商业企业领域占比分别为 52.3%、29.0% 和 9.1%。

2015 年，联邦政府机构科技活动人员全时当量为 34 799 人年。其中，科研岗位超过一半，占 54.8%。

（三）科技产出保持优势

据 SCI 数据库统计，2005—2015 年，加拿大发表 SCI 科技论文数量为 57.2 万篇，被引用次数 855.8 万次，平均每篇被引用次数 14.3 次，3 项指标排名均居世界第 7 位。根据 Scopus 数据统计显示，加拿大 1996—2014 年科技文献累计被引用次数排名居第 6 位。2014 年 SSCI 数据统计显示，加拿大发表的 SSCI 论文数量居世界第 4 位。2014 年加拿大发表在 Science、Nature、Cell 三大学术期刊上的论文数排名居世界第 6 位。

世界知识产权组织统计，2014 年加拿大受理专利申请 35 481 份，排名世界居第 9 位；授予专利 23 749 个，排名世界居第 7 位。美国专利商标局的国外专利授权统计，2014 年加拿大在美国申请专利排名居世界第 7 位。

（四）创新能力和竞争力依然强劲

据世界知识产权组织《2015 年全球创新指数》，加拿大排名居第 16 位，比 2014 年下降 4 位，但其中，创新投入指数（居第 9 位）、商业环境（居第 1 位）、大学排名（居第 4 位）、信息通信技术（居第 11 位）、文献引用指数（居第 5 位）、政府效率（居第 7 位），市场成熟度（居第 4 位）、通用基础设施（居第 5 位）和投资（居第 5 位）等方面表现突出。

从整体竞争力上看，瑞士洛桑国际管理学院（IMD）发布的《2015 年世界竞争力年鉴》排名显示，加拿大的世界竞争力排名居第 5 位，比 2014 年上升 2

位。世界经济论坛发布的《2015—2016 年全球竞争力报告》显示，加拿大排名第 13 位，比 2014 年上升 2 位。报告认为，加拿大在其金融市场发展、高效劳动力市场、医疗卫生和基础教育等方面排名处于优势，但其企业创新能力需要进一步培育，其企业研发能力和创新力分别排名居第 26 和第 23 位。

（五）诺贝尔物理学奖

加拿大皇后大学教授阿瑟 · 麦克唐纳（Arthur McDonald）由于在中微子研究方面做出的卓越贡献获得 2015 年诺贝尔物理学奖，成为第二位获得诺贝尔物理学奖的加拿大科学家。

二、重大科技政策和计划

（一）科技政策的调整和延续

1. 进一步强化科技创新在加拿大新政府中的地位

加拿大联邦科技主管部门——工业部更名为创新、科学与经济发展部，进一步强调科技创新对国家经济发展的战略作用，推动科技创新与经济发展相结合。该部门为大部制，下辖版权委员会、标准委、航空航天署、统计局、商业发展银行等部属机构，以及自然科学与工程研究理事会（NSERC）、社会科学与人文研究理事会（SSHRC）等联邦科技计划拨款机构；还包括国立科技研发机构——国家研究理事会（NRC），负责联系加拿大创新基金（科技基础设施建设投资机构）和加拿大基因组基金；国家咨询机构——科学、技术和创新委员会（STIC）秘书处挂靠该部，又将原属于自然资源部的加拿大可持续技术发展基金（STDC）调整至创新、科学与经济发展部统筹。同时，在内阁新设立国家科学事务主管官员——科学部长，取代原来的科技国务部长（虽是国会议员，但级别低于部长）。

2. 恢复法定普查制度

更新对统计局的立法，加强该机构的独立性，改善公众可获得数据的质量，开发开放数据计划，充分考虑大数据等工具手段，让更多政府付费获得的数据对公众开放。

3. 拟设立首席科学官

确保公众能够充分获得政府科学信息，科学家能够自由地就他们所从事的工作（研究内容和研究成果）发表言论。要求政府在做决策时必须充分进行科学分析。

4. 科技出版物开放获取政策

加拿大联邦政府三大科技拨款机构，卫生研究院、国家自然科学与工程研究理事会、社会科学与人文研究理事会联合发布三机构出版物开放获取政策，规定由 3 个机构支持产生的研发论文等出版物要在 12 个月内免费在网上共享。

（二）联邦预算大力支持科技创新

2015 年 4 月 21 日，加政府公布了 2015—2016 财政年度预算。其中，关于支持科技创新，独立成章节。主要包括支持先进制造业、加大研究基础条件设施建设、鼓励产学研结合等内容。

采取 5 项措施鼓励制造业领域投资。一是保持商业低税负担，以鼓励投资；二是提供制造业者 10 年税收激励，鼓励提高生产率的投资；三是未来 5 年投资 1 亿加元，设立一项新的汽车供应商创新计划，支持产品研发和技术示范；四是继续发展国家航空航天供应商发展创新计划（2013—2014 财年已宣布 5 年 10 亿加元的太空和国防创新战略计划，并发布太空政策框架）；五是从 2016—2017 财政年度开始，每年提供 250 万加元，提高支持国防采购计划所需的分析能力。

采取 8 项措施支持世界领先研究。未来 5 年内，加拿大将投入超过 15 亿加元，用于推进 2014 年更新的科技战略，包括通过科技拨款机构和加创新基金长期稳定支持前沿基础研究。一是从 2017—2018 财年开始，6 年里，将为加创新基金（CFI）提供 13.3 亿加元，用于支持先进研究基础条件设施建设；二是未来 5 年，将为加产学研先进网络（CANARIE）提供 1.05 亿加元；三是从 2016—2017 财年度开始，每年向科技经费拨款机构增加 4600 万加元；四是为加参与国际《30 米望远镜》计划及国内相关先进组件工作将最多提供 2.435 亿加元；五是从 2016—2017 财年开始，4 年里，增加 3000 万加元，用于支持加卫星领域的前沿科技研发；六是延长加参与国际空间站任务至 2024 年；七是未来两年，将为加研究理事会（NRC）产业合作研发活动提供 1.192 亿加元支持；八是从 2016—2017 财年开始，4 年里，向 Mitacs 提供 5640 万加元，用于支持研究生产业研发实习。

除上述具体举措，还包括，未来 5 年，将增加 4500 万加元，支持温哥华的加粒子与核物理国家实验室开展世界领先的研究工作；未来 5 年，还将提供 308 万加元，用于提高北极海上交通安全、进一步加强海上环境保护和事故预防与处理；及时支持并合理批准主要的自然资源项目程序，推动参与联邦环境评价和能源交通设施安全咨询；支持以相关针对性投资参与加一些特有资源的深度开发；为林业领域创新和拓展多元化市场提供资金支持；增加农业和农业食品领域应对市场准入和出口问题的项目资金支持等。

（三）实施重点科技计划

1. 正式启动加拿大第一研究杰出基金

2015年加拿大第一研究杰出基金（Canada First Research Excellence Fund）正式启动。经过严格评审，在36个机构申报的42个项目中，评选出5个项目，作为首批启动支持，总投入3.5亿加元，为期7年。一是拉瓦尔大学的“守卫北方”项目，资助9802.1万加元，主要建设拉瓦尔大学在北极科学、光学与光子学、有氧运动代谢和脑健康领域的研发实力，为加广袤北方的持续发展和公民健康提供支撑；二是舍布鲁克大学的“量子科学到量子技术的创新、合作伙伴和企业家战略”项目，资助3351.7万加元，支持舍布鲁克大学与国际知名大公司开展量子材料、设计和制造领域研发，利用量子材料发展核磁共振扫描仪和智能电网；三是不列颠哥伦比亚大学的“量子材料和未来技术”项目，资助6653.9万加元，支持该大学量子物质研究所的发展，推动相关科学和技术研发在全球的领先地位；四是萨斯喀彻温大学的“作物设计以应对全球粮食安全”，资助3724万加元，支持其利用影响和计算技术涉及作物品质和表型，并联系特定基因，加速作物培育；五是多伦多大学地位“设计医疗”项目，资助1.1亿加元，支持多伦多乃至全加集中于涉及的细胞、组织、器官方面的干细胞研究，推动商业化。

2. 加大对企业创新支持

未来3年每年投资2亿加元扩大对孵化器、加速器、研究基础设施、创新网络和集群的支持，特别是支持成长性强出口导向的小企业和大学先进技术的产业化。未来3年每年新增1亿加元支持加国家研究理事会下属工业援助计划，该项新投资将专门用于实施小企业创新和研究计划。

3. 持续加强重大科研设施投资

2015年，加拿大创新基金（CIF）宣布，将拨款3.33亿元用于支持和改善加拿大现有重大科研设施。获得CIF拨款最多的前3个项目：一是国家基因组网络（National Genomics Network）获得2330万加元，用于购置最新基因测序和分析设备，达到每年2万人的基因测序和分析能力；二是国家粒子和核物理研究所（TRIUMF）获得1350亿加元的拨款，主要研制利用电子直线加速器生产医用放射性同位素材料；三是曼尼托巴大学获1240万加元，在靠近北极的Churchill新建一个海洋观测站，主要开展北极石油开采、航运污染研究。

根据CIF拨款要求，CIF最多只提供项目经费的40%，任何获得CIF拨款的机构必须自筹其余60%的经费（包含省政府的拨款）。所以，这轮对重大科研设施、项目投资，实际达 8.325 亿加元。

4. 设立人才计划

加拿大设立了杰出首席研究员计划、首席研究员计划、班廷博士后奖学金等系列吸引、挽留和培养不同层次人才的计划。2015 年，加杰出首席研究员达到 25 人；新入选及再次入选加拿大首席研究员计划 150 人，项目支持经费达 1.39 亿加元，仪器设备及实验设施经费 760 万加元，入选计划总数超过 1800 人。2014—2015 年入选班廷博士后 70 人。执政党竞选时承诺，在就业与培训方面 4 年投资 10.25 亿加元，在青年就业战略领域 4 年投资 14.7 亿加元。

三、优势领域科技进展

1. 大力发展量子技术

2015 年，加政府通过其新设立的加拿大第一研究杰出基金，投入 1 亿加元，支持量子科技研发。其中，2/3 用于支持不列颠哥伦比亚大学量子物质研究所的发展，及量子计算和电子设备的研发，1/3 支持舍布鲁克大学与国际知名大公司开展量子材料、设计和制造领域研发，利用量子材料发展核磁共振扫描仪和智能电网。此外，继续支持滑铁卢大学量子计算所的先进量子计算机科学相关技术研发和产业化，未来 3 年拟投入 1500 万加元，使对该研究所的总投入达到了 7500 万加元。

2. 积极应对气候变化

加拿大新政府宣布，拟改变其过去对石油产业保护而忽视环境问题的态度，加入国际碳定价领导联盟等国际组织，将在 5 年内提供 26.5 亿加元帮助发展中国家应对气候变化。并设定到 2030 年，实现较 2005 年降低 30% 的减排温室气体目标。另外，由 70 多名学者和经济学家组成的团队，与 2015 年发布了《可持续加拿大对话》的政策建议书，认为加有能力在 2035 年全面实现可再生能源电力，并提出国家碳定价计划。

此外，该党竞选时承诺，每年在自然资源清洁技术战略领域投资 2 亿加元，在清洁技术产品领域投资 1 亿加元，在低碳经济领域未来两年将分别投入 10 亿加元，设立清洁技术领域的加拿大首席研究员岗位。

3. 延长核电站使用寿命

2016 年年初，加拿大安大略省宣布投资 128 亿加元对达林顿核电站 4 个反应堆进行翻修，首先于2016年下半年开始翻修其中的1个反应堆。2015年，布鲁斯核电厂宣布将原定于2016年开始的翻修计划推迟至2020年。原计划投资130亿加元，将该电厂8个反应堆中的6个进行翻修。该电厂研发了延长反应堆寿命的方法，保证核反应堆安全性安全运行。安大略省另一座核电厂（Pichering）将于2020年关闭，目前也正在进行推迟关闭可行性研究，希望将其中的2个反应堆推迟到2022年，另外4个推迟到2024年。

4. 参与国际太空站活动

加政府宣布，未来4年投入3.5亿加元，以确保其两名在训练的宇航员分别于2019年前和2024年送入国际空间站。加最近一次进入国际空间站是宇航员Chris Hadfield，作为空间站的指挥长于2013年5月返回地球。加太空署目前的国际空间站经费大约每年8300万，新拨款将继续保持目前的年经费水平。加政府还宣布拨款400万用于2015年下半年在国际空间站开展4个医学研究项目，投资190万用于火星登陆飞行器中阿尔法粒子和X射线质谱仪。另加太空署还与以色列太空署探讨联合开展卫星通信方面的研究。至今加拿大已有9人进入国际空间站，包括8名宇航员和加Cirque du Soleil的创始人。

5. 参建世界最大天文望远镜

加政府宣布，在今后10年中将出资2亿5000万加元参加建设世界最大的30 m天文望远镜Thirty Meter Telescope（TMT）。整个项目耗资15亿美元。与加拿大一道出资兴建这一30 m天文望远镜的有美国、日本、印度和中国。该望远镜由美国加利福尼亚大学和加州理工学院及加拿大大学天文研究协会共同倡议，中国、印度和日本的一些天文台和研究院后来加入了该项目。该望远镜由加拿大不列颠哥伦比亚省的Dynamic Structures Ltd公司承建。加拿大政府投入的资金将主要用于Dynamic Structures公司制造天文望远镜。望远镜将于2023—2024年开始运行，能够采集到130亿光年之外的星体信息，有助于观察和研究太阳系之外的星体、研究新恒星和卫星的形成。

6. 大力推广电动汽车

目前，加电动汽车约有1.4万辆，仅魁北克省就有6000余辆。在魁北克省购买电动汽车，将获得政府最高8000加元的补助。该省还在大力推进电动汽车的应用。2015年，宣布投入4.2亿加元，扩大全省电动交通网络，到2020年全省电动汽车数量将达到10万辆。目前拥有充电站721个，到2016年年底，将再建785个公共充电站和60个快速充电站，并鼓励企业为职工建设充电站。安大略省也宣布通过绿色投资基金投资2000万加元，支持电动汽车充电站。

四、国际科技合作战略

（一）以国际创新计划取代国际科技伙伴计划

《国际科技伙伴计划》（ISTPP）是加拿大专门推进企业与研究机构开展国际研发合作的计划。该计划为期5年，2014年完成了所有预算拨款项目的启动工作。经过一年的复审，2015年，加拿大外交国贸发展部正式宣布以《加拿大国际创新计划》（CIIP）取代该项目，原管理机构撤销，由国家研究理事会下属工业援助计划办公室（NRC-TRAP）负责执行，作为种子基金，主要支持中小企业的技术产业化和市场化。

通过《加拿大国际创新计划》，将重点支持与中国、印度、巴西、以色列和韩国的双边科技合作项目，每个国家每年项目经费为100万加元。2016年将率先启动与中国、巴西和印度的双边项目，并争取通过批准与韩国的项目合作。

（二）巩固与发达国家的合作，稳步拓展合作范围

加拿大与美国、英国、法国、德国、日本、意大利等发达国保持稳固合作，同时不断与其他重要贸易伙伴深化科技创新合作。2015年，加拿大与意大利共同宣布科技创新行动计划，支持五大优先领域合作；与韩国签订科技创新合作协议，并将韩国列为加国际创新计划支持范围；与瑞典签订为期5年的有关北极科学研究合作的协议；与法国和澳大利亚分别签订青年交流协议；与爱尔兰共同建立学者交流计划，资助两国学者交流。

目前，加拿大与15个国家正式建立双边科技合作关系，签订了协议、谅解备忘录或联合声明，与中国、印度、巴西、以色列和韩国五国建立了双边联合资助专项。另外，加拿大外交国贸发展部宣布成立科技创新专家工作组，为其在发展中国家开展国际发展工作提供专家咨询。

（三）助力中小企业“走向全球”

从2014年年底，加外交国贸发展部在全加组织24次题为“走向全球”的论坛，为加中小企业提供方法和实践信息，帮助其发展出口。科技型企业占有一定比例。该论坛将加贸易专员服务局、加出口发展局、加商业发展银行、加商业公司等机构召集在一起，为中小企成功走出去提供一站式服务。该论坛吸引近3000人参加。

（执笔人：高鲁鹏　孔欣欣　毛中颖）

墨西哥

2015 年是《2014—2018 年科技创新特别计划》实施的第二年，本年度科技投入稳定，各州科研中心有序发展，人才培养工作取得了一定成绩。

一、科技投入保持稳定

2015 年，墨西哥联邦政府在科技创新领域预算投入 880 亿比索（1 美元约合 16 比索），较 2014 年增加了 62 亿比索。作为全国科技主管最高部门，墨西哥科技理事会（CONACYT）获得政府财政预算约为 337.06 亿比索，比 2014 年增长了约 5%。2014 年全国科研投入占 GDP 比重为 0.56%，照此增长速度，要实现《2014—2018 年科技创新特别计划》提出的到 2018 年科技创新投入占 GDP 比重 1% 的目标还有较大差距。

另外，最新的统计数据显示，2014 年 CONACYT 共为各种科研机构和组织提供 563 项总计 12.5 亿比索的资助，对科研基础设施和设备提供 243 项共计 2432.63 亿比索的资助。在科技推广及普及领域共投入 2.3 亿比索，各机构根据其年度工作计划完成预定目标共花费 1.2 亿比索。应用科学领域开展 10 项活动投入 9140 万比索，信息资源投入 7720 万比索，信息技术投入 1.34 亿比索。

二、科技人才培养成效显著

提高人才素质，加大人才培养是国家科技创新发展的主要目标之一，实现的重要途径就是政府提供更多数量的奖学金名额。2014 年墨西哥共提供 55 631 个研究生奖学金名额，比 2013 年增加了 9.5%，其中 89.2% 为国内奖学金，10.8% 为国外奖学金。36.2% 提供给博士研究生，59.4% 提供给硕士研究生，2.8% 提供给专业培训，以及 1.6% 提供给博士后及技能培训奖学金。与此同时，

CONACYT 继续推进青年科学家计划从事国家重点科研领域的项目工作。

2014 年墨西哥青年才智计划共通过 77 个项目，覆盖 32 739 名青年人员，涉及各州科学技术委员会、基金会及各社会部门等机构。同年，CONACYT 实施了为博士设立的提升研究生质量项目。该计划为学生和教授提供经济资助，使其项目达到国际水平。同时还为国家学术发展水平欠发达的州提供经济支持。

2015 年，CONACYT 联合国家能源部和国家石油公司和高教部共同开展能源领域人才培养计划，计划在本届政府 6 年任期的剩余时间内提供 6 万个奖学金名额。该计划旨在培养该领域博士人才以满足国家能源工业需求。

三、各州科研中心有序发展

为了促进全国各州科技创新水平的均衡发展，墨西哥联邦政府按照与地方政府最高 3∶1 的比例进行科技创新投入，即科技发展水平最薄弱的州政府每投入 1 比索,联邦政府即投入 3 比索，科技发展水平相对发达的州按照 1.5∶1 的比例进行投入。

2014 年联邦政府划拨给 CONACYT 的关于加强地区科技创新发展机构基金的预算总计为 6 亿比索，与 2013 年相比增长了 45%。全年混合基金预算总额为 9 亿比索，较 2013 年增长了 20%，地方政府投入 4.05 亿比索，其中 2014 财政年度划拨 3.83 亿比索，上年预算执行结余 2240 万比索。国家科研人员体系建设也向科技创新实力薄弱、拥有较少国家级研究员地区的高校倾斜以提高这些地区的科研水平。

四、进一步加强国际合作

2014 年墨西哥科技理事会共与德国、巴西、加拿大、韩国、中国等多个国家签署了 27 项合作协议。其中包括：与法国签署双边合作协议，推动两国在科技创新领域的战略合作及加强两国在人才领域的培养；与英国商务、创新部签署谅解备忘录，在两国现有合作基础上，双方将加强在科技创新领域所在的私营、学院及公共部门间合作；与德国教育和研究部合作召开两国混合委员会，确定双方未来合作的领域和方向；与欧盟召开第 7 届双边科技创新委员会，确定双方合作的战略领域；与中国科技部签署《联合征集研究项目协议》，明确提出，双方共同出资开展联合研究等。

（执笔人：兰　月）

巴　西

2015 年是罗塞夫总统连任的第一年。这一年，巴西国内政治变化不断，经济发展雪上加霜，科技发展艰难前行。

一、主要科技政策与措施

2015 年巴西科技和创新部初始总预算经费约 98.05 亿雷亚尔，在经济不景气的情形下，这些经费支撑着巴西的科技发展。

1.《2016—2019 年国家科技创新战略（征求意见稿）》发布

12 月 14 日，巴西科技和创新部发布了《2016—2019 年国家科技创新战略（征求意见稿）》。该文件是《2012—2015 年国家科技创新战略》的延续，主要领域是粮食安全、网络安全、能源和水资源，以及空间问题、核能可持续利用、生物多样性利用和保护国家生物群落等未来战略领域。该文件在科技和创新部官方网站上开放，科技界人员均可提出修改意见，并以邮件的形式报送。

2. 集中资源支持科技创新和成果转化

巴西科技和创新部于 2008 年设立“国家科技研究院所”项目，主要是为提高对巴西具有战略意义的不同领域科学家的科研认知水平。联邦政府迄今已为该项目投入科研经费 8.32 亿雷亚尔，125 个研究院所得到资质认证，总计有 1937 个研究院所分所和 6794 个研究员参与其中。

巴西工业创新研究院（Embrapii）成立于 2013 年。该院主要为其认证的科研机构提供无偿资金，并支持科研机构和企业在其指定领域内进行研发的合作项目。作为企业和科研机构间的桥梁，Embrapii 最多可为合作项目无偿提供 1/3 的经费，其余费用由企业和科研机构自行匹配解决。截至 2015 年年底，Embrapii

已认证科研机构16家，Embrapii计划到2018年共投入15亿雷亚尔研发经费，以此带动社会资金投入30亿雷亚尔。

3. 继续培养科技创新人才

巴西继续推进“科学无国界”项目，选送本国学生赴海外一流大学学习深造，以培养专业技术人才和高端人才，提高国家创新能力和竞争力。截至2015年12月，已有91 884个学生通过此项目完成学业，并有23 969个学生尚在留学。在已完成学业的学生中，国内外联合培养本科生72 759个，占总体学生比例的79.18%，国内外联合培养博士生9491个，国外培养博士生3254个，国外培养博士后4587个。

4. 完善国家大型科研基础设施

2015年1月，巴西联邦政府举行“SIRIUS”同步加速器的奠基仪式。“SIRIUS”同步加速器是巴西政府投资建设的第三代同步辐射光源，预算13亿雷亚尔（约合4.9亿美元）。

3月24日，“维塔尔·德奥利维拉”号巴西海军水文考察船正式服役。该船由中国广州新会航通船业有限公司建造，总价1.6亿雷亚尔（约合7050万美元），船上配备有深水多波束测深仪、单波束测深仪、侧扫声呐、远程控制潜水器（ROV，潜水深度达4000 m）和声学多普勒海流剖面仪（ADCP）等世界上最先进的科研设备。

5. 出台《适应气候变化国家计划》意见稿

10月8日，巴西联邦政府公布《适应气候变化国家计划（2016—2020）》（PNA）意见稿，在农业、生物多样性、生态系统、城市发展、自然灾害风险管理等11个领域为巴西应对气候变化制定行动方针。政府希望该计划可以引起社会各界对气候变化问题的重视和认知，并以此制定巴应对气候变化的战略规划。

二、重点科技领域进展情况

1. 航天领域

2月5日，巴西第一颗完全自主研制的微型人造卫星AESP-14号从运行轨道距离地球约340 km的国际空间站成功释放进入太空轨道。ABSP-14号微型卫星由巴航空技术研究所自主设计、生产和组装完成。该微型卫星对巴在航天工程领域的人才培养和储备具有至关重要的意义。

8月24日，由巴西利亚大学、米纳斯吉拉斯联邦大学、圣卡塔琳娜联邦大学等高校的10名学生耗时一年半研发的微型卫星成功进入国际空间站。9月17日，该卫星进入太空轨道执行数据中继任务，以支持环境保护工作。该卫星耗资80万雷亚尔，加上发射费用，共计300万雷亚尔。

2. 互联网与宽带

11月，联合国经济与社会事务部主办的第10届“互联网管理论坛”在巴西东北部城市若昂佩索阿举行。本届论坛的主题为“互联网管理的演变发展：增强可持续发展能力”，旨在为国家、区域和国际层面建立有助于推动和平与安全、促进发展与人权的网络空间做贡献。论坛讨论的主要问题包括网络安全和信任、网络经济、包容性与多样性、开放性、加强多方利益攸关者合作、互联网与人权、关键互联网资源与出现的新问题等。来自世界各地的5000多名代表，包括高级政府官员、社会团体高层和互联网政策专家与会。

12月，巴西科技和创新部在巴西利亚大学举办了第一届“巴西－美国互联网安全和隐私保护研讨会”。巴西科技与创新部部长、外交部科技司司长、美国驻巴西使馆经商参赞等政府高层人士出席了研讨会开幕式。与会专家讨论了该领域面临的主要挑战、双边合作方式和专家交流机制等。其后，还在美国佛罗里达州研讨了其他议程。

巴西政府于2010年5月正式启动了“全国宽带计划”，但进展一直缓慢。巴西通信部部长2015年年初表示，目前全国80%的光纤宽带供应集中在4%的城市，当下首先应致力于扩大现有的光纤网络覆盖范围，直至覆盖到全国90%的城市。政府承诺将投入39.7亿美元，3699个城市因此受益。该项目预计于2016年12月之前竣工。

据悉，巴尚在开发另两个提高其网络连接能力的项目，即由谷歌主导的巴西至美国的海底光缆将于2016年商业运营，巴西至安哥拉的海底光缆也将于2017年建成。

三、科普活动

巴西科学进步社团第67届年会于2015年7月在圣卡洛斯联邦大学举行。本届年会的主题为“光、科学和行动”，并设有212个相关议题。国家和地区科技主管部门高层、科研机构、大学及大中型企业每年派代表与会并参与相关议题讨论。

巴西科学进步社团成立于1948年，是一个民间非营利科学社团组织，现有活跃会员6000余人，来自企业和科技界。社团自成立以来，每年举办一次年会并从未间断，对巴科技系统扩大完善和全国范围内科普起到积极作用。

巴西于2015年10月举办了主题为“光、科学和生活”的第12届国家科技周。科技周期间全国有1055个城市组织了103 594项科普活动，有2521家机构参与其中。

（执笔人：王　磊　莫鸿钧）

智　　利

一、科技发展现状

智利国家科学技术研究委员会（CONICYT）是政府科学技术主管部门，其主要职能是推动科技进步，促进国家经济、社会和文化发展。其两大战略目标：一是促进科技人力资源的培养；二是加强国家基础科学技术研究。

智利的科研主力军是公立和私立大学，全国共有大学 70 多所。智利大学、智利天主教大学和康塞普西翁大学被誉为智“科研基地”，拥有全国一流的科研机构和科研队伍，每年承担着全国 50% 左右的科研项目。智政府部门下属 16 个研究机构，专门从事部门的科研活动与科研管理，是智重要的科研力量。

据智利国家科委 2014 年统计，2012 年，全国研发人员总数为 4559 人，每万人口中的研发人员数量是 2. 8 人。2012 年，智利科研人员在国内外发表的科技论文数量是 8671 篇，在拉美地区位居第 4 位，世界排名居第 46 位。

据世界经济论坛公布的《2015—2016 年全球竞争力报告》显示，智利国家竞争力排名居拉美地区第 1 位，排名居全球第 35 位，比 2014—2015 年度下降了 3 个位次。

二、科技政策及科技进展

（一）增加科技与创新投入

智利政府重视国家科技与创新，不断增加研发创新经费预算。2007—2013 年，国家科技创新投入逐年增加，已由 2007 年的 4. 73 亿美元，增加到 2013 年的 10. 37 亿美元，增长了 119% 。

2015 年，智利国家科委管理的研发经费预算为 2833. 9 亿比索（约合 5. 5 亿美元)，约占国家研发总经费的 52%，同比增长了 10%。12 个专项科研基金投入都有不同幅度的增长，其中主要有：

① 国家科技发展基金（Fondecyt）：是国家支持基础科学研究的最重要基金，2015 年预算为 1126.3 亿比索，同比增长了 11%；

② 科技发展促进基金（Fondef）：侧重支持应用研究项目，以提高竞争力和促进科技成果转化，2015 年预算为 195.3 亿比索，同比增长了 10%；

③ 合作研究项目（PIA）：主要是通过资金和技术支持促进产研结合和科技成果转化，2015 年预算为 281.9 亿比索，同比增长了 10%。

（二）成立科学促进智利发展总统委员会，加强科技宏观指导

2015 年 1 月 26 日，智利总统宣布成立"科学促进智利发展总统委员会"。该委员会由 35 名著名科学家、研究人员、政府和主管部门的官员组成，主任由国家创新发展委员会主任兼任。该委员会的首要任务是 6 月提交一份加强智利科学发展的建议报告，以便充分发挥科学研究在促进国家发展并融入国际社会的重要支柱作用。智利国家科委主任强调，该委员会最重要的是工作要采取切实措施，制定相应政策，促进智利科技发展。

7 月 24 日，科学促进智利发展总统委员会向总统提交了题为《智利未来梦想》的研究报告。该报告强调，科技与创新是国家发展的支柱，是文化、社会和经济生活的重要组成部分。报告提出了 2030 年智利科技与创新发展战略与措施，其中战略重点包括 5 个方面：

① 不断提高科技与创新多学科人才和团队的研发能力；

② 以国家优先目标为主导方向；

③ 根据国家的产业基础，提供强有力的技术支持；

④ 营造一个科学文化与知识价值的良好氛围；

⑤ 改革并加强科技体制结构。

（三）国家科技发展基金资助 581 个研究项目

智利国家科委审批通过了 2015 年国家科技发展基金（Fondecyt）项目共计 581 个，其中 40.5% 属于自然科学和纯科学领域，34.4% 属于技术创新领域，25% 属于人文社会科学领域。2015 年国家科技发展基金项目总投入达 1126.3 亿比索（约合 1.9 亿美元），同比略有增长。智利大学、智利天主教大学和康塞普西翁大学是获得项目最多的 3 个机构，其获得批准项目分别为 123 项（占 21.2%）、108 项（占 18.6%）和 46 项（占 7.9%）。

三、国际科技交流与合作

智利在国际科技合作方面是世界最开放的国家之一，制定了多项优惠政策，吸引并资助外国研究人员和专家来智进行科学研究或建立研究机构。国家科委积极推动国际科技合作，与美洲、欧洲、亚洲和大洋洲多个国家签署了双边科技合作协议，在平等互利的基础上开展“南南”合作和“北南”合作。

2015 年，其国际科技交流与合作的重点领域有：天文学、地震学、海洋学、极地研究、生物技术、自然灾害、可再生能源和信息技术等。

（一）智利与中国在天文领域合作日益紧密

2015 年 5 月 25 日，中国科学院国家天文台、华为智利分公司和圣玛利亚理工大学校长代表三方在智利圣地亚哥总统府签署共建中智天文大数据中心的合作协议。在各方密切配合和努力下，9 月 21 日，中智天文大数据中心在圣地亚哥揭牌。该数据中心将具备宽带传输、海量存储、高性能计算等天文大数据处理功能，使中智双方科研人员即时分享在智运行的国际先进天文观测装置所产生的科学数据，从而有效开展最前沿的天文科学研究工作。

（二）智利与韩国科学和技术合作的新机遇

2015 年 4 月，智利国家科委主任与到访的韩国未来创造科学部部长一行举行了会谈，双方就深入开展科技与创新合作交换了意见，并就加强智韩在天文学、科学、技术和工程等领域开展合作达成共识。

其间，智利国家科委与韩国天文与空间科学研究所（KASI）签署了天文合作研究及人才培养谅解备忘录，同时还与韩国全国国际教育研究所（NIIED）签署了土木工程领域学生培养与交流谅解备忘录。

（三）智利国家科委与德国教育研究部开展联合研究项目

2015 年 3 月，CONICYT 与德国教育研究部（BMBF）共同宣布了 2014 年智利和德国联合研究项目评选结果，入选项目共 6 个，为期 3 年，将获得智方 8 亿比索（约合 133 万美元）和德方同等金额的资助。智德共同资助联合研究项目这是首次，将促进双方研究人员紧密合作，共同开展科学研究。

（四）智利国家科委与英国文化协会成立联合研究基金会

2015 年 3 月，CONICYT 与英国文化协会在圣地亚哥签署了成立牛顿 – 比卡尔德基金会（Fnodo Newton-Picarte）协议。该协议将有利于智利和英国联合融资，开展相关科学研究，促进两国在科学、技术和创新领域的合作。

（五）智利投资 4 亿美元创建 13 个国际著名研发中心

截至 2015 年，智利与其他国家共同投资 4 亿美元在智利创建了 13 个国际著名研发中心，其中 8 个已经建成，另外 4 个将在年内建成，最后一个将在 2016 年启用。

在资金投入方面，按照智利当局设计的路线图，公共和私人机构总投资将达到 4 亿美元。德国弗朗霍夫学会（Fraunhofer）、澳大利亚联邦科学与工业研究组织（CSIRO）、法国国家信息与自动化研究所（INRIA）、荷兰瓦格宁根大学（Wageningen）是第一批获选入驻智利的研发机构。

第二批已经建成的 4 个研究中心分别属于：美国辉瑞公司（Pfizer）、美国艾默生电气集团（Emerson）、法国燃气苏伊士集团（GDF Suez-Laborelec）和西班牙电信（TELEFONICA），它们将分别在精密制药、采矿业、可再生能源、信息通信等领域开展研究。

正在建设中的几个研究中心分别属于：美国加州大学戴维斯分校、西班牙 LEITAT 技术中心、澳大利亚昆士兰大学可持续矿业研究所（UQ-SMI）和德国弗朗霍夫能源（Fraunhofer Energy），他们将分别在农业和食品工业、可持续发展与可再生能源、采矿业与能源、太阳能等领域开展研究。

（执笔人：陈小鸥）

欧　盟

2015 年，乌克兰危机难平，希腊债务问题难解，难民潮汹涌难退，反恐与安全形势难测，一道道极难险关的出现，使欧盟内政外交深陷泥潭。内外交困之下，欧盟一方面立足眼前，殚精竭虑破解困局；另一方面则着眼长远，始终把科技创新视为欧盟未来经济社会实现智能、包容和可持续增长的基石和重要驱动力。

经过 2014 年的平稳过渡，《地平线 2020》（Horizon 2020）已完全进入状态，2015 年的组织实施工作按部就班，有条不紊。与此同时，欧盟在优化科技创新的政策举措、对外开放与国际合作等方面都有新的动作。

一、确保研发创新投入，稳步向创新型联盟目标迈进

2014 年 11 月，新一届欧委会主席容克上任后，即把科技创新提升竞争力纳为任期首要任务之一。然而，在提出 3150 亿欧元投资计划之初，容克有意调整《地平线 2020》的部分预算转作他用，这在科技界引起强大反响，曾一度质疑新欧委会会弱化研发创新在促进欧盟经济增长和扩大就业方面发挥的作用。经过反复磋商，最终决定仍保持原定预算安排，确保研发创新投入强度不减，力争实现《欧洲 2020 战略》建设创新型联盟的宏伟目标。

（一）研发投入

据欧盟统计局 2015 年 11 月 15 日发布的最新数据，2014 年，欧盟 28 国研发投入约 2830 亿欧元，绝对值较 2013 年略增 80 亿欧元，但从研发投入强度（即研发投入占 GDP 比例）来看，基本与 2014 年持平，维持在 2.03%。

从各部门看，企业部门依然是欧盟研发投入的主体，2014 年研发投入达 1800 亿欧元，占欧盟总投入的 64%；教育机构研发投入超过 650 亿欧元，占

23%；政府投入超340亿欧元，占12%；私人非营利机构约23亿欧元，占比不足1%。在28个成员国中，研发创新投入强度超过3%的国家全部集中在北欧，其中，芬兰研发投入占GDP的比例最高，达3.17%；紧随其后的是瑞典（3.16%）和丹麦（3.08%）。研发创新投入强度超过2%的国家共有4个，分别是奥地利（2.99%）、德国（2.84%）、比利时（2.46%）和斯洛文尼亚（2.39%）；另有8个国家研发投入占GDP的比例低于1%。与2013年相比，有15个成员国研发投入强度上升，11个成员国略有下降，2个成员国保持稳定。

（二）科技人力资源

根据欧盟统计局2015年11月15日更新的数据显示，2014年欧盟28国研发人员全时当量达276万人年，其中54%分布在企业，13.4%分布在政府（研发人员全时当量为36.9万人年），31.6%分布在高校（研发人员全时当量为87.2万人年），0.8%分布在私人非营利机构（研发人员全时当量为2.3万人年）。欧盟科研人员数量位居世界前列，但企业研发人员比例偏低，美国的这一比例约为80%，中国为78%（2013年数据）。

（三）科技产出

在科技论文产出方面，据美国国家科学基金会（NSF）发布的2014版《科学与工程指标》报告，2011年欧盟科技论文产出以25.4万篇继续排名世界首位，占全球的31%，随后是美国21.2万篇、中国8.9万篇和日本4.7万篇。

在专利申请方面，根据欧盟统计局2015年9月7日更新的最新数据，2003—2012年，欧盟28国向欧洲专利局（EPO）提交的专利申请量累计达56.5万件。其中，德国约23.3万件，法国8.5万件、英国5.5万件、意大利4.6万件和荷兰3.4万件。同期美国32.9万件，日本21.6万件，韩国4.8万件，中国2.9万件。

（四）创新能力

2015年9月，《2015年全球创新指数》（GII）显示，欧盟7个成员国进入全球最具创新力国家的10强，分别是：第2名英国、第3名瑞典、第4名荷兰、第6名芬兰、第8名爱尔兰、第9名卢森堡和第10名丹麦。瑞士连续5年排名世界第一，虽非欧盟成员国，但属欧洲研究区（ERA）国家。欧洲国家在全球10强中占据8席，再次向世界彰显欧洲强大的整体创新能力。衡量企业竞争力和创新能力重要指标之一是企业研发投入。《欧盟2015年度企业研发投入记分牌》显示：欧盟企业研发占全球所调查企业的28.1%，美国和日本分别占38.2%和14.3%。从行业优势看，欧洲企业仍在汽车行业研发投入势头强劲，占

R&D 总投入约 27%，其次是制药行业，约占 18%。

二、研发框架计划驶入正轨，组织实施工作有序推进

作为新版研发框架计划，总投资 800 亿欧元的《地平线 2020》堪称欧盟有史以来规模最大的科研创新计划。如果说《地平线 2020》在开局的 2014 年尚处于过渡期的话，那么，2015 年可以说它已完全进入预定轨道，各项组织管理和实施工作正按部就班向前有序推进。欧盟为《地平线 2020》制定了 2014—2015 年总额约 150 亿欧元的科研项目招标计划，这两年的资金额度大致相当。2015 年总投入比 2014 年略低了近 4 亿欧元，共约 73 亿欧元，占 7 年期总预算的约 9.3%，比年平均预算比例 14.3% 大约低了 5 个百分点，表明《地平线 2020》在头两年的经费安排方面资金释放较为平缓。

具体来说，针对其三大支柱——科学卓越、工业领先和社会挑战，以及三大专项——联合研究中心（JRC）、欧洲创新技术研究院（EIT）和欧洲原子能共同体（EURATOM）的核能专项等，资金具体安排如下：

（一）科学卓越

2015 年，欧盟在科学卓越方面的经费安排基本与 2014 年持平，预算总额约 30 亿欧元。投入欧盟研究理事会（ERC）近 17 亿欧元，重点支持前沿基础研究；2 亿欧元支持未来和新兴技术（FET）；投入《玛丽·居里行动计划》（MSCA）约 8 亿欧元，重点支持中青年科研人员培养；在世界一流科研基础设施上投入约 3 亿欧元。

（二）工业领先

重点支持关键使能技术，撬动和激励私人资本和风险投资流向研发和创新领域，大力促进中小企业创新，确保欧盟工业技术领先。2015 年预算约 20 亿欧元。

（三）社会挑战

《欧盟 2020 战略》确定了七大社会挑战：卫生健康，农业、海洋与生物经济，能源安全，智能交通，气候变化行动、环境保护、资源有效利用与原材料，反思性社会（Reflective Societies），社会稳定与安全。2015 年，《地平线 2020》在应对社会挑战方面总预算约 25 亿欧元。

（四）EIT、JRC 及其他相关经费安排

除上述三大支柱外，欧洲创新与技术研究院（EIT）和联合研究中心（JRC）

作为欧盟直属机构，其科研和创新活动在《地平线 2020》中设有独立预算。2015 年，EIT 经费预算总额 2.95 亿欧元，JRC 非核类工作直接经费约 3.3 亿欧元。此外，科学与社会行动和传播卓越扩大参与行动超 1.5 亿欧元。

另外，欧洲原子能共同体（EURATOM）的核能科研与培训专项计划的 2015 年预算约为 1.8 亿欧元。

（五）未来两年 160 亿欧元工作计划

2015 年 10 月，《地平线 2020》推出 2016—2017 年 160 亿欧元工作计划。根据该计划，欧盟在科学卓越方面将投入 58 亿欧元，其中大部分投入到欧洲研究理事会（ERC），经费预算约 33 亿欧元，占 57%；投入《玛丽 · 居里计划》约 16 亿欧元；投入未来新兴技术（FET）约 4 亿欧元；投入科研基础设施约 5 亿欧元。在工业领先方面，共投入约 34 亿欧元。其中，ICT 所占比重最高，共约 11 亿欧元，约占 32%；中小企业创新次之，约 8 亿欧元；在社会挑战方面，共投入 40 亿欧元，其中能效、绿色与智慧交通方面投入最多，分别为 9 亿、10 亿欧元。新的工作计划聚焦欧盟当前紧迫的政治目标（如增长、就业及能效等）。例如将投入 10 亿欧元用于支持制造业升级，安排超过 15 亿欧元的技能培训经费。在智慧城市的研发方面，将投入 2.32 亿欧元，在无人驾驶汽车技术方面将投入 1.14 亿欧元。针对难民危机，欧盟将至少投入 800 万欧元，用于技术支持甄别和防范人口贩运及走私，以稳固欧盟边界安全。同时，投入 1500 万欧元支持欧洲人口迁徙的根源及其影响等方面的研究。在打击犯罪和恐怖主义方面，欧盟决定投入 2700 万欧元支持新技术研发。

三、聚焦五大任务，优化科技创新政策与举措

欧盟一直强调，实现经济增长和扩大就业战略目标的新机遇来自可提供的新产品与新服务，而新产品与新服务主要来自三大方面：创新型技术突破、创新型生产工艺与商业模式和非技术创新与服务行业创新。为此，欧盟最新推出的创新政策和行动举措主要聚焦于五大目标任务：

一是加大研发创新投入力度，积极资助支持重点优先领域的研发创新活动，特别关注创新型中小企业的可持续发展；二是促进欧盟社会公民广泛参与创新创业及其创新成果商业化推广应用，主要通过欧盟创新公共采购政策、设计创新政策、需求方创新政策、公共行业创新政策和社会创新政策加以引导落实；三是欧盟现代化工业基础和加速关键使能技术（KETs）市场升级，如纳米技术、生物技术、先进材料、微纳米电子、光子学技术和先进制造等；四是跟踪评估创新创业绩效，适时做出符合实际、切实可行的创新政策调整，继续改进完善欧盟创新

记分牌、创新创业社会调查和工业企业咨询服务平台建设等；五是持续改进完善欧盟创新创业公平竞争环境，积极采取各种优惠政策措施，如投融资便利机制、创新集群、单一市场、知识产权保护、标准规范和明确长期目标任务等举措。基于上述目标任务，欧盟 2015 年在对创新政策与举措的优化和完善方面不乏亮点。

（一）启动研发创新资助快车道试点

欧洲长期实施公共财政稳定支持机制，容易导致同市场需求导向研发创新活动的渐行渐远，加之欧盟内部单一市场的碎片化，导致欧盟大量科技创新成果的商业化应用"墙内开花墙外香"。为加快科技成果的商业化，欧盟 2013 年正式确定将"创新快车道"（FTI）试点行动纳入《地平线 2020》。FTI 以试点项目的形式实施两年（2015—2016 年），总经费 2 亿欧元。项目遴选有两个基本条件：①项目团队精悍且必须由来自 3～5 个具有较强商业背景的科研机构和创新型企业组成；②必须保证欧盟项目资金主要用于将新产品或新服务推向市场。欧盟工业关键使能技术及面向社会民生需求和挑战的重点优先领域均可申请 FTI 项目资助。2015 年 1 月 9 日，FTI 正式启动实施。

FTI 是欧盟加快创新产品或服务走向市场化的一种全新尝试，旨在通过加大投入，为具有市场潜力的创新产品或服务提供更强助力，促其驶入创新快车道，缩短创新产品或服务的市场化进程，从而实现从创意到实现新产品或新服务完全进入市场，在整体上加强产学研用的无缝衔接，促进欧洲全球竞争力的全面提升。欧盟科研与创新委员莫达斯指出，研发创新价值链的赢家，永远是首先抓住市场机遇的实践者。欧盟研发创新资助快车道的使命，就是确保欧盟创新创业、加速产业化、最大化吸引全社会投资研发创新和提升欧盟工业企业的全球竞争力。

（二）积极探索有效的技术转移路径

2015 年 1 月，欧盟组建了 PROGRESS-TI 研究团队，拟利用 3 年时间研究制定出一整套欧盟最具权威并切实可行的技术转移工具、方法、机制和指南。从其战略科研议程（SRA）来看，主要有四大研究方向：

一是采取行之有效的财政、税收、金融和政策等市场导向综合手段，促进技术向工业或商业成功转移；二是强化公共科研机构或技术转移组织高素质职业队伍建设，完善相关课程教材、技能培训、在线学习和经验交流等机制建设；三是完善公共科研机构技术转移绩效评估指标，刺激公共科研机构积极进行技术转移；四是最大化地使公共财政吸引社会或金融投资技术转移，加速新兴创投风险基金建设，分享最佳成功实践和创造跨境跨行业技术转移机遇。

此外，在支持科技成果转化的具体行动上，欧盟于《地平线 2020》启动之初即推出专门的COWIN行动计划，旨在进一步改进完善创新价值链，特别针对FP6和FP7信息通信技术（ICT）主题所取得的科技成果进行转化，成功支持创办了20家创新型中小企业（SMEs），协助30家创新型初创企业提升市场竞争地位和盈利水平，吸引25家私人投资机构长期投资高风险高回报的创新型中小企业，积极探索研发创新价值链产学研用紧密合作机制，已选择3家创新型集群进行先行试点。鉴于COWIN行动计划的成功实践，欧盟2015年年初再启动BLUMORPHO行动计划，进一步扩大科技成果商业化应用的主题领域。

（三）七大举措加快经济社会数字化变革

建立具有竞争力的数字化欧洲一直是欧盟未来发展的重要方向。当前，加快提升欧盟工业竞争力，必须把创新型企业更好地利用数字化机会作为一个重要前提，以促进经济增长和社会就业。为了更好地提升工业竞争力及加速欧洲经济社会的数字化变革，欧盟高度重视相关政策性障碍的清除。

2015年3月，欧盟理事会通过决定，将重点在以下7个方面采取相关举措：一是改善融资便利性，尤其是要对创新型企业的融资给予重点关注；二是提高社会公众的数字技能水平，加强对使用新一代数字技术人员的培训；三是大力发展电子商务，使创办在线企业更加简便易行，加强网络环境下的诚信与安全建设；四是更好地适应数字化发展趋势，修订知识产权保护的规章制度；五是完善标准体系建设，使不同国家、不同地区的同类标准能更好地相互兼容；六是减少对企业的行政干预，消除企业不必要的负担；七是促进欧盟及其成员国范围内的创新集群发展。

（四）设立创新政策支持便利机制，加速欧洲研究区建设

2015年5月，欧盟决定通过《地平线2020》每年投入2000万欧元设立创新政策支持便利机制（PSF），旨在进一步改进完善新入盟国家，特别是中东欧国家的研发创新体系，消除东西欧之间存在的巨大科技能力差距，提高欧盟总体研发创新水平。保加利亚和匈牙利，成为新机制今年的第一批受益国家。

新机制将组织国际资深科技人员和管理专家，对保加利亚和匈牙利的研发创新体系进行综合评估评审，提出进一步改革建议。评审内容主要包括：公共财政研发投入质量、提高公共财政研发投入中竞争性资助的比例、引入大学科研机构绩效评估、刺激产学研用紧密合作、促进科技成果转化转移、科研成果数据开放共享、科技队伍和科技管理队伍建设等。新机制还将为受益国实施具体的改革方案，提供必要的配套资助，尤其是刺激受益国制定更加积极的研发创新政策，增加研发创新投入强度。

（五）改革科学顾问机制，设立最高科学咨询委员会（SAM）

2014 年年底，新一届欧委会决定废除最高科学顾问一职，这在欧盟科技创新界引起强烈反响。2015 年 11 月，欧委会决定正式成立最高科学咨询委员会，为欧盟及欧委会决策提供科学技术创新咨询保障。最高科学咨询委员会将加强同欧盟联合研究中心、各类专家委员会和成员国科技创新组织的紧密合作联系，致力于为欧盟及欧委会的政治决策，提供中立、独立、透明的意见建议和科学依据。

最高科学咨询委员会的成员由 7 名欧盟资深科学家组成，任期两年半，下设秘书处由欧委会科研与创新总司具体负责日常事务，《地平线 2020》每年提供 600 万欧元的行政预算。最高科学咨询委员会成员的推举产生，采取全社会公开招标、科技人员自我或联名提出申请、从欧盟成员国初选推荐的 162 名候选者中，通过公平透明方式，由欧盟科技创新界代表投票进行提交欧委会甄别委员会的 9 名差额选举名单。甄别委员会确定 7 名成员，最终由科研与创新委员莫达斯任命，向欧盟全社会科技创新界负责。从上一届欧委会开始，欧盟正式设立欧盟最高科学咨询机制，具体表现在首次任命欧委会首席科学顾问。新一届欧委会对该机制作了进一步改进，由单一科学顾问制转变为集体科学顾问制。

四、积极倡导开放理念，继续深化国际合作

欧盟一直积极倡导世界各国通过开放与合作，共同应对全球挑战。同时，欧盟也深信，开放与合作对于保持其科技创新领域的全球领先地位具有重要战略意义，强调将以更加开放的姿态吸引全球顶尖科技人才向欧洲汇聚，使欧洲成为全球最具科技创新吸引力的地区。研发框架计划是欧盟深化国际科技合作的最有力抓手，其通过建立不同的双边或多边科技合作与人员交流互动机制，积极支持国际科技合作和鼓励双边科技计划相互开放。

在 FP7 时代，530 亿欧元总预算中约 61% 用于合作专项计划，堪称全球最大规模的国际科技合作计划。而作为 FP7 的继任者，《地平线 2020》也坚持开放理念，强调国际合作。根据欧盟“NO. 1290/2013 法规”，欧盟《地平线 2020》将积极开展同第三国或国际组织的合作，以实现：①强化欧盟研发创新的卓越和吸引力，以及提升欧盟经济和工业竞争力；②有效应对共同的社会挑战；③支持欧盟对外政策和发展政策目标，为欧盟对外发展行动计划包括国际承诺提供补充，如联合国千禧年发展目标和气候变化谈判。

（一）新联系国不断加入，国际科技合作持续深化

研发框架计划通过设立联系国机制促进与第三国或第三国集团的国际科技合

作。联系国按GDP比例向欧盟缴费，即可与欧盟成员国以同等身份参与研发框架计划。截至2015年12月，与欧盟签署联系国协定的国家共有14个，包括阿尔巴尼亚、波黑、法罗群岛、冰岛、以色列、摩尔多瓦、黑山、马其顿、挪威、塞尔维亚、瑞士、突尼斯、土耳其和乌克兰。其中突尼斯和乌克兰为2015年新加入的联系国。除联系国外，欧盟还与各大洲共20个国家签署了科技合作协定，其中包括美国、加拿大、巴西和阿根廷等美洲国家，南非、埃及、摩洛哥等非洲国家，以及中国、韩国、日本、印度和俄罗斯等亚欧国家。

（二）开放地球观测数据，力促青年科学家国际流动

在开放数据共享方面，欧盟于2015年11月推出《全球地球观测系统10年战略实施计划（2015—2025）》，将面向世界各国决策者和科研创新人员全面开放地球观测数据。另外，欧盟2015年在促进前沿基础研究领域的国际合作方面表现也十分活跃。欧洲研究理事会分别与阿根廷、日本、中国、南非和墨西哥签署合作协议或合作意向书，专门资助各国青年科学家参与欧盟在基础科学领域的研究项目，促进科研人才的国际流动。

（执笔人：宋海刚）

英　　国

英国科技发展的总体战略是巩固科学研究的世界领先优势，加快科技成果的创新与创业，将研究优势转化为经济优势，支撑经济增长与社会可持续发展。战略目标是把英国打造成为世界上科研、创新与商业环境与服务最好的国家，保证英国的长期繁荣。2015 年英国政府科学、技术与创新工作的重点始终围绕该战略目标展开。

一、英国科技创新总体情况

1. 研发投入

根据英国国家统计局2015 年3 月公布的统计数据，2013 年英国国内研发总支出（GERD）为289 亿英镑，比2012 年增长7%，扣除通胀因素后增长5%。其中，投入民用科技270 亿英镑，投入国防科技领域19 亿英镑。

就研发强度而言，2013 年，英国研发支出占 GDP 的比例为1.67%，比2012 年的1.62% 增加了0.05%，这主要归功于企业研发投入的增加（过去几年政府财政研发投入始终维持在46 亿英镑不变）。自2001 年以来的15 年，英国研发投入占 GDP 的比例一直在1.59%～1.73% 徘徊。

从研发执行情况来看，2013 年，英国企业研发支出184 亿英镑，总研发支出中占比64%；高等教育研发支出占比26%；政府与研究理事会占比8%；私营非营利机构占比2%。

2015 年虽然是英国政府换届之年，但新的保守党政府还是完全按照原联合政府关于2010—2015 年科技发展的既定方针与政策，执行完成科技与创新发展计划。新政府还在2015 年财政支出审查与秋季声明中对未来5 年科学预算做出新的承诺，在削减财政赤字或开支的大背景下，将加大资本性科技投入力度，同时保持资源性科学预算每年47亿英镑（名义值）稳中有升的总体趋势。

2. 科技产出

根据2015年英国皇家工程院发布的《创新投资》报告指出，2000—2008年，英国生产力增长的51%归功于创新，其中公共投资是成功的关键因素之一。每1英镑的公共财政研发投入可以吸引1.6英镑的私人投资，而英国创新部门创新署所实施的项目中每投资1英镑可带来平均6英镑的总增加值。

根据康奈尔大学2015年发布的《2015年全球创新指数》，英国创新指数继续排名全球第二，在G7国家中排名第一。全球排名前十的大学中英国有4所。英国以占全球0.9%的人口、3%的研发投入和4.1%的研究人员，创造了世界9.5%的文章下载量，11.6%的论文引用率和15.9%的高影响力论文。英国平均每英镑科研投入产出的质量排名全球第三。

英国长期的科技投入和优秀的科技成果也产生了巨大的经济与社会效益，据科学与工程计划的统计研究：从1991—2010年，全球致力于癌症治疗与干预的研究，英国通过干预、早期发现和提高存活率，总计帮助英国患者获得相当于1200亿英镑的健康收益；2013—2014年的洪水灾害，由于英国政府资助研究的结果，使得100万多家庭的财产得到了保护，仅在伦敦地区就节省了将近20亿英镑的保险支出；英国自从1990年以来，飞机燃料消耗效率提高了30%，每年减少二氧化碳排放超过4亿吨，预计从2010—2050年，飞机燃油效率将进一步提高38%。

二、英国科技创新政策动向

1. 进一步提高研发税收减免力度

研发税收减免是英国政府为实现强劲的、可持续的、私营部门主导的经济增长而实施的一项具有国际竞争力的税收体系政策。自2015年4月1日起，英国将大企业研发税收减免的比率由10%提高到11%，将中小企业计划（SME Scheme）的研发税前加计扣除比率由225%提高到230%，而大企业可享受130%税前扣除。在2016年4月前，企业可选择加计扣除或税收减免，之后大企业的税收减免政策将替代税前扣除。

2. 实施和改进专利盒（Patent Box）政策

为了充分利用英国的大量发明与发现成果，吸引创新型高技术企业在英国发展和投资，为创新产业提供高价值的就业岗位，英国政府2013年启动实施了一项具有竞争力的税收优惠政策，企业可以为其专利或类似知识产权的收益申请一个较低的税率（降低至10%），激励企业在英国开发知识产权申请专利，以及保证新的现有的专利成果在英国的进一步开发与商业化。截至目前，已有639家企业收到总计3.35亿英镑税收优惠，这对大量吸引对英国的投资产生了良好的影响。

2015年10月，根据经合组织关于知识产权管理政策框架的新规定，英国政府开始改革设计新的专利盒政策，主要是对申请的专利将采取严格的与之相关的研发活动的财务审核，以确保申请专利税收优惠的公平性。

3. 继续推行小企业研究计划

小企业研究计划（SBRI）主要是针对政府公共部门面临的挑战或需要解决的问题，采购目前市场上没有的产品或技术，通过购买需求，帮助创新型中小企业示范和进一步开发新技术。2014—2015年度，SBRI投入8200万英镑，资助了62个满足政府公共部门需求的竞争性研究项目。SBRI规模越来越大，自2009年以来总计资助了2200个项目，投入2.7亿英镑，超过70家政府机构受益。

4. 扩大开放获取政策覆盖范围

2012年英国商业、创新与技能部（BIS）开始实施加强财政资助研究成果与出版物的公开和免费可获取的政策，以提高研究成果的影响，进一步提高企业利用研究成果开展创新和商业化开发的可能性。经过2年的对研究理事会和英国创新署研究成果开放获取（Open Access，OA）的实践，截至目前，开放获取平台“Gateway to Research”已经有6.2万多个项目信息、38万多出版物、4.9万个研究人员信息，以及2.6万多个机构信息。

2015年政府部门希望进一步扩大OA政策的覆盖范围，即从财政资助研究成果扩大到所有公共机构，即将公共研究机构、公共资助机构及其利益相关方的所有公共资金资助发表的研究成果全部纳入到OA体系之中，英格兰高等教育基金理事会、英国出版协会、英国公共图书馆等机构均对此表示支持。此外，英国政府还专门成立了研究行业透明委员会，为解决研究数据的公开与可获取提出解决方案。

5. 允许公立研究机构执行灵活的政府采购与工资规定

为了进一步激发约30家大型公立研发机构的创新活力，从2015年开始，公立研发机构在执行政府采购、工资帽等政策规定方面享有自主权和灵活性，以便于公立研发机构购买世界先进的、高质量的实验设备，以及吸引更高水平的创新人才。2015年年底发布的开支审查与秋季声明，宣布将这一财务自主政策推广扩大到商业、创新与技能部下属所有的、非公立的部门研究机构，在一定的限额条件下，这些研究机构也可以自由灵活地使用其所积累的商业收入储备。

6. 强化人才培养政策

为了创造高技能的劳动力市场，联合政府决定扩大大学招生计划，从2014—2015 年将英国高校招生名额限制提高到 3 万名，并在 2015—2016 年彻底取消数额限制。2014 年英格兰 18 岁以上大学入学率达到了 34. 8%，为历史最高水平。

英国将从 2016 年 7 年起实施新的研究生贷款政策，任何 30 岁以下的年轻人接受研究生教育课程都将能够申请最高 1 万英镑的基于收入还款的优惠贷款。这项政策将会惠及 4 万多名研究生，其中包括每年新增约 1 万名青年人继续接受研究生教育。

三、英国重点科技研究领域

科学研究一直都是英国增长、繁荣与人民健康幸福的核心。公共财政支持科学研究就是投资国家的未来，确保英国高效的经济、健康的社会及为可持续的世界做出贡献。2014—2015 年度英国政府财政科学预算资源性经费保持 46 亿英镑现金投入不变，其中高等教育基金 16 亿英镑，研究理事会等 30 亿英镑。主要投资英国具有潜力的优先领域和积极应对全球性的挑战。

1. 跨学科研究

跨学科合作研究是解决未来 10～20 年重大经济与社会问题的所必需的方法。英国研究理事会一直坚持通过各种资金途径，支持学科间和多学科的合作研究。每个多学科的主题研究项目主要目标是关注研究产出、生产知识和核心技能。2015 年多学科研究主题项目包括大数据、合成生物学和社区互联，以应对英国和全球社会共同面临的社会问题的重大挑战。

2. 问题导向研究

能源领域。保证安全、经济和可持续的能源供应始终面临相当大的挑战。英国能源领域的科技研发目标主要集中在 3 个方面，一是开发用得起的、安全的、同时也减少温室气体排放的能源供应源；二是将未来的需求与能源供应整合成一个灵活的、安全的和可恢复的能源系统；三是减少点源温室气体的排放。2015 年英国启动了能源弹射创新中心、能源催化创新研究计划、安全和更加负有责任的页岩气开采创新技术的可行性研究等。英国政府还将在米德兰投资 6000 万英镑，资助一个新的能源研究加速器重大项目，以研究未来能源储能、传输和效率技术。

建筑环境。在英国建筑已成为最大的环境影响行业。根据英国相关法律规定，到2050年二氧化碳排放将比1990年降低80%，这对建筑的设计、建设、运行，以及所有建筑物的整修都提出了革命性的要求。2014—2015年度英国主要支持建筑设计与数字工程、高效材料与建筑技术、能源生态系统与能源管理及分析工具、建筑经济、社会与环境的全生命周期影响评价方法、建筑行业物流与信息碎片化问题解决方案等。

城市生活。到2050年全世界3/4的人口将生活在城市，但城市越来越受到气候变化、流动人口和资源不足的重大挑战。英国重点支持开发满足世界范围内城市发展需求的产品和服务及引领创新的领域，如大数据、交通系统、通信和金融服务。2014—2015年度在伦敦城市创新中心启动了未来城市创新中心，帮助投资者在真实城市环境下开展概念到工作原形的研究设计开发，以及支持综合、模拟与模型综合平台研发及其应用示范。

农业与食品。随着世界人口的增长，食品安全将面临严峻挑战。英国政府启动了农业催化计划，宣布创建农业信息化与可持续发展度量中心；投资1000万英镑，吸引民营资本合作建立农业大数据中心；投资1000万英镑，启动农作物与畜牧业疾病防治研究项目；将投资1800万英镑建设精密农业卓越创新中心，这将是英国开发新工程技术提高农业生产率和可持续发展能力的四大农业技术中心之一。

交通。2015年英国政府宣布，2017—2020年将与产业界共同投入5000万英镑支持超低排放车辆的研究开发与创新制造；此外还将实施战略路网支持超低排放汽车计划（2015—2021年）、支持伦敦提高超低排放汽车数量（2017—2020年），以期在2025年建立超低排放示范区。

3. 使能技术研究

先进材料，生物科学，电子、传感和光子，信息通信技术是英国目前已经具有一定有利条件的四大类技术。这些技术的研发不仅对帮助企业进一步开发高附加值产品与服务将发挥关键作用，而且所有产业都有巨大需求和应用前景，这些技术一旦实现商业化与产业化，必将推动英国经济显著增长。2014—2015年度，英国创新署在先进材料和生物科学领域分别支持了23个项目开展可行性研究；电子、传感和光子领域重点支持的项目有传感开发的技术集成与设计、机器人与自动系统开发等；信息通信技术研究计划的重点主要是5G通信技术、软件技术开发、软件增强系统的开发等。2015年9月，英国萨里大学宣布其全球顶级5G创新中心正式成立。

4. 新兴技术研究

新兴技术的研发与创新目标主要是加强新兴技术的基础研究，从基础科学研究中识别具有巨大潜力的新兴技术，帮助这些技术寻求潜在商业机会，培育英国经济未来的、新的增长点。为了加强新兴技术研究的资源配置，创新与工程物理科学研究理事会还联合成立了创新与知识中心。2014—2015 年度开展了量子技术与非动物技术发展路线图研究，提出了量子技术国家战略，发布了非动物技术路线图。英国支持的新兴技术研究项目包括：能源采集技术、能源效率计算机计算技术、非动物（动物替代）技术、石墨烯技术、量子技术。

2015 年 3 月 23 日，英国创新署和工程与物理科学研究理事会发布了《量子技术国家战略》。该战略由量子技术战略顾问委员会拟定，其目标是创建一个统一的政府、产业和学术量子技术社区，使英国赢得价值几十亿英镑的新兴量子技术市场的世界领导地位，并可持续性地提升英国国内一些较大产业的价值。该战略解释了英国如何能利用新兴量子技术的惊人属性。量子技术预计将对金融、国防、航空航天、能源和电信行业产生重大影响，并有望以无法预测的方式改善成像和计算技术。

四、英国的国际科技合作

积极参与并领导全球科学与创新一直是英国科技发展的重要措施与目标。2015 年，英国继续加强研究与创新的国际化的议程。

1. 继续推动和支持多边或双边尖端国际大科学、大工程计划

主要包括：为国际平方千米阵列射电望远镜 SKA 计划投资 1 亿英镑，提供总部基地服务；为国际空间伙伴计划投资 3200 万英镑；为柏拉图空间望远镜投资 2500 万英镑；为欧洲散裂中子源投资 1.65 亿英镑；为欧洲 X 射线自由电子激光装置投资 564 万英镑；为欧洲下一代火星探测投资 9500 万英镑。

2. 《全球挑战计划》(Global Challenges)

根据 2015 年秋季声明，英国政府将发起一个新的未来 5 年总计投入 15 亿英镑的全球挑战研究基金，确保发挥英国科技在应对发展中国家所面临的重大问题方面的领导作用。

3. 牛顿基金

英国 2013 年推出的 3.75 亿英镑的牛顿基金是其第一个具有重大意义的国际

双边科学和创新基金。英国将利用其研究和创新的优势促进与15个伙伴国家的经济发展和社会福利，同时与这些国家建立强大、可持续、系统的联系，持续支持英国卓越的研究基础。未来英国将继续推动牛顿基金支持科学发展和构建未来科学合作伙伴关系。

4. 罗斯基金（Ross Fund）

2015年英国政府宣布将与比尔·盖茨基金会合作，建立一个新的价值10亿英镑的罗氏基金，主要从事药品、疫苗、诊断和治疗领域的研发，以应对疟疾等最具传染性的疾病。

（执笔人：彭斯震）

法　国

2015 年，法国及时推出未来 5 年新的科技发展战略，继续优化科研布局，聚焦创新驱动发展并发挥科技支撑作用，保持对科技的稳定投入。在这一年里，法国政府科技工作重点在于落实各项政策和举措，着力推进科技服务经济社会，保持基础研究与应用研究均衡发展，确保法国稳居世界科技强国。

一、优化科研布局，着力服务经济社会

法国是一个中央集权的单一共和政体。其较为完善的科技管理体制具有鲜明的政府干预特色，以公共科研机构和高校为主体的国家控制科研系统构成了整个科技体系的支柱。

近年来，法国重视深化科技体制改革，2013 年推出新的《高等教育和科研法》，明确要求完善科技管理的顶层设计，先后建立了法国科技战略委员会，重建法国科技和高等教育评估高级委员会，并严格推行第三方评估。与此同时，法国还在进一步优化科研布局：一是支持高校之间加强科研合作，建构完善的合作网络，鼓励法国高校和科研机构拓展与欧盟的合作。二是盘活科技基金存量，鼓励国家级科技基金加盟地方科研基金会，以此加大对地方的科技投入。三是简明法国科研体系。把科技合作研究的公立机构重新划分为科技合作研究联合体，新型科技、文化和专业性公立研究机构两大类别，建立类似高校联合体及高校科研机构的运作模式。四是拓宽高校与科研机构的合作渠道。规定高校重组不再局限于本地区。凡是有利于高校与其他科技机构加强科研合作，本地区与其他地区之间的高校在科研方面也可以进行重组。但重组后需共同制定统一的教育与职业培训、科技战略和技术转化方案。同时法国也在加快推进区域性科技合作。避免科研机构之间的不良竞争。五是积极组建高校科技合作研究联合体建设，推动高校之间加强合作研究。六是发挥高校和科研机构在地方科技水平提升中的重要作

用。明确打破高校和科研机构之间分割的三项基本原则：有利于高校进一步增强科技活动，有利于高校（含工程师类大学）之间的科技合作，有利于高校把教育和科研摆放在地方发展战略的中心位置。2015 年法国正在整合和重组高校科技合作研究联合体，计划当年建成 25 家。

二、强化科技发展战略，凝练科研政策方向

法国上一期科技发展战略于 2013 年收官。从 2013 年开始，历经两年的时间组织对上期科技发展战略的实施结果进行综合评估，并通过多渠道广泛征集社会各阶层对国家科技下一步发展的建议和意见，经过反复研究、反复磋商，于 2015 年推出《2015—2020 国家科技发展战略》(以下简称《战略》)。

新一期科技发展战略围绕以下三项基本原则进行部署：一是主动应对 21 世纪各种挑战；二是确保国家与地方科技创新战略相协调；三是推动法国与欧盟科技全方位合作。

《战略》正式提出科研需要解决当前社会经济发展的十大挑战，并对应确立了十大主题研究：一是资源节约管理与气候变化应对；二是清洁、安全和高效能源；三是刺激工业复兴；四是大健康；五是食品安全与人口挑战；六是交通与可持续发展的城市体系；七是信息与通信社会；八是创新、包容和适应型多元化社会；九是做强欧洲航天事业；十是欧洲及其居民和常住人口自由与安全。

为把本期国家科技发展新战略中确立的十大主题研究落在实处，法国决定配套实施 14 项重大专项，涉及四大领域。大数据领域实施的专项包括：大数据与知识工程，复杂系统科学，指令控制信息处理，大数据基础设施安全与网络安全。能源、环境与可持续发展领域实施的专项包括：地球系统——地球知识、监测、预报，能源与生态转型的生态服务型经济，可持续经济中的战略性材料，地方能源转型。大健康领域实施的专项包括：系统生物学，平移研究——从实验室转换到临床应用。人文社会学领域实施的专项包括：面向城市空间创新和可持续性，可持续交通技术与服务，人机协作，人文社会科学全球性与连接性。

本期战略还为上述 14 项专项分别安排了若干个行动计划作为子项目，落实专人负责，并制定不同的行业标准，强调跟踪和监督。

三、稳定科技财政投入，聚焦创新驱动发展

（一）保持科技稳定投入

法国对科技的投入规模大，全社会 R&D 支出占 GDP 的比例约为 2.29%，其中公共财政投入占 GDP 的比例达 0.8%。根据《2015 年法国国民教育、高等教

育和研究预算法案》，法国在 2015 年削减财政支出 210 亿欧元，但高等教育和科研预算总额与 2014 年度同比却增长了 0.2%。法国教研部的高教和科研预算内专项资金总额为 230.5 亿欧元，其中科研专项费用 77.7 亿欧元（同比增加 600 万欧元）。

（二）着力推动科技创新

法国是个创新大国，创新历史悠久。但在 2008—2012 年，法国的创新水平与欧盟成员国相比呈下滑趋势，在欧洲排名仅为第 11 位，在世界上排名第 16 位。从 2013 年起，法国决定从 4 个方面入手，对现有的创新体系进行“系统集成”。

一是完善创新管理体制，优化创新政策。具体举措包括建立创新公共政策评估委员会，建立创新和科技成果转化部际统筹协调机制，将创新管理作为一项权限下放到地方完善《政府采购法》，重点扶持医疗场所医疗器械的创新等。

二是厚植创新创业文化。具体举措包括在《未来投资计划》内设立一批支持创业和创新文化征集项目，在中等教育阶段倡导培育创业精神，建立大学生创新、技术转化和创业集群，支撑大学生创业，设立“法国全民创新活动周末”，发动公共媒体加大对创业和创新文化的宣传。

三是强化成果嫁接扩大对经济的影响。具体举措包括将技术转化活动纳入对高校、研究机构的评估和高教人员及研究人员的绩效考核中，制定技术转化行业培训计划，培训公共研究部门管理层，增强“卡诺研究所”计划，建立一批大区（地方）技术转化试点平台等。

四是释放企业创新活力。具体举措包括增强地方中小企业发展投资基金、创新投资公共基金的投资权力和能力，鼓励大型集团对创新资本的投资，设立一家旨在推动创新战略性领域进行重大投资的风险投资基金，增加天使投资基金数量，精简人才引进手续等。

四、坚持科技项目导向，打破藩篱促合力

法国国家科研署于 2005 年 2 月成立，是法国国家科技计划项目及资金集中管理机构，主要负责资助法国的公共研究和多种合作形式的“伙伴”研究计划。2014 年，法国政府对法定的《法国国家科研署章程》进行了修改。新章程明确该机构必须参加起草法国国家科技发展战略报告；加强与欧洲乃至国际的科技合作；负责管理和跟踪《未来投资计划》中确立的科技计划项目，并需要组织对由它资助的这些项目的科技产量进行评估；每年还必须向法国科研战略委员会提交一份科技计划项目实施结果评估报告。

近期，法国国家科研署推出了2016年年度国家科技研究实施计划。该计划由4个部分组成：第一部分是应对重大社会挑战；第二部分是瞄准世界科技前沿；第三部分是构建与欧盟科技全方位合作空间并增强法国国际科技合作的影响力；第四部分是推动科研对经济产生更大的影响，提升国家竞争力。

新的科技计划项目更加注重对资助方式进行分类设计，并做了明晰说明，规定今后由项目申请人自己选择资助方式。并把资助方式划分为3个类别：科技人员个人开展研究的资助方式；合作研究的资助方式和申请项目启动资金的资助方式和多种合作形式的资助方式。法国国家科研署认为，每个项目的资助方式都有它的合理性，关键在于项目遴选必须具有特色，并需加强跟踪和监督，这样才能达到预期目标。

（执笔人：吴海军）

爱尔兰

2015 年，爱尔兰经济从金融危机中得以恢复并保持了稳固增长的势头，GDP、就业和出口等主要经济指标表现良好，继续在发达国家经济体中保持着较高的发展速度，并有望连续第二年成为欧洲增长最快的经济体。爱尔兰政府以拉动经济和促进就业为首要目标，继续扩大对外开放力度，推行国内政策改革，不断完善商业环境，吸引全球高技术企业和高层次人才，增加研发投入并重点投入其优势领域，鼓励公共研发部门与企业合作，以科技、人才和金融等政策手段推动中小企业发展，不断提高科技投入对经济发展的贡献度。

一、政府研发投入出现恢复性增长，但研发强度继续下滑

受金融危机影响，2008—2013 年爱尔兰政府研发投入持续下降，从 9.30 亿欧元下降到 7.22 亿欧元。2014 年开始，由于经济的复苏，爱尔兰政府研发投入开始得以恢复性增长，2014 年达到 7.27 亿欧元，2015 年增长到 7.35 亿欧元，但增长率仅为 1.10%。由于国民生产总值（GNP）增速高于政府研发投入的增速，使得爱尔兰政府研发资金占 GNP 的比例继续下滑，2015 年为 0.43%，为 2004 年以来的最低值。爱尔兰政府研发资金占 GNP 的比例于 2009 年达到 0.63%，但之后逐年下降，至今还处于历史低位。根据经济合作与发展组织（OECD）统计，2014 年爱尔兰政府研发资金与 GDP 的比值为 0.39%，低于 OECD 平均水平（0.54%）和欧盟平均水平（0.63%），略高于中国的平均水平 0.34%。

2015 年爱尔兰政府部门中最大的研发资助机构是就业企业与创新部及其下设的科学基金会、企业科技局和投资发展局，其次是高等教育局。与 2014 年相比，高等教育局的经费下降幅度较大，减少了 1570 万欧元，投资发展局的经费

增加了1670万欧元，科学基金会和农业与食品发展局分别增加了350万欧元和55万欧元，其他部门经费变化不大。这也显示了爱尔兰政府研发优先资助领域的变化，投资发展局经费的增加，表明爱尔兰政府为促进就业和推动企业发展，加大了吸引国外投资和对外资研发的支持力度。

爱尔兰政府科研机构研发支出由2004年的1.38亿欧元降至2015年的1.01亿欧元，降幅达27%；同期政府研发机构研发支出占GNP的比例由0.10%下降到0.06%，低于欧盟27国及OECD国家0.28%的平均水平。

爱尔兰政府研发机构研发经费2/3（67%）是由农业与食品发展局支出的，其次是经济与社会研究所（6.8%），第三是农业、食品与海洋部（5.3%）；排在其后的分别是海洋研究所，通信、能源与自然资源部，健康研究委员会，内陆渔业部局，都柏林高级研究所等。

在爱尔兰国有科研机构研发支出中，应用研究支出为主要部分，2014年应用研究支出占研发支出总额的67.6%。

持续稳定的科研投入和政策支持有效地提高了爱尔兰的综合实力，其国家竞争力持续提升。在瑞士洛桑国际管理学院（IMD）《2015年世界竞争力年鉴》中，爱尔兰排在第10位，比2014年上升了5个位次，也是该国自2008年以来的最好排名。根据世界知识产权组织发布的《2015年全球创新指数》报告，爱尔兰从2014年的第11位跃升3位排在第8位，这主要归功于爱尔兰在创新效能和创新产出上的进步，分别从2014年的第47位和第11位上升到第12位和第7位。

二、加大对科研人才培育和支持，创造更多高技能岗位

金融危机爆发后，爱尔兰政府为了恢复经济增长和稳定社会发展，于2012年开始实施“就业行动计划”，以减少失业人口，提高就业率。2015年的《就业行动计划》强调了在科学、技术、工程和数学（STEM）领域保持和增加就业的重要性，并提出了具体的行动计划：

一是增加每年STEM毕业生数量，到2018年STEM毕业生数量增加到13 800人，以确保爱尔兰有足够的从事科学技术职业的劳动力资源，只有足够的高层次人才能够持续开展科研活动。

二是建立创新型能源研究系统，科学基金会准备实施“目标研究人员吸引计划”，引进国际上一流的能源研究人员。

三是针对关键领域的机会和需求，开发研究技能和能力，增进爱尔兰的国际竞争力。

四是通过科学基金会的《产业研究员计划》，培养能够符合产业就业需求的研究型人才。

五是支持创新创业和科技成果商业化，提升科技对经济和社会发展的影响力。通过加强对科学基金会支持的研究团队的培训，使得他们有更多的人能够开办自己的公司。

六是扩大科学基金会伙伴关系的范围，在一些关键领域加强产业界与科研系统的合作。

由于爱尔兰政府积极实施《就业行动计划》，注重吸引和培养年轻的科研人员，鼓励女性参与科学研究，支持优秀研究人员的早期职业发展，爱尔兰研发人员自 2006 年以来保持了持续增加的态势。2013 年爱尔兰研发人员总数为 41 088 人，比 2006 年的 29 954 人增加了 37% 。

三、制定《创新 2020 战略》，谋求成为全球创新的领导者

爱尔兰政府于 2015 年 12 月 8 日发布了雄心勃勃的《创新 2020——科学技术研发战略》，旨在使爱尔兰成为全球创新的领导者，实现强劲的、可持续的经济增长和更好的社会发展。这个 5 年规划的路线图包括：在对经济和社会发展具有重要战略意义和影响的领域形成卓越研究能力；具备强大的创新和国际竞争力的企业的基础，不断增加就业、销售和出口；在公共研究系统和产业部门之间，建立新的能够最大限度地发挥人才和知识作用的人才库；建设链条完整的创新生态系统，能够捕捉新的机会，并通过知识创造和应用提升科技进步的作用；建设具有国际竞争力的研发体系，使其成为吸引人才和企业的磁铁和催化剂。该战略的主要内容包括以下 7 个方面：

（一）增加科技创新投资

到 2020 年将研发经费从 29 亿欧元增加到 50 亿欧元，相当于国民生产总值的 2. 5% ；围绕信息通信技术、健康医疗、食品、能源、制造与材料、服务业与商业模式创新六大领域，增加对爱尔兰企业和产业集群具有市场机会方面的政府投资；将公共部门执行的企业研发投资增加一倍，将科学基金会资助的研究团队中来自企业的博士研究生的比例增加 40% ；继续加大对研究中心的支持，面向企业需求建立核心能力；加大对研发基础设施的投入，设立高等学校研究计划的后续计划，对建立新的研究设施或对现有的教育中心进行升级扩展进行滚动投资。

（二）支持企业创新

简化流程，使得企业更容易获取全套的企业研发支持，如研发资金、研发税收减免、创新伙伴项目等；支持企业知识产权活动，引入“知识发展盒”，确保爱尔兰保持对创新型企业和价值创造活动的吸引力；将企业研发人员数量增加60%，达到40 000人；增强公共研究系统与企业部门的合作，特别是在知识转移方面的合作；增强和优化“研究和技术转移中心”网络，更好地满足企业需求，包括对“研究和技术类组织”的支持。

（三）支持高等教育机构的创新

支持教育系统卓越中心建设，通过持续的投资提供驱动创新和社会进步所需的人才；强化并奖励交叉学科研究；将硕士和博士研究生招生规模扩大30%，达每年2250人；建立新的竞争性资助项目，支持跨学科的前沿研究；制定进一步发展研究基础设施的路线图，并设立新的竞争性项目对其进行资助。

（四）鼓励应对重大挑战的创新

引入竞争资助机制，鼓励学术界、企业界和公共服务部门应对主要的社会挑战。

（五）促进公共部门创新

促进政府部门及其机构在执行其职能时更多地应用科学技术成果；寻求提供公共服务的创新方法；扩大《小企业创新研究计划》，以帮助公共机构购买所面临挑战的解决方案。

（六）加强国际合作

增加同欧盟和全球伙伴的合作；帮助爱尔兰的研究机构和公司从欧盟《地平线2020》计划中获得12.5亿欧元的资金，包括从前沿研究获得的新的项目资金；提升爱尔兰参与“欧洲研究区”和“合作研究计划”的参与度；探索如何利用欧盟战略投资基金支持爱尔兰的研究和创新；探索成为欧盟高能物理研究组织欧洲核子研究中心和欧洲南方天文台会员的可能性。

（七）强化组织实施保障

建立跨部门“创新2020实施小组”，确保战略实施的协调和流程简化。该小组负责向内阁委员会报告年度研究和创新政策的进展、目标实现的程度和行动计划执行情况等。

四、加大对重点产业领域研发活动的支持

爱尔兰政府注重依靠科技创新实现产业转型发展，大力发展信息和生物医药等高技术产业，使之成为推动爱尔兰经济发展的新引擎。作为一个小的经济体，爱尔兰对科技领域不是采用撒胡椒面式的全方位支持，而是选择在一些重点领域取得突破，并把科学研究对产业发展的影响作为政府支持的一个重要考量。经过长期的发展，爱尔兰逐渐在一些领域形成了领先优势。根据汤森路透最新发布的《核心科学指标》，从篇均论文的引用率看，爱尔兰纳米科学排名居世界第一，计算机科学和免疫学排名分居世界第二，动物和奶制品研究排名居世界第三，材料科学排名居世界第五。

2015 年，爱尔兰继续把 12 个研究中心建设作为年度资助的重点，有超过 200 家企业与这些研究中心开展合作，产业界承诺的投入超过 1.9 亿欧元，爱尔兰科学基金会（SFI）将投入 3.55 亿欧元支持这些研究中心建设。研究中心的研究领域涉及大数据、软件、可再生能源、新材料、保健与功能食品、医疗器械、生物医药等。12 个研究中心包括：数字内容平台研究中心；先进材料及生物工程研究中心；微生物营养药物研究中心；未来网络与通信研究中心；医疗器械研究中心；应用地球科学研究中心；胎儿及新生儿转译研究中心；大数据及分析研究中心；光电子集成研究中心；软件研究中心；海洋可再生能源研究中心；合成与固态药物产业集群。

2015 年，爱尔兰科学基金会为了支持产业界开展前沿科学研究，促进产业界与学术界的合作，提升爱尔兰的竞争优势，新启动了《爱尔兰科学基金会产业计划》。该计划主要有 4 个方面的任务：

一是产业研究员项目，目的是促进产业研究人员的替换，或者通过技术转移和培训激发学术人才智慧。该项目使得研究人员能够接触到新的技术路径和标准，培训他们使用专业研究基础设施。学术人员如果想到世界范围内的某个企业去工作一段时间，或者世界范围内的企业的研究人员希望到爱尔兰的研究机构工作一段时间，都可以获得该项目的经费支持，每人最高可获得 1.2 万欧元的直接费用支持。

二是伙伴计划项目，目的是建立对产业界和学术界的重大合作研究项目提供灵活资助的机制。该计划采用风险共担的机制，爱尔兰科学基金会对产业界的投资匹配一定的资金，支持企业参与世界级的学术研究活动或使用研究设施和知识产权。

三是研究中心项目，目的是对影响较大、在世界上领先、规模较大的爱尔兰研究中心予以经费支持。研究中心可以获得 100 万～500 万欧元的直接费用的经

济支持，爱尔兰基金会可以提供最高达该中心年度预算 70% 的经费支持，另外 30% 必须从产业界获得，而且来者产业界的支持中至少有 1/3 是现金支持。

四是研究中心辐射项目，目的是为新的产业伙伴参与现有研究中心研究活动提供经费支持。

五、加大扶持力度，全面推动企业创新

爱尔兰科学基金会支持的 12 家研究中心继续在较高的水平上运行，现在已经达成 252 项正式的具有法律效应的合作研究，包括 115 项与跨国公司的合作，以及 116 项与中小企业的合作。2015 年 12 个研究中心从欧盟《地平线 2020》计划中获得了 5900 万欧元的资助。

通过爱尔兰科学基金会的《研究中心辐射计划》支持了 6 个项目，SFI 资助金额达到 1630 万欧元，20 家企业合作伙伴匹配资金累计达到 1050 万欧元，合计资金总额达到 2600 万欧元。

《战略伙伴关系计划》支持了 4 个项目，SFI 投资 980 万欧元，产业界和慈善机构投资 890 万欧元，从而使该计划资金总额达到 1900 万欧元。

爱尔兰科学基金会与辉瑞合作，成立生物治疗创新奖，2015 年颁发 3 个奖项，支持了 8 个研究项目。

为了使政府资助的研发活动产生经济价值，爱尔兰就业企业创新部所属的企业科技局资助建立了企业技术中心。这些技术中心是由企业建立并运营的合作实体。他们借助高校和研究机构的高质量研究人员，开展市场导向且能够使产业受益的战略研发工作。该项目由企业科技局与投资发展局共同组织实施，因此可以使得爱尔兰企业和跨国公司一起在这些技术中心工作。爱尔兰一共建立了 11 个企业技术中心，每个技术中心可以获得连续 5 年每年 100 万欧元的经费支持。

爱尔兰企业科技局还在全国范围内建立了由 15 个技术门户组织的网络，为爱尔兰企业提供接近他们市场需求的技术解决方案，为所有大小规模的企业提供开放的接入点，获取爱尔兰研究基础设施的广泛资源。自 2013 年建立技术门户网络以来，共完成了 800 个产业项目，资金超过 900 万欧元，其中 46% 是直接来自企业的项目。

爱尔兰企业科技局通过《创新伙伴关系计划》，支持企业与高校或政府研究机构开展合作研发，帮助爱尔兰的企业从全国研究机构获得最新技能和专业知识，开发新的或改进的产品、工艺和服务，产生新的知识和诀窍。单个项目经费可到达 25 万欧元，最高可支付 80% 的研发项目成本。

爱尔兰企业局还为企业内部研发活动提供资金支持，如技术可行性研究基

金、小型研发项目基金（15 万欧元以下）、标准研发项目基金（不超过 65 万欧元）、创新创业基金、合作研发项目基金等。

为支持小企业创新活动，帮助小企业从高校或政府研究机构那里获取专业化的知识服务，爱尔兰企业局引入了发放“创新券”的做法，每张创新券价值 5000 欧元。

（执笔人：高昌林）

荷　兰

一、科技总体表现

2015 年以来，荷兰经济复苏势头明显，已回归欧洲领先经济体行列。前三季度，荷 GDP 同比增幅分别达 2.5%、2.0% 和 1.9%，预计全年 GDP 增长 2.0%，规模将首次超过 2008 年全球金融危机爆发前的水平，但人均 GDP 仍将比 2008 年低 2.8%。

1. 世界竞争力排名居第 5 位

2015 年 9 月 30 日，世界经济论坛发布了《2015—2016 年全球竞争力报告》。报告对全球 140 个经济体的竞争力进行了全面的量化分析，荷兰经历 3 年下滑后重回第 5 位，在欧洲国家中排名居第 3 位。总体而言，荷兰高排名得益于优秀的教育体系（140 个经济体中排名居第 3 位），高效的基础设施（排名居第 3 位），可靠的政府机构（排名居第 10 位）、高效务实的创新（排名居第 8 位），以及开放高效的商品市场。

2. 全球创新指数排名居第 4 位

2015 年 9 月，世界知识产权组织、美国康奈尔大学和英士国际商学院共同发布了《2015 年全球创新指数》，对全球 141 个经济体的创新能力和可衡量创新成果进行评估。荷兰排名提升到第 4 位，成绩骄人。在大多数科技指标上，荷兰表现卓越，其科学出版物占全球被引次数最多的科技出版物的 10% 中的数量在全球目前排名第一。其他成效显著的指标包括公共和私营部门之间的合作，知识产权，对外国博士生的吸引力，以及国际合作。

3. 属于创新追随国家

2015 年 5 月 7 日欧盟发布《2015 年创新联盟记分牌》，对欧盟成员国的研究和创新能力，以及研究和创新体系的相对优势和劣势进行对比性评估。基于平均创新绩效，报告把欧盟成员国分为创新领导者、创新追随者、一般创新者和创新追赶者 4 个不同类别。荷兰排名居第 5 位，成为创新追随者中的第 1 名。

4. 网络就绪指数排名全球第四

世界经济论坛于 2015 年 4 月 15 日发布了《2015 年全球信息技术报告》，用“网络就绪指数”对全球 143 个经济体在利用信息通信技术推动经济增长和改善民生方面的成效进行评估及排名，荷兰居全球第 4 位。

5. 知识产权表现突出

世界知识产权组织于 2015 年 12 月 14 日发布了《2015 年世界知识产权指标》报告，就 2014 年度全球知识产权活动的最新发展态势做了汇报。在 2015 年度专利活动的总体排名中，荷兰居第 9 位。在专利申请与授权方面，荷兰分别排名居世界第 9 和第 11 位，在 PCT 国际专利申请上，排名居第 9 位；而在商标和设计方面分别排名居第 18 和第 16 位，均进入排名前 20 位国家行列。在专利方面，荷兰在以下技术领域表现优异：基础材料化学（居第 2 位）、光学（居第 2 位）、测量（居第 4 位）医学技术（居第 4 位）、电子机械与仪表（居第 5 位）、太阳能技术（居第 6 位），数字通信技术（居第 11 位）、计算机技术（居第 11 位）、风能（居第 11 位）、燃料电池技术（居第 11 位）、地热能技术（居第 11 位）和交通（居第 15 位）。在商标方面，荷兰在植物新品种申请绝对数量上继续居排名居第 1 位。

6. 科技论文表现优异

据国际著名科学评价机构 Elsevier 研究表明，在研发投入排名居前 10 位的国家中，荷兰研究人员篇均论文影响因子排名居世界第 1 位，单位研发投入的论文引文数排名居世界第 1 位，人均论文发表数量排名居世界第 2 位，科研论文的影响因子排名居世界第 3 位。

二、科技管理体系

（一）决策机构和管理部门

荷兰的科技管理体系，在国家层面的最高决策机构是国会，包括上议院的教育、文化和科技政策委员会，以及众议院的教育文化和科学委员会。在政府内阁层面有经济劳动和创新委员会（REWI），关注经济、劳动和创新领域的问题，委员都是相关部委的部长。在政府层面负责科技和创新的主要部门是教育部和经济部。教育部（全称为教育、文化和科学部）负责处理教育与研究、科学政策、综合类大学与应用科学大学、荷兰皇家科学院等有关事宜，经济部（全称为经济、农业与创新部）除了负责经济与农业事务外，还负责国家创新战略的实施，为荷兰很多研究机构提供定额资助，它也是政府部委之间协调荷兰应用科学研究院资金的协调部门。

（二）科技咨询机构

荷兰主要的咨询和智囊机构是荷兰科技政策咨询委员会（AWT），它是一个独立机构，主要功能是向荷兰政府和国会就涉及科研、技术开发和创新方面的政策提出建议。AWT 根据政府提出的问题和要求提供咨询建议，也会就某些议题直接向政府提议。AWT 每年会以“AWT 行动纲领”的形式将当年的建议事项制作成一份年度概览。

荷兰皇家科学院长期以来也一直向政府提供科技政策咨询建议。科学院设有专业的学科咨询委员会来完成咨询任务。这些委员会由著名专家组成，其中部分是科学院的专家，另外一些来自其他科研机构。在荷兰，几乎所有部委都设立了“知识局”。知识局旨在促进部委高层和知识机构之间的互动，为其高层决策寻求内部或外部的决策支持。

（三）政府研发资助体系

根据荷兰中央统计局 2015 年 11 月发布的数据，荷兰 2014 年度研发投入超过 130 亿欧元，比 2013 年度增长 3%。研发投入占 GDP 比重为 2.0%。荷兰的研发经费来自不同的渠道：其中 45% 由企业提供，政府提供的占 40%，11% 来自国外，4% 来自其他渠道。在荷兰政府机构中，教育、文化和科学部（OCW）提供 70% 的资金，占最大比例。这一资金的很大部分分配给荷兰大学的研究机构。

荷兰政府通过下列多种方式为在荷兰进行的科研活动提供经费：①向机构提供定额资助（“机构资金”或“基本经费”）；②通过中间组织（如荷兰科学研究组织、荷兰皇家科学院等）提供科研经费；③通过部委所属的科研单位，如司法部及卫生、福利和体育部的部属科研单位，提供科研经费；④为政策导向型研究提供直接资助。此外，政府预算（特别是荷兰外交部发展合作司的预算）中的一部分（约 200 万欧元）用于资助国际组织或国外研究人员。

荷兰的资助机构主要包括 3 个：一是荷兰科学研究组织（NWO），类似于“科学基金委员会”，主要任务是：①促进科研质量的提高、推动科技创新，推动科研新发展；②分配科研资金；③促进研究成果的传播；④主要侧重于大学研究。NWO 是荷兰教育、文化和科学部管理的独立行政机构，其预算大部分来自该部，每年有7亿～8亿欧元（2010年数据）的预算来保证科研质量和激励创新，其预算的大部分最终流向了荷兰的大学。NWO的主要工作是分配科研资金，根据计划方案和项目提案将资金分配给高校（资金的“二次流动”，即间接的公共资金）和荷兰科学研究组织自身的9个研究机构，以及小范围内的其他研究机构。荷兰科学研究组织主要资助基础研究，但它通过STW技术基金会也向应用研究（技术科学）提供资助，并通过荷兰健康研究与发展组织（ZonMw）为医学研究提供经费。二是荷兰皇家科学院（KNAW），荷兰皇家科学院的预算约2亿欧元，大部分来自教育、文化和科学部，预算的大部分投入了（该院17所机构的）科学研究及科研成果库的管理和对外开放。三是荷兰创新组织Agentschap NL，它是荷兰政府和公司、知识机构及地方政府之间的中介组织，其主要活动包括：①项目管理及研发、示范项目和市场引入；②针对科研成果和影响的评估与监测：③知识的传播、信息和政策咨询。“荷兰创新组织”管理的预算中只有一部分用于资助创新活动和研发项目。经济事务、农业和创新部是“荷兰创新”组织的主要资金来源。

三、出台《2025年科学愿景》

2014年年底，荷兰出台了《2025年科学愿景——未来的选择》报告，提出了荷兰科学继续在国际科研前沿发挥作用的各种可能途径。这是荷兰政府目前最新的科学与创新政策报告。

报告制定了三大目标。目标之一是让荷兰科学处于世界一流水平，为此将采取以下措施：①为欧盟项目提供匹配资金，从2015年起，政府每年将为获得欧盟资助项目的科学家提供5000多万欧元；②制定《国家科学议程》，政府希望最迟于2015年年底前完成国家科学议程制定工作（但至今未见到报告发布的消息）；③更新基础设施，荷兰科学研究组织（NWO）将任命一个常设委员会，负责处理大型科研基础设施建设事宜。

目标之二是强化科学与社会和产业的联系。为此将采取以下措施：①加强研究（成果）的开放获取。在2016年之前，荷兰政府资助的科学论文60%必须发表在开放获取期刊，到2024年必须达到100%。②鼓励公众参与（科学）。现有的“科学周末”将被扩展成为一个全国性的大规模盛会与活动。③提高科学质量和科研诚信。政府希望鼓励可重复性研究，即研究应该具有可重现性。政府还希望加强“国家科研诚信委员会”的地位。④科学与产业之间建立更紧密的联系。⑤鼓励创业。通过“创业资助计划”等举措鼓励那些想要创业的大学生进行创业。⑥更好地利用知识产权。⑦加强高等职业教育。⑧鼓励公共机构与科学界之间密切合作。

目标之三是荷兰科学界成为人才温床。为此将采取以下举措：①支持有才华的科学家发展，鼓励其将科学知识和技术应用于实践中；②吸引国际顶尖的科学家；③增加博士研究人员在产业和政府部门的数量；④吸引更多有才华的女性研究人员；⑤简化资金申请程序，减少发表论文的压力，让科学家们有更多的时间进行研究。

四、发布《2015 年国家能源展望》报告

2015 年 10 月 9 日荷兰公布了由荷兰能源研究所、环境评估署及中央统计局共同撰写的《2015 年国家能源展望》。报告显示，2020 年荷兰再生能源的发展进度不尽如人意，荷兰可再生能源应占总能源比例恐将无法达到 14% 的预定目标；但到 2023 年时仍有望达到 16% 的目标，而到 2023 年以后，可再生能源的发展又将趋缓。

荷兰各级政府、发电厂、输配电公司、石油公司、煤气公司、水公司、相关的产业公协会、环保团体及消费者等约 40 个利害关系人经过多年的共同讨论，于 2013 年达成共识后签署《能源协议 2013》。根据该协议，荷兰将要在发展更多再生能源、创造更多就业、节能三方面，设定预期目标值，而《能源展望报告》则是评估该协议进度的年度报告，今年是第二份评估报告。

在发展再生能源方面，能源协议确定了 2020 年时荷兰可再生能源应占总能源 14% 的目标，而本报告则预测仅能达到 12.4%；其中风能的发展阻力较大，因为荷兰北部陆上的风电场面临地方政府和居民的强烈反对，所以风机设置的进度落后；目前中央政府和省及地方政府正在努力沟通，希望能够早日达到一致解决意见；另外，虽然 2020 年 14% 的目标无法达成，但该报告对 2023 年达到 16% 的目标仍表示感到乐观。

荷兰能源研究所表示，2013 年能源协议的各项措施多达 170 项，而可再生能源自 2017 年起，才会因各项发展条件的配合得以加速发展，所以 2023 年 16% 的目标反较容易达成。

该报告对 2023 年之后荷兰再生能源的发展则不表乐观，因为荷兰政府比其他国家更少着力于长期的再生能源发展政策，所以该报告也预测 2023 年后荷兰再生能源发展步调将趋缓。此外，该报告也显示 2013 年能源协议定所拟达到的其他两个目标——创造就业及节能的进度也没有完全实现，其中创造就业约 8 万个，少于目标的 9 万个；节能约 55 PJ（1 PJ = 10^{15} 焦耳），也低于目标的 100 PJ。

展望来年，荷兰的研究和创新体系将会在新的国家科技政策的指导下，提出《国家科学议程》，科研与创新机制将进一步优化和调整，但不会有大的、结构性的变革。在荷兰经济继续保持增长的前提下，荷兰科技与创新的发展前景非常乐观。

（执笔人：张新民）

比利时

2015 年是比利时新一届联邦政府上台第一年，为实现可持续增长目标，联邦及大区政府在缩减政府开支的同时，保障对科研创新的持续投入，鼓励开展国际科技合作与交流，特别是优先支持极地、海洋、气候变化与生物多样性、微电子、新能源、新材料等重点领域的研究与创新活动。

比利时虽然尚未完全脱离欧元区 2008—2009 年年初金融危机及 2010 年欧债危机的影响，但是在受影响程度及恢复速度方面均优于欧盟或欧元区整体平均水平，2014 年比利时经济已出现复苏的曙光，2015 年持续好转，失业率降低。

一、科技政策与改革新举措

1. 联邦层面

2015 年，比利时联邦层面较大举措是：积极酝酿筹划将空间研究从目前的联邦科技政策办公室（BELSPO）中剥离出来，成立独立的空间研究署；积极加强科技咨询工作；继续推行招揽国外享誉国际的或具有国际级潜能的研究人才来比利时工作的 Odysseus 计划和资助国内杰出研究人才的 Methusalem 计划；资助购买精密科学仪器的 Hercules 计划。

2. 弗拉芒大区

在弗拉芒大区，弗拉芒基础研究基金（FWO）负责资助基础研究和非指导性研究项目，而弗拉芒大区科技创新署（IWT）负责资助战略和应用研究项目，基础设施研究署（Hercules）负责支持科研基础设施建设，基础基金会（BOF/IOF），负责资助基础和工业研究项目。从 2016 年 1 月起上述机构将正式重组为 FWO、BOF/IOF 和企业局三大部分，Hercules 的科研基础设施建设及 IWT 的战略研究归并到 FWO，IWT 的工业研究并入企业局，取消 IWT 和 Hercules。

3. 瓦隆大区

瓦隆大区政府于 2015 年 10 月推出了马歇尔计划 4.0，目标是根据现有瓦隆大区的优势领域和潜力，集中工业企业、科研单位及大学的力量，力争使其优势领域达到国际先进水平。该计划实施周期为 2015—2019 年，预算为 24 亿欧元，分别投入到培训与就业指导（3.045 亿欧元）、创新与增长（8.505 亿欧元）、土地整治（3.74 亿欧元）、能源与循环经济（11 亿欧元）、数字创新（2.448 亿欧元）5 个方面。马歇尔计划 4.0 将有助于消除贫穷，保持空气清洁，保护海洋，改善公共卫生，创造新的就业机会，促进绿色创新，并可加快实现瓦隆区可持续发展目标。

二、科研投入

2012 年，比利时 R&D 投入占到了 GDP 的 2.24%，高于欧盟平均水平的 2.07%。比利时在 2013 年全球创新指数中位列第 21 位，并在知识吸收及教育的分项评估指标中取得较高的排名。此外，企业在创新科技发展方面担当举足轻重的角色，企业 R&D 支出占全国 R&D 总额的 68.7%。科研投资增速高于经济增速，同时，私营部门科研投资比重上升。创新科技正推动着各行业进行可持续发展。

三、领域进展

（一）微电子

IMEC 是全球最先进的独立的微电子和纳米电子研究中心之一，2015 年取得了诸多突破。

在硅电子集成电路方面，IMEC 提出了纳米线场效应管（FET）和量子阱鳍式场效晶体管 FinFET 的未来多栅器件解决方案；IMEC 与 Cadence 合作完成了目前世界上最小尺寸和最先进的设计形状的芯片开发；IMEC 和东京电子（TEL）提出了互联技术里的直接铜蚀刻方案，克服了芯片制造中铜互连工艺在尺寸缩小后遇到的电阻率和可靠性问题；IMEC 和 BESI 共同成功开发自动热压窄间距芯片接合技术；IMEC 和根特大学开发可热塑性变形的电子电路，为新的 LED 灯泡设计及其智能环境应用和可穿戴应用提供了一个新的创新维度。

在硅光子学方面，IMEC 和斯坦福大学及其相关的实验室成功开发了紧凑型 50 GHz 锗波导电吸收调制器，并且在 200 mm 硅片光电平台实现了批量生产；

IMEC 和项目合作伙伴推出 CARDIS 项目，将共同开发用集成硅光子学检测早期心血管疾病的平台。

在传感方面，IMEC 和松下共同研发基于 CMOS 收发器的毫米波雷达系统取得突破；IMEC 成功开发了世界上第一个基于 WIGig（无线千兆联盟）的毫米波网状回程系统芯片；IMEC 成功开发可以广泛用于农业、医疗、生活、食品质量监测和水源管理的单芯片电化学离子传感器。

在存储方面，IMEC 和松下公司合作开发的 40 nm 制程高精度导电丝定位和高热稳定性电阻存储器（ReRAM）技术为实现 28 nm 嵌入式应用铺平了道路，确定了 IMEC 在全球电阻式存储器研发领域的领导地位。

（二）生物医学

2015 年比利时科研团队在生物医学的各个领域取得了一系列突破性和创新性的进展。

在基础医学方面：根特大学、鲁汶大学和荷语生物技术研究中心（VIB）研究人员合作发现血脑屏障的破坏将影响阿尔茨海默病的发展；布鲁塞尔自由大学研究者证实了 SWIST1 基因在皮肤癌中的作用；鲁汶大学和国际协会联合发现了一个诱发儿童高热惊厥的机制；安特卫普大学、鲁汶大学联合法国国家科学研究中心研究发现 α-突触核蛋白的结构与帕金森氏病和多系统萎缩之间存在关联。

在临床医学方面：鲁汶大学与国际 IBD 基因协会联合进行的一次大规模基因关联研究认为，炎症性肠病的亚型应分为 3 种类型；鲁汶大学研究人员研究发现妊娠期间进行肿瘤化疗对胎儿出生后的健康和智力发育无害；基因治疗有望成为囊性纤维化的新的治疗方法；比利时 Damien 基金会和安特卫普热带医学研究所经过 10 年的研究找到了一种短程低毒的耐药性结核病的治疗方案。

在公共卫生方面：根特大学研究人员通过一项大规模人群调查发现，慢性阻塞性肺疾病会增加心源性猝死的危险；鲁汶大学法医生物医学科学研究团队第一次利用基因对年龄进行估算；根特大学研究发现，添加了多种微量元素的转基因食物对健康有益，具有广阔的市场潜力；鲁汶大学研究人员首次借助网络评估方式研究，发现丧偶后的悲伤情绪多数是孤独感而不是抑郁症状。根特大学生殖健康中心主持中欧国际合作项目开展了一次中国范围规模最大的人工流产现状调查，调查显示中国重复流产比例仍然较高，急需对未婚青年女性开展计划生育项目宣传，切实预防非意愿妊娠，促进我国育龄人群生殖健康水平的提升。

（三）3D 打印技术

3D 打印材料与软件技术的研发和突破是 3D 打印技术推广应用的基础，也是满足打印的根本保证。但目前还没有一个 3D 打印材料体系，现有材料还远不能满足3D打印的需求。2015年比利时专家就聚合物在增材制造材料中的应用，包括各种新型合金材料、生物材料、柔性材料、陶瓷材料、塑料材料的应用进行研发创新，特别是一种加入了适量的海藻酸盐的凝胶，被认为是一种优良的生物相容性材料，因为其高含水量能够模仿生物组织的柔性，使其更强、更耐磨，并且在3D打印时保持精确的形状。这些新材料精度高、可重复使用并且稳定可靠。

（执笔人：沈　龙　王　望）

挪　威

2015 年挪威仍然保持其全球繁荣指数高居榜首的位置，并继续加大国家财政支持研究界开展科研活动的力度，竭力维持和保障国家科研活动所需。

一、挪威科研与创新概况

1. 挪威科研情况

2015 年挪威政府 R&D 预算为 530 亿克朗左右，全社会的 R&D 投入中，政府资金占大部分，挪威研究理事会经费预算为 85 亿克朗，占全国公共财政 R&D 经费的 25%，企业 R&D 的投入比例远低于政府财政的投入。北欧国家企业研发投入一般约占全社会投入的 70%，而挪威企业只占 52%。

如表 3－1 所示，2013 年挪威 R&D 投入占 GDP 的比例为 1.65%，明显低于 OECD 国家 2.36% 的平均水平，但从 2003—2013 年 R&D 投入增幅趋势看，挪威略高于 OECD 国家的平均水平：与北欧国家相比，挪威 R&D 支出的增幅也略强于北欧他国。

表 3－1　2011—2013 年挪威 R&D 投入情况表

类型	2011 年/亿克朗	2012 年/亿克朗	2013 年/亿克朗	占 2013 年全部研发投入比例
企业	200.66	211.76	225.57	44%
高等院校	142.59	150.39	160.01	32%
研究机构	111.15	118.28	121.90	24%
全部（占 GDP 比例）	454.40（1.63%）	480.43（1.62%）	507.48（1.65%）	100%

数据来源：挪威国家统计局 Statistics Norway/NIFU，R&D Statistics。

在高等教育领域的 R&D 投入中，OECD 国家和欧盟 28 国所占比例均为 23%，挪威却达到了 32%。

2013 年挪威全时研发人员 68 204 人，其中 48 000 人是科学家，女科学家占 36%。每千人中有研发人员 5.6 人，千人研发人员数量在世界排行第 8 位。

2014 年挪威发表的论文数量为 12 564 篇，相当于每千名居民 2.47 篇，约占世界论文总数量的 0.6%，论文引用率最高的是政治学和医学。论文引用率与瑞典和芬兰相当，略低于丹麦。2006—2014 年，挪威论文数量增长了 69%，增长量低于丹麦但高于北欧其他国家。

2014 年挪威专利局共收到 1570 件申请，批准专利 1415 件，比 2012 年降低了 10%，专利申请数量基本维持稳定状态；挪威人商标申请出现大幅度增长，达到 15 476 件，其中批准注册数为 14 516 件。

2. 挪威企业创新情况

挪威在 2015 年世界经济论坛发布的《2015—2016 年全球竞争力报告》中排名居世界第 11 位，其中创新指数排名居世界第 13 位，属于一个创新活力适度的国家。

挪威将企业创新分为四类，即产品创新（product innovation）、工艺创新（process innovation）、组织创新（organization innovation）和市场创新（market innovation）。据挪威国家统计局的统计，挪威有一半以上的企业在 2012—2014 年的经营中引入了 1～2 种创新活动，四种创新的比例分别为 27%、24%、25% 和 29%。大型企业（100 名以上雇员的公司）中约有 44% 的公司从事了产品到工艺的创新活动（PP-innovation）。

二、2015 年重要科技战略、规划和鼓励创新措施

1. 确定新世纪 10 年科教发展规划

2015 年议会批准的 Meld. St. 7 法案，通过了《2015—2024 年科研和高教长期发展规划》，将集中优先发展 6 个领域：海洋；气候变化，环境和环境友好能源；公共领域更新、更高质量、更有效的福利制度和健康护理服务；实现技术进步；建设创新和适应力强的私企；培养世界一流的科研团队。

挪威认为 21 世纪面临两大主要挑战，即应对提高社会创新能力和促进各个领域的可持续发展，为保障国家科教研战略的实施，研究理事会审批了 12 个重大科技发展计划：石油天然气行业的 OG21 计划、绿色能源计划 Energy21、气候变化研究计划 Klima21、海事科研计划 Maritim21、海洋研究计划 Hav21、林业发

展计划 Skog22、健康护理计划 Helse og omsorg21、环境研究计划 Miljϕ21、极地研究计划、信息技术计划 IKT2025、纳米技术计划、生物技术计划。

2. 研究理事会推出新科研战略

2015 年，挪威研究理事会新一届董事会成立后出台了《为创新和可持续发展的科研战略（2015—2020）》，研究理事会的工作主要定位在为这一国家战略奠定基础上。

研究理事会全面梳理了国家科研战略，制定了 6 个主要战略：实现科研和创新的突破战略，社会和商业领域的可持续解决方案战略，推动企业以研究为基础的创新战略，倡导和执行公共领域的科研改革和重建战略，推动国际合作和参与欧盟科研活动战略，坚持研究理事会的一致性和革新战略。

此外，在内部管理方面，研究理事会还制定了宣传战略、组织战略、评价战略和数字化战略。

3. 加大财政力度支持企业创新

为鼓励工业界发展以研究为基础的创新型企业，塑造企业更具知识性、竞争性和适应性，2015 年研究理事会拨款 9 亿克朗专门支持企业和商界进行研发活动，促进社会绿色转型和环境友好型发展。在重点领域配有大型科研计划：ENERGIX、PETROMAKS2、CLIMIT 计划专门支持能源、石油、CCS 技术的发展；在农业、渔业和水产养殖业设立了 HAVBRUKI BIONAER 大型科研计划；大型 MAROFF 计划支持海事活动和海上作业的创新研究；NANO21 计划专门支持纳米新材料和微技术的研发创新活动。每个大型计划中均安排了 BIA 专项支持“以用户驱动为主的、基于研究的创新项目”。

4. 建设第三代研究创新中心

挪威研究理事会 2014 年共批准资助了 17 个“基于研究的创新中心”（SFI），2015 年在特隆海姆挪威科技大学和独立研究机构 S1NTEF 工业研究院又新成立了 9 个研究创新中心，以打造挪威第三代“基于研究的创新中心”。研究理事会为此提供了 16 亿克朗的经费。研究涉及：先进结构分析、健康护理、海事、油气工业、超声解决方案、工业催化、金属生产、海上作业、海底生产与加工、北极海洋与沿岸技术等。新一代 SFI 更注重提高企业长期开展科研创新能力和竞争力，促进企业和研究团队的强强结合，实现社会良性可持续发展。

三、出台重要国际科技合作新战略

挪威教育与研究部 2015 年对外发布了名为《全视景（2016—2020）》的科

研与教育六国合作战略，该战略专为指导挪威与巴西、中国、印度、日本、俄罗斯和南非6个国家的未来5年的教育与科研国际合作。战略的宗旨是：增强挪威的国际竞争和创新能力；应对国际社会重大挑战；培育国家卓越的、国际水准的研究机构。重点推进：高校与研究机构的合作；与商界企业间的联系；优秀学生间的交流；双边与多边合作的协同作用。

在资金保障上，挪政府将从2016年起设立三笔资金：一是UTFORSK伙伴计划，共1700万挪威克朗；二是INIPART伙伴计划，共1300万克朗；三是对非英语语言学习课程投入200万挪威克朗。UTFORSK专门资助已经与六国高校开展了长期合作的挪威大学和大学学院进行国际交流，包括留学生交换。INTPART面向研究机构和高校的科研合作，支持加强长期与六国开展科研合作的项目，还包括网络活动和知识分享。国家教育贷款基金将为挪威学生赴巴西、中国、日本和俄罗斯四国学习当地语言提供更佳而灵活的奖学金。其他措施还包括：促进挪威官方与六国的良好协调，向挪威研究机构、学者和学生提供更多的有关六国知识和信息等。

挪威从传统重视与美国和欧盟的合作转向重视与六国的合作，主要是上述六国在世界知识生产上承担了快速增长的部分。挪威注意到近些年中国、印度和巴西对科研投入明显地大幅度提高，认为中国对研发的投入将很快超过美国，印度将在2025年增加两倍的高校毕业生，中国、印度也正是挪威工业最重要的国际市场，为提升挪威的国际竞争力和创新能力，挪威必须与这些国家建立更加紧密的合作关系，地缘政治和经济实力的前景正是挪政府国际合作战略有所调整的原因。

四、挪威的人才政策

挪威是一个人口稀少的国家，政府格外重视对基础教育的投入和男女教育的平等。政府在2002—2014年，教育财政支出占GDP的比例均保持在6%～7%，在OECD国家中名列前茅。在高级人才培养方面，挪威每年博士毕业生保持在1500人的稳定水平上，2014年妇女获得博士学位的比例首次超过了男士，由妇女主导的项目经理的比例由2010年的32%增加到2014年的37%。

1. 培养人才团队是国家长期科教规划的主要内容之一

挪威在《2015—2024年科研和高教长期发展规划》中，六个优先领域之一就是在研究机构和高等教育中打造挪威世界一流的研究团队，特别是2014年挪威科技大学Edvard和May-Britt Moser夫妇获得诺贝尔生理医学奖后，该荣誉进一步引发了政府和研究界对人才团队培养重要性的深刻认识。未来10年，挪威为使本国科研人员的创造知识、洞察力和技术方面在世界上脱颖而出，将提供更佳科研环境和绝佳机会，以保证挪威在全球的竞争力和应对社会挑战的能力。

打造研究团队的主要目的是吸引国内最优秀的研究人员和学生，建立机制保障他们顺利通向参与国际高水平的研发活动。为此，政府在以后 4 年将增加 500 个新岗位，增加 4 亿克朗的科研基础设施经费，另增加 4 亿克朗专门支持本国人员参与欧盟框架计划和《地平线 2020》计划。

2. 研究理事会年度最高奖

挪威研究理事会 2015 年度最高奖授予了奥斯陆大学医学系的 Harald Stenmark 教授，他因在癌症生物医学研究中对细胞生长与分裂调节机制的发现而获得了奖金为 100 万克朗的“杰出研究奖”；50 万奖金的“创新奖”授予了生产纸浆、纸制品和可再生环境友好生物化学品的 Borregaard 公司，以表彰其成功的长期科研、市场驱动和将创新融入企业文化的经营管理模式。Borregaard 公司兼具了竞争性和可持续发展的典范式科技企业；“科普奖”25 万奖金授予了奥斯陆大学“挪威人权研究中心”的律师与学者 Anine Kieruif，她因高水平的将自由和人权概念向公众进行深入浅出的宣传而获奖。

3. 具有影响力的国际科学奖

挪威也通过设立国际科学大奖来提高其国际影响力，并吸引国际顶尖科学家与其合作，进而提升挪威科研水平。挪威政府设立的具有国际影响力的科学奖有：人文社科类霍尔堡国际奖（Holberg Prize）、自然科学类卡夫立奖（Kavli Prize）和数学阿贝尔奖（Abel Prize）。

2015 年霍尔堡国际奖（Holberg Prize）授予了英国女作家 Marina Warner，表彰她在解析反映时代和地域故事和神话方面的杰出工作，奖金 38 万英镑。

2015 年阿贝尔数学奖授予了美国数学家普林斯顿大学的 John Forbes Nash Jr. 和纽约大学库朗研究所的 Louis Nirenberg，表彰他们在非线性偏微分方程理论及该理论在几何分析应用方面所做出的卓越的开创性贡献。

（执笔人：史　义）

瑞　典

2015 年，瑞典经济强劲增长，在国际创新绩效排名方面继续保持领先，国际竞争力排名中有所下降，科技投入略有减少，在生物医药、材料科学、汽车和信息等科技优势领域继续取得新进展。瑞典政府高度重视社会创新，布局生物医药研究网络，还成立了创新理事会，为政府创新决策提供咨询。

一、总体表现

2015 年，瑞典经济继续保持较强劲增长。瑞典经济研究所（NIER）数据显示，前三季度瑞典国内生产总值同比增长 3.6%。出口、家庭消费和固定资产投资成为拉动经济增长的主要动力。前三季度失业率 7.0%，与 2014 年同期相比降低 0.6%。

在创新方面，根据欧盟委员会发布的《2015 年创新联盟记分牌》报告，瑞典依然居欧盟 28 国创新绩效第一位。这是自该报告有综合排名以来，瑞典连续第 12 次名列榜首。在世界知识产权组织、美国康奈尔大学、英士国际商学院（INSEAD）联合发布的《2015 年全球创新指数》中，瑞典依然排名居第 3 位。但在德国国家科学与工程院和德国电信基金会联合发布的创新指数报告中，瑞典从 2014 年的居第 5 位跌至第 10 位，位于瑞士、新加坡、芬兰、德国、奥地利和美国等国之后。瑞典在教育和研发领域投资相对不足，教育和管理等公共服务预算未有显著增长，这是导致其排名下降的主要原因。

在国际竞争力排名中，瑞士洛桑国际管理学院（IMD）发布的《2015 年世界竞争力年鉴》将瑞典排在第 9 位，比 2014 年的第 5 位有所下降；在世界经济论坛（WEF）2014 年发布的《2015—2016 年全球竞争力报告》中，瑞典从 2014 年的第 10 位上升至第 8 位。

二、政策动向

2014 年 10 月，以社民党领袖勒文为首相的新政府成立。由于政府不稳定，本应于 2015 年发布的研究预算法案推迟到 2016 年秋季。但是，2014 年新政府政策文件中提到的创新理事会（Innovation Council）如期成立。2016 年 2 月，瑞典政府正式宣布了创新理事会的组成，并召开了创新理事会第一次会议。创新理事会是 2014 年瑞典新当选的中左政府（社民党—环境党）为改善瑞典创新环境、提高瑞典竞争力而推出的一项举措。创新理事会由首相担任主席，由内阁部分大臣及企业、学术、社会团体代表等组成。创新理事会由首相府办公室负责，主要就改善瑞典创新环境、提高竞争力提出建议。建议被首相采纳后由内阁各政府部门负责落实。

作为瑞典政府在生命科学领域战略投入的一部分，2015 年年底，瑞典政府还决定启动《国家蛋白质研究计划》，未来 8 年内投入 3.2 亿克朗用于蛋白质研究和生物制品研究，这将有助于瑞典政府提高公众健康水平、应对社会挑战，提高其在蛋白质研究领域的国际竞争力。

三、科技经费投入

瑞典统计局数据显示，2015 年，瑞典政府共投入研发经费 331 亿克朗，比 2014 年减少 1.84 亿克朗，占政府预算的 3.8%。其中，高等学校经费 166 亿克朗，占 50%。生物和医药依然保持最优势领域地位，获得经费占总量的 34%，自然科学次之，占 28%。此外，公共研发基金共投入研发经费 13 亿克朗，比 2014 年增加 1.5 亿克朗。

（一）六大公共研发机构资助情况

1. 瑞典研究理事会（VR）

瑞典研究理事会隶属瑞典教育与研究部，是资助和协调自然科学和社会科学基础研究的政府机构。2015 年，研究理事会共受理 4780 份项目申请书，其中 758 个项目获得资助，项目总经费约 26.6 亿克朗，覆盖自然科学与工程学、医药与健康、人类社会学、教育和艺术研究等领域。

2. 瑞典环境、农业科学和空间计划研究理事会（Formas）

Formas 是瑞典环境和能源部下属机构，旨在促进和支持环境领域、农业科学和空间规划3个领域的可持续发展研究，经费来自于瑞典环境与能源部和瑞典企业与创新部。2015年，Formas资助多项社会可持续发展项目，包括6.14亿克朗支持204个可持续发展项目，涉及经济、社会和社会生态学。7500万克朗资助可持续社区发展；7700万克朗投入森林产品开发和生物质研究；5000万克朗资助人类环境学研究。

3. 瑞典健康、劳工和社会福利研究所（Forte）

瑞典健康、劳工和社会福利研究所隶属瑞典卫生和社会事务部，负责资助与人类健康、工作生活和福利相关研究，2015年共收到1032项目申请，其中87个科研计划、9个初级研究项目和24个博士后资助项目得到批准，共计3.13亿瑞典克朗。

4. 瑞典创新署（VINNOVA）

2015年，瑞典创新署重点支持人才交流和扶持社会创新项目，包括中小企业创新、公共服务创新等，研究内容涉及白血病治疗、卫生保健、公交节能、会议室视频系统、大学创新与社会融合度分析等与生活息息相关的领域，力求将创新真正落实到解决社会问题，从而促进社会可持续发展。以下几项项目具有代表性：

一是促进职业发展和人才流动项目（国际合作）。主要是鼓励大学之间或大学和企业之间的人员交流。此次项目资助18人到国外进行短期进修。创新署和所属单位各负担一半工资和研究经费。2013—2018年大概有150名研究人员获得进修机会。

二是人才跨界交流项目。该项目支持企业、大学、政府、研究所的人才自由流动。创新署支付50%的工资和交通费用，最多不超过30万克朗。28名科研人员得到资助。

三是支持中小企业创新项目。为解决中小企业在初期遇到融资问题，创新署投入9000万克朗支持中小企业创新，侧重社会发展过程中急需解决的问题，研究领域涵盖医疗、视频分析、环境、汽车、奶牛饲养、金融分析系统开发等。

四是公共福利创新种子基金。与各省、市政府联合支持提高公共服务质量、增长经济效益的项目。30个项目获得2100万克朗资助。

五是环境技术实验平台。投入2300万克朗搭建环境技术实验平台，利用5个地方的现有基础设施，为瑞典的环境技术公司创新提供测试和验证平台。

六是挑战驱动型创新项目。投入8000万克朗资助信息社会、可持续发展城市、未来卫生保健、可持续工业发展这4个优势领域的挑战驱动型创新项目，探索用新的合作模式解决挑战驱动创新的关键问题，开发新技术、新解决方案，增加技术出口，提高就业率。

5. 瑞典国家空间理事会（SNSB）

瑞典国家空间理事会隶属瑞典教研部，负责国家空间和遥感事务及国际合作，资助该领域科研项目。2013 年，瑞典国家空间理事会总预算 102 亿欧元。其中 75% 用于欧洲航天局项目，8% 用于国际合作，17% 用于国内活动。

6. 瑞典能源署（SEA）

瑞典能源署隶属瑞典环境与能源部，负责资助新能源和可再生能源技术开发，智能电网及未来车辆和运输燃料研发，并支持清洁技术商业化。2015 年，瑞典能源署总预算 18.68 亿克朗，其中能源领域科研计划 11.9 亿克朗。

（二）公立基金会资助情况

2015 年，瑞典 5 个公立基金会投入研发经费 13 亿瑞典克朗，比 2014 年增加 1.5 亿克朗。82% 的经费用于支持一般性科学项目，其中技术开发、医药健康、农业占比较大；总经费的 15% 支持物理环境研究和自然保护；教育等其他领域占 3%。

（三）私人基金会——瓦伦堡基金会资助情况

瓦伦堡基金会是瑞典及欧洲最大的、支持科学研究的私人基金会。2015 年，该基金会重点资助分子医学中心、蛋白质组学研究中心、自主系统和软件开发及数学。2015 年度该基金会在生物医药领域的布局，对瑞典生物医药界无异于一剂强心剂。

一是投入 7.95 亿克朗资助 25 项世界一流科研项目，研究集中在医学、科学和工程领域，如癌症治疗、传染病药物、对原子水平催化反应的认知等。

二是与大学、地方政府和企业联合成立 3 个分子医学中心和瓦伦堡蛋白质组学研究中心，以保持瑞典生物医药研究的全球领先地位。其中，向林雪平大学分子医学中心投入 1.5 亿瑞典克朗，以医学工程学和再生医学为研究重点；向默奥大学分子医学中心投资 1.75 亿克朗，重点研究肿瘤、糖尿病、脑和神经系统疾病及重度感染等重大疾病；向隆德大学分子医学中心资助 2.25 亿克朗，着重研究神经系统疾病、呼吸系统疾病、血液病、心血管疾病、内分泌疾病等；向瓦伦堡蛋白质组学研究中心投入 3.2 亿克朗，专注于研发生物药。这些中心及哥德堡分子医学中心（2014 年成立）与生命科学实验室（SciLife Lab）优势互补，将形成生物医药研究的强大网络。

三是投入 18 亿克朗支持自治系统和软件开发。为保持瑞典在自治系统和软件开发领域国际领先地位，瓦伦堡基金会倡议多所大学和工业界共同参与执行期为10年的瓦伦堡自治系统项目。该项目由基金会赞助13亿克朗，大学及工业界投入5亿克朗，是一项集研究、培训和招聘为一体的项目，由林雪平大学牵头，多家大学共同参与。该项目有助于加强学术和教育机构与工业界合作，搭建国家级基础设施示范平台，最终提高工业领域国家竞争力。

四、国际科技合作

2015年，在已有合作基础上，瑞典与韩国、美国、加拿大、日本、印度及芬兰等国在生物医药、空间合作、极地研究等领域开展新一轮科技合作。瑞典还全面参与《地平线2020》计划，表现强于其他北欧三国。

（一）北美地区合作

2015年，瑞美两国签署极地研究合作协议。按照计划，双方在2015年夏季和2017年夏季共同开展两次北极科考。瑞典在极地研究领域处于世界领先地位，破冰船奥登配备研究实验室和精良的设备，加强与美国合作，可以进一步促进应对气候变化。瑞美两国还签署了第一份空间合作框架协议，以加强两国在空间领域的合作关系。协议期间，瑞典空间委员会和美国国家航天局及工业界顺利开展了多个联合研究项目。新协议保证了瑞美两国在未来10年内将继续共同探索与和平利用外层空间。

2015年12月，瑞典极地研究秘书处与加拿大自然资源署签订了5年合作协议。两国将通过海洋调查、数据共享及共同利用研究成果等方式进一步加强极地研究合作。

（二）亚洲地区合作

2015年6月，瑞典教育研究部与韩国未来创造科学部召开了第二次瑞韩科技联委会。期间，韩国高等科学技术院与隆德大学、皇家理工学院分别签署了谅解备忘录，韩国—欧洲科学创新中心与瑞典RISE研究所签署了谅解备忘录，瑞典研究理事会和韩国国家研究基金会就细胞分化控制药物发现研究领域下一步合作达成共识。双方同意未来在极地研究等领域进行更广泛的合作。

2015年6月，瑞典卫生、工作和福利研究理事会与印度医学研究理事会谅解备忘录，双方将在老龄化健康领域开展合作。

2015年10月，瑞典高等教育与研究部长访问日本，参加了社会科学技术高层论坛。12月，日本教育、文化、体育、科技部长值诺贝尔奖颁奖之际访问瑞典。双方希望未来开展更深入广泛的合作。

（三）欧洲地区合作

欧盟委员会最近发布的《地平线 2020》第一批项目征集结果显示瑞典获得总经费 3.56% ，共计 2.6 亿欧元，居第 8 位，丹麦、芬兰和挪威均排在瑞典之后。瑞典在应对社会挑战领域和技术密集型领域占有强势地位，某些方向获得资助比例高达 10% 。数据显示，大学方面，瑞典皇家理工学院获得资助最多，隆德大学和查尔莫斯大学紧随其后；企业方面，爱立信、沃尔沃和 ABB 获得较多资助；在研究所方面，瑞典国家冶金研究院，SP 瑞典国家技术研究所和瑞典国防研究所获得资助较多；在公共部门方面，斯德哥尔摩市政府、瑞典能源署和瑞典可持续发展研究理事会占据优势。

为制造业领域应对日趋严重的国际竞争，促进创新政策的发展，瑞典创新署还与芬兰国家技术创新局联合制订了制造业合作计划，以进一步了解彼此的差异性、相似性和合作机会。该计划共设立了 5 个合作项目，运行两年，瑞典创新署提供 150 万～250 万瑞典克朗经费支持。

（执笔人：艾瑞婷）

芬　兰

由于国际环境变化和国内支柱产业遭受重创，近年来芬兰经历了最严峻的挑战。主要贸易巨头俄罗斯需求崩溃，国内失业率继续攀高，劳动力成本过高，人口老龄化现象加剧，财政赤字不断上升等诸多因素都在困扰着芬兰经济。

2015 年是芬兰的选举年，以芬兰中间党主席尤哈·西皮莱为总理的第 74 届芬兰政府于 5 月 29 日组阁成立。为使芬兰经济渡过难关，新一届政府采取了措施缩减公共开支和一系列旨在促进经济增长，提升竞争力的具体措施。据欧盟委员会 11 月 5 日公布的经济预测显示，在经历了连续 3 年的下滑后，2015 年芬兰经济有望实现微弱增长，预计年增长率为 0.3%。

一、科技创新总体表现

1. 主要竞争力和创新力排名

2015 年，芬兰在全球主要竞争力和创新水平的国际排名整体有所下降，但在人力资本等创新指标方面仍然处于世界领先地位。在世界经济论坛发布的《2015—2016 年全球竞争力报告》中，芬兰排名第八，比 2014 年下滑了 4 位。在世界知识产权组织等发布的《2015 年全球创新指数》报告中总体排名第六，比 2014 年下降 2 位。在欧盟发布的《2015 年创新联盟记分牌》中，芬兰位列第三，较 2014 年上升 1 位。在世界经济论坛最新发布的《2015 年人力资本报告》中，芬兰在全球“人力资本指数”排名中名列榜首。

2. 研发投入强度欧盟第一

据芬兰统计局公布的数据，2014 年芬兰全国的 R&D 经费支出为 65 亿欧元，比 2013 年减少了 1.7 亿欧元，占国内生产总值（GDP）比重为 3.2%，延续了自

2009 年以来的持续下降趋势（当年芬兰 R&D 经费占 GDP 比重为 3.8%，为历史最高点）。

2014 年芬兰企业的研发支出减少了 1.9 亿欧元，占全部 R&D 经费比例从 2008 年的 74% 下降到 68%，大学 R&D 经费支出增加了 5000 万欧元，而研究院所和其他公共部门则减少了 3000 万欧元。

自 2009 年以来，芬兰 R&D 经费支出持续下降的主要原因是经济下滑带来的企业研发投入缩减，而公共财政的投入力度基本保持不变。

从拨款渠道看（表 3－2），由芬兰教育文化部管理的研发经费占到了 54.4%，就业经济部管理的经费占 30.8%，另外两个主要管理部门为农业与林业部（4.7%）和社会事务与卫生部（4.1%）。

表 3－2　2015 年度芬兰政府用于 R&D 的预算拨款

	R&D 经费/亿欧元	占 R&D 经费总额比例	年度增长值/亿欧元	年度增长率
R&D 经费总额	20.025	100%	0.469	0.6%
主要管理部门				
教育文化部	10.90	54.4%	1.036	8.6%
就业经济部	6.175	30.8%	－0.226	－5.2%
农业与林业部	0.947	4.7%	0.003	－1.4%
社会事务与卫生部	0.824	4.1%	－0.334	－30.1%
资助机构				
大学	5.78	28.9%	－0.009	－1.9%
芬兰国家技术创新局（Tekes）	4.882	24.4%	－0.251	－6.6%
芬兰科学院	4.156	20.8%	0.929	26.5%
政府研究机构	2.562	12.8%	－0.217	－9.4%
其他研发资助	2.428	12.1%	0.113	3.0%
大学的中心医院	0.217	1.1%	－0.096	－31.9%

资料来源：芬兰国家统计局。

据芬兰国家统计局 2015 年 10 月 29 日发布的消息，2015 年芬兰全社会研发经费支出预计将比 2014 年减少 4500 万欧元，达 64.55 亿欧元，占 GDP 比重将保持在 3.1% 左右，公共研发经费支出占国内生产总值（GDP）比例预计为 0.96%，占财政总预算的比例为 3.7%（较 2014 年减少 0.1%）。

3. 芬兰的科技产出

芬兰 2014 年论文产出总量超过 12 000 篇，其中 85% 左右属于自然科学（含工程和医药）领域，15% 属于社会和人文科学领域。芬兰论文数量占比最高的领域是空间科学，其次是环境/生态学，以及经济和商业。

据芬兰专利与注册局公布的数据，2014 年芬兰国内专利申请总数为 1545 项（本国申请人提交 1422 项，外国申请人 123 项），比 2013 年下降了 11%。

二、国家创新体系

作为将国家创新系统理论和政策付诸实践最早的国家，芬兰自 20 世纪 90 年代开始构建的国家创新体系，显著提升了芬兰在全球竞争中的地位，经过几十年的不断调整和完善，已经成为其保持全球领先创新力和综合竞争力的重要保障。

1. 宏观科技管理体系

芬兰研究与创新理事会是芬兰科技创新的顶层设计和决策机构。理事会主席由芬兰总理担任，副主席由教育文化部长和就业与经济部长担任，成员包括财政部等政府部门、芬兰科学院、芬兰国家技术创新局，以及重点高校和企业界的代表。

在宏观管理层面，主要由教育文化部和就业与经济部联合其他政府相关部门共同负责国家重点战略的统筹协调和规划制定。教育文化部下设高等教育与科技政策司，主要负责基础研究领域相关政策的战略督导、制定和实施，辖管芬兰科学院、大学和理工学院。就业经济部下设企业与创新司，负责国家创新战略及产业和技术政策的制定和实施，并通过其隶属机构芬兰国家技术创新局（Tekes）和芬兰国家技术研究中心（VTT）促进芬兰的应用技术创新和提升产业竞争力。

在政策执行层面，主要由芬兰科学院、芬兰国家技术创新局和芬兰创新基金会（SITRA）这些创新机构负责国家科研和创新战略的具体实施，它们是为从知识创造到应用研发再到现实生产力转化各个环节的创新活动提供具体资助和支撑服务的重要载体。

2. 科研创新资助体系

为确保创新活动所需的资本要素，芬兰构建了完整的公共研发与创新资助体系，充分发挥公共资金的引导和杠杆作用，为创新链各个环节的研发活动提供有效支持。

芬兰的基础研究公共资助主要通过芬兰教育文化部及其下属的芬兰科学院提供。教育文化部从政府获得的用于研发的预算拨款通过两个渠道下拨，一部分包含在高校的预算拨款中（其中 85% 拨付给大学，15% 拨付给理工大学），另一部分直接划拨给芬兰科学院，由其提供竞争性资金支持。需要说明的是，芬兰科学院自身并不从事具体的研究工作，它既资助自然科学的基础研究，也资助社会科学领域的基础研究。

在创新链条上从应用研究到技术开发再到市场开拓等各个环节上，芬兰国家技术创新局（Tekes）是国家层面上最主要的资助机构。Tekes 既支持企业基于市场需求而进行的自主创新活动，也通过创新计划的实施支持以企业为主体的研发活动。Tekes 的主要资助方式为低息贷款或拨款，可以用于产品、服务和流程的研究与开发，也可以用于目标市场及客户需求的深度研究和商业模式创新。Tekes 在支持芬兰企业，特别是中小企业创新方面发挥了至关重要的作用。以 2014 年为例，Tekes 当年全部研发与创新资助经费的 78% 提供给了中小企业（员工人数小于 500 人）。在大企业获得的资助中，有 45% 的经费以转包的形式提供给了中小企业，同时有 40% 的经费转包给大学和研究机构，这种协同创新机制的形成是通过政策引导而实现的。根据 Tekes 的基本要求，大企业申报的研发项目必须有中小企业和研究机构参与。

对于创新链后端的企业发展活动，则主要由芬兰工业投资有限公司等国有投资机构提供市场化的融资服务，为企业在加速成长、推进国际化进程及并购等阶段提供股权投资。芬兰贸促会是政府和企业共同参股、以商业服务形式向企业提供服务的机构，通过其在世界范围内的出口中心网络为芬兰企业提供国际化方面的咨询，提供有关市场信息，寻找合作伙伴和新的市场，在促进国内企业出口创新能力方面起着重要作用。芬兰出口信贷担保公司（Finnvera）通过向企业提供贷款、信用担保、风险投资和出口融资，来完善企业的融资方式，增强其多样性。

3. 主要科研与创新机构

（1）高等院校

经过自 2009 年开始的高等教育改革，芬兰目前共有 14 所大学、24 所理工大学，共有在校生 31.6 万。14 所大学均提供博士学位教育并从事科研工作，每年博士毕业生在 1600 人左右。理工大学是由早期的中高等职业教育逐渐发展和演变而来，其主要功能定位是为地方经济和企业发展提供专业技术人才培育和研发服务。作为基础研究的主力军，芬兰大学的科研经费除来自教育文化部下拨的财政拨款外，主要来自外部（芬兰科学院、Tekes 及欧盟）资金的支持。据《芬兰科学院 2014 年度报告》显示，在当年资助的竞争性公共研究经费中，芬兰的大学（及 5 所大学医院）获得了全部资助经费的 82%，而国家科研院所只获得了 9%。

（2）国家科研院所

经过自 2014 年启动的全面科研改革，芬兰原有 18 家国家科研院所经过资源整合和合并重组，2015 年已精简为 12 家。根据芬兰统计局发布的数据，2015 年芬兰国家科研院所研发经费预算总额为 5.17 亿欧元，其中大约一半来自通过各种行政部门下拨的预算拨款，另外一半则来自外部资金。外部资金主要来自各种公共部门（芬兰科学院和 Tekes 等）和私营部门提供的竞争性研发资金和欧盟项目资金（每年 5000 万欧元左右），也包括研发服务收入。

作为芬兰新一轮科研改革的重要举措，VTT 自 2015 年 1 月 1 日起实施企业化运作，更名为 VTT 芬兰国家技术研究中心有限公司，下设 VTT 专家服务有限公司、VTT 创业投资有限公司、VTT MEMSFAB 制造服务有限公司和 VTT 国际有限公司。改制后的 VTT 虽然将继续作为芬兰就业与经济部的隶属机构之一，但将享有更大的自主决策和经营权。新的 VTT 将主要按照知识密集型产品与服务（KIPS）、智能产业与能源系统，以及自然资源与环境解决方案（SONIE）三大业务领域提供战略研究、以客户为中心的业务流程合作研究与开发、产品定制开发、咨询、测试和认证及风险投资等服务。

（3）科技创新战略中心

芬兰在 2007—2009 年建立起来的 6 个科技创新战略中心（SHOKs），是一种产学研紧密合作的创新集群，已经成为芬兰国家创新体系的重要组成部分，其使命是为集群成员提供一个以市场需求为导向的创新合作平台，实现各类创新资源的优化配置，加强顶尖技术的研发，并将其向全球推广。SHOKs 基于芬兰的创新优势和重点发展战略建立，领域涵盖能源与环境（CLEEN），生物经济（FIBIC）、信息通信（DIGILE）、金属产品与机械工程（FIMECC）、建筑环境创新（RYM）、健康与福利（SalWe）等。SHOKs 以有限公司形式存在，股东由领域内的企业、大学和研究机构组成，自主确定研究项目，共同筹集研究经费，包括从芬兰科学院和 Tekes 获得资助。

三、国家科研改革

根据芬兰政府 2013 年 9 月通过的《国家科研院所和研究经费综合改革政府决议》，从 2014 年开始，芬兰进行全面科研改革，整个改革进程将在 2017 年内实施完成。改革的主要目的是加强宏观统筹和国家导向，通过整合资源和加强合作，全面提升芬兰整体科研水平，在重点领域形成国际领先的竞争力，进一步增强国家的综合竞争力，增加福利和改善环境。

2015 年，芬兰的科研改革按照既定的改革方针继续进行，包括发布《深化高校与科研机构合作路线图（2015—2017）》，启动首批战略研发项目，及加强高校特色优势领域建设等。

1. 发布《深化高校与科研机构合作路线图（2015—2017）》

2015 年 3 月，芬兰教育文化部发布了《深化高校与科研机构合作路线图

(2015—2017)》［KOTUMO 路线图（2015—2017)］，主要目标是要通过整合资源、加强合作和改善分工，发挥高校和科研院所的协同优势，提升芬兰科学界在国际上的显示度，提高研究和创新活动的质量，从而增强国家竞争力，重振产业活力，促进社会发展。

该路线图设立了 2020 年的愿景目标并提出了需采取的关键措施，包括：①加强指导与宣传；②强化高校与科研院所之间的教育和科研合作；③联合试验台站和校区建设；④教育和科研基础设施共享；⑤数据库和研究成果的进一步开放和共享。

这些措施的实施进展情况将通过政府部门、资助机构、研究机构和有关各方的年度报告和统计数据进行监测，进度报告将提交给政府相关部门常务秘书会议，以便及时采取调整行动，提升实施成效。

2. 启动首批战略研发项目

作为科研改革的重要措施之一，芬兰于 2014 年设立了战略研发基金并成立了战略研究理事会，旨在通过整合资源和加强顶层设计，组织实施一批以满足社会发展需求、改善社会功能和服务为目的的竞争性项目。

2015 年 10 月 12 日，芬兰战略研究理事会（SRC）批准了对首批立项的 16 个战略研发项目提供总额为 5250 万欧元的资金支持，这些项目将以一种全新的方式聚集多学科产学研各方专家，从 3 个主题领域，对未来社会发展的关键问题进行研究，包括颠覆性技术与制度变迁，社会平等，以及气候中立与资源匮乏等。

战略研发基金的设立并未增加财政预算，资金来源实际上是从各个国家科研院所原有的财政预算拨款额度中划拨出来的，充分体现了通过资源整合提升科研水平和实现尖端技术突破的改革思路。

首批获得资助的 16 个战略研发项目，是从 130 个项目申请中，根据研究质量、社会相关性和影响力三方面的评估确定立项的，内容涵盖数字化的产业影响，机器人与未来社会福利服务，用于食品生产的蛋白质新来源，基于云计算的大规模分布式可再生能源解决方案，智慧能源过渡，森林生物经济，育儿政策均等性，预防社会排斥，艺术如何作为一种基本公众服务提高大众福祉等。

3. 加强大学特色优势领域建设

作为芬兰高教与科研改革的重要措施之一，从 2015 年起芬兰科学院开始组织实施大学特色优势领域建设计划，目的是加速芬兰大学特色优势学科的战略重塑，增强其提升科研质量的能力。该项计划的资金来源是从教育文化部划拨给大学的经费预算中划拨出来的，年度预算为 5000 万欧元。

2015 年 5 月 29 日，芬兰科学院宣布了首批大学特色优势领域建设项目的资助决定，共有 10 所大学获得资助，每所大学获得的资助金额在 35 万～1360 万欧元，该项资金属于固定期限资助，项目执行期为 4 年。2015 年 10 月，芬兰科学院又发布了 2016 年度大学特色优势领域建设项目的征集通知，资助预算总额仍为 5000 万欧元。

四、重大科技政策和战略

1. 着力实施生物经济发展战略，抢占未来发展先机

覆盖了全国土地面积 75% 的森林是芬兰生物质的最佳来源，目前芬兰生物经济年产值达 600 亿欧元，占出口总额的 26%，就业人口占就业总人数的 13%，已经拥有了良好的发展基础。

2014 年 5 月，芬兰就业与经济部、农业与林业部和环境部联合发布了《芬兰生物经济战略》，旨在通过打造芬兰在生物与清洁技术等新兴领域的优势，创造新的经济增长点和就业机会，刺激产业振兴。具体目标是将生物经济年产值在 2025 年时提升至 1000 亿欧元，并创造 10 万个新的就业岗位。

该战略定义的“生物经济”是指通过可持续的方式利用可再生自然资源，生产和提供以生物技术为基础的产品、能源和服务的经济活动。战略确定的 4 个重点战略目标为：①为生物经济发展创造有竞争力的良好环境；②通过风险融资、大胆实验、跨领域合作等方式刺激新的生物经济领域商业活动；③通过教育和研发提升生物经济领域的知识水平；④保障生物质原材料的供给和可持续使用。

2. 深入实施清洁技术产业发展战略，打造芬兰国家新名片

2014 年 5 月，芬兰政府推出《促进芬兰清洁技术产业发展政府战略》，提出使芬兰到 2020 年发展成为一个清洁技术超级强国的愿景目标，主要战略目标是进一步增强芬兰在清洁技术领域的创新优势，使其成为芬兰的国家品牌，提升国际影响力和吸引外资能力，具体指标包括到 2020 年使芬兰清洁技术行业总产值达到 500 亿欧元，其中出口将占到 75%，清洁技术企业总数从 2000 家增加到 3000 家，同时创造 4 万个新的工作岗位。为实现上述目标，该战略也制定了主要的实施措施，包括成立芬兰清洁技术委员会，加大投资力度、通过项目示范和政府采购促进创新成果应用等。一项具体政策是，1% 的公共采购资金必须用于购买清洁技术企业的产品和服务。

为推动清洁技术行业发展，近年来芬兰政府不断加大对清洁技术创新研发活

动的投入力度，据世界自然基金会（WWF）和清洁技术集团（Cleantech Group）共同发布的《2014 年全球清洁技术创新指数》报告显示，芬兰超过 40% 的公共研发资金投入在能源和环境领域。

2015 年新一届政府成立后，仍将清洁技术作为国家重点发展战略之一，并提出了更加雄心勃勃的目标，包括到 2020 年将可再生能源份额增加到 50% 以上，取消煤炭利用，进口原油使用量实现减半等。为此，新一届政府计划明确提出将继续加大对清洁技术研发的创新资助，通过试点项目推广新技术应用及采取激励措施采用零排放可再生能源替代进口油用于供热系统等具体措施。

3. 广泛实施数字经济发展战略，保持信息技术发展领先优势

为充分发挥在信息通信技术领域业已建立的领先优势，把握数字经济发展先机，芬兰在继续实施 2013 年启动的《信息和通信技术研发与创新计划 2023》基础上，2014 年又启动了包括工业互联网、数字健康和第五代通信技术等主要创新计划，2015 年已经全面实施，一批由产学研各方参与的重大研发项目已经在相关计划的支持下展开，内容涉及 5G 试验网络、未来超高频技术、基于微机电系统的健康监测等。

在新一届政府计划中，也制定了推动数字经济发展的具体措施，主要包括：设立国家物联网计划，由政府相关部门协调实施；数字创新产品占公共采购的比例达到 5%；继续提供研发创新资助，促进数字服务在传统领域和新兴产业的应用；公共服务数字化；实施创新解决方案、服务功能改善、创业精神培育和区域合作等方面的数字化实验计划。

同时，芬兰政府正在制定激励政策，鼓励数据中心产业发展，希望围绕数据中心，创造新的就业岗位，如软件开发和科技服务业。芬兰积极利用沿海天气的低温优势和 7100 km 长的国内光纤网络，已经成功吸引谷歌和微软等科技巨头在芬兰建立了大型数据中心。

作为对数字经济发展具有重要战略意义的长期投资，2015 年 8 月 27 日，芬兰政府批准了名为“海狮”的芬兰—德国海底光缆建设项目，目的是为波罗的海东北部地区与中欧之间建立网络连接主干线，确保芬兰从西线与欧洲大陆保持有效的通信和更好的网络安全，为数字经济增长提供重要支撑。芬兰—德国海底光缆全长 1175 km，总投资一亿欧元，其中芬兰政府将承担 1/3。该项目已于 2015 年 10 月开工建设，预计于 2016 年春季投入运营。

4. 出台国家基因组战略，致力成为基因组研究和应用国际先行者

芬兰拥有综合的公共医疗保健体系，具备高水准的基因组学研究能力，长期而连贯的患者数据电子记录，以及可靠的临床数据库。为充分利用芬兰在医学研

究领域的科研和信息资源优势，使芬兰成为具有国际吸引力的基因组研究合作伙伴和基因组学领域商业化活动的先行者，芬兰社会事务和卫生部于 2015 年 6 月发布了《国家基因组战略》。

国家基因组战略设置了七大主要目标和 20 项行动措施，七大主要目标依次是：建立有关基因组信息利用的相关立法和道德准则；使基因组研究密切融入医疗保健活动；医疗保健人员具备利用基因组数据的技能；芬兰拥有可以有效利用基因组信息的数据系统；基因组信息广泛用于基于个人和公众需求的医疗保健；民众可以在自己的生活中利用基因组信息；芬兰在基因组学领域拥有具国际吸引力的研究与商业化环境。确保在 2020 年之前，通过相关能力建设（前四大目标），实现将基因组数据有效应用于医疗保健和提升健康福祉水平的终极目标。

实施国家基因组战略所需经费预计为 5000 万欧元，其中最主要的支出是建立国家基因组中心，由其负责国家基因组数据库的开发，同时在实施相关行动措施中承担协调、规范、评估和促进国际合作等任务。

实际上，为把握基因研究商业化应用的先机，芬兰于 2012 年就发布了《芬兰生物银行法案》，该法案具体规定了生物银行的运作要求，保障了样本捐献者的权利和隐私，并界定了企业可以扮演的角色。该法案已于 2013 年 9 月 1 日开始生效，首家获得批准的芬兰生物银行也于 2014 年开始运作，成为通往个性化医疗、标靶治疗药物和商业化基因组学服务的门户。

（执笔人：钱金秋）

丹　麦

2015 年 6 月，丹麦议会举行大选，中间偏右联盟胜出，拉尔斯·勒克·拉斯姆森首相领导的丹麦新一届政府宣誓就职。新一届政府规模较小，不少部门被重组或更名。高等教育与科学部的名称没有变化，但其职能发生了微调：增加了放射性废物管理职能（原来由卫生部负责）；国家教育奖学金和贷款支持计划申诉委员会由该部划归社会与内政部。

9 月，丹麦政府公布了《2016 年度预算草案》，提出今后 4 年减少 87 亿克朗的科研和教育经费，其中 2016 年公共研发经费比 2015 年减少 14 亿克朗（减少约 7.0%）。丹麦独立研究理事会、创新基金会等研发资助机构的 2016 年度预算将因此减少；而大学的科研工作也会因此受到影响，例如，哥本哈根大学已暂停招聘新的科研人员。

一、主要科技指标变化

（一）研发投入

丹麦全社会研发投入占 GDP 的比例（研发强度）近年来保持在 3% 以上，2014 年为 3.09%，在经合组织成员国中居第 6 位。其中，公共研发强度和私营研发强度分别为 1.06% 和 2.03%，两项指标在经合组织成员国中分别居第 4 位和第 7 位。2015 年，丹麦的 GDP 预计增长 1.5%，全社会研发投入与 2014 年相当。其中，公共研发投入约为 218 亿克朗（含国际拨款），约占 GDP 的 1.10%。

（二）科技人才

在丹麦 560 多万总人口中，有 8 万多人从事研发相关活动（包括研究员、科研辅助及管理人员），按全时当量计算，2012 年为 53 720 人年（其中公共部门 21 835 人年，私营部门 31 885 人年）。公共部门的研发人员集中在大学和医院。

丹麦每百万人口中获博士学位人员的比例在经合组织国家中排第7位。由于人口总量小、出生率低，丹麦非常重视从国外引进高层次人才，通过实施教育国际化战略，吸引外国优秀学生来丹麦攻读硕士和博士，鼓励他们毕业后留在丹麦工作。在国外获得博士学位的外籍人员若来丹麦工作，可享受个人所得税减免政策。高等教育与科学部推出了《顶尖人才计划》，每年都在中国、巴西等国举行丹麦日活动，以便吸引优秀留学生。2008—2014年，丹麦各大学的国际留学生数量增加了1倍，约占学生总数的10%。

（三）科技论文

根据汤森路透公司对经合组织成员国在2008—2012年发表的科技论文的统计结果，丹麦人共发表论文62 410篇，平均每百万人口发表论文11 183篇，两项指标分别居第17位和第3位；若按平均每篇论文被引用次数计算，丹麦居第3位。

（四）知识产权

丹麦专利与商标局2014年共受理专利申请1583件（其中丹麦人申请1381件，占87%），专利授权292件（其中217件颁发给丹麦人，占74%）。截至2015年6月12日，丹麦有效专利总数为1932件。丹麦统计局的数据显示，约3.3%的丹麦企业在2014年有知识产权交易活动。

（五）创新指数

丹麦在2015年度欧洲“创新联盟积分榜”（Innovation Union Scoreboard）居第2位，属于创新领导者国家之一。

二、能源技术进展

丹麦政府每年在能源领域的研发预算超过10亿克朗。丹麦能源署推行《能源技术发展示范计划》，重点资助在新能源、储能、能效、智能电网等领域的研发示范项目。丹麦能源与气候部及丹麦工业联合会发布的最新数据显示，丹麦的能源技术出口近年来呈上升趋势，2014年达到744亿克朗，同比增长10.7%，其中绿色能源技术出口436亿克朗，其他能源技术出口308亿克朗。

近几年，丹麦海上风电行业发展较快，建成了新的海上风电测试中心，通过技术创新提高风机单机容量和效率，海上风电项目建设成本不断下降。2015年，丹麦政府新招标建设Horn Rev 3海上风电场，中标方提出的项目上网电价仅为0.1031欧元/千瓦时，此价格是欧洲海上风电项目中最低的，比丹麦前期建设的另一个海上风电项目的上网电价降低了 32%。该项目首台风机预计 2017 年 1 月并网发电，到 2020 年全部建成。

三、国际科技合作

丹麦政府重视科技、创新、气候、能源、绿色发展等领域的国际合作，把其视为实施全球化战略的重要内容。丹麦在美国硅谷、中国上海、德国慕尼黑、韩国首尔、印度新德里、日本东京、巴西圣保罗等地设立了丹麦创新中心，并于 2015 年发布了《丹麦创新中心评估报告》。

（一）中丹科技合作

2015 年是中丹建交 65 周年，双边举行了一系列庆祝活动，政府高层互访频繁。中国科技部和丹麦高教与科学部商定筹备召开“第 19 届中丹科技合作联委会会议”。中国科技部与丹麦创新基金会重新启动双边新能源研发项目。

（二）丹麦参与欧盟科技计划

丹麦积极参与欧盟的框架计划和《地平线 2020》计划。截至 2015 年 11 月，丹麦的研究人员、企业和其他机构已从《地平线 2020》计划获得 3 亿欧元经费，占同期该计划经费总额的 2.57%。在《地平线 2020》计划的 3 个支柱中，丹麦在卓越科学、社会挑战两个支柱表现较好，参与份额达到 2.83% 和 3.47%，但在产业领袖支柱表现较差，参与份额只有 1.39%。

（三）欧洲散裂中子源（ESS）项目

欧洲散裂中子源（ESS）项目最初由瑞典和丹麦发起，经过多年谈判，于 2014 年 9 月开工建设，项目建设预算约 19 亿欧元，共有 17 个欧洲国家参与建设，预计 2019 年初步建成，2023 年正式运行。2015 年 9 月，该项目被欧盟批准获得欧洲研究基础设施联合体（ERIC）资格，这意味着今后可能有更多国家参与 ESS。ESS 主要设施建在瑞典的隆德市郊外，其数据管理和软件中心（DMSC）设在丹麦的哥本哈根。项目正式运行后，每年运行经费需要 10 亿克朗，长期雇员 400～500 人，每年预计有 2000～5000 名科学家到此访问和工作。

（四）积极参与国际空间站合作

现年 38 岁的安德烈亚斯·莫恩森（Andreas Mogensen）于 2015 年 9 月搭乘俄罗斯“联盟号”飞船前往国际空间站并在那里工作 10 天，成为进入太空的首位丹麦人。莫恩森曾获得英国帝国理工学院的航空工程硕士学位和美国德克萨斯大学奥斯汀分校的航天工程博士学位，2009 年以航天工程师的身份被欧洲航天局选为预备航天员。

（执笔人：陈德春）

意大利

意大利经济在2015年呈现出复苏迹象，且呈加速复苏之势，失业率达到2012年来的最低水平11.5%。在经济向好的大背景下，意大利的科技与创新体系尽管仍未摆脱经济衰退带来的困扰，但在欧盟《地平线2020》框架计划引领下，意大利积极推行研发与创新改革，引入新的研发税收减免制度和“专利盒”制度等举措鼓励中小企业创新，促进经济复苏与增长。

一、重要科技政策及发展动向

1. 经济衰退和政局动荡导致重要科技政策执行受限

意大利统计局2015年的统计数据显示，2014年意大利GDP下降了0.4%，连续3年经济下滑。受经济影响，意大利公共预算削减，企业创新投资乏力，公共和私营部门获得的研发资金有限。

2012—2014年，意大利经历了3任政府的更迭，政府的更迭导致一些重要科技创新举措被暂停或搁置。特别是2014年2月出台的《意大利国家研究计划（2014—2020）》（PNR），至今仍停留在草案阶段，而这是意大利研究与创新的关键性政策文件。PNR与《意大利研究与创新地平线2020》（HIT 2020），是决定意大利研究与创新政策框架的两个重要文件，这两个文件在前几年基础上不断发展战略框架，对创新问题给予了更多关注。

2. 米兰世博会为意大利科技发展注入新活力

2015年世博会在意大利米兰成功举办。在这一科技盛会落幕之际，意大利总理宣布，未来10年意大利政府每年将投入1.5亿欧元，将世博园打造成一个世界级科研中心，并将这一计划命名为《人才科技城，意大利2040》。在该计划下，科研中心将设立6个实验室，致力于癌症基因组学、神经基因组学、食品与营养、分析模型与大数据研发、软件与生物信息学、社会经济影响等领域的研究开发。预计科研中心建成后可吸纳1600名科研人员。意大利政府希望高校和企业共同参与该计划，把这一地区最终打造成意大利“硅谷”。

3.《2015年预算法》引入“专利盒”制度和新的研发税收减免制度

2014年12月，意大利议会批准通过了《2015年预算法》，新预算法中包含了多项旨在促进经济增长的举措，如首次引入“专利盒”制度、出台新的研发税收减免制度、全部免除永久雇员的劳动力成本地方所得税（IRAP）、恢复3.9%的地方所得税标准税率等。

“专利盒”制度是一种对无形资产所得收入实行税收优惠的制度，类似制度在其他欧盟国家已有实施。意大利从2015年1月1日起实行该制度，其最终目标是到2017年实现50%的专利税收减免。

2015—2019年的研发投资也将实行新的税收减免制度。在新制度下，从事研发活动的企业将获益共计500万欧元。如果企业每个财政年度的研发活动投资额超过3万欧元，那么该企业的研发税收减免额将等于当年研发支出额与前3年平均研发支出额之差的25%。符合条件的研发活动包括：为获得新知识而从事的实验或理论工作；为开发新产品、新工艺或新服务而进行的研究或重要调查；利用现有科技和商业知识与技能产生新的或改进产品、工艺或服务；对无法在工业或商业应用中使用的产品、工艺和服务进行的生产和测试；仪器和实验设备折旧费。

对于高素质人才雇佣及高校、研究机构或创新型企业研发相关的活动，其研发税收减免额从25%提高至50%。意大利税务局也出台了相应的新税收法规（6857号），以便企业据此来抵消收入所得税。

4.“分享经济”发展迅猛，但遭遇监管困境

在意大利，“分享经济”的迅猛发展始于2012年年末，尽管最初也有一些质疑，但这一新的经济发展趋势迅速成形，涌现出一大批分享平台，可以分享的东西也越来越多。尽管一些分享模式是复制美国的，但意大利也涌现出许多独一无二的项目，如创造时尚的服装平台Openwear、映射废弃建筑物的Impossible Living、交换未使用和低成本火车票的ScambiaTreno、虚拟货币服务系统Dropis和Sardex等。

2015年，主张高效利用资源、减少浪费、降低服务成本的米兰世博会，通过分享住宿、交通、用餐等方式很好地诠释了“分享经济”，成为“分享经济”新的试验场。“Sharexpo”是米兰世博会期间发展“分享经济”的一个新尝试。“Sharexpo”的民调显示，3/4的意大利人愿意使用“分享经济”服务，预计超

过1000万名世博会参观者可能使用分享服务。房屋租赁平台Airbnb的意大利区域经理表示，意大利是继美国和法国之后的第三大市场。此外，交通分享也是世博期间的一大特色，除分享汽车外，米兰还成为第一个引入电动车分享的城市，摩托车也在分享之列。

"分享经济"在带来便利的同时，也给传统商业模式带来了冲击，传统市场正在被不受监管的竞争大肆掠夺。跟以往一样，监管滞后于技术创新。政府反应迟缓，未及时出台既能适应新商业模式，又能适当应对已有模式的监管法规。

5. 股权众筹成为创新资金募集新方式

"股权众筹"是通过网上门户进行融资的一种创新工具。意大利是欧洲最早对股权众筹实行法制化管理的国家，在世界上也是首创。2012年12月出台的法律（221/2012）和证券交易委员会于2013年6月出台的法规（18592号）是意大利对创新型初创企业"股权众筹"进行管理的两部法规。除创新型企业外，意大利高校也通过"众筹"方式资助研究项目。例如，2014年12月，帕维亚大学成为意大利首所使用"众筹"或"众研"方式进行科研项目资助的大学。在专用平台Universitiamo. eu上，每个人都可以通过选择研究项目或研究团队的方式，对感兴趣的科学、医学、技术或社会领域的研究项目提供资金支持。这种资助方式的优点有两个：其一，资金使用清晰透明，资金提供者将会不断被告知研究的进展；其二，有助于支持并留住年轻研究人员。它不仅能支持有名望的研究人员开展研究活动，更重要的是还能支持年轻研究人员的研究活动，通过这一平台有利于留住需要的人才。

6. 首次通过"绿色经济"法案

2015年12月，意大利下议院最终批准通过了促进绿色经济、可持续发展和资源节约的"一揽子"措施法案。这是意大利首次在法律中引入"绿色经济"术语。

意大利环境部表示，这一"简化和促进资源再利用"的法案旨在构建一种新的环境可持续发展模式，其中涉及环境影响、废弃物管理、可持续交通运输、海洋保护区等条款。另据意大利国家统计局的统计数据，2014年，空气污染受到50%的意大利人关注，废弃物管理受到47%的意大利人关注，气候变化受到42%的意大利人关注。超过2/3的意大利人试图节水节电。

二、重要的科技规划和计划

1.《意大利国家研究计划（2014—2020）》

2014年2月，教育大学与科研部向部长理事会提交了《意大利国家研究计划（2014—2020）》（PNR），计划在未来 7 年内每年提供 9 亿欧元共计 63 亿欧元的研究资助，用以重振意大利的研究，鼓励研究人员成长和自主从事研究。

PNR 是意大利国家研究与创新领域的重要计划，旨在确定国家研发政策优先领域、管理框架和手段，使研究成为意大利文化、社会和经济增长的新动力。以往每 3 年发布一次，从 2014 年开始改为 7 年计划，以便与 7 年期的欧盟新研究与创新计划《地平线 2020》保持一致。

该计划围绕着国家发展面临的 11 个重大“社会挑战”制定，包括：文化与科技进步；卫生、人口结构的变化和福祉；欧洲生物经济挑战；安全、清洁、高效能源；智能、绿色和综合交通运输；气候行动、资源利用效率和原材料；不断变化的欧洲—包容性、创新性和响应性（reflective）的社会；空间和天文学；安全的社会—保护欧洲及其公民的自由与安全；修复、保护、评估和管理欧洲的文化遗产及创造力；数字化议程。这些挑战也是欧盟面临的重大挑战。

2.《意大利国家改革计划 2014》

《国家改革计划》（NRP）是监测国家研发和创新政策进步的重要文件，NRP 认为研究和创新是提高国家竞争力的关键。

《意大利国家改革计划 2014》（NRP 2014）强调，继《意大利国家改革计划 2013》之后，政府在研究和创新及为实现欧洲《地平线 2020》目标方面都做出了很多努力，包括改革大学投资与招聘、简化公共投资流程、对企业研发投资间接激励、社会创新征集、与欧盟研究优先领域保持一致等方面的努力。2013 年和 2014 年相继出台的两部法律（NO. 104/2013 和 NO. 36/2014）都对大学教授招聘做了详细规定。在向高等教育机构提供的高等教育普通基金（FFO）资助中，依据大学教育和研究的绩效及 2013 年大学与科研机构评估署发布的质量评估结果（ANVUR 2013），提高了资助分配比例。在 NRP 2014 中，政府进一步提高了未来几年基于大学绩效标准的资助比例。

2013 年和 2014 年的国家改革计划都强调了意大利在财政稳定框架下为实现《地平线 2020》目标所做的努力。研究与创新体系改革的关键目标是提高研发强度，但是近两年来进步很小。

3.“中小企业计划”：1 亿欧元支持意大利南部发展

欧盟委员会于 2015 年 11 月通过一项计划，从欧洲区域发展基金（ERDF）中拨款 1 亿欧元，帮助意大利南部的中小企业获得融资和提高竞争力。在私营部门投资杠杆效应下，预计该计划将为中小企业带来 6 亿欧元的新贷款。

在意大利，99.9% 的企业是中小企业，中小企业提供了 80% 的就业机会，因此，欧盟层面的支持很有必要。目前，在欧洲战略投资基金（EFSI）的支持下，欧盟投资基金已经与意大利的 CREDEM 银行和 BPER 银行签署协议，为中小企业提供新贷款。

意大利南部的企业主要包括个体企业（Individual enterprises，大约 120 万家）、微型企业（大约 12.5 万家）和中小企业（大约 2.7 万家），其中仅中小企业创造的就业岗位就达 28.4 万个。

4. 教育大学与科研部为研究机构提供 17 亿欧元资助

2015 年 9 月，意大利教育大学科研部颁布法令，对其监管下的研究机构拨款 17 亿欧元。其中，8000 万欧元用于重要的国际研究活动和欧盟新研究框架计划《地平线 2020》；9900 万欧元用于研究机构评估；约 3000 万欧元用于特别专项；100 万欧元用于直接招聘具有较高科学资质的国内外研究人员和技术专家。

2015 年 11 月，教育大学与科研部发布了新的国家利益研究项目（PRIN）征集，为基础研究提供 9200 万欧元的研究预算。PRIN 旨在加强意大利的研究基础，使意大利能更加高效地参与欧盟的《地平线 2020》，并将激励年轻研究人员从事卓越研究。

5.《意大利宽带与数字化增长战略（2014—2020）》

2015 年 3 月，意大利总理内阁批准了 60 亿欧元的国家宽带计划，以加快国家高速光纤网络发展。

《意大利宽带与数字化增长战略（2014—2020）》将为运营商提供一系列激励措施，为网络升级而投资，特别是意大利南部将获得大量的意大利及欧洲结构化发展基金。其目标是，到 2020 年使 85% 的意大利人能用上 100 M 高速宽带网络，而不是欧盟所确定的 50% 和 30 M 的目标。

6. 经济发展部为信息通信技术和可持续产业研发提供 4 亿欧元

2015 年 5 月 12 日，意大利经济发展部签署法令，为企业提供 4 亿欧元用于“信息通信技术——数字化议程”和“可持续产业”相关的大型项目研发。

“信息通信技术——数字化议程”项目旨在支持那些对意大利生产体系和经济发展有重大影响的项目，正如《地平线 2020》所定义的那样，在统一数字化市场下，基于高速互联网和使能技术的项目。“可持续产业”项目征集旨在支持那些更加环保、更有资源竞争力的项目，以促进高效经济。

7. 出台新的援助计划资助航空航天企业研发

2015 年 7 月，意大利经济发展部出台了针对航空航天领域企业的新援助计划。该计划为符合条件的企业提供“零利率软贷款”额度可达企业项目费用/成本的75%。如果项目由几个相关企业共同执行，那么援助的百分比将进一步提高，大企业提高5%，中小企业提高10%。援助资金将被分配给以产品或工艺可持续创新为特征的研发项目，援助期限2～5年。

8.《人才意大利》计划：发布MOOC项目征集

2015年10月，意大利教育大学与科研部发布公告，称有21个项目入选大规模在线开放课程——MOOC项目征集，这是教育大学与科研部基于《人才意大利》计划发布的第一个“开放教育”挑战奖项，旨在通过公开挑战促进社会创新。

三、重要的科技统计数据

1. 研发投入

根据欧盟统计局于2015年11月的最新统计数据，2014年，意大利研发支出占GDP的比例为1.29%，比10年前（1.05%）略有增加，但仍低于欧盟平均值（2.03%）。

就研发在各部门的分配来看，私营部门占56%，高等教育部门占27%，公共部门占14%，私营非营利部门占3%。

欧盟委员会在2015年3月发布的意大利《2015年增长报告》强调，尽管意大利采取了一些举措来鼓励研发，但无论公共部门还是私营部门的研发强度都仍低于欧盟平均水平。特别是，意大利的企业研发强度仅为0.67%，远低于欧盟平均水平（1.29%）。

在意大利，由私营企业部门资助的公共研发资金只占GDP的0.014%，而欧盟平均值为0.051%。公共部门用于研发的资金也减少了。但是，意大利政府最近推出了许多举措来促进研发投资，包括方便企业获得信贷和创新财政支持手段等。

2. 创新人力资源

欧盟统计局的统计数据显示，2012年，30～34岁完成高等教育的意大利人口占比为21.7%，低于欧盟28国的平均值，35.8%。

意大利科技人力资源在全部劳动力中的占比为32.9%，低于欧盟的平均水平（40.8%）。如果按全时当量（FTE）计算，2012年，意大利研究人员总数为11.08万人年，占总就业人口的0.43%，主要集中在大学和企业部门。

然而，2011—2012年，科技人力资源的失业率也随着总失业率（高达12%）

的提高而增加，从 2.8% 增至 3.6%，失业人数从 23.2 万增至 30.7 万。

3. 创新综合指标

2015 年欧洲创新联盟的统计数据显示，意大利是一个中等程度的创新国家。意大利的创新绩效在 2013 年之前稳步增加，但到 2014 年出现小幅下降。

意大利在多项创新指标上低于欧盟平均值，如企业投资指标，其中表现最差的是风险资本投资、海外专利许可和专利收入指标；表现最好的指标是"国际科技合作论文""中小企业内部创新""中小企业产品或工艺创新"和"中小企业营销或组织创新"。

与 2014 年的统计数据相比，意大利在许多指标上的表现都有所好转，如开放、卓越和有吸引力的研究体系指标提高了 9.5%，非欧盟博士生人数增长了 19%，国际科技合作论文数增长了 7.2%，海外专利许可和专利收入增长了 18%，而风险资本投资下降明显（-13%）。

4. 专利

世界知识产权组织 2015 年发布的统计数据显示，2014 年意大利在全球的专利申请数量排名居第 10 位，比 2013 年前进了 1 位。

另据欧洲专利局 2014 年发布的统计数据，2013 年意大利居民在欧洲专利局申请的专利数量为 4662 件，占欧盟的 2%，比 2012 年减少了 2.7%。

5. 论文

根据汤森路透公司的统计数据，2009—2013 年，意大利发表的科技论文数达 281 243 篇（至少有一名作者是意大利人），发表论文数量最多的领域是空间科学，其次是神经科学与行为和地球科学。

从被引用情况来看，空间科学领域的论文篇均被引次数为 13.46 次，比全球平均水平（9.61 次）高 40%。此外，论文被引率较高的领域还包括临床医学、物理学和农业科学。

（执笔人：盖红波　曹建业）

西班牙

西班牙本届政府面对上任伊始巨幅贸易逆差，经济大幅萎缩，失业率高企，债务严重等诸多困难考验，大力推进财政、金融、结构改革，千方百计促进就业，降低成本和提高竞争力，迎来宏观经济指标向好曙光，经济连续两年领跑欧洲。据经济与竞争力部最新数据，2015 年 GDP 有望实现 3.4% 的增长，就业率增长 3.1%，新增近 52 万个就业岗位。全球著名评级机构穆迪、惠誉、标普先后提高其主权信用评级。但巨债、高赤字与失业率问题仍未根本扭转，改革任重而道远，经济仍旧是发展与挑战并存。

一、科技创新现状

1. 系统缺陷阻碍战略实施

欧盟对西班牙研发创新体系评审后做出的结论是：体系有一定的卓越水平，但从整体来看，处于“卓越孤岛”边缘。其运行受现行中央与自治区政府纵横双向分治模式制约，体制僵化，阻碍了知识和人才的有效流动。研发创新政策、机构及研究质量水平的有效评估制度缺失。

科技创新战略实施受阻，表现有三：在研究领域，存在双（条块）系统，尽管某些研究结果质量高，但系统均值低；在产业界，生产结构本身是一大挑战，只有极少数大企业可作为创新生态系统的驱动因素，仅有为数不多的中、小、微企业拥有研发创新能力，而人均水平显著低于欧洲主要国家，企业受低水平国际化及全国创新市场弱化的影响；在自治区层面，协调机制不完善，增加了国家与自治区之间出现战略重复的风险，不利于规模经济和适度集中，导致在分治领域（特别是大学系统）有关体系改进的政策制定出现问题。

2. 研发创新可用资源不足、产出下降

自经济危机以来，科技创新投入持续减少，知识产出下降，研发人员连年流失。2014 年，研发投资 128.21 亿欧元，占 GDP 的 1.23%。据《全球创新投资 1000 强企业》第 10 份报告，2015 年西班牙只有 8 家企业入围全球创新投入最多的前 1000 家企业榜单，其研发投资总额 33 亿美元，远低于欧洲主要国家 133.5 亿美元的平均水平。

Scopus 数据显示，2013 年科学论文 87 947 篇，同比增长 5.4%，公共研发是科学出版物的主要来源，但出版物数量增长远低于危机前年均 10.3% 的增长水平。

近年来，发明专利申请与授予量均呈逐年下降趋势，发明专利申请人主要集中在马德里（19.6%）、安达卢西亚（18.2%）、加泰罗尼亚（17.8%）和瓦伦西亚（11.2%）4 个区，占总数的 66.8%，凸显出地区发展不平衡问题。

全国从事研发创新和纯研究工作的人员总数逐年递减，2014 年较 2011 年分别下降 6.9% 和 6.1%。

二、科技重大政策动向

政府就产业结构、劳动市场、公共预算等诸多失衡问题针对性推出改革举措。

1. 出台《国家改革计划 2015》

该计划涉及 4 项研发创新内容：鼓励私营部门研发投资，以实现企业研发投资翻番目标；确保公共研发创新资源效率和效益；强化与欧洲的合作伙伴关系；支持人力资源质量。

2. 实施机构改革

为实现科技创新体系更加敏捷、灵活和自主的管理服务，新批准成立国家研究局，负责对研发创新资金的筹措、评估、分配与跟踪监测，以加强对科研成果及其影响的测量。通过引入国际评估最佳实践，对受资助研发创新活动实施问责并简化行政程序，提高政府服务研发创新的有效性，力求与欧盟先进管理模式接轨。

3. 扶持科技型企业发展新举措

产业技术发展中心出资 1 亿欧元，并募集 4 亿欧元私营资本，以创设一只私

募基金，为有成熟技术能力的中小企业进入资本市场提供便利。

通过公共部门与创新企业共担风险，加强科技型企业的专门投资，促进经济增长、就业质量和国际竞争力。

三、重大科技计划

着眼“人才与就业、科研卓越、产业领先、社会挑战”四大战略目标，部署实施重大科技计划。

1. 推出《2015年科技研究与创新行动》计划

该计划旨在配合《国家改革计划》，推出“促进研发创新人才及就业，加强卓越科技研究，促进产业研发创新领先地位和面向社会挑战”4项研发创新资助计划，分别拨款3.89亿、3.48亿、5.91亿和14.79亿欧元，其中补助资金11.52亿欧元，贷款资金16.55亿欧元。

2. 实施公共研究机构人员替代计划

为破除公共研究机构体制僵化顽疾，化解科研队伍老化、人员流动停滞困局，部长会议为国家直属科研机构批准199个新研究员职位，50多个管理职位和近250个内部晋升职位，优先选拔优秀青年人才进入研发创新体系，以实现科技人才队伍的吐故纳新，低产科研人员的有效更替。

四、重要科技发展动态

1. 加强大型科研基础设施建设

加利西亚超级计算中心、加泰罗尼亚大学服务联盟、埃斯特雷马杜拉高级计算技术基金会、卡斯蒂利亚与莱昂超级计算中心和马德里自治大学5家单位的超级计算机获准并入国家超级计算网络。获增3400万欧元预算，为巴塞罗那超级计算中心——国家超级计算中心购置目前世界最先进的超级计算机“MareNos trum4”，与德国、法国和意大利共建欧洲高性能超级计算网络。

2. 实施卫生战略行动

卫生战略行动突出生物医学转化研究，投入1.42亿欧元公共研发资金，优先用于市民健康和社会福利迫切需要的科研领域：神经系统疾病、心理健康、衰老与虚弱、健康与性别、生殖健康、儿科与围产医学、感染性疾病、癌症、心血管疾病、内分泌疾病、罕见疾病、呼吸系统疾病、肝脏和消化系统疾病等。

3. 卓越科学创新中心再添新成员

新认证3个“赛维罗·奥乔亚”卓越中心和4个“玛利亚·德·马埃斯图”卓越单位。2011年首批认证的8个卓越中心再获4年期新认证。2015年的《卓越计划》投资较2014年新增3200万欧元。

（执笔人：翟　跃）

罗马尼亚

欧盟委员会发布的《2015 年创新联盟记分牌》显示，罗马尼亚属于适度创新国家，在所有 28 个欧盟国家中排名末位，同时其研发强度仅为 0.38%，远远低于欧盟平均水平。为改变科研和创新现状，经过一段时期的政治动荡后，罗马尼亚出台《2014—2020 年国家研发创新战略》，旨在通过履行政府研发创新投入承诺，带动企业资本和其他社会资源向相关领域集聚，推动罗马尼亚科技和创新发展。

一、研发支出、人才和研发机构现状

根据罗马尼亚国家统计局发布的数据，2014 年罗马尼亚研发总支出为 25.57 亿列伊（约合 6 亿欧元），在 GDP 中的占比为 0.38%。其中，公共研发支出占 GDP 的 0.22%，私营部门研发支出占 0.16%。人员费用、材料费用等经常性支出为 22.28 亿列伊，占总支出的 87.2%；土地与建筑、软硬件购置等资本支出为 3.273 亿列伊，占 12.8%。用于应用研究的开支占 44%，比 2013 年增长 3.5%；用于基础研究的开支占 35.3%，比 2013 年减少 4.5%；用于实验发展的开支占 20.7%，比 2013 年增长 1%。公共资金分配给政府所属研究单位的份额最高，占 66%；其次为高校，占 17.3%。国外研发资金大部分分配给了企业，占 52.6%，高校和政府部门则分别占 26% 和 20.9%。

另外，据罗马尼亚国家科研创新署发布的信息，该署 2015 年度初步预算总计约 14.6 亿列伊（约合 3.34 亿欧元）。其中，用于项目资助等国内开支约为 9.3 亿列伊，缴纳国际组织会费等国际开支为 0.86 亿列伊，通过欧盟区域发展基金等国外非偿还基金资助的项目开支约为 4.3 亿列伊。

2014 年，罗马尼亚参与研发活动的在册人员共计 42 963 人，比 2013 年略有下降。其中，19 877 人为女性，占 46.3%；34 517 人接受过高等教育，占

80. 3%；16 983 人具有博士头衔或博士后经历，比 2013 年增加 1003 人；根据有效劳动时间，73. 1% 为全职研发人员；27 535 人为研究员，占 64. 1%。

目前，罗马尼亚共有 265 家公共研发机构。其中，169 家为国家级机构，包括：56 家公立大学、48 家国家科研院所和罗马尼亚科学院下属的 65 个研究所或研究中心。此外，还有约 1000 家私营企业参与研发活动，50 家专业机构、4 家科技园从事技术转移和创新工作。

二、研发创新表现的横向比较

（一）创新绩效比较

欧盟委员会《2015 年创新联盟记分牌》相较以往做了较大调整，从 8 个维度、25 项指标对全体欧盟成员的创新表现进行了评估，对创新体系的优劣进行了分析，并仍将其成员分为创新领导者、创新追随者、中等创新国家和适度创新国家 4 组。报告显示，罗马尼亚仍属于最后一类——适度创新国家，并已跌至榜尾。在全部 8 个维度和 25 个创新指标中，罗马尼亚无一超过欧盟平均水平。其中，新博士毕业生数量、知识密集型服务出口、青年高中教育、中-高技术产品出口 4 个指标达到或接近欧盟平均水平；（创新与经济的）联系、企业家精神、企业投入、开放与优异的研究体系 6 个维度，以及 PCT 专利申请数量、非欧盟博士研究生数量、企业研发支出、海外专利许可收入等 17 个指标均低于欧盟平均水平的 50%；但在其中 12 指标的年度增长率方面超过欧盟平均增速。

（二）研发投入比较

根据欧盟委员会欧盟统计局发布的信息，罗马尼亚以 0. 38% 的研发投入强度在欧盟 28 国中排名倒数第一。研发投入强度低于 1% 的欧盟成员共计 9 个，排在罗马尼亚之前的是塞浦路斯（0. 47%）。与此相对，研发投入强度超过 2% 的欧盟成员共计 8 个，芬兰以 3. 17% 的强度排名榜首。与 2004 年相比，23 个欧盟成员的研发投入强度有所提高，仅有克罗地亚、卢森堡、芬兰、瑞典四国出现下滑。罗马尼亚则是唯一维持不变的国家。如根据研发投入方的行业门类进行分析，大多数欧盟国家的研发支柱为企业，仅在爱沙尼亚、希腊、塞浦路斯、拉脱维亚、立陶宛五国中由高校占据主要地位，而罗马尼亚的研发主力则为隶属于政府的国家级科研院所或公共研究单位。欧盟成员中，企业研发投入占比最高的国家为斯洛文尼亚（77%）。政府占比最高的国家则为罗马尼亚（43%），远超排名第二的卢森堡（29%）。

三、出台《2015—2020 年国家研发创新计划》

（一）出台时间与背景

罗马尼亚于 2014 年 10 月出台了《2014—2020 年国家研发创新战略》。根据欧盟惯例，作为该战略的配套执行计划，2015 年 7 月罗马尼亚发布《2015—2020 年国家研发创新计划》。该计划使得 2014 年制定的《2014—2020 年国家研发创新战略》和《精明专业化战略》有了抓手和落实机制，明确了国家财政在未来 6 年的研发创新投入承诺，带动了企业资本和其他社会资源向相关领域的集聚，对于未来一段时间罗马尼亚科技创新发展具有重要意义。

（二）主要构成与经费预算

(1)“发展国家研发体系”分计划

旨在提高研发活动中的资源使用效率、业绩和质量。总经费为 36 亿列伊，每年经费均为 6 亿列伊。

(2)“研发创新增强罗马尼亚经济竞争力”分计划

旨在通过研发创新提高国家创新体系框架内的企业的生产力；总经费为 15 亿列伊，每年经费均为 2.5 亿列伊。

(3)“欧洲与国际合作”分计划

旨在通过参与罗马尼亚之外的国际研究计划与组织，获取国外研究资源，传播知识与灵感。总经费为 30 亿列伊，每年经费均为 5 亿列伊。

(4)“基础与前沿研究”分计划

旨在维持罗马尼亚的优势领域，在这些领域罗马尼亚应具备相对优势或关键研究团队或国际合作机遇，以增加罗马尼亚基础研究处于前沿的部分，并获取一些具备商业前景的尖端科技成果。《2015—2020 年国家研发创新计划》强调基础研究在所有科技领域中均为重点，对其投入在各分项中列支，因此未对“基础与前沿研究”分计划配置单独经费。

(5)“战略研究”分计划

这是由在战略领域具备科学协调作用的科研机构领导的项目，目的是培养并发展战略领域的科研机构以及罗马尼亚的国家战略能力。分计划的经费预算以其项下的子计划形式加以安排：①《高能激光技术领域的研发创新》子计划，总经费为 17.64 亿列伊；②《参与国际原子与亚原子研究机制与计划》子计划，总经费为 6.37 亿列伊；③《空间技术与高等研究》子计划，总经费为 2.98 亿列伊；④《河流、三角洲、海洋体系研发创新》子计划，总经费为 3 亿列伊。

（三）重点领域

《2015—2020 年国家研发创新计划》确定的重点领域涵盖《2014—2020 年国家研发创新战略》和《精明专业化战略》中的重点领域和国家公共部门优先方向，具体包括生物经济、信息通信、安全与空间、能源、环境与气候变化、生态纳米技术、先进材料、卫生、国家遗产与文化认同、新技术与新兴技术等。

四、重大科技事件

（一）国家教育与科学研究部成为科技主管部门

罗马科技工作主管部门随着政府的多次改组而不断更名，现定为“国家教育与科学研究部”。该部将通过其下属的国家科研创新署承担其在科技领域的相关职能，包括：确定战略目标，确定、实施、监督并评估为实现战略目标而采取的必要措施，根据战略目标制订行动计划、确定落实政策所需的相应标准、方法、职能、运作及财政框架，就科技议题开展部门横向协调，与公众在相关领域开展沟通，促进相关国际合作等。

（二）总统高度重视创新和教育

在“国际微观纳米光电学会议暨 2015 罗马尼亚光学年会”开幕式上，总统旗帜鲜明地指出，研究和教育是罗马尼亚机遇所在，是罗马尼亚强盛之基，罗马尼亚不能再继续欧盟创新排名垫底的局面，要切实做好国家研发创新战略的落实工作，并在 3 个方面进行反思和采取行动：找准研发创新领域的真正优先方向；营造诚信、可预测、决策透明的环境；增强教育与研究创新的联系。

（三）加入欧洲核子研究委员会

2015 年 6 月 18 日，罗马尼亚加入欧洲核子研究委员会，并以立法形式批准了《建立欧洲核研究组织协议及欧洲核研究组织特权与豁免议定书》。

（四）政府发布系列命令指导国家科研工作

2015 年，罗马尼亚政府及（国家）教育与科研部陆续发布了《评估、签署、资助和监督国家核心研发计划的方法标准》《国家研发体系实体与单位认证方法标准》等系列行政命令。

五、国际科技合作简况

罗马尼亚国际科技合作主要对象为其他欧盟成员，其参与的主要国际合作计划也均属于欧盟范畴，如《地平线2020》《尤里卡计划》《欧洲科技合作》（COST）计划等。在双边科技合作方面，罗马尼亚主要合作领域包括卫生、材料、工艺、创新产品、农业、环境等。以合作项目数量排序，2014年罗马尼亚第一合作方为法国（38项），以下依次为：中国（26项）、希腊（20项）、摩尔多瓦（20项）、匈牙利（19项）、奥地利（18项）、斯洛文尼亚（16项）、斯洛伐克（15项）、土耳其（15项）、比利时（12项）、意大利（10项）、阿根廷（7项）、塞浦路斯（5项）。

（执笔人：万　聪　战洪起）

保加利亚

2014—2015 年，保加利亚创新表现有所改善，国内研发支出明显增加，其中海外资金占据主导地位，若干重大科技计划获得欧盟批准支持。2015 年发布的科技审计报告暴露出保加利亚科技管理体系的严重问题，保加利亚政府积极引入欧盟评估意见和建议，将对其科研体系进行较大变革。

一、创新表现有所改善

保加利亚早在 2004 年就提出要实施国家创新战略，但创新表现一直不太理想。在全球多个涉及创新评价的权威排行榜上，保加利亚的创新指标表现仍比较靠后，不过较以往有一定进步。

第一，根据康奈尔大学、世界知识产权组织和英士国际商学院联合发布的《2015 年全球创新指标》报告，在 141 个经济体中，保加利亚总体创新指标排在第 39 名，较 2014 年前进 5 位，创新效率排在第 21 名，较 2014 年前进 4 位。不过在其他一些创新指标上，保排名比较靠后，如大学与企业研发合作排在第 110 名，产业集群排在第 123 名。

第二，根据世界经济论坛发布的《2015—2016 年全球竞争力报告》，在 140 个经济体中，保加利亚总体竞争力指标排名居第 54 位，与一年前持平。在一些与创新能力相关的指标上，因特网、移动网络等使用便利及普及程度的排名相对靠前。其他部分指标虽然仍较为靠后，不过相对于一年前有不小进步，比如在创新能力上排在第 79 名，在企业研发投入上排在第 78 名，均比之前百名开外有很大进步，在科研机构质量上排在第 72 名，前进了 9 位，在留住和吸引人才方面排在第 132 名，前进了 10 位，在产业集群方面排在第 109 名，前进了 20 位，在海外直接投资与技术转移上排在第 70 名，前进了 21 位。

第三，欧盟从 2007 年开始每年出版《创新联盟记分牌》报告，对欧盟主要成员国及世界主要经济体的研究和创新绩效进行评估和比较。根据《2015 年创新联盟记分牌》报告，保加利亚由 2014 年的倒数第一移至倒数第二，虽有相对进步，不再垫底，但仍属欧盟中创新能力不足、创新表现落后的成员。

二、研发支出明显增加，海外资金占据主导地位

根据保加利亚政府发布的最新初步统计数据，保加利亚 2014 年度 GDP 为 836 亿列弗（约合 427 亿欧元），国内研发支出总额为 6.56 亿列弗（约合 3.35 亿欧元），较 2013 年度大幅度增长了 26%，研发强度达到 0.78%，虽然仍大幅度低于欧盟的平均水平（2.03%），但已明显高于保加利亚 2013 年度的 0.65%。这一进步的取得主要归功于以欧盟为主的海外资金。具体而言，政府、企业、海外资金作为三大主要资金来源，分别占 2014 年研发支出的 27%、21% 和 51%。海外资金的增量对国内研发支出增量的贡献达到了 60% 以上。

对比保加利亚 2014 年度与 2009—2013 年度的研发支出情况，可以发现：从 2010 年起，保加利亚政府占研发支出比例逐年减少，从 2009 年时的 60%，到 2010 年骤然降至 43%，并以此趋势继续下降至 2014 年的 27%；企业研发支出占比则从 2009 年的 30% 降至近几年的 17%～20%，且基本保持稳定；与此同时，海外资金从 2009 年的 8% 持续高升至 2014 年的 51%。从 2014 年起，海外资金超过保加利亚本国公共部门和私立部门投入研发经费的总和，比例之高在全球也是少见的。

三、欧盟主导下的保加利亚科技创新战略与计划

保加利亚科技的发展已离不开欧盟的支持，无论是在发展规划还是项目经费上都是如此。保加利亚现在主推的科技发展战略为欧盟的《智慧专业化创新战略》，保加利亚落实该战略的措施主要是实施《面向智慧增长的科学和教育计划》与《创新和竞争力计划》，两者均已于 2015 年通过欧盟批准，资金主要来自欧洲结构和投资基金。

（一）《智慧专业化创新战略》

该战略是欧盟针对所有成员国的一项政策方案，旨在制定和实施有效的区域创新政策，并借此推动地方经济的可持续发展。其指导方针是：不论何种类型的区域，不管其现有产业基础的强弱和科技含量的高低，均应致力于下述 4 个目标：①发展一个具有地方性的面向增长的目标；②明确自身的比较优势；③选择战略性的优先资助产业；④推行相关政策和行动。跟以往的区域创新政策相比，

《智慧专业化创新战略》在发展重点方面更强调地方产业和比较优势，在决策主体方面着重鼓励本地多主体互动和决策来确定本地优先发展的产业重点，在实施程序方面尽量保障和激励地方各利益主体充分参与，评估、讨论、制订计划都由地方自主完成，然后才提交给欧盟审议。

《智慧专业化创新战略》没有统一的资金资助规模，欧盟衡量地方和地方所在成员国的实际情况，为地方实施战略提供必要的资助，资助途径主要是通过《创新和竞争力计划》和《面向智慧增长的科学与教育计划》来落实。同时，地方和所在国家可根据实际情况对申请进行配套资金支持。

保加利亚政府根据本国各地区产业聚集情况，组织企业、学界、地方等各方制订了本国《智慧专业化创新战略行动计划》，梳理出本国 7 个具有聚集效应和比较优势的产业，分别是机械电子、信息通信技术、生物技术、纳米技术、文化与创意产业、药物、食品，并进一步确定了本国重点发展的 4 个重点领域，即信息通信、机械电子与清洁能源、健康产业与生物技术、创意与娱乐新技术及其细分领域。

（二）《面向智慧增长的科学和教育计划》

该计划于 2015 年 2 月经欧盟批准通过，执行期为 2014—2020 年度，总计经费达 7 亿欧元，其中的 5. 96 亿欧元将由欧盟支付。根据该计划的目标，到 2020 年保加利亚研发支出应增至 GDP 的 1. 5%，早期辍学率降至 11% 以下，30 ～34 岁年龄段人群的大学毕业率升至 36%。该计划包括 4 个重点领域，分别是研究与技术发展、教育与终身学习、面向社会包容的学习环境、技术支持。具体来说，在科研方面，该计划拟在保加利亚建设 11 个新的卓越和竞争中心，支持 20 个地区实验室和试验引导中心，参与该计划的保加利亚研究人员约有 1500 名；在教育方面，该计划拟帮助涉及 1500 所学校的 16 万名学生发展专门知识和技能，授予 3 万名学生奖学金，给予 850 名学生国际交流的机会，支持数万名学生参与工作实践、训练和职业指导活动，向特殊教育学校及其学生提供支持。

（三）《创新和竞争力计划》

该计划于 2015 年 3 月经欧盟批准通过，执行期为 2014—2020 年度，总计经费达 12. 7 亿欧元，其中 85% 的资金（10. 8 亿欧元）由欧盟支付，其余 25% 的资金由保加利亚政府出资。该计划有 4 个重点领域，分别是技术发展与创新、中小企业创业与成长能力、企业对能源与资源的高效利用、增建天然气供应网络。根据该计划的目标，到 2020 年保加利亚创新型企业的数量增加 10%，得到该计划支持的企业超过 9000 家，得到支持的企业的就业率提升 19. 6%，带动超过 10 亿欧元的民间投资，提升中小企业出口量和生产力，提高能源使用效率。

四、审计曝光科技管理部门的严重问题

2015 年 8 月，保加利亚审计署发布了《国家科研发展战略审计报告》，审计范围包括 2011 年 8 月 1 日—2014 年 12 月 31 日保加利亚科研管理和实施部门的规章制度、项目拨款和执行情况，被审计对象主要是国家科学基金会、科学院和公立高校。

报告认为，保加利亚教育科学部未能有效执行国家科研发展战略，也不能推动落实以科技创新活动促进经济发展的战略目标。报告根据规章制度的缺漏情况、项目拨款及执行情况，多处对保教科部下属的国家科学基金会进行了批评，指出基金会外部缺乏监管、内部管理混乱等严重问题，未能有效履行其主要职能，没有推动保加利亚科技活动有效展开，没有集中资源于科研战略所设定的优先领域，未能有效使用国家及欧盟的科研经费，没有对高校和科研机构进行科研活动评估，对基金会所支持项目的执行和完成情况没有任何监管和评估。

保加利亚教科部部长在审计报告公布后接受媒体采访时表示了对科研腐败行为的愤慨，认为科学基金会理事会根本没有履行好责任。2015 年 8 月底，科学基金会原理事会解散，新的理事会于 9 月初成立，新的基金会管理制度将根据欧盟专家的建议重新制定。

五、欧盟为保加利亚科研体系改革开出药方

保加利亚为推动科研体系改革，积极寻求欧盟的权威指导，成为首个接受欧盟《地平线 2020》政策支持项目的成员国。政策支持项目旨在为欧盟成员国政府提供识别、执行、评估国家科研和创新体系的改革建议，以提高公立科研和创新结构的质量，通过投资和改革促成高效、高质、高影响力的科研和创新体系。撰写保加利亚评议报告的专家组由欧盟各国政府负责制订政策的高级官员和高水平独立专家组成。2015 年 10 月，欧盟特使与保加利亚总理博里索夫会面，并把政策支持项目对保加利亚科研和创新体系的评议报告交给了博里索夫。

评议报告认为，保加利亚目前具备机遇，应努力实现 2020 年研发投入占 GDP 之比（研发强度）不低于 1% 的目标。保加利亚加入欧盟时承诺不断加大研发投入，到 2020 年之际确保研发强度达到 1.5%，但是全球金融危机之后，保加利亚经济衰退，财政紧张，不具备实现增加研发投入的经济和政治条件，研发强度一直较低。目前，保加利亚经济和政治环境较为平稳，政府具备历史机遇，可以大幅度增加研发投入，到 2020 年至少可以把研发强度增至 1% 以上。报告提出的改革建议旨在提升保加利亚政府部门的协同和规划能力，提高对保加利亚政府

和欧盟结构投资基金的使用效率。根据保加利亚政府的要求，报告重点着眼于以下领域：

（1）对科研和创新机构进行评估

改善公立科研机构质量和效率，修订对科研和创新计划及项目成果进行有效监督的标准。对科研促进法案和国家科学基金会管理章程进行重新规划。

（2）推动科研和创新人力资源能力发展

评估当前的学术职业发展法案，提出应对科研人才流失和老化的建议，改善学术职业路径。对公立科研机构和大学的章程及重组措施提出建议。

（3）解决科研与经济脱节的问题

提出并加强有关知识转移的政策与措施，包括对当前法规进行评估，提出修改建议，以吸引工业界特别是中小企业与公立科研机构进行合作。

（执笔人：罗　青）

塞尔维亚

2015年是塞尔维亚新一届政府（2014年4月27日成立）完整执政的一年，新政府用“后发优势”在短时间内极大地提升了塞尔维亚的科技水平。

一、出台科技发展战略，促进研究与创新

2015年，塞尔维亚负责科技研发事务的教育和科技发展部在维系科研系统正常运转的同时，设计了塞尔维亚未来科技发展的蓝图，于2015年11月16日发布了《塞尔维亚科技发展战略（2016—2020）》（征求意见稿）。该战略提出了塞尔维亚未来5年的奋斗目标：一是配合塞尔维亚加入欧盟的国策，实现塞尔维亚科技全方位融入欧盟的科技系统；二是将科技创新摆在首位，在塞尔维亚实现和发展知识经济。该战略发布后，塞尔维亚教科部在塞尔维亚四大城市（贝尔格莱德、诺维萨德、尼什和克拉古耶瓦茨）举办4场辩论大会，广泛听取基层科研人员的意见，以完善该战略，并动员广大科研人员共同实施新战略。

二、科技领域举措

虽然《塞尔维亚科技发展战略（2016—2020）》是2015年年底出台的，但这一年来，塞尔维亚教育和科技发展部的许多工作都体现了新战略所秉持的理念和方向。

1. 重视未来的科学家

塞尔维亚总理武契奇亲自为参加化学奥林匹克竞赛的获奖者们颁发奖章，体现了国家对科技和人才的高度重视。

2. 重视科普

科普不完全是鼓励人们成为科学家，更多的是培养人们科学思维的方法。除在中小学开展科普活动外，塞尔维亚还非常重视对社会其他人群开展科学普及工作，甚至专门设计了科普宣传流动车。塞尔维亚科学促进中心主办的科普画报《Elements》举办首刊发行会时，教育和科技发展部部长亲自站台并发表演讲。

3. 优先投资科研设备

尽管科研预算很拮据，但对于科研领域一些必不可少的重要仪器设备，塞尔维亚政府优先予以资助添置，同时更新和恢复原有的科研设施。

4. 强调科研与应用相结合

塞尔维亚教育和科技发展部全力支持“贝尔格莱德科技园”的建设。该园从酝酿到建成花了 26 年时间，期间塞尔维亚经历了国家分裂、民族纠纷等磨难。该园的建成反映了塞尔维亚人民历久弥新的科技强国决心。2015 年年底，塞尔维亚政府宣布 2016 年为企业年，鼓励年轻人投身技术创新和创办企业。

5. 鼓励人才流动

在贝尔格莱德大学 207 年校庆大会上，塞尔维亚教育和科技发展部部长明确提出反对故步自封、吃老本、求稳的科研方式，鼓励人才相互交流，敢于竞争承担大型科研项目。希望青年人出国深造或异地工作后回国服务。塞尔维亚政府还特别重视在海外工作的塞裔科技人才，专门在教育和科技发展部的网站上公布这些塞裔科技专家的工作领域和联系方式，希望本国科学家与他们开展合作和交流。

6. 培养技术工人

在塞尔维亚博世（Bosch）工厂实行一种以厂—校合作为基础的技术教育机制，即定向型的学徒教育。学校提供学生，工厂提供实习设备、实习场地和生活费用。学生按照学校和工厂合作设计的课程进行学习和操练，以成为某一领域的专才。这种培养技术工人的模式也正是德国经济成功发展的重要因素之一。塞尔维亚教育和科技发展部部长陪同德国经济发展部部长访问 Bosch 工厂时特别指出，随着工厂的机器设备越来越复杂和精密，这种教育机制可以培养出适应现代工业技术变化的技术工人，有助于塞尔维亚的经济发展。2015 年 12 月，教育和科技发展部宣布和西南部地区兹拉提博尔的 7 家家具制造厂开展技术教育合作，以培养更多的技术工人。

7. 加强国际科技合作

2015 年，国际合作依然是塞尔维亚教育和科技发展部的重点工作。自从 2014 年 7 月加入欧盟《地平线 2020》科研计划，到 2015 年 10 月，累计有 103 个塞尔维亚科研机构参与了《地平线 2020》计划，涉及科研经费达 1620 万欧元。2015 年 11 月 26 日，塞尔维亚教育与科技发展部和中国科技部在北京签署了“关于组织中方科学家参加塞方国家科研项目评审”的谅解备忘录，标志着塞尔维亚向科研国际化方面迈出了一大步。2015 年 9 月 18 日，塞尔维亚教育和科技发展部在克罗地亚海滨城市斯普利特召开的西巴尔干国家科技部长会议上签署了共同成立“西巴尔干研究与创新中心”的协议，积极参与欧盟支持下的地区性科研创新合作。2015 年 6 月，塞农业部宣布将和非洲的“非联”在农业领域开展旨在增加农业产量的科技合作。此外，塞尔维亚教育与科技发展部还分别与中国、意大利、黑山、白俄罗斯等国主管科技的部门召开联委会，确定 2015 年度的科技合作项目。

三、重点领域、科技领域进展情况

2015 年，塞尔维亚的各领域都取得了一定的进展，但内容各有不同。例如，环保领域呼吁大力发展绿色经济，但主要工作是清理废物垃圾，整治环境；交通领域则是“市场换技术”的重点领域。发展较快的领域是信息技术、新能源和农业 3 个领域：

（一）信息技术领域

信息技术领域是塞尔维亚招商引资的重点领域。与 2013 年相比，2014 年塞尔维亚的软件出口增长了 25%，超过了 3.2 亿美元；在塞尔维亚注册的信息技术公司大约有 1900 家，超过 19 000 名专业人员。塞尔维亚政府 2015 年拨付 5000 万第纳尔（约合 50 万美元）专款用于支持信息技术领域的创新和创业。2015 年 11 月，塞尔维亚首都贝尔格莱德市宣布出台资助信息技术产业创新的计划。塞尔维亚南部城市尼什则宣称要致力于成为塞尔维亚的信息技术中心。

（二）新能源领域

塞尔维亚发展新型能源的目标是：到 2020 年，27% 的电力来源于可再生能源。目前这一目标已经达到 21%，剩下的 6% 要在未来 5 年内完成。2015 年伊始，塞尔维亚出台了能源法修正案，向欧盟第 3 次能源一揽子改革方案看齐，进一步开放电力市场。例如，该修正案允许用户自行选择供应商，成为供应商不必先在塞尔维亚注册等，这些改革对能源投资者更加有利。2015 年 11 月，由塞尔维亚和意大利合资的公司 MK Fintel Wind 耗资 1500 万欧元建成的塞尔维亚首座风电场正式建成运行，使塞尔维亚正式进入生产风电的国家行列。塞尔维亚风电目标是到 2020 年，装机功率达到 500 MW，而仅 MK Fintel Wind 一家公司已经获得的风电场建造许可证合计就有 154 MW。塞尔维亚作为农业大国，生物质能资源超过风能、水能和太阳能，沼气发电自然成为发展新能源的重点。2015 年 11 月 13 日，塞尔维亚能源部部长签署相关协议，为计划在今后两年建成的 6 座沼气发电站和热能站（总功率为 6. 3 MW）提供价值 160 万美元的补助。水电一直是塞尔维亚重点开发的清洁可再生能源领域。2015 年年初，德国 EES 集团与塞尔维亚 Vrnjacka Banja 市签订协议，投资 6000 万欧元，计划在该市水域修建 3 座小型水电站，总功率达到 26 MW。除此之外，EES 集团还计划在塞尔维亚其他城市修建另外 18 座小型水电站。老水电站翻新也是塞尔维亚增加清洁能源容量的一个方向。塞尔维亚 HPP Zvornik 水电站建于 1955 年，迄今已运行 60 年，塞尔维亚政府利用德国发展银行贷款，投资 7000 万欧元对其进行翻修。

（三）农业领域

农业是塞尔维亚非常重要的经济产业。2014 年，农业产值占塞尔维亚 GDP 的 9. 1% ，占其出口产品的 21% 左右，盈利 13 亿美元。塞尔维亚在追求农业发展中不忘控制质量。在欧盟的资助下，塞尔维亚教育和科技发展部与农业和环境保护部联合成立“国家标准规范实验室”，成为塞尔维亚农产品和食品安全体系中重要的一环，将塞尔维亚农业生产提高到新的层次。

在转基因作物政策方面，2015 年 9 月 28 日，塞尔维亚农业和环境保护部再次宣布禁止种植转基因作物，鼓励本国农民种植非转基因的同类作物。农业和环境保护部部长访问奥地利时，也表示要认真向奥地利学习有机农业的经验，进一步明确了塞尔维亚政府鼓励发展有机农业的决心。

（执笔人：陈永宁）

希　　腊

2015 年，希腊的政治形势惊险跌宕，一系列政局变化和不断高涨的退出欧元区声浪，不断刺激欧盟和债权人的神经，也再次吸引了全球对希腊的关注。两次大选和公投等一系列事件难免给国家带来政治动荡，政治上的不确定性让希腊科技与创新发展受到严重影响，政府的主要精力集中于政府重组后的科技管理机构调整。

一、科研经费情况

希腊经济在 2014 年下半年和 2015 年上半年曾略有起色，但举行全民公决和随之而来的银行假日和实行资本管制，增加了经济不确定性和恶化的趋势，从 2015 年下半年开始经济下滑，并再次陷入衰退。在政治和经济危机的双重压力下，希腊的科技投入困难更是不言而喻。目前，希腊科研活动几乎全部依靠外部资助资金的支持，其中大部分来自欧盟的“结构基金”。2014 年欧盟结构基金应该提供 5900 万欧元经费，用于支持因金融危机被冻结的项目征集工作。第二笔 5300 万欧元资金将作为未来 7 年计划的一部分陆续推出，用于新项目征集和国际研究机构经费。但是，这些经费并没有到位。研究人员面临的更大问题是因为实行资本管制，即便获得欧洲研究理事会提供的 150 万欧元“启动资助”，这笔资金也无法正常使用。2015 年 8 月 14 日希腊议会和欧盟理事会批准了第 3 次救助方案，这才暂时缓解了希腊的财政危机。随着国家流动资金略有改善，科研项目的经费才逐步可以落实。

二、科技政策和机构的重要变化

（一）拟建立 3 个新的研发中心

2015 年年初，科技秘书长克里斯托博士宣布，希腊将在中西部、东马其顿和色雷斯建立3个新的科研中心，以促进当地研发与创新，带动地区经济发展。希腊研究与技术总秘书处下属18个科研中心大多集中在雅典、克里特、萨洛尼卡和帕特雷。新建立的科研中心在专业和业务方面不会同原有的科研中心形成竞争。例如，拟建立在东马其顿的科研中心不会同萨洛尼卡的研究与技术开发中心（CERTH）在专业上竞争。

（二）首次任命科技创新常务副部长

2015年1月底大选之后，新政府在教育、文化及宗教事务部设立负责科研与创新的常务副部长，原希腊研究与技术基金会主席科斯塔斯·福塔基斯教授成为希腊历史上首位科研与创新常务副部长。福塔基斯教授是著名科学家，也是希腊科技界从事激光技术研究的知名专家。据了解，希腊政府多年来没有设立专门负责科技事务的部长，过去教育部部长只是兼管科技事务。这次任命提升了希腊的科技创新管理等级。

（三）首次设立教育科研部

2015年9月，左翼联盟在第二次大选中获胜并组成新政府内阁。政府机构最大的变化是原希腊教育、文化及宗教事务部被拆分成两个不同的部。教育部更名为教育、科研与宗教事务部。这是希腊历史上首次设立教育科研部。舆论认为，希腊摆脱长期经济衰退的出路之一，就是调整和改变经济结构，发展加工制造业。而科研则是发展加工制造业的基础。这次希腊政府设立教育科研部，体现其加强科技发展的努力。

（四）调整科技管理机构，拟建立科研与创新基金

根据欧盟的要求，2015年希腊对科技管理机构和人员进一步调整压缩。研究与技术总秘书处从原先的8个司压缩到4个司，目前工作人员的数量已经削减到80人左右。科研与创新常务副部长福塔基斯教授表示，政府计划重振科研，措施之一是致力于创建希腊第一个研究与创新基金，以促进基础研究和应用研究。资金将来自公共和私人资源。他承认目前希腊可能难以找到很多私人投资，他正在通过谈判努力寻求各种资源的支持，如欧洲战略投资基金。他希望将资金重点放在解决当务之急，如减慢人才外流，使科研环境更具吸引力等方面。同时，政府正在制定新的科技发展政策，旨在消除官僚主义障碍，提高科研资金使用效率。

（五）设奖鼓励企业与科研机构开展合作

在希腊研究与技术总秘书处和亚历山大创新区的主持下，由希腊北方信息技

术公司、希腊国家研究与技术中心、希腊北部出口商会、希腊北部工业协会、马其顿大学和塞萨洛尼基亚里士多德大学共同发起，设立一个新的机构奖，用于鼓励企业与科研单位开展技术合作，建立密切的合作伙伴关系，以便有效地研发新的创新产品和服务，实现两者之间的知识转移。

（六）通过新的教育、科研与创新法规

2015 年 12 月，希腊议会通过新的《教育、科研与创新法规》，内容包括制定希腊各个科研中心负责人的选举和任命程序及制度；完善国际科研合作项目的审核机制；启动国家科技创新理事会的机构管理和实际运作。

三、国际科技合作

（一）与英国卫星公司 INMARSAT 开展合作

2015 年，英国卫星公司 INMARSAT 选择希腊最大的电信运营商希腊电信公司作为合作伙伴，在希腊安装欧洲航空网络的地面卫星站。这项服务将为欧洲卫星接入站提供机舱内高速网络连接，项目完成后飞机内将能够利用机载网络通信在卫星和地面连接之间自动切换，这意味着航空公司将能够利用 INMARSAT 公司为欧盟 28 国家提供的 30 MHz 的 S 波段频谱分配，在全欧洲航线上，为乘客提供可靠的高速互联网服务。希腊成为欧盟第一个将卫星网络和基于 LTE 地面网络相结合，为航空旅客提供互联网连接的国家。

（二）与欧洲航天局和法国密切开展空间领域合作

按照欧洲航天局的计划，从 2015 年开始，希腊企业和科研机构将获得更多的项目合同。面对各成员国的激烈竞争，在遭受经济危机的情况下，希腊能取得这样的成绩实属不易。研究与技术总秘书处表示，希腊得益于法国和德国这两个欧洲航天局重要成员国的合作支持。另外，近年来希腊与法国在空间领域合作日益紧密，取得了重要成果。2015 年 10 月，希腊研究与技术总秘书处与法国国家空间中心共同组织两国从事空间技术开发的企业及研究机构在法国航天工业的核心城市图卢兹举行大规模交流活动。科技秘书长托马斯博士率领 50 多人组成的希腊代表团到图卢兹访问，有 41 家企业和研究机构进行了 130 次双边会谈。这次交流活动是按照双边空间合作框架进行的。访问的目的是了解欧洲航天局的工作计划和欧盟 2016—2017 年空间工作计划，进一步寻求新的合作机会。

（执笔人：梁雪军）

德　国

2015 年是德国实施《新一轮高技术战略》的开局之年，它继续把科技创新置于重要地位，增加财政科研投入，强化科研体系建设，营造宽松的创新氛围，促进中小企业创新，进一步深化和拓展与中国的科技合作。

一、科技创新稳步发展

（一）总体情况

据欧盟公布《2015 年创新联盟记分牌》，德国创新水平在欧盟中继续占据着创新领先的地位。根据世界知识产权组织（WIPO）发布的《2015 年全球创新指数报告》，德国排名居第 12 位。

据联邦教育和研究部（BMBF，以下简称德国教研部）发布的《2015 年德国教育研究数据》（Bildung und Forschung in Zahlen 2015），德国高技术产品出口占世界市场的份额达 12%，位列全球第二，居中国之后、美国之前。欧盟最具创新的 10 家企业中有 5 家来自德国。据德国联邦统计局数据，2013 年德国从事研究与创新的人员（全时当量）有近 59 万人年，其中高校 13 万人年左右、科研机构 9.8 万人年左右、企业与经济界 36 万人年左右。

2015 年德国专利商标局发布数据显示，2014 年该局发明专利授权占 43.1%，发明专利申请数量为 6.60 万件；商标和外观设计的申请数量分别为 6.67 万件和 5.94 万件，继续增长；实用新型申请数量 1.47 万件，减少 4.7%。

（二）研发投入

德国政府和经济界近年来在研发上持续增加投入，据《2015 年德国教育研究数据》，2013 年全社会的研发总投入近 800 亿欧元，占其 GDP 的 2.85%，占世界研发总投入的 7.7%。据联合国发布的《2015 年科学报告：面向 2030》，所有欧盟国家中，只有德国真正在过去5年中增加了公共研发投入。2011—2013年欧盟研发投入排名居前40位的公司中有12家德国企业，大众、戴姆勒公司和宝马公司位居前三。

德国联邦政府2015年研究和开发（R&D）投入计划达到149亿欧元，比2014年增加2.61亿欧元，比2005年增长65%。德国教研部支配的研发投入为88亿欧元，占联邦研发经费的59.18%，其他10多个部门支配的研发投入约40%，其中联邦经济和能源部（BMWi，以下简称联邦经济部）占21.4%；农业部、交通部、环境部约占8%。

二、在重点科技领域出台新计划

（一）推出“自动与互联汽车”国家战略，欲引领汽车产业革命

2015年9月，联邦政府内阁通过联邦交通部提交的“自动与互联汽车”国家战略。联邦政府拟通过实施该战略，力推自动与互联汽车技术，力争成为核心创新阶段的“领跑者”，让自动互联驾驶技术“落实到路”，成为该技术的“先导市场”，进一步巩固制造强国地位。自动和互联汽车的发展涉及多个领域，德国将在完善基础设施、优化法律环境、加强创新研究、建设智能网络、强化信息安全和数据保护等领域采取措施。

（二）出台智能网络化战略，夯实数字经济发展基础

作为落实“数字议程”的重大举措，德国联邦政府于9月出台了“智能网络化战略”，其核心目标是充分挖掘并优化利用信息和通信技术潜力，抢抓数字化、网络化所带来的机遇，促进宏观经济增长与社会政治繁荣。该战略建立了由联邦经济部、德国教研部等七部门共同参与的协同推进机制，突出自愿参与、公开透明、显示度和辐射性、专业化监督四大原则，着力支持教育、能源、卫生、交通和公共管理五大应用领域，明确了36条操作性强的具体措施。

此外，德国联邦总理默克尔强调经济、社会和管理的数字化是联邦政府未来的核心任务，提出了布局“数字化未来”的十大举措：推进宽带建设，增设无线热点，支持初创企业，创新数据保护，统一欧洲市场，整合电信行业，强化信息技术安全制度建设，实现在线公共管理，推进研究创新，以及推动移动网络化等。

德国教研部、经济部、交通部及内政部四部委联手，与德国弗朗霍夫学会共同推出了大工业数据空间计划，旨在基于共同的数据使用标准，使德国企业进入全球性的数据开放和共享空间，以应对世界范围内日趋迫近的数字化挑战及相应的工业生产和商业模式变革。

（三）发布《德国抗生素耐药性战略2020》，向抗生素耐药问题“宣战”

联邦政府内阁5月通过了新一轮《德国抗生素耐药性战略》（DART 2020）。该战略由联邦卫生部、教研部和农业部共同制定，意在通过跨部门研究合作减少人类医学和兽医领域的抗生素用量，支持世界范围内的相关科技机构和企业共同应对抗生素耐药性。该战略从在全国乃至国际层面加强“同一个健康”战略，预防耐药性发展，优化治疗方法及时切断感染链，加强和提高公众意识和医师能力，支持研发活动等多个方面明确了战略目标，提出了具体举措。

（四）启动升级版工业4.0平台，推出“工业4.0平台地图”

德国经济部、教研部3月共同启动升级版工业4.0平台建设，接管此前由三大协会负责的工业4.0平台，并在主题和结构上对其重新改造。新平台将成立领导小组，由联邦经济部长和联邦教研部长共同领衔。下设战略圈，由两部门的国务秘书牵头，负责政策协调，发挥社会动员与“倍增”作用；由企业家牵头的操控圈与参考架构和标准规范、研究和创新、网络安全系统、法律框架、就业和教育培训5个工作组，负责技术能力及应用决策；产业联盟和国际标准委员会，负责进入市场的有关活动。4月，工业4.0平台正式启动，由100多家机构、250多名人员组成。11月，联邦经济部、德国教研部正式推出了“工业4.0平台地图”。这份虚拟在线地图上清晰地标注了遍布德国各地的工业4.0应用实例和试验点，旨在借助实践案例、具体操作建议和试验点，推动德国企业特别是中小企业早日进入工业4.0时代。

（五）出台系列举措和行动，推进“高技术战略”实施

2015年是德国实施《新一轮高技术战略》的开局之年，联邦政府出台多项举措和行动计划，深入推进战略实施。

1月，德国教研部推出促进科研成果转化的专项支持计划——《科研成果技术与社会创新潜力验证计划》（VIP+）。《VIP+计划》预计投入资金1.5亿欧元，对项目的支持力度最高可达150万欧元，项目实施周期为3年。该项计划具体管理工作委托德国机电工程师协会科研项目管理机构承担。同月，德国教研部还出台了促进材料研究框架计划——《材料创新》，旨在通过3D打印等计算机辅助新技术，改变传统生产和经济结构，从而提高材料效率和能源效率，提高产业竞争力。该计划将建立材料研究平台，改进生产工艺，促进材料在能源技术、材料的可持续使用、汽车与交通、医疗健康及未来建筑等领域的应用。该计划将实施到2025年，每年的资助力度大约为1亿欧元。

2 月，德国联邦政府发布了“未来城市研究和创新战略议程”（FINA），着眼于建设二氧化碳零排放、能源和资源高效利用、适应气候变化、可转型、宜居、具有社会包容性的未来城市。

3 月，德国联邦政府决定实施国家信息安全研究计划——《2015—2020 年数字世界的安全与自决》（Selbstbestimmt und sicher in der digitalen Welt 2015—2020），这是德国联邦政府首次推出跨部门的信息安全研究计划。该研究计划主要围绕 4 个主题展开：网络信息技术、安全可靠的信息通信系统、信息与个人隐私安全技术的应用、数据保护。德国教研部计划到 2020 年投入 1.8 亿欧元，支持该项计划实施。

6 月，德国教研部启动工业 4.0 信息技术安全的国家参考项目，旨在有效保护网络化生产免受网络攻击和间谍活动的破坏。该项目投入经费 2000 万欧元。

9 月，德国教研部启动了名为“哥白尼”的能源转型研究项目，通过该项目的实施，科学、工业和用户将共同开发新的能源系统和概念，并将其大规模应用。该项目的实施周期将达 10 年，总经费 4 亿欧元。

三、支持中小企业创新

（一）加大项目和资金支持力度

德国联邦政府将中小企业数字化作为支持的重点，陆续推出了多项针对性支持计划，如企业数字能力网络 、数字标准化、轻松体验等。德国联邦经济部启动一项新的支持中小企业参与工业 4.0 进程的计划，将投入 2800 万欧元建设 5 个“中小企业 4.0 能力中心”，承担为中小企业提供工业 4.0 相关技术信息、新技术展示、技术转移、人才培训、适应工业 4.0 的企业组织管理咨询等功能。

（二）德国政府与经济界联手支持中小企业发展

7 月，德国经济部与德国几大经济组织——德国工业联合会（BDI）、德国工商大会（DIHK）、德国手工业联合总会（ZDH）共同发表一份题为《未来中小企业》的联合声明，提出为适应数字经济和网络化时代的要求，德国政府和经济界将共同实施一系列新的政策和扶持措施，为德国中小企业发展创造更加良好的宏观环境和氛围。支持重点包括：一是鼓励和支持创业和企业家精神。大力支持社会特别是青年人创业，同时重视现有中小企业接班人的培养。二是帮助中小企业顺利实现数字化。建立覆盖全国的针对中小企业的信息化咨询网络，促进科研成果向中小企业转化，实施国家数字化议程加速宽带信息网络建设，为中小企业特别是偏远地区中小企业提供高速信息基础设施。三是加大资金支持力度。优化政府财政、商业银行和合作金融机构资源，便利对中小企业的贷款。加强风险投资扶持创新型企业的成长；调整阻碍中小企业发展和持续的税收政策，如遗产税等。四是支持人力资源培养，加大对职业教育的投人，保证有职业培训意愿的年轻人得到培训机会。提高职业教育的地位，争取职业教育学历与学术研究型学历的平等地位。支持企业员工在职接受教育，鼓励青年赴国外接受职业培训。为中小企业吸收国外技术人才提供信息并创造更安全和稳定的法律环境。五是消除官僚主义。以实施反官僚主义法带动以法律形式规范政府经济管理行为，尽量简化经济活动中过分繁杂的管理办法和规定，消除对中小企业的束缚。

四、完善法律法规

（一）修订后的《基本法》开始实施，强化联邦与州科教协同

2014 年德国联邦内阁通过了基本法修改草案，联邦议会审议通过后，第 91B 条第 1 款自 2015 年 1 月 1 日起生效。该条款的具体内容是：联邦和州在协议的基础上，可以在促进跨区域的科学、研究和教育方面开展合作。涉及大学的协议要征得所有州的同意，有关科研基础设施和重大装备方面的协议例外。该修订案旨在扩大联邦和州在科研领域的合作范围，加强联邦政府对高校的较长期稳定性经费支持，进一步消除制约联邦和州协同促进跨区域的科学、研究及教学工作的法律障碍。

（二）修订《科研时限合同法》，以提高青年科研人员职业生涯的计划性

9 月，德国联邦内阁批准了修改《科研时限合同法》的草案。德国政府认为这将为年轻的科研人员开辟更可靠、更有计划性的职业道路。按照 2007 年生效的德国《科研时限合同法》，科研人员与院校签订的短期聘用合同最长不超过 6 年。大学外科研机构的研究人员中大部分也依照该法规在短期合同下工作。近 10 年来，尽管科研领域出现大量就业岗位，却仍有多半青年科研人员首次签署的合同期限往往不足 1 年。由于受所获取的第三方资助期限限制，大量青年科研人员的合同期无法与科研项目或博士论文撰写所需期限匹配，需在任务过程中不断寻求新资助渠道，影响了科研工作的稳定性。德国政府希望通过修改《科学短期合同法》，能限制这种不合理的情况继续发生。

（三）德国联邦议会审议通过《数字健康法（草案）》

8 月，德国联邦议会首次审议了《医疗领域安全的数字交流和应用法》［即《电子健康法（草案）》］。联邦卫生部长表示，数字化网络具有拯救生命的重要意义，而《电子健康法》则是有决定性意义的基础条件。卫生部通过与联邦数

据保护专员及联邦信息技术安全局的合作，共同研发系统，保护患者的敏感信息。

（四）颁布《反官僚主义法》，为中小企业松绑

德国联邦议会审议联邦政府提出的《反官僚主义法》，以法律形式规范政府的经济管理行为，旨在尽量简化经济活动中过分繁杂的管理办法和规定，减少繁文缛节式的要求，破除对企业特别是中小企业的束缚，使更多的创新型初创企业能在更加自由的环境中成长。其中具体措施，一是改进和简化政府对中小企业经济活动的管理，减少企业的负担，如 7 月 1 日起德国联邦政府承诺，将实行所谓“一进一出”原则，即如联邦政府新推出一项管理措施，如其可能使企业增加负担，则必须在一年内废除一项已有的其他管理法规使企业负担得到平衡；二是简化对小微企业的会计准则要求和解除其报送各种统计数据的强制性规定；三是在税收方面将出台优惠措施，主要是税收申报和监管方面简化流程，提高纳税门槛。

五、积极与中国开展科技合作

2015 年 10 月 28 日，德国正式发布了《中国战略：2015—2020 年与中国研究、科学、教育合作战略框架》（China-Strategie des Bundesministeriums für Bildung und Forschung 2015—2020）文件，确定了 2015—2020 年中德合作的政策框架。其基本目标是“着眼德国战略利益，共同创新知识和技术，巩固德国研究和创新强国地位，为企业开拓中国市场，共同成功应对当今时代的巨大社会和环境挑战”。战略包含未来对华合作的 9 个领域及 35 项具体措施。其中包括在德国形成更广泛的“中国能力”，推动两国高校和科研机构开展持续的合作，构建德国对华合作网络，完善科研领域对华合作框架条件，以及促进两国在关键技术、生命科学、人文社科、职业教育、共同应对全球生态挑战等方面的合作。

此外，中德双方加强标准领域的合作，5 月在中德标准化合作委员会框架下成立工业 4.0 标准化工作小组。工作小组将促进双方的相互交流，确定和填补两国现有标准化的差距，从而促进两国在国际标准化领域的合作。7 月，德国工业标准组织（DIN）和中国标准管理局（SAC）签署了谅解备忘录，同意将积极的和长期的参与和合作提到议事日程上来。

（执笔人：赵清华　王敬华）

瑞　　士

2015 年，瑞士社会政治经济形势总体平稳，经济增长率为 0.9%，失业率在 3.1%～3.5% 波动。在科技领域，联邦政府科技主管部门——联邦经济教育科研部确定的科研领域重点任务主要有：启动《瑞士 2017—2020 年促进教育研究创新报告》编制工作；完成《瑞士科研基础设施路线图》的制订；继续实施国家科研计划；推进瑞士 X 射线自由激光装置建设；继续争取全面参与欧盟科研框架计划；确定瑞士技术创新委员会地位；启动瑞士创新园区建设；加速在重点合作对象国建设瑞士国际合作网络；推进科研领域双边合作。

一、瑞士竞争力继续世界领先

据世界经济论坛《2015—2016 年全球竞争力报告》，瑞士连续 7 年位列榜首。人口和自然资源均不占优势的瑞士，竞争力之所以保持排名首位，是各种因素共同作用的结果：高效和透明的公共机构确保了公平的发展环境并增强了企业信心；交通、电力、网络、通信等基础设施完备；政府债务、预算及通胀率等宏观经济环境稳定；金融市场运转良好，技术应用能力较强；企业处于价值链顶端而且成熟度较高，生产并提供高附加值的产品和服务等。特别在排名所依据的指标之一“创新”这一类别下，瑞士在创新能力、科研机构质量、企业研发资金投入、学产研高度结合、人均专利申请数量等方面得分较高。

瑞士联邦统计局每 4 年进行一次全国研发投入统计，根据 2014 年年底发布的统计报告《瑞士的研究与开发 2012》，瑞士 2012 年全社会研发投入 185 亿瑞士法郎，与前一统计周期相应年度 2008 年相比增加 13.5%，而同期国内生产总值（GDP）增长幅度为 4%，研发投入占 GDP 的比例为 2.96%。瑞士研发投入中有 128 亿瑞郎来自经济界，占 69.3%，联邦政府和各州政府投入约占 28.9%，其余 1.8% 来自私人非营利机构及各种捐助等。瑞士与研发工作相关的人员总计约 11 万 7000 人，直接从事研发 7 万 5000 多人，较 2008 年增加 21.6%，值得注意的是这其中约 39% 拥有外国国籍。

二、积极谋划，应对挑战

2015 年，瑞士联邦政府开始着手制订《瑞士 2017—2020 年促进教育研究创新报告》，由联邦教育科研创新国务秘书处（SBIF）牵头，瑞士大学、科研机构、科研促进机构和经济界在广泛调研提出了《关于瑞士 2017—2020 年促进教育研究创新的建议》（以下简称《建议》）。

《建议》提出，瑞士在教育科研创新领域的领先地位对瑞士国际竞争力具有决定性作用，2013—2016 年联邦政府对教育科研创新的投入年均增长 3.7%，这种高强度的支持要继续保持，才能巩固和强化教育科研作为瑞士成功模式的支柱地位。

《建议》强调，2014 年 2 月欧盟中断与瑞士关于参与欧盟科研框架计划的谈判。虽经多轮谈判争取，欧盟只同意 2016 年年底前进行的部分研究项目仍继续对瑞士开放，2017 年年后瑞士只能以“第三国”的不平等身份参与欧盟科研框架计划的局面难有改变。瑞士参与国际科研合作的外部条件将趋于恶化，优势地位将动摇。瑞士政府首先应追加经费支持弥补缺口，但这只是治标的措施，科研国际化的问题仍未能解决，瑞士应继续与欧盟谈判争取在欧盟科研框架计划中完全平等参与国的身份。同时，联邦政府在制订移民政策时一定要充分考虑教育科研领域吸引世界一流人才的迫切需求，尽量降低其负面影响。

《建议》认为，将保持瑞士在教育科研创新领域世界领先地位作为优先目标，需要着力解决几个关键问题。优化科研后备人才的培养和支持体系，重点是创造年轻科研人才尽早独立开展研究工作的环境，让科研人才职业生涯更具可规划性，如在大学增加助理教授的职位，瑞士国家科研基金会加大针对年轻科研人员独立开展的研究课题的支持等；加强对科研基础设施的投入，建设具有国际领先水平的科研条件；加强科研成果转化，大力搭建科研和经济之间的桥梁，促进大学科研机构与企业的合作，如瑞士国家科研基金会和瑞士创新委员会实施的《“桥”计划》（Programm Bridge）等；应将能源领域研究开发作为重点，继续加大支持力度，助推能源转型目标的实现。

三、设立国家创新园

为进一步确保瑞士的创新能力和国际竞争力，瑞士联邦政府根据《瑞士联邦科技促进法 2012 年修正案》（FIFG）的规定，经与有关州政府和大学及企业多次协商，于2015年3月向议会提交了关于建立两个国家创新园贷款预算和用地方案。两个国家创新园建设的总贷款预算额为3.5亿瑞士法郎，由联邦政府担保并分阶段执行。创新园的主要功能是吸引和推动企业（尤其是跨国企业）与瑞士大学和科研机构开展世界一流的科研创新活动。两个国家创新园将在2016年动工开建，由此将改写瑞士没有国家级创新园的历史。

为使这两个国家创新园充满活力，将成立创新园基金会对贷款进行管理。对于创新园的建设，联邦政府不参与具体管理，由科技园所在各州政府和参与的大学与私营企业运作。政府的担保贷款主要用于支持创新园区基础设施的配备，创新园内的大型建筑建设则主要吸引社会投资。

四、提升瑞士技术创新委员会的地位和功能，支持中小企业创新

瑞士技术创新委员会（KIT）起初为瑞士政府关于支持中小企业发展的咨询机构，法律地位是议会外围的专业委员会，不具备政府部门的决策和执行功能。2006年修改的瑞士宪法第64条将促进科研与创新并列为联邦政府的任务，2008年对瑞士科研法进行修订，明确瑞士创新委员会承担瑞士联邦政府促进创新的职能，但其法律地位一直没有明确。2015年，联邦政府向议会提交一项关于瑞士创新委员会的立法建议，建议明确其国家创新促进公法机构地位，以便更好地担负促进技术创新职能。预计2016年上半年瑞士议会将审议通过该法案，将形成瑞士技术创新委员会与瑞士国家科研基金会并列的局面。

瑞士技术创新委员会支持企业（主要是中小企业的）创新创业的手段主要有以下几种形式：一是支持研发项目（F&E-Förderung）。主要支持中小企业及高等专业学校开展的有明确应用背景的研发活动，经过多年发展，目前涉及的领域主要有工程技术、交叉科学、生命科学、微纳米技术、新能源和节能技术等。二是支持科技创业（Start-up）。具体的措施有为科技型初创企业提供专家辅导（CTI Start-up）、创业者培训（CTI Entrepreneurship），以及创业者与投资方互动的创业投资平台（CTI Invest）。三是支持科技成果转化平台（WTT）建设。如已组建的瑞士碳复合材料、创新型表面技术、瑞士生物技术、食品研究、木材综合利用技术、光电子和集成物流系统等创新网络平台。四是承担瑞士政府新能源研究计划的组织和实施。主要是着手设立瑞士能源研究能力中心（SCCER），至2016年计划投入资金1.18亿瑞士法郎。

2015年瑞士法郎持续坚挺，瑞士中小企业尤其是出口型中小企业受到较严重影响，处境困难。瑞士技术创新委员会推出一系列措施，支持中小企业开展创新活动，如部分减免或返还企业参与研发项目的自筹资金，加快对企业申请资助

的审批过程，组织不同领域专业化的创新创业项目推介活动，帮助其获得外部资金支持等。瑞士技术创新委员会还推出一批创业成功的年轻高技术企业作为典型案例，彰显其成果，瑞士联邦委员兼经济部长阿曼也多次到企业实地考察以示鼓励和支持。

五、瑞士国家科研基金会改革科研项目管理

瑞士国家科研基金会（SNF）是管理瑞士国家公共科研经费的主要机构。瑞士国家科研基金会决定，将对科研项目管理进行大幅度改革，力求实现科研项目资金使用“更透明、更具吸引力、更高效”。此次改革主要涉及的是科研项目资助资金的使用年限、项目申报要求及评审流程等：一是科研项目资金的最长使用年限将由目前的3年延长到4年，以适应科研工作的规律，更加有利于科研后备人才培养。二是鼓励和促进科研人员在科研工作中的专注性，原则上一个申请人只能获得一个科研项目，在项目得到资助期间，如提出新的项目申请，应与在研项目内容上有实质性的差异，同时一次只能提交一份项目申请。目的是保证科研经费竞争过程的公平公正，保证研究课题的多样性，节省和提高申请人和科研项目管理机构的资源利用效率。三是强化责任，原则上每个科研项目只由一位申请人，由其对科研课题的设计及实际科研工作负责，与其合作的科研人员以科研合作伙伴的身份参与项目研究工作，多人联合共同申请的项目应是研究课题确有必要时才可接受。

《瑞士国家研究计划》（NFP）是瑞士投入资源最多的国家级科研计划，是为应对瑞士社会主要问题和挑战所设立的国家科技攻关项目，项目的研究期限一般为5年，项目具体实施由瑞士国家科研基金会负责。2015年瑞士联邦委员会批准了“医疗保健”“抗生素耐药性”和“大数据”3个新的国家研究项目（NFP），总投入6500万瑞士法郎。

六、加强与金砖国家合作

瑞士的国际科技合作主要是三大板块，美国、欧洲及与其他国家的双边合作。瑞士与美国科研领域合作深耕多年，已高度发展，在具体合作上政府已很少介入，甚至瑞方以不将其列入国际合作范畴，工作重点是吸引美国的科研领军人才和鼓励瑞士赴美国学习的青年科研人才回流。多年来欧盟科研框架计划是瑞士国际科技合作最主要平台，但2014年2月9日瑞士全民公决通过了《限制大规模向瑞士移民》提案，直接的影响是欧盟委员会相继中断了与瑞士关于参与欧盟科研计划的谈判，停止了瑞士参与欧盟科研与教育合作的“欧盟成员国同等待

遇”。虽经多轮谈判争取，欧盟仍坚持2017年以后瑞士只能以“第三国”的身份参与欧盟科研框架计划，科研经费由瑞方自筹，而且必须与欧盟国家的合作伙伴一起共同申请项目，瑞士依托欧盟科研计划展开国际科技合作的格局将发生深刻变化，其负面影响还可能随着瑞士出台限制移民的具体政策进一步发酵，短期内难有重大转圜。

近年来，瑞士加强了对美欧以外国家的科技合作，对象国为中国、俄罗斯和印度等“金砖国家”，以及日本和韩国。特别注重开拓与金砖国家的科技合作，与金砖国家陆续签署了政府间科技合作协议，建立政府间科技合作机制积极落实协议内容，在瑞士与欧盟科研合作受阻的背景之下，这种趋势显得更加明显。

瑞士明确将中国作为重要的科技合作对象国，是与欧盟伙伴关系之外最重要的科技合作关系。2008年在上海设立科学之家，是瑞士在美国之外设立的首个海外科技合作促进机构，设立了与中国开展双边科技合作专项经费，并保持稳步增长态势，在2013—2016年教育科技发展计划中安排的对华科技合作经费预算近1000万瑞士法郎，是投入经费最多的双边科技合作计划。2015年，中瑞科技合作计划通过项目招标，从双方科学家共同提出的40余项合作研究课题中，经长达半年的双方分别评审，有9个项目通过了两国专家的评审，已经正式启动，双方正积极酝酿下一轮合作项目。值得注意的是瑞方政府和科技界积极行动，开出优惠条件，力争中国参加瑞士最大的在建科研基础设施——X射线自由激光装置的建设和运行。

瑞士联邦委员兼经济教育科研部长施奈德-阿曼2015年5月访问印度，此访主要议题是“经济与创新”，除与印度谈判自贸易协定外，另一重点是创新合作，出席了在班加罗尔设立的瑞士创新园揭牌仪式。为落实瑞士与俄罗斯于2012年签署的科技合作协议，10月28日瑞士俄罗斯科技合作联委会第二次会议在莫斯科举行，就2013—2016年财政周期双方科技合作项目达成一致，决定共同支持25个合作项目，涉及的领域有机器人、生物信息学、政治学及文学。6月初，瑞士教育科研创新国务秘书安布罗吉奥访问南非，确立瑞士南非教育科研合作联委会机制，启动《瑞士南非联合研究计划》（SSAJRP）新一轮合作，宣布在南非首都开普敦设立环境与健康联合研究所，双方参与的科研机构有瑞士巴塞尔大学、瑞士热带病与公共健康研究所、南非开普敦大学，研究领域将涉及传染病、儿童健康、水与环境污染对健康的影响等。

（执笔人：张　快）

奥 地 利

奥地利经济2015年缓慢复苏，增速有望达到0.7%。较经济领域的复苏趋势，奥地利科技创新领域的形势相对严峻，据瑞士世界经济论坛最新的世界竞争力排名显示，奥地利综合排名从2014年的第21位下滑至第23位，而在2015年欧盟创新联盟积分榜中，奥排名已连续4年下滑，现排名居第11位，位于创新跟随者底部，稍高于欧盟平均水平。面临创新领域的严峻形势，政府2015年出台了一系列促进措施，如制定“创业者之国”战略，大力推动绿色能源、生命科学等重点领域的发展，加大再工业化力度等，以期增强国家竞争力，扭转创新发展的颓势。

一、加大研发投入，巩固研发地位

据奥地利统计局预测，2015年度奥地利国内研发支出预计达到101亿欧元，与2014年的98.3亿欧元相比增长2.8%。根据该数字计算，奥地利研发投入占国内生产总值比例首次超过3%，达到3.01%，在欧盟28国中排名居第4位。

在研发投入组成结构上，企业投入占总投入的47.2%，约为48亿欧元，比2014年增长3.9%；公共投入增长1.66%，达到38亿欧元，虽为小幅度增长，但在政府财政预算困难时期实现，较为不易。在公共经费投入中，对基础研究的投入近几年来有较大幅度的增长，以奥地利科学基金会（FWF）为例，其资金预算2013—2016年增长了21%，其他机构如科学技术研究所和科学院经费都不同程度得到提高。

在加强政府投入的同时，通过民间筹集科研资金成为2015年奥地利政府的关注热点，政府为此推出了一系列措施，主要包括：①以简洁、非官僚的公益基金法作为长期扶持公益项目的保障；②鼓励公益捐助行为，从税收优惠（最多年收入的10% 和5 年最高50 万欧元)、免收房产相关税费和在中间税方面给予个人及私人公益基金相同优惠；③允许相同公益性质的资金转移合并；④强化奥地利作为国际非政府组织所在地的吸引力。

二、出台实施创业者之国战略

2015 年4 月，奥地利出台“创业者之国”战略，在资金、税收和行政审批等多方面采取措施鼓励创业。通过该战略，奥地利期望成为欧洲首屈一指的创业者之国。“创业者之国”战略涉五大领域，共推出 40 项措施。五大领域包括创新、资助、认知、网络、基础设施和监管。其中科研创新领域具体归纳为九大措施，分别是：开放创新、完善成果转化基础设施与刺激政策、加强科研界自身知识转化能力、密切产学研合作、改革知识产权保护相关法律、制定实施奥地利数字议程。奥地利政府希望通过这些措施，进一步挖掘创业创新方面的潜力，到2020 年创造 10 万个工作岗位。

围绕着该战略，奥地利从多方面提升创新创业环境：

1. 建设《孵化器国际化网络计划》

为推动创新创业和国际化，奥地利科研经济部投入400 万欧元起动《孵化器国际化网络计划》，该计划的核心是以国际合作关系为基础建立虚拟的国际化孵化器，以增强奥地利对创业公司、投资者及企业的吸引力。该计划选择 10 个国家作为伙伴国，共举办 40 多场活动，将有 500 家创业公司、投资者、创业空间参与。奥地利经济服务公司和奥地利科研促进署共同负责计划的执行工作。

2. 实施“Markt Start”项目

该项目由奥地利交通创新技术部自 2012 年推出，奥地利研究促进署 FFG 开展实施。目前，奥地利政府已为该项目投入 1420 万欧元，扶持初创小企业 30 余家开展市场化。鉴于项目开展良好和初创企业的市场化需求，奥地利创新部在2015—2016 年将为“Markt Start”项目进一步投入 2000 万欧元。

3. 推出《替代融资法》

为促进大众创新、推动众筹融资在奥地利的发展，奥地利 2015 年通过了《替代融资法》。《替代融资法》首先降低了众筹融资的成本，过去融资 25 万欧元需要准备招股说明书，而新法规定已提高至 500 万欧元，对于 150 万～500 万欧元的融资规模，新法规定只需要准备简化的招股说明书。其次，新法保护投资者利益，规定每位投资者每年每个项目投资额一般不超过 5000 欧元，有两种情况可以突破上述限制：投资者月净收入超过2500欧元（但投资不超过每月净收入的两倍）；不超过个人金融资产的10%。

三、大力发展绿色能源经济

奥地利在绿色低碳经济方面拥有着丰富的发展经验，其政策实施分为未来城市和智能能源体系两大领域，具体分为智能建筑、交通、可持续能源、废弃物回收利用、智能电网等多个子领域。在近年来更是不断推进在能源、交通等领域的绿色发展。

1. 加大科研创新投入

根据2015年统计，2014年奥地利在能源研究领域的支出创历史新高，达到1.431亿欧元（2013年为1.21亿欧元），其主要投入方向包括能源效率、智能电网、存储技术和可再生能源。

2015年奥地利气候能源基金宣布对能源研发项目将提供3000万欧元用于促进产学研合作，项目重点在能效、节能、智能电网和存储领域。

2. 开展能源科研和创新

在能源系统研发方面，奥地利技术研究院（AIT）2015年与德国卡尔斯鲁厄理工学院（KIT）签署谅解备忘录，双方将就智能能源系统的研发开展合作，以解决可再生能源安全、高效并网发电。目前计划合作议题包括智能电网、电池存储一体化、智能住宅及实验室基础设施合作。在智能电网方面，AIT能源部除了在建模和仿真领域拥有多年经验，同时还拥有特色实验室SmartEST-Labor进行控制概念与电力硬件相结合的应用模拟。

2015年奥地利联邦交通创新技术部提供200万欧元推动与国际能源署（IEA）开展合作。项目招标集中在能源相关领域包括生物能源、高效终端能源设备、节能建筑及社区、光伏、智能电网、太阳能采暖制冷、光能电站、热力泵及风能。奥地利参与IEA科研合作积极，目前共有约70个奥地利可再生能源和能源效率领域的项目在IEA网络框架下开展。

在能源存储方面，2015年奥地利交通创新技术部宣布通过奥地利气候能源基金投入约280万欧元用于可再生能源地下存储项目研究，该项目总投入预计达到450万欧元，执行期到2016年。

在电动交通方面，基础设施和示范是2015年奥地利推进电动交通发展的中心工作。维也纳将启动目前世界最大规模的电动出租车项目。在项目第一阶段（2016开始）将有最多120辆电动出租车行驶在维也纳街道上；项目实施第二年将数量增加至250辆，整个项目实施周期为3年。

四、创新引领产业升级

在欧洲经济总体不振的背景下，奥地利制造业仍然保持了其传统竞争力优势。但由于出口疲软、劳动力成本上升等因素被欧盟委员会评定为竞争力强但处于停滞或下滑状态的国家行列。为保持及提升其工业竞争力，目前奥地利政府每年投入工业领域研究的费用达5亿欧元，仅工业4.0一项2015年就预计投入1.2亿欧元。根据彭博资讯发布的《2015年创新指数》，奥地利在全球制造业基地评估中位列第五，位于韩国和美国之前。2015年，奥地利继续依靠科技和创新推动制造业基地建设，重点围绕工业4.0及创新技术的开发和利用。

1. 成立智能系统集成研究中心

为加强智能系统研究，推动工业4.0的发展，奥地利2015年决定在VILLACH建立智能系统集成研究中心，该中心为产学研联合研究中心，以CTR传感技术公司为载体，科研伙伴包括维也纳技术大学、格拉兹技术大学、德累斯顿技术大学、洛桑高工等9所欧洲著名大学，企业伙伴由英飞凌、李斯特发动机公司、ABB、AT&S等16家奥地利和欧洲知名企业。2015—2018年奥地利政府将先期向中心投入920万欧元，另外920万欧元由企业承担，该中心设计政府资助期总共为8年。奥地利智能系统集成中心将专注于微系统技术和纳米技术的研究。

2. 工业4.0平台

奥地利电子工业联合会在本年度推出了一个应用广泛的基础平台以推进开展奥地利工业4.0。联合参与部门包括联邦交通创新技术部、机械与金属制品工业协会、奥地利工业联合会、奥地利工会等。工业4.0是欧洲再工业化的重要一步，实现生产数字化对于奥地利中小企业开展工业合作同样是重大机遇。目前奥地利在开展工业4.0方面的突出问题是技术人才储备不足，存在教育短板。

五、生命科学蓬勃发展

生命科学作为最具前途和创新的科研领域及产业部门受到奥地利政府的重视和支持，自1999年起奥地利科研经济部协调成立了LISA（Life Science Austria）用于服务相关产业的发展。目前奥地利的生物科技公司已在一些领域占据领先地位，尤其以医疗领域为主。

生命科学领域的繁荣得益于奥政府对创业者的激励和扶持。奥地利经济服务公司（AWS）为主要资金扶持机构，有 PreSeed 和 Seedfinancing 两大资助项目，分别对包括生命科学领域在内的初创期企业进行资助。其中 PreSeed 无偿资助金额可达 20 万欧元，Seedfinancing 无息贷款金额可达 80 万欧元。除此之外，对初创和成长期企业，AWS 还可提供高达 5 万欧元的特聘专家费用于企业团队管理。同时 AWS 在产权专利方面，特别是企业在非欧盟区域开展经营活动时，在政策法规咨询和海外产权保护费用方面提供系列服务，保障企业核心利益、避免恶性竞争。

（执笔人：周顺杰　江晓渭）

俄罗斯

2015 年，乌克兰危机尚未平息，叙利亚局势变幻再度牵动人们眼球。尽管面临政治、经济、军事等多方面问题，俄罗斯政府一如既往地对科技创新发展给予高度关注。一年来，俄罗斯通过出台或修订各类科技与创新计划、完善科研经费管理体系、深化科学院体系改革、开展国际科技合作等措施，竭力保证国家创新体系建设，以在最大程度上保存俄罗斯的科技实力。

一、研发投入情况

2015 年，俄罗斯政府对科技和研发领域的财政拨款基本维持了近年来的水平。2015 年俄罗斯投入民用科学研究领域的政府预算资金总额为 3847. 8 亿卢布左右（约合 53. 66 亿美元）。其中，基础研究预算 1232. 4 亿卢布、各领域应用研究 2548. 8 亿卢布。在俄政府向国家杜马提交的 2015 年预算修正案中，尽管某些项目被削减，但对于科学的投入总体上保持了原有比例。而 2016 年俄联邦民用科学研究领域的预算为 3080 亿卢布，与 2015 年相比下降约 20% 。

二、总统和政府总理高度重视科技创新

普京在 2014 年 12 月举行的总统科学与教育委员会会议上指出，俄罗斯必须着眼未来，继续大力发展本国基础研究，建立相应的技术储备，在关键技术领域实现“进口替代”；在解决经济发展中遇到的技术任务时，要找到原创性的技术解决方案；要鼓励探索性科学研究，推动交叉学科的发展，做好人才队伍建设工作；俄罗斯要力争成为世界新型技术产品的供应商和领跑者，而不仅是消费者。

俄罗斯政府也高度重视在科技与创新领域的部署。总理梅德韦杰夫在 2015 年年初签署了俄政府“反危机”领域的重要文件——《2015 年俄罗斯经济可持

续发展与社会稳定优先保障措施计划》，其中列出的科技领域反危机措施包括：积极应用俄罗斯和世界上先进的基础研究成果，依托斯科尔科沃创新中心、科学城、科技园、重点大学和创新发展机构等已建成的创新基础设施，制定和实施国家技术计划；俄罗斯国家进出口银行将对高技术产品出口框架下的出口信贷提供利率补贴；帮助创新型小企业降低经营成本，向可产业化的创新项目提供资金支持，扩大促进科技型中小企业发展基金的创新型小企业支持计划的实施规模。

三、主要科技创新政策、计划与措施

（一）出台和修订科技创新领域相应计划

1. 启动国家技术计划

2014 年 12 月 4 日，普京在其年度国情咨文中指出，国家技术计划被列为俄罗斯国家政策的一个重点方向，希望通过计划实施明确 10 ～15 年后俄罗斯将面临哪些任务，哪些超前的决定将有助于保障国家安全、提高人民生活质量和发展新技术产业。俄罗斯教育与科学部长利瓦诺夫认为，国家技术计划中的关键之处在于克服基础研究成果与可商业化的应用研究成果之间的断层，国家主要的科学教育中心、大学和联邦科研机构管理署下属研究所在这方面将起到决定性作用。

国家技术计划分为市场和技术两个部分。市场部分包含：Energy Net（从个体电力管理到智能电网和智慧城市的电力网络）、Food Net（食物与饮用水的个体化生产和供应体系）、Safe Net（新一代安全体系）、Health Net（个性化医疗体系）、AeroNet（无人驾驶飞行器分布式系统）、MariNet（无人驾驶船舶分布式系统）、Auto Net（无人驾驶汽车分布式管理系统）、Fin Net（分散式金融货币体系）和 NeuroNet（意识和心理人工智能组件）等。技术部分包括：数字化设计与模拟、新材料、增材制造（即 3D 打印）、量子通信、感知技术、生物机电一体化、仿生学、基因组学与合成生物学、神经网络技术、大数据、人工智能与控制系统、新能源和电子元器件（包含处理器）等。

2. 对基础研究计划进行微调

《俄罗斯联邦 2013—2020 年基础研究长期计划》于 2012 年 12 月颁布实施，是国家支持基础研究和探索性科研的基本文件。本次修订主要是为了适应俄罗斯科学院改革重组和新成立俄罗斯科学基金会所带来的变化，新版本对计划的目标、任务、制定和实施原则进行了细化完善。新版本规定，在《俄罗斯联邦基础研究长期计划》框架下实施的基础研究和探索性研究的优先方向由专门成立的协调委员会根据俄罗斯科学院的建议研究确定，而且事前须征求科技界的意见。总统科教委员会则在综合考虑技术预测、不同科学领域的竞争优势、俄罗斯国家及各联邦主体经济社会发展优先任务、保障国家安全等因素的基础上，对计划的研究方向进行审议。新版本的颁布实施进一步保障了俄罗斯联邦科研机构管理署下属各科研机构的活动，使政府决议更加符合联邦法律。

3. 批准《俄罗斯联邦2016—2031年世界海洋专项计划》构想

2015年6月25日，梅德韦杰夫总理批准了该计划构想。专项计划的目标是强化俄罗斯对海洋资源和海洋空间潜力的利用，保障俄罗斯在世界海洋关键区域和南极洲的存在，完成开发科技信息保障方面的战略任务。该专项计划包含南极综合研究、世界海洋考察研究、世界海洋自然应用性研究和完善海洋活动信息保障等4个子计划。共分为3个实施阶段，2016—2021年为第一阶段，2022—2026年为第二阶段，2027—2031年为第三阶段。俄罗斯希望通过该专项计划的实施稳固和发展俄罗斯在世界海洋的活动，满足各方面不断增长的需求，利用北极资源并保护北极环境，以及保障俄罗斯在南极地区的存在。俄政府计划为该专项计划拨款872亿卢布。

4. 拟出台《俄罗斯联邦2016—2025年航天专项计划》

俄罗斯航天集团拟定的《俄罗斯联邦2016—2025年航天专项计划（草案）》正在与相关政府部门进行会签，并计划于2015年年底前向政府提交。该专项计划主要包括航天器的发射、天体研究、超重型运载火箭研制、国际空间站舱体升空、应对空间垃圾和陨石及航天发射场建设等项目。由于俄罗斯财政近两年陷入捉襟见肘的状况，实施该专项计划所需的资金数额也一再缩减，最初俄罗斯航天集团提出的预算达到2.3万亿卢布，但由于财政部的反对，预计到专项计划得到正式批准时拨款总额可能会降到1万亿～1.4万亿卢布。

（二）进一步完善科研经费管理体系

1. 通过立法确定科技类基金会的地位

2015年7月，俄联邦《科学和国家科技政策法》修正案获得通过。修正案对俄联邦科学和科技活动的资助手段和资助机制进行了完善，对各类科技基金会的活动提出了新的要求，通过全方位地发展国有和非国有科技基金体系，对科技和创新活动提供支持。修正案提出，所有基金会（包括国有和非国有）都享有同等权利，都可获得国家资助并承担相应义务。同时，基金会要做到信息公开，从项目招标到研究结果公布再到互联网信息发布整个项目资助全程均应保持透明。修正案扩大了科技类基金会的权限，即基金会可对有助于科学和科教机构跨越式发展的项目提供支持。

2. 计划改革科研机构基本经费拨款方式

俄教科部于2015年第二季度推出了《向科学（科研）和科技活动领域内完成国家课题的联邦国有机构发放资助津贴的指导意见（草案)》。该文件一经公布就激起了科技界一片反对之声。文件的设想是依照国家课题完成情况来分配科研经费，且经费中相当大的部分要从科研机构的基础经费中拿出来以项目招标的方式进行发放。学术界普遍认为该文件一旦实施将会造成大部分科研机构陷入生存困境并导致大量专业科研人员流失的后果。目前，教科部正根据反馈意见对该文件进行修正补充。

3. 确定联邦专项计划经费项目招标方式

尽管以项目招标方式对科研机构基本经费进行分配的设想遇到了阻碍，但在联邦科技专项经费的分配方面做出了突破。2015年10月，俄罗斯政府以政府令的形式颁布了《〈2014—2020年俄罗斯联邦科技发展重点领域研究开发专项计划〉经费竞标条例》和《〈2014—2020年俄罗斯联邦科技发展重点领域研究开发专项计划〉资助金发放办法》两个文件，提出采用竞标方式对上述专项计划经费进行分配，并细化了项目的申报程序和资助金发放条件。

（三）深化国有科学院系统改革

2015年年初，为期一年的科学院系统资产和人员的冻结期结束，国有科学院系统的改革进程重新启动。2015年的改革措施主要围绕厘清俄罗斯科学院和联邦科研机构管理署之间的关系、下属机构的合并重组、人才培养、资产清理等方面进行。

1. 明确联邦科研机构管理署和俄科院之间的协调规则

2015年5月29日，梅德韦杰夫总理签署政府令，批准了协调联邦科研机构管理署和俄罗斯科学院活动的有关规则（即“双钥匙”原则）。主要内容包括：①联邦科研机构管理署应根据与俄罗斯科学院达成的协议，核准下属科研机构的发展计划及科研机构进行基础性和探索性研究的国家课题；②俄罗斯科学院应就制定各科研机构在《2013—2020年国家科学院基础科学研究计划》框架下开展研究的计划问题会商联邦科研机构管理署；③俄罗斯科学院负责对科研机构的活动进行评估，并对科研成果做出鉴定，同时就科研机构领导岗位候选人问题向联邦科研机构管理署提出建议；④当双方出现分歧时，可在10日内召开会议，达成一个双方均能接受的方案，如果仍存在分歧，应按会议结果拟写备忘录并提交政府；⑤联邦政府由主管副总理根据科学领域的相应国家政策，行使联邦权力执行机构的协调职能，消除分歧。

2. 启动下属机构改组计划

联邦科研机构管理署会同俄科院在 2015 年上半年推出了下属科研机构改革计划草案，其核心内容是根据下属科研机构的工作绩效和研究方向，按照联邦研究中心、国家研究院、联邦科学中心和地区科学中心 4 个层次进行机构重组。该计划草案向社会各界征求了意见并呈报联邦政府，2015 年 10 月由政府主管副总理德沃尔科维奇批准实施。目前，合并改组行动已经在陆续推进中。截至 2015 年 9 月底，共有 20 项合并改组计划得到批准，共涉及科研机构 120 多个。其中在 68 个科研机构基础上成立的 15 个新机构的法律注册程序已经启动。

3. 推进下属科研机构科研人才储备工作

2015 年，俄罗斯联邦科研机构管理署会同俄罗斯科学院制定了建设科研人才储备系统的有关方案。计划中的科研人才储备系统由“业务人才储备”“科研人才储备”和“发展人才储备”3 个层面构成。其中，形成业务干部储备库大约需要 1 年时间，总人数控制在 350 人以内；科研人才储备库由具有科研职称的现有专业科学工作者构成，总人数不少于 5000 人；发展人才储备库的建设大约需要 1 年时间，总人数 1000 人左右。人才储备库候选人将由“管理署”专门开发的信息系统进行遴选，系统还可对候选人的信息进行在线收集并跟踪其学术成长历程。

4. 基本完成资产清理工作

资产清理和登记工作是此次改革中完成最快、最有效果的步骤。在半年多的时间内，联邦科研机构管理署已经完成了 4.1 万项国有资产的清理工作，其中 80% 的资产获得了必要的登记文件，70% 的资产已经办理了俄联邦产权证明。

（四）支持创新发展

1. 出台国家—私人伙伴关系法

2015 年 6 月，《国家—私人伙伴关系、市政—私人伙伴关系》联邦法颁布实施。该法对国家—私人伙伴关系和市政—私人伙伴关系的原则，以及缔结国家—私人伙伴关系和市政—私人伙伴关系协议所涉及的各方面要素做出了规定。该法的推出，意味着俄罗斯在联邦层面首次从立法上对国家—私人（市政—私人）伙伴关系框架下的项目实施及相关协议的签订、完成和终止等关系进行管理。该法将于2016年1月1日正式生效。

2. 创建有利于创新发展的财税制度

(1) 修改税法典

2014年12月底，俄罗斯对《税法典》做出修订，修订后的税法典针对智力活动成果的转让做出了新的规定，即如果某机构根据协议将科研成果（发明、实用新型、外观设计、计算机程序、数据库、集成电路设计、技术诀窍）无偿转让给完成人，则这些成果的排他权收入不计入该机构的应税额中。此规定已于2015年1月1日生效。

(2) 酝酿出台鼓励投资创新活动的法律

俄联邦政府于2015年9月向议会提交了一项关于鼓励国内公司企业采取行动支持技术现代化改造的法律草案。该法案建议对购买俄罗斯机构债券和投资股票的俄罗斯公司出售股份的交易给予一定的税收优惠，并认定将其销售这些股份和债券的收入享受免税的时间从5年缩短为1年。上述措施可刺激投资者投资创新活动的积极性，有助于提升投资者对创新产品的需求。

(3) 对区域创新集群的发展提供资助

2015年9月，梅德韦杰夫总理签署政府令，批准《俄联邦2015年度区域创新集群发展配套投资项目补贴分配方案》。该补贴政策始于2014年，在俄联邦《国家经济发展与创新经济》计划中首次提出，当年共有涉及21个俄联邦主体的26家区域创新集群进入该补贴名单，补贴额度达到25亿卢布。2015年度的联邦财政补贴额度为12.5亿卢布（约合1800万美元），涉及20个联邦主体的24家区域创新集群获得了项目补贴。

四、重点领域发展动态

（一）建设联邦级科研设备共享中心

为落实普京2013年10月做出的指示，2015年，俄罗斯成立了重点科研课题学术委员会，遴选出76个科研项目利用联邦级科研设备共享中心开展研究工作，总投资超过60多亿卢布。在《俄罗斯联邦2014—2020年科技发展重点领域研究开发专项计划》框架内获得支持的科研设备共享中心共21个，入选项目涉及核能、应用数学、生物技术、病理学、材料科学等领域的部分重点科研课题。计划采用招标方式对上述项目提供资助，其中的应用研究项目将在联邦专项计划框架内进行支持，而基础研究和探索性研究项目由科技类基金会提供资助。

（二）成立国家航天集团进一步整合航天产业

为提升航天业的竞争力，俄罗斯于 2015 年 7 月颁布联邦法，宣布成立一家新的国有集团公司——俄罗斯航天集团公司（ROSKOSMOS），代表联邦政府行使俄罗斯航天领域内的管理者职能。俄本次行业重组的实质是针对俄航天业出现的多次火箭发射事故及多年的痼疾，通过整合国家和产业界的力量扭转航天事故频发的趋势，恢复俄罗斯在国际航天市场的声誉。新组建的公司与俄罗斯国家原子能公司相似，有权对政府划拨预算资金进行管理、分配，尤为重要的是可制定并向政府提交行业法律草案，以及实施行业法律规范。新公司的主要任务包括：一是打造高技术航天业；二是使航天业实现国家收益最大化；三是恢复俄罗斯在国际航天领域的大国地位。

（三）筹建导航技术科技园

“斯科尔科沃”基金会与“格洛纳斯”非商业组织在第 4 届“国际导航论坛”期间签署合作协议，双方将共建导航技术科技园（下称“导航科技园”）。未来的“导航科技园”将成为“斯科尔科沃”创新中心的园中园，它的主要功能是将研发机构和中试机构集聚在统一空间之下专门从事导航技术开发。预计在 2017 年年底，从事研发和提供导航服务的高科技公司将可入驻“导航科技园”，这是俄罗斯第一个导航技术专业园区，它将为建设国家级导航接收终端和专业设备设计中心、为向俄罗斯境内外的导航使用者提供导航解决方案和导航领域服务奠定基础。

（四）成立国家北极发展问题委员会

根据普京总统指示，梅德韦杰夫总理于 2015 年 3 月 23 日签署政府令，宣布成立国家北极发展问题委员会。根据《国家北极发展委员会条例》，委员会的成立旨在保障俄在北极的国家利益及完成《俄联邦 2020 年前国家北极基本政策》所确定的战略任务。委员会有权对联邦级或联邦主体一级的权力执行机关和地方自治机构的工作进行协调，提升俄联邦在北极地区实施的国家管理成效，解决俄联邦北极地区社会经济发展和国家安全的相关问题。

五、国际科技合作

由于欧美对俄罗斯的制裁仍在持续，俄罗斯对 2015 年的国际科技合作政策的重点做出了一定程度的调整。与欧盟和欧洲国家的科技合作仍然在俄对外科技合作中占据重要地位，与美国、日本等国之间的互动往来则明显减少。由于担任了金砖国家轮值主席国，俄罗斯对与金砖国家的科技合作越发重视。

与欧洲合作方面，2015 年 6 月双方在布鲁塞尔举行了欧盟-俄罗斯科技合作混委会例会，研究了新的《欧洲研究区俄罗斯 +》，倡议开展科研合作的具体领域需配合的细节，探讨了环境保护、生命科学、科研人员流动、基础研究设施和核能开发等领域的合作研究议题。

与美国合作方面，受两国间政治关系影响，2015 年双方科技合作亮点不多。2015 年 4 月，俄美两国科学院院长举行会晤并签署了合作纪要，将两院间的重点合作领域确定为：非传染性疾病领域的生物医学研究、气候变化及其对北极影响研究、能源开发的技术和经济因素评价、安全问题、武器控制等。另外，俄美就延长使用国际空间站问题达成共识，一致同意将使用期限延长至 2024 年。

与金砖国家合作方面，作为轮值主席国，俄罗斯积极推动五国科技领域的合作。2015 年 3 月，组织成员国科学、技术和创新事务主管部门的代表举行了一系列会晤，并签署了《关于科学技术创新领域合作备忘录》。2015 年 10 月，举行第 3 届金砖国家科技创新部长级会议，进一步明确了未来金砖五国在科技创新领域的主要合作方向，重点领域包括：巴西在预防和降低自然灾害影响方面的研究；俄罗斯在水资源和防治水污染方面的研究；印度在地理空间技术及其应用方面的研究；中国在新型能源和能源高效利用方面的研究；南非在天文学领域的研究等。

（执笔人：米桂雄　郑世民）

乌克兰

2015年乌克兰战火未熄，社会动荡，政权西化，经济萎缩，财政匮乏。科技投入持续锐减，科研经费严重不足，科技管理部门整合，科研人才流失，科技总体实力下滑，科技潜力尚存。个别科研领域成果显著，有待于进一步实现成果的转化和应用。技术园区积极创新，但仍需法律和制度加以有效保障和支撑。乌克兰坚决奉行“脱俄入欧”的外交政策，加强与欧盟科技合作，调整模式与欧洲接轨，融入欧洲进程加快。

一、经济低迷，科研投入锐减，科技受到严重负面影响

2015年乌克兰经济可谓捉襟见肘，基本靠国际货币基金组织、美国和欧盟的资助艰难维持，GDP下降达10%，失业率上升至12%～14%。2015年乌克兰国家科研机构开展研究、研发、科研人员培训经费整体减少8%，减少到48亿格里夫纳。乌国家科学院财政拨款减少1.91亿格里夫纳，乌克兰国家农业、医学、教育、法律和艺术科学院财政拨款总额减少了2.41亿格里夫纳。2015年乌科研经费最低保障是36亿格里夫纳，但实际上财政预算仅为23亿～24亿格里夫纳，与2014年基本持平，这些科技投入仅占科研经费财政预算最低水平的65%，甚至无法保障科研工作人员工资的正常发放。

科研经费持续锐减，科技投入持续下滑，严重挫伤科学家的积极性，对科研活动产生较大负面影响。科研院所经营状况举步维艰，无法保障科研人员的工资薪酬，设备陈旧无法更换、科研人员老龄化问题突出，优秀的青年科学家更愿意到欧美等发达国家的实验室工作。据统计，自1992年乌克兰独立之后，科学家的数量减少了3倍之多。目前全乌每千名工作者中仅有3.7名科学家，位于欧洲国家最低水平。此外，由于财政困难，政府对因公出国做出严格限制，到国外交

流培训更多指望外方资助，致使乌科技界饱受徘徊与无奈，严重影响了乌科技事业的发展。以乌克兰航空航天企业为例，2015 年上半年，乌航空航天企业产品生产销售额约 9.8 亿格里夫纳，与 2014 年同期相比，产品生产减少了 23%，销售额下降了 18%。造成乌航空航天行业产品生产和销售指标下降的主要原因是，乌南方机械制造厂严峻的危机形势，实际上从 2014 年开始，南方机械制造厂就已经基本处于空闲状态。

二、科技实力整体下滑，科技潜力尚存

乌克兰曾是原苏联的 15 个加盟共和国之一，工业科技比较先进，某些行业的科技水平居世界前列，其发展潜力不可低估。苏联时期，出于“冷战”需要，乌克兰科研生产活动的重点是航空、航天和军工。伴随着苏联解体，乌克兰经济严重衰退，科技发展受到一定影响，但仍较完整地保留了以军工为核心的庞大科研体系，在航空航天、军工及特种焊接技术等领域仍处于世界先进水平。2015 年，乌克兰科研机构在国家经济困难、科研经费财政拨款锐减、科研生产单位半停顿状态下，依然在个别科研领域取得显著成绩，研发出一批新成果，科技潜力尚存。

（一）航空航天方面

2015 年乌克兰国家航天局批准了《乌克兰至 2022 年空间活动战略》，并修订现行国家目标科技空间计划。《乌克兰至 2022 年空间活动战略》中拟定出几十个空间活动项目，但由于财政预算资金有限，乌克兰将优先实施两个方向的项目，即地球遥感和空间科学研究，其他所有项目将进行商业化运作。2015 年乌克兰国家航天局还拟定了《关于修订〈关于乌克兰 2013—2017 年国家目标科技航天计划〉的法律草案》，将提交乌克兰最高议会审议。2015 年继续推进航空航天领域国有企业改革（改组）进程，在相关联盟协议和部长内阁活动计划基础上，将国有企业改造成股份制公司，建立欧洲模式股份公司。乌克兰是世界上为数不多的几个有能力设计和发射近地轨道航天运载火箭和航空器的国家之一，并且借助于航天活动所获取的信息用于地球研究。乌克兰国家航天工业（特别是航空航天）的优先发展方向是提高科技创新能力和注重国际科技合作。近年来，连续 15 年举办由乌国家航空局和国家科学院主办的国际学术研讨会，重点开展近太空（包括太阳系、日地关系、磁层、电离层）研究、空间生物科学、天体物理学与宇宙学、空间环境监测和分析系统开发及对地观测等研究。

（二）特种焊接技术方面

乌克兰巴顿焊接研究所建于 1934 年，是世界上最大的焊接研究所，曾是苏

联焊接研究中心。该研究所在金属和非金属材料的焊接和钎焊、特殊冶金方法、空间焊接工艺和设备等领域取得了重要成就。2015 年，巴顿焊接研究所在以下研究领域取得新的成果：生物软组织高频电焊技术、BKVZ – 300 高频焊接电凝器、外科电子设备、使用铝和铁合金制造的薄壁结构无变形焊接技术与设备、铁合金薄板 VT – 20 的焊接、飞机制造业电子束焊接、切割和爆炸处理技术，以及铁及铁合金焊接技术。巴顿焊接研究所拥有一支超过 30 年研究历史的铁和基于铁合金焊接技术的专业团队，所研发的技术被广泛应用于乌克兰和俄罗斯飞机与火箭制造业，以及其他独联体国家的化工机械制造业中。

（三）医学及医疗设备方面

乌克兰国家基础科学和应用科学研究实力雄厚，2015 年在医学及医疗器械方面成绩显著。乌克兰国家科学院吸附及内生性生态问题研究所成功研制并试验了基于氧化纤维素的可吸收止血材料，包括用于堵塞伤口的医用布巾、杀菌纱布与止血纱布绷带、可吸收抗菌纸，以及用于消除严重受伤和身体组织受损情况的双层敷用材料，该种材料可用于军事医学；乌克兰分子生物学及遗传研究所与细胞生物学研究所共同完成“全新医用生物分析系统”研究项目，研发出单生物传感器、生物传感器系统及化学传感器；顿涅茨克物理研究所研发出数字化接触式乳腺 X 线造影仪，不使用 X 射线即可检测恶性乳腺肿瘤的早期阶段；流体理学研究所研发出电子扩音听诊器，实现电子听诊；超硬材料研究所研发出髋关节球形纯钛头，用于髋关节修复术等。

（四）无线电及电子信息领域

2015 年，乌克兰国家科学院无线电物理和电子学研究所的一批最新成果有：用于机场地面运动的相干半导体雷达监控系统；救援人员便携式定位器；视频脉冲探地雷达；扫描探地雷达；外部周界防护系统无线电波束传感器、未经授权现金移动传感器及非接触式遥感传感器等。

电子信息领域的新成果有：复杂自然信号处理智能信息技术、智能语音信息技术、知识应用智能信息技术、人工智能技术等。另外，在生物领域，研发出医药制剂、血液凝固诊断系统、制备生物活性物质方法等，在节能及清洁能源、环境保护、海洋领域等都有新的研究成果。

三、国家创新体系建设举步维艰，科技园区创新出现新迹象

2015 年乌克兰国家科学创新和信息化署改组基本完成。创新署在科技和创

新领域的相关管理职能划归教育科学部。教育科学部主导建立国家创新体系，制定相关法律政策，刺激国家经济发展的创新积极因素，引导科技园区创新发展。但由于政坛动荡，政府部门整合等诸多因素，政府主管部门尚无暇顾及，2014年至今鲜有新的政策出台。

2015 年乌克兰内阁会议批准了《关于修订〈科技园区活动的部分法律文件〉的法律草案》，该法案由乌克兰教育和科学部制定，明确《关于科技园区创新活动的特殊制度》的若干规定，简化科技园区的创建和注册程序，简化科技园区活动组织问题。为了向乌科学技术园区注入新的活力，带动高新技术发展，加强技术园区之间协作发展。2015 年 6 月，乌克兰教育和科学部倡导成立科学技术园区及其他创新组织国家联合会，该联合会的主要职能是协调联合会成员的经济活动，保障合法权益，加强技术园区与社会专业组织之间的协作发展。

尽管乌克兰目前国家整体创新体系建设举步维艰，国内创新氛围欠缺，企业创新乏力，但鼓励支持经济建设中的创新因素，尤其是科技园区的结构创新，将成为乌政府新的工作方向，科技园区创新呈现新的迹象，且乌克兰包容开放的文化也催生高科技产业的发展。近年来，乌克兰通过信息网络、科技园区、科技城及工业园区建设，不断完善这些机构的功能，推动国家创新发展，在市场竞争条件下不仅推动国家科技和生产领域的发展，同时也促进了中小企业的发展，实现一系列社会和经济科学技术目标。科技园区立足“新市场”，瞄准创新前景，在高新技术领域脱颖而出，创造出有市场竞争力的高附加值产品，保持在国内和国际高新产品市场的领先水平。技术园区发展主要取得的成绩包括：实施了 120 个创新项目；新增 3500 个工作岗位；创新产品销售额达 130 亿格里夫纳，其中，出口达 20 亿格里夫纳，10 多亿格里夫纳列入国家财政预算。

虽然乌克兰科技园区的组织架构和经济运行机制建设还不完善，国家支持科技园区的形式和方法存在缺陷，但科技园区取得的一系列成绩在国家经济发展中起到了良好的示范效应。2015 年，乌克兰又成立了一家新的科技园，由国家航天局、基辅理工大学和乌克兰国防工业公司组建，将几家科研创新机构和工业生产企业融合在一起，集创新科研生产为一体，打造新的创新生产平台，这在乌克兰尚属首创。

四、加快“脱俄入欧”进程，加强与欧盟科技合作

乌克兰现政府将融入欧洲，加入欧盟视为战略目标，在科技合作中也将其与欧盟和美国合作列为重点。乌克兰新政府上台后，迅速调整外交政策，加快“脱俄入欧”步伐。在此背景下，政府大力倡导科技界加强与欧盟及美国的合作关系。近些年，在欧盟第 7 框架计划内，乌克兰作为欧盟伙伴国参与完成了 97 个

项目，获得近 2700 万欧元的项目资金。乌克兰国家科学院的科学家们参与联合完成了超过 1000 万欧元的项目。2015 年，欧洲委员会划拨 150 万欧元用于加强乌克兰与欧盟在“Twinning”项目框架下的合作，该项目涉及宇航、科学、制造等领域，是欧盟对乌克兰一项特殊的技术援助。

乌克兰与欧盟签署了《关于乌克兰加入〈地平线 2020〉科研创新框架计划的协议》，这为乌进入欧洲研究领域开辟了新的机遇。2015 年，乌克兰共向该计划提交 55 项参与申请，申请总额为 638. 8823 万欧元；在乌克兰大学和研究院所共建立了执行该计划所需的国家联络点网络，已建成 38 个国家联络点和 12 个地方联络点。

（执笔人：叶小伟）

日 本

2015 年，日本政府出台了《日本复兴战略 2015（修订版）》，强调通过国立大学与研究资金的改革，注重人才培养和技术创新；支持 IT 领域创新，加强网络安全。新战略下，政府旨在通过科技创新为日本经济社会提供复兴的原动力，寻找未来持续发展的突破口，提升日本在全球经济社会中的地位。

一、日本科学技术发展概况

（一）科技投入与支出情况

根据总务省统计局《2015 年科学技术研究调查结果》数据，日本全社会研发经费连续两年实现上涨，2014 年度总额为 18.9713 万亿日元，比 2013 年度增长 4.6%，占当年度国内生产总值的 3.87%，比 2013 年度增长 0.12%。民间对于研发的支出达到 15.4036 万亿日元，占研究费支出比例为 81.2%。国家及地方公立机构支出达 3.4894 万亿日元，达到整体支出的 18.4%。

（二）科技人才发展情况

到 2015 年 3 月 31 日，日本共有科学技术相关从业人员 107.93 万人，比 2014 年度增加 3.1%。其中，研究人员 86.69 万人、科研事务人员 8.82 万人、辅助人员 6.88 万人、高级技工 5.53 万人。在 86.69 万研究人员中，企业的研究人员达到了 50.61 万人，非营利和公立机构 3.92 万人，大学为 32.16 万人。

（三）专利等知识产权创造情况

根据《特许行政年度报告书 2015 版》数据，日本专利申请自 2009 年度以来保持在 30 万～35 万件。

2014 年 4 月—2015 年 3 月，向日本专利机构申请的发明专利（特许）数量为 32.59 万件，比上一年度减少 2447 件。向日本专利机构申请的 PCT 国际发明专利的数量为 41 292 件，比上一年度减少 4.1%。从全世界按申请人国别统计的 PCT 国际发明专利申请数字来看，申请人国别为日本的 PCT 国际发明专利的年度申请量为 42 380 件，与上一年度没有太大变化，仅次于美国，排名第二。

（四）科技论文发表情况

根据《科学研究测评 2015——从论文分析看世界研究活动变化与日本状况》的数据，2013 年日本产出论文数量为 7.8 万篇，位居世界第五，其中，多国合著论文数量较前几年有所增加，占比达到了 28.5%。

（五）国际技术贸易情况

根据《2015 年科学技术研究调查结果》数据，2014 年 4 月—2015 年 3 月，日本企业国际技术的年度贸易额连续增长。技术出口总额 3.6603 万亿日元，比上年度增加 7.8%，其中向海外母公司和子公司的技术出口占出口额的 74.8%，达到 2.7393 万亿日元。技术出口连续创造历史新高。2015 年度技术贸易顺差 3.1473 万亿日元，比 2014 年度增长了 11.7%，连续 5 年增长。

二、科技政策动向

（一）《第五期科学技术基本计划（2016—2020）》

日本《第五期科学技术基本计划（2016—2020）》的编制已于 2015 年完成，自 2016 年 4 月 1 日起正式实施。

《第五期科学技术基本计划（2016—2020）》（以下简称“第五期基本计划”）的政府总体研究开发投入规划为 26 万亿日元，约占 GDP 的 1%，比第二期（24 万亿日元）、第三期（25 万亿日元）、第四期（25 万亿日元）稍有增加。同时，第五期基本计划还要求在 2016—2020 年使全社会研发投入达到日本 GDP 的 4% 以上。

第五期基本计划的核心内容是其“四大支柱”，即促进产业创新和社会变革，解决经济和社会发展的关键课题，强化科技创新的基础实力，构筑人才、知识、资金的良性循环体系。其中，前面两大支柱涉及科技创新战略的重点，决定了这 5 年期间国家研究开发投入的方向；后面两大支柱涉及科技创新系统的改革，决定了这 5 年期间国家科技计划管理、科技预算管理的改革方向，以及科技创新规则的完善、修改与设定等。

（二）出台《科技创新综合战略 2015》

2015 年 6 月，综合科学技术创新会议（CSTI）发布了《科技创新综合战略 2015》，为即将开展的《第五期科学技术基本计划（2016—2020）》进行铺垫，推出了面向科技创新的两大政策。

1. 整合改善创新环境

给予青年、女性科研人员更多的机会，构建能够吸引国际人才、培养国内人才的良好环境；推进大学与研究经费改革，包括强化国立大学功能，将优秀的研究型大学建设为"特别研究大学"，并在经费和政策上给予支持，调整竞争性资金，强化间接经费促进科研的作用；加强基础研究，改善科研经费的申请、评审模式以提高效率，改革和强化科研合作体制，开展国际科研合作以提高本国的基础研究水平；强化研究开发法人的职能，给予其更多的自主权；给予中小企业、重点企业和风险企业更多的机会，强化知识产权促进开放创新，改善税收制度增强企业活力。

2. 解决重大经济社会问题

建立经济的绿色能源体系，开发和普及氢储存技术并实现生产、流通、消费的网络化，对供需进行预测和调节；综合地球环境监测和信息分析系统，大规模使用可再生能源并稳定持续供电；构建全球最健康长寿社会，开发药物和医疗器械，构建医疗基础创新基地，实现再生医疗和个性化基因治疗，推进癌症、精神性疾病、传染病研究；建设世界先进的社会基础设施，将灾害应对技术与灾害信息实时共享相结合；培养大数据等新产业，包括先进交通系统、新制造业、综合材料开发等；促进农林水产产业化，建立流通和消费者需求信息系统并将其运用到育种、生产的过程中，灵活运用 ICT 和机器人技术以协助高龄人员和务农人员。

（三）知识产权

2015 年 6 月，日本专门成立了知识产权战略总部出台了《知识产权推进计划 2015》，围绕在地方中小企业实施知识产权战略、知识产权处理机制的应用和开展面向海外的文化产业三方面内容，制定了 8 项措施：①实现全球最快最优的审查体制，到 2023 年前，将初步审查和实质审查的时间分别缩短到 10 个月和 14 个月，开展在专利审查方面的国际合作；②建立新的在职发明制度和加强商业秘密保护；③加强国际标准化和认证，为获得国际标准从早期研发阶段制定好知识产权战略，培养能够胜任国际标准化组织工作的人才；④加强产学官合作，促进大学知识产权的转化应用；⑤适应数字网络发展，实施有利于发展新产业的环境和法律制度；⑥加快著作、影视和文化产业等档案使用工作的开展，完善档案建立和使用著作权制度，为便于检索建立综合性网站，培养相关人才；⑦推进国际知识产权保护与合作，通过国际框架协议加强知识产权保护；⑧规划知识产权与人才战略，培养可帮助企业建立综合知识产权战略的人才。

三、科技管理领域的改革措施

近两年，日本政府在科技管理领域实施了一系列的改革措施，加强科技创新宏观统筹。

（一）推进科技管理机构与科研院所改革

1. 设立新机构统筹医疗领域研发资源

为加强尖端医疗技术的研发，占领世界医疗领域制高点，日本政府于2015年4月正式成立了国立研究开发法人日本医疗研究开发机构。该机构负责将过去分散在文部科学省、厚生劳动省、经济产业省的相关预算1400亿日元进行集中和再分配。成立该机构的目标为加速在医药品、医疗器械领域的基础研究成果的实用化，同时谋求达到世界顶级的医疗技术水平。

除开展基础医学和应用医疗技术的研究之外，还将指导和帮助民间企业进行医疗技术的研究开发，向有关企业介绍和推广有望进行商业化生产的研究成果，努力将科研成果转化为商品与服务。

2. 独立行政法人分类改革

日本于2014年修改了《独立行政法人通则法》，启动了对独立行政法人的改革，将独立行政法人分为中期目标管理法人、国立研究开发法人和行政执行法人。

从2015年4月起，负责科技项目专业管理机构，如科学技术振兴机构、新能源与产业技术综合开发机构、承担研发课题的产业技术综合研究所和理化学研究所等31个机构都被冠名以“国立研究开发法人”名称。国立研究开发法人采用中长期目标管理（最长7年）。

中期目标管理法人采用中期（3～5年）目标管理，给予业务一定的自主权，包括隶属于外务省的国际协力机构及与科技领域相关的日本学术振兴会等60家法人。行政执行法人共有7家，采用单年度管理，职员属于公务员。

3. 下一步改革动向

除上述改革外，2016 年计划将放射线医学综合研究所（以下简称放医研）与日本原子力研究开发机构的核裂变研究部门进行合并，成立量子科学技术研究开发机构；对农林水产省所属的研发机构，实施合并重组，成立农业与食品产业技术综合研究机构；将水产大学与水产综合研究中心合并，成立水产研究与教育机构。

（二）改革人事制度

在日本，近年来非终身雇用的“任期制”雇用（一般为 3 ～5 年）发展较快。例如，最近 6 年间，日本东京大学等 11 所重点大学就增加了“任期制”教员 4000 人以上，占到了其教员总数的四成以上。“任期制”在提高产学研各单位人才流动、增加研究人员数量的同时，也带来了相关人员“担心后续任期”“不能专心工作”等的问题。

日本为给年轻科研人员一个稳定的环境，探索人事制度的改革，提出将推动实施“卓越研究员”制度，以进一步加强“官产学研”联动机制。同时，这一制度也将被写入于即将出台的日本《第五期科学技术基本计划（2016—2020）》。

“卓越研究员”制度，就是由国家相关部门，根据产学研单位的“卓越研究员”岗位需求，面向社会（以“任期制”中 40 岁以下的助教或博士后研究员为中心）选拔并认定“卓越研究员”。对于这些被认定的年轻优秀人才，设置“卓越研究员”岗位的产学研机构将负担其工资薪酬并保证“终身雇用”；日本文部科学省也将于明年（2016 年）开始做出财政预算，在最初几年为“卓越研究员”提供一定额度的研究费和研究环境建设费。

（三）竞争性经费改革

随着知识领域的不断扩展和激烈的国际竞争，科技创新要求重视创造知识与价值的多样性，注重协同开放创新。推进创新的关键是人才，日本许多年轻科研人员无法进行未来的职业规划，人才质量堪忧。这样的背景下，文部科学省提出了竞争性研究经费改革，旨在持续产生研究成果。

文部科学省提出了四点改革的方向性：一是要适应科技领域交叉和国际化的时代要求。竞争性研究费改革，应重视挑战性、综合性、交叉性和国际性，为促进跨领域、机构和国家的研究，不断完善研究环境建设。二是要围绕产学合作的开展做好环境建设。三是保证稳定的科研条件。通过使用外部科研项目经费建设科研环境时，要注意项目结束后，对科研环境建设的影响。只有对年轻科研人员的支持持续稳定，才能留住优秀人才，不断产生高质量的研究成果，形成良性循环。四是为确保科研人员实施有效研究的环境建设。改善竞争性经费的使用规定，保证科研人员实施有效研究，加强大型研究项目的管理。

文部科学省提出了 5 项改革具体措施：一是利用间接经费加强研究条件建设。为了实现上述改革方向，制定合理的间接经费措施，加强大学等法人作用。向综合科技创新会议提出无论是文部科学省竞争性研究经费还是来自其他政府部门或民间机构的外部研究经费，间接经费原则上为 30% 。大学等单位对外部提供经费的机构，有责任说明间接经费的使用情况，适时公布有关间接经费的所有实施原则和实际效果。二是改善对以年轻科研人员为主的科研人才的支持措施。大学在审查竞争性经费时，检查部门制定的年轻科研人员的职业发展措施，并公布措施内容和成绩，积极宣传延长雇用年轻科研人员的事例。考虑到负责大型研究项目的研究代表要从事项目管理工作，一定条件下，该代表的部分工资可从直接经费的研究费中列支。三是促进研究设备和机器的共享。利用竞争性研究经费购买的大型设备和仪器，原则上要共享使用。共享具体措施由各大学制定，在申请竞争性研究经费时要进行检查。完善在募集竞争性研究经费项目时，明确设备仪器的有效利用的相关制度。大学公布包括间接经费使用、共享措施的内容和实绩，促进共享。四是改善研究经费的使用状况。适度放宽政府制定的竞争性研究经费规则，如简化资金流转手续，延长各种报告提交期限等。五是加快强化科研能力的科研经费改革。利用数据进一步促进资助机构间合作，加强项目无缝对接。资助科研人员从事研究的“科研费”作为创新之源，要保持学术的多样性，其改革将侧重领域交叉和开展国际化。实施战略性创造研究项目的改革，要打通学术研究与应用开发衔接环节，加强国际共同研究，给年轻和女性科研人员提供更多跨领域和部门的机会。

（四）大学开始承担防卫省的研发项目

日本大学基本不承担用于军事领域的技术研发，但是随着军事领域科技经费持续增长，日本政府表示要开始结合产学官共同将尖端科技注入军事研究，而日本学术界在面临政府经费日趋减少的情况下，也愿意承担来自防卫省的项目委托。东京大学和信息科学与科技研究院都已取消与防卫省的合作限制，横滨大学已经开始为防卫省研发军用与民用的尖端科技。

防卫省直接资助大学研究人员的做法尚属首次。2015 年度与大学研究人员合作，开始研发用于军事领域的技术，并征集了基础研究为对象的项目，2015 年度预算为 3 亿日元，每项给予每年 3000 万日元的经费支持，研究期间为 3 年。旨在广泛获得应用于防卫装备上的技术。

该省技术研究本部公布了 18 个领域的研究课题，招募研究人员如提高激光系统性能、提高用于飞机引擎的发电机效率等。

（五）加强税制改革，完善金融制度

1. 对研发税制的改革

政府对民间研发投资支持政策方面，包括直接支持的补助金形式和间接支持的税制优惠。日本希望通过改革研究开发税制，实现日本再兴战略中提出民间研发投资占 GDP3% 的目标，加强企业创新源泉对研发投入。

2015 年 4 月日本加强了研究开发税扣除政策，在原有的增加型、高水准型和总额型制度的基础上，扩充了开放创新型，即特别试验研究费税额扣除制度。

增加型计算方式：试验研究费增加部分 × 增加比例，比例可从 5% 最大增加至 30%。

高水准型计算方式：超过销售额 10% 的试验研究费 ×（试验研究费比例 − 10%）×0.20。

为促进企业开放创新，发挥包括大、中小、骨干、风险企业，研究机构和大学等各自作用，加强协同创新，大幅度提升纳税抵扣率，从 12%，根据对象不同，扩充到 20% 或 30%，而且将利用中小企业知识产权的费用也认定为抵扣对象。

开放创新型计算方式：特别试验研究费 ×20%（或 30%），与大学和特别实验研究机构共同研究或委托研究的为 30%，企业间或利用中小企业知识产权产生费用的为 20%。

总额型是为了促进过去对研发投入较多、利用增加型难以达到减税效果的企业研发积极性而设立的。总额型计算方式为试验研究费总额 × 比例（8% ～ 10%）。为了促进中小企业研发，一律提高到 12%。

税费的抵扣可以将开放创新型、总额型与增加型或高水准型相加，扣除上限为法人税的 30%。

2. 实施对金融商品交易法等部分修订的法律

为解决新兴与成长企业风险资金的供给问题，完善股权众筹的制度环境，日本政府 2014 年 5 月颁布《对金融商品交易法等部分修订的法律》。该法律降低了金融市场准入的难度，并对投资者保护、业务管理体制等加以完善，强化了行业协会的自主规制。具体而言，首先，该法律将股权众筹定位为“电子募集处理业务”，规定在一定条件下放宽对小额（筹集资金总额小于 1 亿日元、每人投资额少于 50 万日元）股权众筹金融业者的准入条件，包括允许经营者兼业、降低注册资本（由 5000 万日元降至 1000 万日元）、允许非上市股劝诱、免除加入投资者保护基金义务等。其次，该法律完善了投资者保护制度，对于众筹交易业者课以通过网络进行适当的信息提供，对初创企业的事业内容进行审核的义务，以减少众筹中的欺诈现象，健全信用机制。再次，针对业务管理体制的完善做了相关规定，要求金融商品交易者必须具有完善的业务管理体制并且要不断加以完善，同时注意不对之课以过于沉重的负担。最后，强化众筹行业自律，要求日本证券业协会等金融商品行业自主规制机构要与政府部门联合，完善对股权众筹的自律规范制度的建设；并规定无论众筹从业者是否加入协会，都适用自律规则，促使从业者加入协会，遵从自律规则。

四、国际科技合作动向

积极开展国际科技合作与交流一直以来都是日本科技基本政策之一，《第五期科学技术基本计划（2011—2015）》特别强调，必须开展与世界各国融为一体的战略性国际合作，合作与竞争并存的国际合作对于科技发展来说显得尤为重要。

目前，日本政府共与中国、美国等46个国家及欧盟签订了双边科学技术合作协定；积极参与了包括《国际热核聚变实验堆》（ITER）计划在内的多项多边国际科技合作计划及中日韩等区域合作。

除各类合作协定外，日本学术振兴会（JSPS）在2015年还首次公开征集“国际共同研究科研费（暂定名称）”项目，面向在日本国内有一定实力、年龄在40岁左右、将来可能成为全球顶尖的科学家，提供资金，资助其开展国际共同研究项目。该项目采取基金形式，在研究期间科学家可以自由使用相关资金。

（执笔人：柏燕秋）

韩　　国

2015 年，受世界经济复苏乏力、中国经济增速放缓和 MERS 疫情等影响，韩国经济发展曲折前行，预计全年增长率为 2.8%，较 2014 年有所下滑。韩国政府重点推动创造经济发展，大力扶持创业创新，对科技驱动经济发展高度重视，科研管理体制又有新的调整，重点研发领域的投入大幅度增加并取得不俗成绩，科技对经济增长的支撑作用持续增强。

一、科技投入持续增加，明确未来重点发展领域

韩国未来创造科学部（简称“未来部”）2015 年 3 月发布的研发预算执行数据显示，2015 年度政府研发预算总额为 18.9 万亿韩元（约合 180 亿美元）。2015 年政府研发投入是以朴槿惠政府“创造经济”理念下的研发计划为准进行预算分配的。主要分配情况如下：

基础研究项目与培育政府研究机构领域投入 46 838 亿韩元，科技人才培养领域投入 15 211 亿韩元，两者均被统计为 2015 年韩国基础研究投入，合计占韩国政府整体研发预算的 38.1%。国家战略技术开发领域投入 89 377 亿韩元，占比 47.3%。强化中长期创意力量领域预算 19 045 亿韩元，占比 10%。支持培育新产业领域 19 088 亿韩元，占比 10%。上述预算中，用于扶持中小企业的政府研发预算为 33 831 亿韩元，占比 17.9%。

未来部根据最新审议通过的《国家重点发展科学技术战略规划》，明确了韩国科技优先重点发展的五大领域、30 项技术，为韩国未来 10 年的科技发展指明了方向。五大领域分别是：创造 ICT 融合新产业领域（8 项技术）、打造未来新产业基础领域（7 项技术）、环境领域（6 项技术）、健康长寿领域（5 项技术）和社会安全领域（4 项技术）。

二、改革科技管理体制，出台法规政策，营造良好科技发展环境

（一）成立科学技术战略本部

2015年9月，未来部成立科学技术战略本部。该本部的设立是本届政府改革科技管理体制、提高科技管理水平的重要举措。科学技术战略本部的目的是更好地统筹协调中央各部门科技职能，为在科技发展中起领导地位的国家科学技术审议会提供协助，提高科研投入的使用效率和社会经济贡献度。

科学技术战略本部本部长主要承担的业务有：

①高效支援国家科学技术审议会的日常运营、充分发挥国家科学技术审议会的应有职能；

②与即将成立的专业科技政策智囊机构——韩国科技政策院通力合作，加强国家科学技术审议会的统筹管理协调职能；

③积极搜集整理其他政府机构和民间科技界的意见建议，为决策提供信息支撑。

（二）颁布实施众筹法

2015年7月6日，国会通过了《资本市场与金融投资业法修正案》（又称“互联网众筹法”），互联网众筹自2016年1月起生效。

韩国业界普遍认为，本次通过《资本市场与金融投资业法修正案》是一项具有里程碑意义的立法变革，将极大改善韩国的创业融资环境，有效缓解对初创企业投资不足的问题，同时促进就业市场的发展，为青年人提供更多的就业机会。

（三）创造经济革新中心全国布局完成

朴槿惠总统上台后，大力支持创业创新，积极从政府层面为创业创新提供支持。从2014年9月开始陆续在全国9个道（省）和8个市设立17个创造经济革新中心，为创新型中小企业提供扶持帮助，在拉动经济增长、增加就业岗位的同时，为新兴产业成长为新经济增长引擎创造机会。

革新中心由中央政府协调大企业与地方政府联合设立、共同运营。未来部作为革新中心的主管行政部门，设立创造经济企划局，专门负责协调管理全国创造经济革新中心相关工作。中央、地方和大企业共同出资，地方政府和大企业派出技术和行政领域的专业人员常驻中心，负责中心的日常管理，共同扶持帮助创新

和初创企业。

据韩国政府统计，截至2015年10月，各地创造经济革新中心已经提供各种支援和服务近9000例。通过革新中心支援而产生的新产品接近3000件。根据政府规划，到2017年，中心将扶持培养10万家中小型企业和400家产值超过1亿美元的企业。

三、出台工业3.0战略，发展制造业

2015年3月，政府颁布了工业3.0战略实施计划。主要内容有：制定智能工厂推广计划，在各行业推广智能工厂，力争到2020年实现全国打造1万个智能工厂的目标，尽早培育融合型新产业，打造智能制造业示范区，推动企业的结构升级改造、推动企业创新。通过上述做法，推动韩国在2024年实现出口1万亿美元的目标，并发展成为世界制造业四强国家之一。2015年设立300亿韩元的制造业-物联网投资基金，此外政府与民间将在2017年之前向智能制造技术研发领域共同投资10亿美元，提升经济活力，推动可持续发展。政府还承诺将大幅度缩短无人机等智能制造产品的认证时间，为智能制造业发展打造良好的发展环境。

四、加强国际科技交流

2015年，韩国持续推动科技领域的国际交流与合作，重点仍是强化与美国、欧盟等发达国家的传统合作关系，同时加大与新兴国家为代表的发展中国家的国际科技合作力度。

2015年6月，韩国航空宇宙研究院与美国国家航空航天局签署了一项旨在共同研制试用月球轨道船的合作协议。此前，韩国虽然有一些大学以小规模课题的形式推进航空宇宙领域国际合作的先例，但这是韩国在大型国策项目上首次推动国际合作。韩国与日本此前在科技合作方面曾取得一定成果，但最近几年，随着韩日关系的不断恶化，双方的科技合作几乎陷入停滞。

此前很长一段时期，韩国与欧盟方面虽然有零星的共同研究，但无论规模还是质量都难以令人满意。2015年4月，韩国未来部与欧盟商讨开展韩欧H2020联合研究项目合作事宜，并于11月正式签署合作协议。从2016年开始双方每两年选定共同研究项目，双方各负担144亿韩元的研究经费，在ICT领域集中展开共同研究，主要研究课题领域为物联网、5G通信和云计算。

韩国与德国长期保持良好的科技合作关系。2015年，延世大学与德国弗朗霍夫学会共同设立了材料科学研究所；韩国生产技术研究院与德国亚深大学等达

成韩德研究机构共同研究合作谅解备忘录，双方共同建立研究中心。

朴槿惠2015年访问英国期间，与英国政府就加强两国间科技交流达成很多共识，双方商定将通过两国核电对话机制在核电建设、废弃、中小型核电站开发等方面开展交流合作。双方还决定设立共同基金，支持两国研究机构在燃料电池、智能电网等新生能源领域开展国际合作、共同研究。

五、经济科技面临严峻挑战，发展前景充满变数

2015年韩国国内生产总值（GDP）取得稳步增长。整体科技竞争力稳中有升，但一些突出的问题也严重影响和制约了韩国科技的发展。

受全球经济停滞导致的出口放慢和内需不振等因素影响，未来韩国经济增长率不容乐观。韩国全国经济人联合会12月发表的调查结果显示，随着中国技术提升和日元疲软，韩国正在丧失对华技术优势和对日价格优势。受访的韩国主要行业组织中有79.2%认为中国在技术上已经赶超韩国或将在3年内赶超韩国，65%认为韩国在技术上仍然落后于日本，70%认为韩国的价格竞争力与日本相当或者处于劣势；被问及与中日两国的竞争前景时，91.7%不看好韩国能在与中国的竞争中领先，65%认为韩国与日本的相对竞争力将进一步减弱。

目前，朴槿惠总统即将进入执政末期，其推行的科技政策面临较大阻力。韩国2015年科技体制改革重要内容是在未来部内设立科学技术战略本部并计划成立与之相匹配的国家科学技术政策院，但此次原定于年内成立的国家科学技术政策院已经遭到国会指责。许多韩国科技界人士认为，新总统上台又将对科技政策和科技管理体制进行大幅度调整和改革，科技政策缺乏中长期规划。可以预见，由于韩国科技政策与科技发展走向充满不确定因素，新的一年韩国经济科技发展不会一帆风顺。

（执笔人：宋伟钢）

朝　鲜

2015年，朝鲜党和政府一如既往高度重视科技发展，继续开展全民性技术革新运动，致力于科技与经济密切结合，在大型企业技术改造和实用技术应用等方面不断取得新成就，但制约发展的矛盾和面临的困难依然突出。

一、主要政策举措和科技发展动态

朝鲜最高领导人金正恩在2015年元旦贺词中宣称，要坚定不移地坚持科学技术领先原则，把科技发展放在首位，依靠科技建设社会主义强国和文明国家；并强调依靠科技的力量把朝鲜建设成人民乐园是劳动党的决心和意志，科技部门要站在国家建设的前头，以高度的自主精神和科技威力推动各领域工作快速前进。

（一）重视科技支撑社会经济发展

2015年以来，金正恩先后视察金策工业综合大学自动化研究所、平壤艾岛科技殿堂工地、未来科学家社区建设工地、江东精密仪器厂、生物技术研究院等一批科技在建项目、科技型企业和大学研究机构。在视察中金正恩多次阐述科技在经济发展中的重要作用，提出科学研究部门要大力开展尖端突破战，多拿出有助于发展经济、改善人民生活的高价值的研究成果和尖端技术。在元旦致辞和经济工作会议上金正恩重申，所有单位要把科技当作生命来抓，大力提高干部和劳动者的科技水平，依靠科技大力推进一切工作，努力推动实现朝鲜式现代化、信息化。

（二）将农业、轻工业和建设领域作为重点

金正恩年初在部署2015年工作任务时系统阐释农业方针和政策思路，提出

将农产、畜产、水产作为三大主轴，把解决人民吃饭问题作为2015年经济科技发展的主攻方向。朝鲜农业主管部门加强生产组织和指导，大力推行节水型耕作法和节水工程，保障农业生产所需的化肥、插秧机、压延钢材、农机械零部件、燃料等农用物资，力争完成2015年粮食生产目标。轻工业部门推进原材料国产化，提高生产力，依靠自己的力量实现生产正常化，把更多的优质消费品、学习用品和儿童食品供应给人民、学生和儿童。建设部门掀起创造朝鲜速度的热潮，把电站、工厂、教育文化设施和住房建设成为劳动党时代纪念碑式建筑，各地积极改建公路，疏浚河道，各基础设施改扩建工程不断推进。

（三）强调各经济科技领域自主发展

朝鲜第13届最高人民会议第3次会议报告提出，2015年要采取措施优先保障火力发电站和煤矿所需的设备和材料，以煤炭工业和火力发电厂大搞革新的气势增加煤炭和电力生产，采取切实可行的措施解决电力不足问题。强调以自己的技术、自己的资源发展冶金和化工等基础工业，集中力量进一步健全冶金工业的主体化。报告还要求，下大气力搞活铁路运输、开采、机械工业等国民经济先行部门和基干工业部门的生产，使所有经济领域充满活力。

（四）国民经济各主要部门投入有所增长

朝鲜最高人民会议第一次会议审议通过的2015年度国家预算报告称，国家预算本着进一步加强自卫国防力量，优先发展科技，为社会主义经济强国和文明国家建设带来转变的原则编制预算收入和开支。报告披露，国家预算开支比2014年增加5.5%，重点向增强综合国力、发展科技、基本建设项目集中投资。预算报告显示，国防费开支占财政总支出的15.9%，科技部门占5%，农业、水产、基本建设、轻工业和国民经济先行部门均略有增长。

（五）推动经济开发区运营建设

2015年1月，朝鲜政府对外公布了13个经济开发区的开发总规划，其中，平壤市恩情区是规划中唯一的一个高新技术开发区，该区建成国家知识经济建设示范区和在东北亚具有竞争力的高新技术开发区。规划方案要求，开发区内将设立恩情信息技术社和柳京软件技术会社、开通网站、建设国际科技交流馆、创办示范合营合作企业等。朝鲜国家科学院表示，恩情区拥有科学院所属研究机构和理科大学，在信息和纳米技术、生物工程等领域已取得很多成就，具有人才人力资源优势和开发生产高科技产品的经验，具备成为集研发、生产、销售于一体的高新技术开发区的条件和基础。

二、高新技术领域及产业化取得的主要成果

2015 年，朝鲜致力于解决经济建设和改善民生面临的科技问题，重视高新技术的发展，重点对航天、核能、信息软件、集成电路、微电子、生命工程、纳米技术、自然能源等领域进行跟踪研究，在技术推广应用方面取得了不少成果。

（一）经济民生领域推出新技术产品

朝鲜气象水文局利用雷达观测设备和预报技术工序信息化开发出电子式无线电探测器与高空气象雷达组成的高空气象观测系统，形成覆盖全国的气象观测网，在中央、道会和主要观测点之间构筑起自动气象观测系统，可以实时观测解读风速、风向、降雨量等 6 项地面气象数据，进一步提高了预报夏季气象灾害频发的对流性强降雨现象的准确性。朝鲜理科大学研发出实现天气预报科学化的模拟支持软件，可以使用任何操作系统显示天气预报资料信息，极大地缩短了资料分析过程，并大幅度提高了预报准确度。环境科技研究所以电子图书形式制作完成平壤市环保治理方案。该所新研发的监测仪，可以在全国范围内实时监测大气污染物质——二氧化硫浓度，还能够对大同江流域实时监测水生生态系。

（二）高新科技领域取得一些进步

国家科学院激光研究所研发出用激光精密测定形状的高新技术，可以提高尖端产品的精密度、测定时间比国外同等水平缩短 1/5，并称该技术领先于世界。青年研究员金光贤研究激光和金属纳米材料之间的相互作用的题目取得突破，在国际学术讨论会上先后发表了超速分光技术、高速光通信技术和高敏传感技术等 10 多篇优秀论文，得到国际科学界的认可，被选为世界科学院青年会员、国际理论物理中心会员。

（三）生物产业及医学领域有所进展

金亨稷师范大学生命科学系研发出鲶鱼肌动蛋白基因的调节序列，成功合成新的基因重组体。平壤医科大学利用人工血管手术治疗肾动脉狭窄症获得成功，临床证实肾血管正常，肾功能障碍症状消失。该大学还研发出以生物工艺学方法治疗心肌梗死新方法。医学科学院药学研究所实现三香牛黄清心丸等高丽药物提液化，并利用人参副产品制作出免疫增强剂等。

（四）信息电子技术研发新成果

2015 年新建的“热风”科学技术普及网站，主要面向科技工作者和国内用

户提供科技资料搜索阅读和下载服务，可在网页栏目中查阅科技成果展会资料、发明信息、实用技术，以及科普活动信息等。电子产品市场不断推出新品种，“阿里郎”牌高清数字电视，智能手机，“蓝天”牌台式计算机、笔记本和平板电脑纷纷亮相，这些散件组装和贴牌生产的电子产品已占朝鲜 70% 的市场份额。

（五）宇宙开发迈上新台阶

朝鲜新型对地观测卫星开发进入收尾阶段，同步卫星研发取得长足进展。同时，发射更高级别卫星的发射场改扩建工程进展顺利，为大力推进宇宙科技发展打下牢固基础。国家宇宙开发局局长强调，朝鲜研发对地观测卫星是以预报天气为目的，旨在为国家经济发展做出积极贡献。与其他国家一样，朝鲜发射卫星也是用于通信、定位、农作物估产、气象观测、资源勘探等，是根据经济强国建设和改善民生的国家科技发展规划进行的。

三、鼓励科技创新并大力推广新技术

按照惯例，值金日成、金正日诞辰纪念日及重要节庆之际，朝鲜都要举办全国性表彰授奖大会，向科研单位、科技工作者、研究人员颁发科技奖项，表彰他们贯彻党的重视科技思想，为提升国家科技水平，建设经济强国和改善人民生活做出的突出贡献。同时，朝鲜每年都通过科技奖励大会、中央科学技术节、地方科学技术节，以及各种展会、研讨会、技术成果发表会等形式广泛宣传和大力普及推广新技术。

（一）通过颁授科技奖项及学位学衔鼓励科技进步

2015 年 2 月 10 日，朝鲜政府向“水稻苗床综合营养剂的工业化生产和应用技术”“远程教育系统”“1000 kW 热泵”“异步电力机车”等科研成果奖获得者，以及金策工业综合大学远程教育学院院长金一男、国家科学院轻工业科学分院研究员朴善姬、金钟泰电力机车联合企业总工程师元雄等 180 名科技工作者和教师颁授了“2 · 16”科技奖。

2015 年，朝鲜政府先后四次举办向优秀科技人员和知识分子颁授国家学位学衔活动。其中，农业科学院兽医学研究所研究员朴东镐、金日成综合大学研究员金才书、平壤生物技术研究院副院长崔承福等 5 人获得院士称号；咸兴水力动力大学研究员全哲礼、平壤生物技术研究所所长林明成等 8 人获得候补院士称号。金日成综合大学教研室主任李光洙、红十字医院科长金成有等 45 人获得教授职称；80 人获得博士学位；另有金日成高级党校教师俞孝根、平壤机械综合大学教研室主任李刚海等 653 人获副教授职称。

（二）通过科技节和展会推广科技成果和产品信息

在2015年4月举办的第30届中央科技节上，朝鲜农业领域、基础科学、信息技术、能源产业等20多个学科和部门推出了550多件科研成果和技术资料，并进行了科技产品展示、科技讲座、知识技术交流等各项活动。第15届“5·21”建筑节期间，展出了400余件建筑设计有奖募集作品、学术论文、30多种建筑设计软件、多媒体影像资料和建材样品。2015年还增加了绿色建筑技术科技成果发布会，介绍绿色建筑的世界发展趋势，建筑与生态环境及周边地域和谐相宜的设计方案，并交流开发利用可再生能源的成就和经验。在金日成综合大学和金策工业综合大学举办的科技节上，通过科技成果展示竞赛、新技术交流的方式共展示了460多件研究成果。全国青年科技成果展会上，展出了3740多件发明及新技术革新方案和新技术产品。2015年10月，首届国家科学院高新技术产品展在平壤举行，共展出生物工程、信息、纳米等新技术产品1300多件。

据不完全统计，朝鲜2015年举办的农业、化工、电力、有色金属、纳米、生物、信息技术、医疗、机械设计、气象水文、地质地震、环保等专业领域的全国性科技展览、研讨交流、评比竞赛和技术创新方案征集等活动共50余场次，展示了约8万多件科技成果、设计方案和新技术产品，总数略高于2014年水平。

四、大力普及全民科技教育

从20世纪60年代开始，朝鲜按照全民学习的原则，逐步建立起全日制教育和边工作边学习的教育体系，并在大工厂建立起业余大学。近年来，针对新世纪经济科技发展的现实要求，各种形式的全民科技教育迅速发展起来。

（一）远程教育遍地开花并结出硕果

2013年金策工业综合大学远程教育大学正式成立，随后在黄海钢铁联合企业设立了第一个远程教室，2015年10月28日该校举行了首届毕业典礼。迄今，该大学建立起平壤金正淑纺织厂、大同江蓄电池厂、千里马炼钢联合企业等共150多个远程教室，教学内容涵盖机械、金属、材料、电子工程学、轻工业与食品日用品专业的科技知识，以及企业管理、信息技术和外国语等，各大工厂企业还设立了科技知识普及室。

（二）大众科普教育基地增添助力

2015年，科学技术殿堂室内与露天科技展场工程竣工，展场设计独特新颖，以操作型、运转型展品为主，将现代化演示手段、模型、沙盘和图表相结合，可以让观众综合性地深入了解科技原理和方法及科技发展历程，并切身体会最新科技成果。未来科学技术殿堂将成为综合性电子图书馆、国家级科技普及中心、多功能信息服务基地、研发数据库、信息浏览交流、经营业务管理等功能于一身的综合性信息服务系统。另外，平壤三大革命展示馆增设科技知识普及室，陈设60多万件科技资料，通过图片展示、科教片、多媒体影像等手段普及科学常识、介绍新技术成果，2015年参观人数达57万人次。

（三）强调党重视科学重视人才政策

2015年，《劳动新闻》发表题为“大力促进全民科技人才化”社论，指出科技强国就是科技人才强国，必须早日实现全民科技人才化。要求大学教师和研究人员培养立足本国、放眼世界的大胆气概和民族精神，成为知识经济时代的先驱、尖端突击战的旗手。强调只有正确对待科学和人才国家才能兴旺发达，要落实劳动党重视科学技术和重视人才政策，为科研人员提供更好的科研工作和生活条件。

（执笔人：单　波）

越　南

2015 年是越南经济社会和科技发展五年计划的最后一年，也是 2011—2020 年长期发展计划和战略承上启下的关键一年。2015 年度越南科技工作致力于制定 2011—2020 年科技重点项目、计划和任务，完善推动科技发展和革新创新的政策、体制与环境，继续落实有关至 2020 年国家高科技发展、国家科技改革等重要工作的实施。

一、科技发展政策与措施成效显著

（一）国家科技综合实力提升

近年来，越南党和政府对科技事业高度重视，提出发展和应用科技是第一国策，是发展社会经济和保卫祖国的最重要动力，让科技活动真正为推动越南国家工业现代化建设和融入国际社会注入动力。2015 年 9 月，世界经济论坛公布的《2015—2016 年全球竞争力报告》中，越南在全球 140 个国家中排名居第 56 位，比 2014 年上升 12 位；在东南亚地区位列新加坡之后排名居第 2 位。在世界知识产权组织公布《2015 年全球创新指数》中，越南在 141 个国家中排名居第 52 位，比 2014 年提高 10 位，在东南亚地区排名第三，仅次于新加坡和马来西亚。这些国际排名的大幅度提升是越南政府积极推动国家现代化建设和加大科学技术投入带来的实际效果。

（二）实施《2011—2015 年科技发展战略》取得积极成果

2015 年 12 月，在越南科技部举行的《2011—2015 年科技发展战略》落实 5 年总结会议上，越南科技部表示，经过 5 年落实科技发展战略已取得积极成果，科技成果和应用有助于保持经济增长速度，促进经济结构朝着积极方向转移，人民生活水平得到改善。

科技发展战略的实施使越南国家科技实力逐步得到加强，确保能实现至2020年的国家发展目标，5年来越南共发表1.17万份国际科技报告，比2006—2010年增长1倍，在世界上居第59位，在东南亚居第4位。2016—2020年，越南科技发展战略将继续着重各核心方向和措施，继续优先开展服务于国家工业现代化事业的科技任务，大力革新科技管理机制，使其合乎国际惯例，大力推动科技市场发展，扩大发展技术服务组织网络，加强科技领域的国际合作。

二、重大科技动向

（一）高度重视发挥科技人才和旅外越南知识分子作用

2015年6月召开的越南科学与技术协会联合会第七届代表大会上，越共中央总书记阮富仲在发言中强调，人才是国家的元气，知识是社会进步的基础，越南知识分子在国家建设与发展，特别是现代化、工业化和融入国际社会、建设知识经济等过程中成为特殊和具有创造性的劳动力量。建设一支强大的知识分了队伍有助于提高民族的智慧和增强国家的力量、提高党的领导能力和政治体系的运行效果，投入建设知识分子队伍就是投入可持续发展。

2015年度，越南政府举办了“旅外越南知识分子与2016—2020年越南经济发展与国际融入”“建设旅外越南专家网络”等专题研讨会。越南国家副主席阮氏缘发言中指出，旅外越南知识分子在450万名旅外越南人中占10%，他们是旅外越南人社团乃至越南民族的重要组成部分。凭着自己的智慧、经验与技能，他们一直为助推国家稳步健康发展做出极为重要的贡献，为国家的发展注入活力。越南科技部代表在会上表示，要发挥海外越南科技专家网络的作用，关键在于确定引进人才的优先科技领域，从而采取具有突破性的待遇政策，为科技人才回国工作创造便利条件。旅外越南科技专家是国家的宝贵财富，要获得充分关注，要发挥他们的积极作用，为国家科技创新和经济社会发展做出贡献。

（二）重组科技行业结构

按照政府的要求，越南科技部2015年的重要任务之一就是对科技行业结构的重组。越南科技部阮军部长表示，科技行业结构重组势在必行。行业内的领导人、管理者乃至直接参加科学研究及应用活动的人员，改变思维对成功实施越南科学行业重组提案具有决定性作用。重组提案已开始起草，内容将涉及公办科技组织系统重组、人力资源重组、科技投资重组、科技财政重组等方面。

（三）成立国家技术创新基金会

2015年1月8日，越南科技部在河内举行了越南技术创新基金会成立仪式，阮晋勇总理出席会议并发表讲话。该基金注册资金为 1 万亿越盾（约合 4761 万美元），主要目的是提高越南企业的创新能力，促进新产品、新服务创意的商品化，由此提高人民的生活水平。基金会的主要服务对象是创新型企业和个人，旨在创造出高科技含量和高附加值的新产品和服务等。越南技术创新基金会的成立充分体现越南政府关于提高经济增长质量，朝着以科技与创新为基础的方向加大革新增长模式力度，为国家可持续发展注入动力的决心。

（四）推出高新技术企业认定标准

2015 年 6 月，越南政府颁布了作为投资优惠依据的高新技术企业认定标准。高新技术企业的认定，除满足《投资法》所规定的有关标准外，还要满足以下 3 个条件：一是高新技术产品产值占全年总经营收入 70% 以上；二是中小企业投入在越南的研发支出需达到全年总经营收入的 1% 以上，投资额超过 1000 亿越盾、员工人数超过 300 人的企业，该项目支出比例可放宽至 0.5% 以上；三是企业直接从事研发的大学以上学历员工需占总数的 5% 以上。投资额超过 1000 亿越盾、员工超过 300 人的企业，该比例可放宽至 2.5% 。

（五）加强高科技园区发展布局

2015 年 6 月，越南政府批准了《到 2020 年面向 2030 年高科技园区发展总体规划》。出台规划的目的是将在全国范围内建立以国家级高科技园区为核心的各地高科技园区，以推动高科技的发展。为地方经济与社会的发展服务，改变增长模式，提高经济的竞争力，从而加快推动国家工业化和现代化建设进程。按照规划，从现在起到 2030 年，越南将在部分省和中央直辖市投资建设高科技园区。加强投资完善国家级的和乐高科技园区、胡志明市高科技园区和岘港高科技园区的基础设施建设，兴建高科技园区，包括河内生物高科技园区和同奈生物高科技园区等。

三、主要科技领域的发展规划

（一）批准《至 2025 年生物技术研究院、研究中心和实验室规划》

2015 年 9 月，越南政府批准了《至 2025 年生物技术研究院、研究中心和实验室规划》，越南将成立 3 个国家级生物技术发展中心。据规划，2016—2020 年越南将把隶属越南科学院的生物技术研究院升级为北部国家生物技术中心；加大对胡志明市生物技术中心投资力度，把其升级为南部国家生物技术中心；加大投入中部国家生物技术中心的基础设施建设等。此外，越南将着力投资发展 10 个国家级重点生物技术实验室，装备现代技术设备，提高其科研能力，满足基本研究的要求。每个国家级生物技术实验室干部数量为 40～50 人。

（二）批准实施《至 2020 年信息技术产业发展计划和 2025 年展望》

2015 年 3 月，越南政府批准实施通信技术《至 2020 年信息技术产业发展计划和 2025 年展望》。按照该发展目标纲要，至 2020 年，越南通信技术及服务软件行业至少每年增长 15% 以上，将重点吸引国外资金投资这一领域，未来 5～10 年，仅在通信电子硬件建设方面将吸引外资 50 亿美元，将把通信技术行业建设成为发展速度快、营业收入高、出口量大的经济领域。

（三）批准《至 2020 年农业高新技术开发区和专产地总体规划及至 2030 年远景》

2015 年 5 月，越南政府批准了《至 2020 年农业高新技术开发区及专产地总体规划及至 2030 年远景》。根据规划，越南将在后江、富安、太原、广宁、清化、庆和、林同、胡志明、平阳和芹苴等 10 个省市建立高新技术农业开发区。具体规划是：拟在西原、西北及北中部地区生产咖啡；在太原和林同省生产茶叶；在平顺省生产火龙果；在老街、河内、海防、胡志明、林同等省市生产蔬菜和花卉；在东南部和九龙江平原地区生产水果。在畜牧业和水产方面，拟在山罗、河内、义安、林同等省市养殖奶牛；在红河平原和东南部养殖生猪；在红河平原、北中部、中南部沿东南部和九龙江平原养殖海水虾。

（四）批准《至 2020 年核电基础设施发展总体规划》

越南政府批准了至 2020 年核电基础设施发展总体规划，按照规划将完善核电技术标准、相关政策和法律法规，要求进一步做好培训和发展人力资源，建设、管理与运行宁顺省核电站有关项目工作等。同时，将不断加强核能管理能力，着重发展核电配套工业。把核电站与国家电网并网建设，开展核材料实物保护、发射源环境观测与预警、应对核辐射与核事故等工作。

（五）批准《至 2030 年可再生能源发展战略及 2050 年愿景》

2015 年 11 月，越南政府批准了《至 2030 年可再生能源发展战略及 2050 年愿景》。其目标是至 2030 年大部分家庭可享受现代化、可持续和信任的能源服务，能源价格合理，利用和开发可再生能源，为实现环境可持续、发展绿色经济的目标做出贡献。

四、国际科技合作

2015 年，越南依然大力开展与世界主要国家的科技合作。与中国合作方面，两国科技主管部门就准备召开两国第 9 次政府间科技联委会、推动实施中国 – 东盟科技合作伙伴计划、共建中越技术转移中心等事宜进行沟通。与日本合作方面，两国召开科技合作混委会第 4 次会议，集中讨论了高科技农业、环境保护技术、应对气候变化和合理利用水源等内容。与美国合作方面，两国签署了核能和平利用合资协议、有关航天研究领域的合作愿景声明。与俄罗斯合作方面，两国签署宁顺 1 号核电站一期建设项目框架协定。与英国合作方面，两国签署《牛顿越南计划合作备忘录》，英国将提供 1000 万英镑的援助资金，用于资助医疗卫生、生物、农业、环境、能源安全、信息科技、未来城市、革新与创新等领域科学研究项目。

（执笔人：蒋苏东）

印　度

印度新任总理莫迪执政一年半以来，大力度、全方位推进印度多领域改革。基础设施建设、制造业和智慧城市成为莫迪经济改革战略的三大支柱。2015 年，印度研发（R&D）经费预计约 197 亿美元，占 GDP 的 0.9%，尚未实现印度政府在 2012 年发布的“十二五（2012—2017 年）计划”中提出的“研发支出占 GDP 的比例达到 2%”的目标。据国际货币基金组织（IMF）预测，印度经济增速在 2016—2017 年度将超过中国，继续保持 7%～7.5%，科技投入也将随着“印度制造”“数字印度”等国家战略的全面实施而不断增加。

一、科技发展新战略和新政策

（一）发布《“科技创新印度”计划》

2015 年 11 月，印度总理莫迪发布了《“科技创新印度”计划》(IMPRINT)，由印度理工学院与印度科学院联合牵头实施，旨在解决印度 10 个技术领域面临的重要工程和技术挑战，从而摆脱对国外技术的依赖。这些领域包括：医疗保健、信息通信技术、能源、可持续发展的人居环境、纳米技术相关硬件、水资源与河流系统、先进材料、制造业、安全与国防、环境与气候。牵头机构将制定 10 个领域相关行业发展路线图，并研究和衡量其对人民生活的影响。印度科技部将成立项目咨询委员会，计划在 2016—2017 年度为此投入 100 亿卢比（约合 1.5 亿美元）作为启动资金。

（二）启动《“数字印度”工程》

2015 年 7 月，莫迪总理宣布启动“数字印度周”，将印度打造成全球创新中心。印度政府将努力为更多民众提供更好的网络连接和服务，推动印度电子制造业的发展，希望到 2020 年，印度可以大幅度减少电子产品进口。“数字印度”工程承诺通过建立“公共服务中心”网络，为民众提供电子医疗、教育、银行、保险、养老金和农业服务。预计到2019年，公共服务中心将遍布印度全国各地的25万座村庄。印度信实工业公司及诸多软件服务外包业企业承诺为此出资710亿美元。

（三）实施《“技能印度”计划》

2015年7月，莫迪总理宣布启动《“技能印度——求职者技能培训运动”计划》，力争在2015年年底前培训240万名工人，到2022年为4亿印度人提供技能培训，努力将印度打造为“高技能劳动力”国家。印度政府将为接受技能培训的贫穷学生提供5000～150 000卢比的资助，并为其创造就业机会。与此同时，印度政府将退役军人发展为技术学院培训员，并建造更多的技能培训中心。

（四）启动《国家超级计算机计划》

2015年4月，印度内阁经济事务委员会审查通过了《国家超级计算机计划》，以使印度跻身于世界超级计算机科技强国之列。印度科技部和电子信息技术部联合实施此项计划，印度高级计算发展中心和印度科学院共同研发，预计未来7年投入7200万美元经费。该计划将通过70个超级电脑形成的网络，连接印度全国重要的学术和研究机构，并与印度政府另一项前瞻计划——《国家知识网络》对接，实现学术和研究机构之间的互联互通。

（五）发布《国家生物技术发展战略》

2015年12月，印度科技部发布了《国家生物技术发展战略（2015—2020）》，目标是2025年印度生物技术产业产值达1000亿美元，并将印度打造成为世界级的生物制造中心。为此，印度将开展大型生物技术研发项目，吸引多方投资，创新生物技术产品，建立强大的基础设施和商业化设备，培育高水平的生物技术人员队伍和行业领军人才，加强学科基础研发，鼓励开展应用型研究，开发用于实现包容性发展的生物技术工具，培育创新精神、技术转化能力和创业精神，建立透明、高效的管理和交流机制，建立全球和国家联盟，加强制度、机构和管理能力建设，完善绩效和流程评估手段。此外，印度还将同全球行业内的企业和研究院所建立技术开发和技术转移网络，新建5个生物技术集群、40个生物技术孵化器、150个技术转让中心和20个生物技术互联中心，成立开展人力资源培养和吸引重点投资的生命科学和生物技术教育委员会。

（六）推出《国家高效照明计划》

2015年1月，莫迪总理呼吁国民使用LED节能灯泡，并在新德里推出《国家高效照明计划》（DEFLP），同时推出基于网络的 LED 灯泡登记采购系统，便于消费者购买 LED 灯泡。该计划将从 2015 年 3 月起分阶段进行，预计到 2016 年 3 月，在全国 100 个城市实现 LED 灯泡街道照明。

（七）投资打造 12 个智慧城市

2015 年 2 月，印度政府宣布投资 5000 亿卢比（约合 83 亿美元）在全国 12 个主要港口打造 12 个智慧城市，预计每个城市建设成本为 300 亿～400 亿卢比（合 5 亿～6.7 亿美元）。印度政府计划将港口总吞吐量从现在的 8 亿吨提高到 16 亿吨，把这些城市建设为符合国际标准、具有宽阔马路、使用绿色能源的现代化城镇。智慧城市和港口将由“电子政务”连接，建设符合国际标准的基础设施、经济特区和造船中心，同步打造“零污染”的绿色智慧城市。

二、大力发展新能源和可再生能源

（一）修订《国家太阳能计划》发展目标

2015 年 10 月，印度政府修订了《国家太阳能计划》目标，并网太阳能发电总量从计划 2022 年达到 20 GW 提升到 100 GW。印度将通过建立分布式屋顶太阳能项目和中大型太阳能项目来实现该目标。印度政府已经开始免除进口太阳能制造设备器件相关原材料的关税和消费税，这将有助于降低太阳能设备的成本。印度中央政府拨款 1650 亿卢比（约合 27.5 亿美元）用于补贴太阳能发电公共设施建设及部分电价。印度中央政府为各邦和边疆地区提供 30% 财政补贴发展太阳能；对屋顶太阳能并网连接提供 70% 的补贴；对一些特别的邦，如安达曼 - 尼科巴群岛和拉克沙群岛提供 90% 的财政补贴，鼓励其发展离网和分散式太阳能。对于那些工业企业的耗能大户，印度政府并没有提供发展太阳能产业的相关补贴，而是通过减少对这些产业一半的电力供给，鼓励他们提高能源效率和降低能耗。

（二）制定 2020 年核能发电目标

2015 年 12 月，印度政府提出计划到 2020 年实现核能发电 13.5 GW，允许印度（国家）核电有限公司与核领域的其他事业单位进行合作。印度总理莫迪着力打“核外交”牌，与美国、日本、法国、韩国、加拿大、澳大利亚和俄罗斯就核能进行不同程度的合作或者对话。莫迪政府计划建造 60 座核反应堆，到 2032 年将核电装机容量提升到 63 GW，到 2050 年能够利用核能提供 25% 的电力，成为仅次于中国的全球第二大核能市场。俄罗斯表示将在未来 20 年协助印度新建至少 6 座核反应堆。此外，印度有望与美国西屋电气公司签署合作协议，印度将在美方帮助下建造 6 座核反应堆。

（三）开展《战略铀储备计划》

2015 年 7 月，印度开始实施《战略铀储备计划》，避免其核反应堆出现关键核燃料短缺。该储备计划将为未来 5～10 年核能可持续发展储备 5000～15000 t 铀，相关方案已提交印度内阁，预计储备上限将获突破，此举得到美国支持。自 2008 年国际社会解除对印度核禁运以来，印度核能发展及燃料储备得以迅速发展。目前，印度使用的铀矿主要来自澳大利亚，以及刚刚与印度签署了 5000 t 铀矿出口的哈萨克斯坦。当前，印度注册的使用铀矿达 1252 t，核反应堆的燃料需求比往年翻番，创历史新高。

（四）发布海上风能发展政策

2015 年 9 月，印度联邦内阁批准了旨在推动印度 7600 km 海岸线风能利用和发展的国家海上风力能源政策。这项政策为海上风力能源发展铺平了道路。政策涵盖沿海 200 海里国家专属经济区内开展海上风能项目和相关研发活动等内容。据估计，印度古吉拉特邦沿海约有 106 GW 的海上风能潜力，在泰米尔纳德邦大约有 60 GW，海上风力能源政策将有助于确保印度能源安全，实现国家气候变化行动计划的目标。据印度能源、环境和水理事会（印度能源领域的政策研究机构）估计，印度海岸陆基风力发电潜力为 302 GW，现有发电量仅 23 GW；印度可再生能源 36 642 MW 装机容量中，约有 23 864 MW 是海岸陆基风能发电。

三、增强航天科研和商业发射实力

（一）发布 GAGAN 卫星导航系统服务

2015 年 7 月，印度发布了 GAGAN（GPS 辅助型静地轨道增强导航系统）系统服务，计划为孟加拉湾、东南亚、印度洋、中东和非洲地区提供精准的导航服务。该系统历经 15 年时间，耗资 77.4 亿印度卢比（约合 1.23 亿美元），由印度空间研究组织（ISRO）和印度航空管理局（AAI）联合开发，采用美国雷神公司（Raytheon）研发的 SBAS 技术，将为南盟成员国（SAARC）提供服务。印度 GAGAN 系统的基础设施包括 15 个参考站、3 个上行注入站和 1 个任务控制中心组成的地面段，2 个搭载 GPS 增强信号播发载荷的地球静止轨道（GEO）卫星的空间段，以及相关的软件和通信链路，可以通过播发 C 波段和 L 波段的导航增强信号，对 GPS 等卫星导航系统进行增强。该系统将为印度 50 多个机场提供服务，AAI 计划用该项技术代替仪表着陆系统（ILS），为飞机提供更加精准的航线指引，节省时间和燃料成本。

（二）发射区域卫星导航系统（IRNSS）第 4 颗卫星

2015 年 3 月 28 日，印度空间研究组织成功发射了区域导航卫星系统（IRNSS）7 颗卫星中的第 4 颗卫星 IRNSS-1D。该卫星重 1425 kg，携有导航和测距两个有效载荷。导航有效载荷将向用户发送导航服务信号，测距有效载荷将利用卫星上的 C 波段脉冲转发器帮助精确确定卫星的距离。这颗新卫星将帮助位于印度次大陆的用户确定所处地理位置。预计服役时间为 10 年。

（三）发射首枚太空天文卫星

2015 年 9 月 28 日，印度首枚太空天文望远镜（ASTROSAT）由印度极地卫星运载火箭（PSLV-C30）从印度安得拉邦航天中心成功发射并入轨，这是继月球和火星卫星发射探测计划取得成功后，印度太空探测计划又一重大突破，使印度跻身于“世界太空天文望远镜俱乐部”。此次发射的极地卫星运载火箭除携带太空天文望远镜外，还携带了为美国发射的 4 颗卫星，以及分别属于印度尼西亚和加拿大的 2 颗微型卫星，均成功入轨。

（四）发射通信卫星 GSAT-6

2015 年 8 月 27 日，印度空间研究组织（ISRO）在萨蒂什・达万航天中心使用自主研发的低温上面级（CUS）运载火箭 GSLV-D6，成功发射了第 25 颗国产通信卫星 GSAT-6。CSAT-6 是印度最新型的通信卫星，重 985 kg，设计寿命 9 年，将为印度提供 S 波段通信服务，有助于印度军事战略部门间视频、语音等快速通信，帮助战略部门在偏远地区使用小型手持移动设备进行通信，从而有效提高印度应对现代网络中心战的实力。

（五）为英国发射 5 颗卫星

2015 年 7 月 11 日，印度极轨卫星运载火箭（PSLV-XL）为英国成功发射 5 颗卫星。印度空间研究组织（ISRO）称，印度已经建立起了为外国发射卫星的有效商业平台，此次是 PSLV-C28 的第 30 次极轨卫星发射，也是 PSLV-XL 系列的第 9 次任务。

四、鼓励和促进创新创业

据统计，印度创业投资额从 2014 年 22 亿美元提高到 2015 年 12 月的 70 亿美元。80% 的顶级风险投资/股权投资机构来自国外，引领了全球对印度的外国直接投资。印度已成为全球增长最快的创业国家，平均每天诞生 3 ～4 个初创企业。如果以私募股权、风险投资和天使投资金额及初创企业数量为衡量指标，印度技术驱动类初创企业数量位居世界第三（4200～4400个），美国排名第一（4.7万～4.8万个），英国排名第二（4500～5000个），以色列第四（3900～4100个），中国第五（3300～3500个）。印度初创企业平均估值250万～270万美元，每周资本增加9500万美元。

2015年，印度企业开展风险投资/股权投资活动次数从2014年的224次提高到458次；获得天使投资的企业数从2014年的194个增至436个；总投资额中风险投资/股权投资为47.05亿美元，天使投资额为1.96亿美元；孵化器数量从2014年的80个增至110个；印度技术型初创企业数量增长迅猛，达到1200个，预计2020年将达到2100个。创业人员中，35%为工程类硕士，26%为MBA。72%的创始人年龄低于35岁，使印度成为最年轻的创业者国家。印度创业刺激就业8万～8.5万人。

印度初创企业主要集中在电子商务、数字广告、大数据、分析、云计算、硬件、教育和健康产业。65%以上的初创企业都位于德里经济圈、孟买和班加罗尔这3个高科技集群城市，其中，班加罗尔在全球创新企业生态环境排名中居第15位。艾哈迈达巴德、金奈、海得拉巴、斋浦尔和浦那也正在成为初创企业兴起的城市。

五、强调产学研合作与PPP模式

（一）企业与政府联合设立“印度创新基金”

2015年1月，印度第二大软件企业－印度信息系统公司（Infosys）表示，愿意出资2.5亿美元与印度政府共同成立总额为5亿美元的“印度创新基金”，用于资助印度初创企业的技术创新，为他们提供良好的生态系统，同时帮助Infosys走向软件服务的价值链高端。Infosys还计划将其位于迈索尔的350公顷①软件园区打造成“智慧城市”，助推“数字印度”的目标实现，使得信息技术成果普惠于民。

（二）企业与高校合建科技研发园区

2015年6月，印度高校排名第一的印度理工学院表示将与印度知名企业联合建立科技研发园区和技术发展中心，在扩大研究活动规模的同时，解决高校教师短缺问题。该校计划征集相关企业出资20亿卢比（约合3200万美元）建立2个产业研究中心。印度理工学院现已在校园内投入15亿卢比（约合2400万美元）

---

① 1公顷＝10 000平方米。

建立迷你科技园、孵化器和创新中心，可以容纳30家企业，目标是提高生物化学、制药、电子工程和高性能计算机等领域的前沿研发水平及产业化能力。

（三）通过PPP模式建立最大初创企业孵化器

2015年10月，印度海德拉巴市成立了全国最大的初创企业孵化器T-Hub，旨在向创业者提供基础设施的集中办公空间。该孵化器采取公私合营模式（PPP），由邦政府、印度3所高校和私营企业联手建立并协同管理，面积为$6500m^2$，可容纳130～150家初创企业约800人办公，计划在2018年完成二期工程（即投入15亿卢比、扩建2.8万平方米面积、吸引5000家初创企业入驻）。该孵化器是继印度总理莫迪提出“初创印度，崛起印度”后，印度政府为鼓励创新创业采取的重要举措。邦政府计划投资1亿卢比（约合154万美元）作为创新启动基金，希望私营企业通过PPP模式向孵化器投入9亿卢比（约合1384万美元），预计未来创新基金能达到60亿卢比（约合1亿美元）。印度政府还将为孵化器提供来自高校院所和企业的60名“创业导师”。该孵化器现已获得20个风险投资企业的注资。

（四）通过产学研合作培养IT人才

印度知名IT企业陆续与本国高校及学术机构开展合作、培养人才，以满足市场对社交媒体、移动、分析及云技术的新需求。印度软件和服务业企业行业协会与国家技能发展委员会联手，将IT和业务外包行业（BPO）细分为64个不同的工作层面，在8～10个工科院校和IT服务企业设立试点，针对该行业的员工分别设置课程，进行分类培训。Tech Mahindra公司是印度第五大软件服务出口商，目前正与印度科学院（班加罗尔）、印度理工学院（孟买及海德拉巴）联合开发网络机器人、预测分析等课程。

六、积极开展国际科技合作

（一）与中国签署24个谅解备忘录

印度总理莫迪在2015年5月14—16日访华期间，与中国政府签署了在铁路、矿业、教育、航天、质检、影视、海洋和地震科学等领域与政党、智库、地方合作等24个谅解备忘录，使得中印关系开始进入扩大利益交集和全面务实合作的新阶段。

（二）与美国举行科技合作双边会议

2015年9月21日，美国白宫科技政策办公室与印度科技署在美国共同召开了印美科技合作联合委员会会议，重点商讨确定印美双边科技合作优先领域和科技合作行动实施计划，提出健康与医药科学、大气、环境、地球科学、新兴材料和制造科学为双边科技合作优先领域。双方共同强调提升妇女参与科学、科学数据共享、强化知识产权保护机制、技术商业化和营造创业环境的重要性，同意设立美印科技合作联合委员会农业工作组，尽快启动双方达成共识并有良好合作基础的科技合作项目。此外，印度空间研究组织和美国航空航天局召开“印美航空合作研讨会”，探讨两国今后在火星探测领域的合作，包括印美雷达地球观测卫星项目和机器人火星探测项目合作。印度或将有机会使用国际空间站。

（三）与俄罗斯将签署科技合作协定

印度与俄罗斯准备签订双边科技合作协定，全面提升双边科技合作与交流水平。两国达成了提升双边科技合作共识，包括加强在生物技术、科技信息、医学、气象、海洋、能源、环保技术、超级计算和大数据等领域的科技合作，以及科学家和学生等人员的交流计划。印俄已达成俄罗斯—印度大学联盟协议，俄罗斯科学基金会和印度科技部将联合资助具有竞争优势的国际团队开展科技合作项目，现已资助开展 6 个联合研究项目。印俄积极磋商建立制度化双边科技合机制，包括设立科技合作工作组、综合性长期科技合作项目、基础科学合作项目、科学院间交流计划、印度—俄罗斯科技中心、政府部门间科学技术创新合作。

（四）与德国开展高科技制造业合作

2015 年 5 月，印度工商联合会（FICCI）与印度驻德国大使馆和德国驻印度大使馆联合举办了“释放机会——印德高技术制造业”合作研讨会。安永会计师事务所为该项目撰写了题为“德印高科技制造业的前景”的报告，确定了未来贸易和投资的高科技领域及具体行业：电子系统设计与制造（ESDM）、光电子、IT、汽车、民用航空与机场建设、交通基础设施、水资源、可再生能源、重型工程、生物技术、医药、航天与国防制造。

（五）与英国加强科研合作

2015 年 11 月，印度总理莫迪访问英国期间，英国研究理事会向印度政府及研究机构提供了 7200 万英镑（约合 1 亿美元）的“英印研究基金”经费。该研究伙伴关系已拥有高达 2 亿英镑（约合 3 亿美元）的合作经费，合作内容包括粮食、能源与水安全、健康与福祉、智能城市与城市化发展。迄今已有一系列英印联合研究项目被列入牛顿巴巴基金的资助列表。英印联合开展的科研行动包括：水安全与农业氮足迹虚拟研究，城市化、古遗迹、水产养殖联合研究与创新项目。英国科技设施理事会（STFC）与印度塔塔基础研究院（TIFR）也签署了合作谅解备忘录。

（六）与斯里兰卡签署核协议

2015 年 2 月 17 日，印度成为斯里兰卡首个核能合作协议签署国。印度将为斯里兰卡建设首个核反应堆提供技能培训。印斯两国签署的 4 份协议分别是和平利用核能合作、文化合作、建立那烂陀大学和开展农业合作。其中，敏感的核能合作被认为是两国最大成果。

（七）与南非加强科技合作

2015 年 10 月底，印度科技部与南非科技部共同召开了印度-南非双边科技会议，双方对医学健康与生物技术、天文与天体物理、本土知识体系、绿色化学、艾滋病病毒疫苗等重要领域的科技合作进展表示满意，双方支持合作项目经费达 100 万美元。南非希望印度在太空科学、农业与食物安全和基于本土知识的医药开发应用领域，给予南非支持。印度表示愿意在上述领域与南非进行科技合作。

（八）与南太平洋国家开展气候变化等科技合作

2015 年 8 月 21 日，印度与南太平洋的斐济、马绍尔群岛、瑙鲁、纽埃、帕劳、巴布亚新几内亚、萨摩亚、图瓦卢、瓦努阿图、库克群岛、基里巴斯、密克罗尼西亚、所罗门群岛和汤加 14 个国家，在印度举行了“第二届印度-太平洋岛国合作论坛”（FIPIC）首脑会议。印度总理莫迪与南太各国领导人在联合国气候变化谈判、石油天然气开采、IT、医疗卫生、清洁能源、渔业与海洋研究、科技卫生、防灾减灾、共同实现联合国发展目标等方面开展合作进行了讨论，印度希望通过加强与南太平洋国家合作以扩大其在联合国等国际框架内的影响力。印度与南太平洋国家就合作利用卫星科技对气候和海洋环境进行监测，印度海军提供救灾防灾援助，共同开发海洋资源，医药生产和农业合作等问题进行了探讨，并承诺对岛国提供 12.5 万～20 万美元不等的赠款援助。印度还建议在南太平洋建立一处太空观察站，配合其火星探测等外空科技项目。同时，莫迪表达了希望太平洋岛国支持印度“入常”的愿望。在 14 个太平洋岛国中，有 12 个国家具有在联合国大会上进行投票的权利，其中有 10 个国家表示将支持印度成为联合国常任理事国。

（九）参加第 3 次金砖科技部长会议

2015 年 10 月 28 日，“第三次金砖国家科学技术与创新部长会议”在莫斯科召开，金砖五国科技部长签署了科学技术与创新合作《莫斯科宣言》，号召建立科技创新合作基金。印度积极推动金砖国家地理空间技术合作，合作领域包括国家地图测绘、国家 GIS 技术与应用、地球观测与应用、土地信息系统、制度机制与能力建设、面向工业应用等，旨在借助其他金砖国家在地理空间技术的优势，提升本国地理信息系统实施、维护和应用能力。印度希望在灾害管理数据共享云计算机领域，加强与中国的合作和经验分享；在空间数据处理和标准化能力、区域空间数据基础设施平台领域，加强与俄罗斯和巴西的合作。

（十）依托“全球创新和技术联盟”开展国际合作

印度科技部与印度工业联合会（简称 CII）联合成立的半官方法人组织——印度全球创新和技术联盟（GITA），作为合作计划执行及资金管理平台，已与以色列、加拿大、芬兰、西班牙、英国及韩国建立了 7 个双边合作产学研创业基金，共签署了 80 余个学术及研发机构联合开展科研计划的双边/多边科技合作协议，以扩大产学研国际合作。该联盟下的双边合作项目以产业化为导向、进行产学研合作，各国负责一半费用，合作项目为期 2 年。通过公开报名，共同评估研究计划并筛选项目，以信息分享、人员互访、召开研讨会或报告会等形式，促进双边产业及研发机构进行接触，并制定监督及资金管理机制。产业研发投入必须占计划整体成本的 50% 以上，印度政府对每项计划提供资助上限为 25 万美元；参加计划的学术研究机构最高可获得印度政府对该机构执行计划所需经费的全额补助；印度政府对执行计划的相关产业提供优惠贷款，由指定银行提供担保，相关产业必须提供资产作为贷款担保，还款期视情而定。

（执笔人：毕亮亮）

巴基斯坦

据国际货币基金组织和世界银行预测，2015—2016 年度，巴基斯坦国内生产总值为 4. 5%，而非巴基斯坦本国政府设定的 5. 5%。巴基斯坦科技部 2015 年获得的公共领域发展项目经费为 9. 04 亿卢比，比 2014 年度的 19. 62 亿卢比减少了近一半。原子能委员会获得的经费为 514. 75 亿卢比，核管理局获得的经费为 2. 3 亿卢比。

一、国家科技与创新政策

2015 年，巴基斯坦科技部门继续围绕《国家科技与创新政策 2012》开展工作。该项政策确定了巴基斯坦全国的科技与创新政策架构：

（一）科技创新计划与管理机构构成

确定国家科技委员会是全国最高科技创新领导机构，科技部负责制定和落实科技政策，科技理事会负责研究科技创新政策，向政府提供科技政策建议；提高研发质量，监测和评价科技创新政策的落实情况，并要求各省成立科技厅。

（二）提出人力资源发展建议

特别提出加强大、中、小学，职业学校和职业教育各级科技教育。2015 年，巴基斯坦政府设立 30 亿卢比发展基金，实施《科学人才培养计划》(Science Talent Farming Scheme)。该计划由计划发展部立项和负责拨款，由科技部下属机构科学基金会全权管理。该计划从全国范围遴选出 300 人，对其从大学入学到获得博士学位提供长期资助。

（三）提出自主技术开发

以市场和产业发展需求为导向，设立技术开发计划和项目，推动原创知识商品化，设立创新基金、风险基金和股票基金，加强科研机构与产业界的研发合作。

（四）加强技术转让及其吸收能力

支持技术转让的吸收能力建设，加强产学合作，促进科学家流动。

（五）确定 16 个重点突破领域

计量、标准、测试与质量控制；环境；卫生与药品；能源；生物技术与遗传工程；农业与畜牧；水；矿物；海洋资源；电子学；信息通信技术；空间技术；材料科学；纳米科学与技术；激光与光电；工程。

（六）设立科技计划和项目

6000 万卢比以上的研发项目由计划发展部负责管理和拨款。科技部仅负责资助 6000 万卢比以下的科研项目。

二、科技机构调整

2015 年，巴基斯坦科技部经过多轮考核选择，经总理批准，任命下属的 10 个科研机构负责人：可再生能源技术理事会主席、科学基金会主席及科学与工业研究理事会、国家电子研究所、国家海洋研究所、国家认证理事会、水资源研究理事会、科学技术理事会、标准质量控制局、技术商业化公司的负责人。巴基斯坦科技部借机继续推进其科研机构调整，例如，将海洋研究所升级为地区卓越中心。

三、国际科技合作

（一）中国—巴基斯坦合作

2015 年，中巴科技部共同资助的中巴小型水电技术国家联合研究中心揭牌，签署了中巴棉花生物技术联合实验室合作谅解备忘录，中国国家海洋局与巴基斯坦科技部签署了中巴联合海洋研究中心议定书。这 3 项成果为中巴科技合作指明了方向，标志着双方科技合作提升到一个新水平，从常规科技合作项目迈入长久合作平台搭建。

此外，中巴地方和民间科技合作活动频繁。巴基斯坦南方科技促进可持续发展委员会（COMSATS）信息技术学院与云南省科技厅签署了合作备忘录，设立中巴技术转移中心。兰州大学与巴基斯坦农业研究理事会签署了科学交流与合作协议，中巴生态循环联合研究中心启动运行。兰州大学与巴基斯坦科学基金会签署了干旱农业合作框架，将在巴基斯坦联合成立联合干旱区农业研究联合实验室。清华大学启迪控股公司与巴基斯坦科技部科技大学签署协议，联合投资科技大学科技园。新疆建设兵团第十三师与巴基斯坦 COMSATS 信息技术学院签署了备忘录，投资共建中巴科技贸易国际物流园区项目。

（二）美国—巴基斯坦合作

美国与巴基斯坦科技界开展第 6 次合作项目征集。2015 年宣布资助 13 个项目。巴方科技部和高等教育委员会分别是项目评审和资助机构。美方资助单位是美国国际开发署，落实单位是美国工程院。美国—巴基斯坦能源高级研究中心（USPCAS-E）2015 年向巴基斯坦各界征集的合作项目涉及以下领域：能源与设备，包括生物燃料、生物燃料电池；可再生能源科学与技术，包括太阳能、光伏发电、风能、水电；应用能源经济学与分析，包括能源经济学、能源系统模型等应用研究政策；热能工程，包括化石燃料热能、太阳热能；电能与电力系统。每个项目资助 3 万美元，鼓励产业界和政府机构提供 1 万美元配套现金或相关支持。

（三）法国—巴基斯坦合作

法国与巴基斯坦设有法国—巴基斯坦 PERIDOT 居里伙伴合作计划，该计划的法方主管单位是法国外交与国际发展部和高等教育与研究部，巴方主管单位是高等教育委员会。该计划旨在推动两国高等教育系统的研究机构和实验室的科学家与青年学者流动交流。双方确定 2016 年的资助合作项目优先领域为能源、教育和卫生。申请合作项目的大学研究机构和实验室各自承担核心研究经费，法国政府和巴基斯坦政府承担往返旅费和生活费。

（四）多边科技合作

欧洲核子研究中心（CERN）2015 年 7 月正式表示接收巴基斯坦成为该中心的准成员申请，巴基斯坦由此成为亚洲第一个 CERN 准成员国，这是巴基斯坦科技领域的一个重大突破，更多巴基斯坦科学家将参与大型强子对撞机的建设维护和研究工作，这将有助于巴基斯坦培养核物理人才和普及核能物理知识。

（执笔人：张海华）

泰　国

2015 年，泰国科技界最大的变化莫过于下半年政府重组后，将科技部门划归主管经济的副总理统管，目的是强化科技促进经济的作用，避免科技游离于经济之外。总体来看，泰国政府重组后科技部门过度比较顺利，2015 年的工作沿袭之前的政策战略并有所发展。

一、科技投入与产出

根据泰国研究理事会（NRCT）发布的《泰国研发指数（2012—2016）》，2013 财年泰国研发经费占 GDP 的比例为 0.44%，其中政府部门投入占 38%，非政府部门投入占 62%。

2013 年研发经费总投入为 570.38 亿泰铢，比 2011 年的 408.70 亿泰铢（占当年 GDP 的比例为 0.37%）有了较大幅度的增长，但还是低于世界平均水平。从研发经费的投向来看：私营企业 267.68 亿泰铢（占总研发经费的 46.93%）、国有企业 24.69 亿泰铢（占 4.33%）、高校 188.85 亿泰铢（占 33.11%）、政府科研机构 85.66 亿泰铢（占 15.01%）、非营利机构 3.50 亿泰铢（占 0.62%）。

2013 年泰国知识产权局收到专利申请 10 227 份，其中泰国申请人申请 3456 份。2013 年发表国际论文 7721 篇，其中自然科学 7443 篇、社会科学 254 篇、人文艺术 24 篇。论文总数虽然不高，但按每十万人口平均发表论文来看，自然科学论文为 11.03 篇，社会科学为 0.41 篇，其比例数并不低。

二、科技创新能力指数及研究型大学排名

根据世界经济论坛（WEF）发布的《2015—2016 年全球竞争力报告》，泰国在 140 个经济体中排名由 2014 年的 31 位下降到 32 位，但 12 类指标中技术就绪

类指标排名由65位大幅度上升到58位，创新类指标排名也由67位大幅度上升到57位。

在瑞士洛桑国际管理学院（IMD）发布的《2015年世界竞争力年鉴》（WCS 2015），泰国在61个经济体中排名也由2014年的29位下降到30位。

根据世界知识产权组织（WIPO）等发布的《2015年全球创新指数》，泰国在141个经济体中排名由2014年的48位下降到第55位，人力资本和研究类指标排名第60位，商业成熟度类指标排名第54位，知识和技术产出类指标排名第48位，创意产出类指标排名第52位。这说明科技创新能力长期以来一直是泰国国家竞争力的短板，已经严重影响到其提高竞争力和摆脱中等收入陷阱的努力。

泰国高校2015年的世界排名也不如2014年。2015—2016年QS世界刊排名，朱拉隆功大学位于第253位，比上年度下降了10位；玛希敦大学295位，比上年度下滑了38位；清迈大学则从上年的501～550所下降到2015年的551～600所。

三、创新政策和措施

《国家科技与创新计划（2012—2021）》（National STI Master Plan 2012—2021）是泰政府目前正在实施的科技总体规划，目标是2016年全国研发总投入占GDP的1%，私营部门研发投入占60%。围绕《国家科技与创新计划》提出的目标和国家经济发展对创新的要求，泰政府2015年推出了一系列促进投资和创新的政策和措施。

1. 发布推动外资高新技术企业在泰投资的新政策

2015年1月，泰国投资促进委员会（BOI）发布了重点鼓励研发、创新的促进投资新战略。该战略遵循适度经济理论，以推动“引进来”和“走出去”为核心，鼓励高附加值的投资，提高竞争力，避免中等收入陷阱。通过鼓励研发、创新，推动农业、工业和服务业创造价值，促进中小企业发展。新战略按行业类别给予不同优惠待遇，并按项目价值给予额外优惠权益。不通行业的优惠待遇为：

①知识型产业：以增强国家竞争力的设计和研发行业为主，免8年企业所得税，并且无上限；免机器、原材料进口税及其他非税收优惠权益。

②发展国家基础设施行业：具有高附加值的高科技行业并且在泰国投资较少或尚未有投资的行业，免8年企业所得税，免机器、原材料进口税及其他非税收优惠权益。

③对国家发展具有重要意义，并且在国内相关投资极少的高科技行业。免5年企业所得税，免机器、原材料进口税及其他非税收优惠权益。

④技术不如①和②的先进，但能以增加国内原材料价值以及加强产业链发展

的行业；免3年企业所得税，免机器、原材料进口税及其他非税收优惠权益。

泰国在东南亚国家中工业部类比较齐全，是东盟的制造中心，基础设施较为完善，对外资高度开放。该投资新战略实施近一年来，成效显著，成功吸引了许多包括来自中国、日本等国的企业投资，如中国前3名的太阳能企业、前3名的橡胶制品企业都来到泰国投资上亿美元建厂。日本也在新的投资政策鼓舞下，在泰国成立贸易代表处和区域办事处，帮助日本新技术中小企业来泰投资。

2. 设立中小企业创业基金

2015年9月8日，泰内阁批准设立国家中小企业创业共同基金，规模为60亿泰铢。该基金面向处于创业阶段的中小企业进行投资，重点是有发展潜力或有较大成长空间或其企业类型对国家经济增长有帮助的中小型企业。

3. 面向初创企业的无息贷款项目

为帮助初创企业起步，泰国国家创新署联合7家银行推出了面向初创企业的无息贷款项目，总额约15亿泰铢。从2015年10月起每家企业申请无息贷款额度可由500万泰铢提升到最高4000万泰铢。

4. 重视科技园发展，加快孵化高新企业，扶持初创企业

位于曼谷北部郊区的泰国科技园成立于2002年，由国家科技发展署下属技术管理中心负责建设和管理。一期工程投资15亿泰铢，占地32公顷，总建筑面积14万平方米，吸引了60多家公司入驻，其中2/3为中小企业，约30%来自海外，主要是日本、美国和德国企业。入园企业可享受设备进口免关税、8年免企业所得税与5年企业所得税减半、研发设备加速折旧、研发费用按200%加计扣除等优惠。由于园区提供众多优惠条件和服务，一期工程很快驻满。二期工程投资30亿泰铢，共建4栋相连的大楼，包括商住楼和装备有先进科学设施的实验大楼，现已建成并投入使用。据统计，科技园每年完成500多个项目，其中45%～50%是合作完成，300多项已实现商业化。科技园作为政府、高校和企业的桥梁作用正在显现，将逐步发展成为泰国最大的综合性研发枢纽和基地。

除泰国科技园外，泰国在北部、东北部、南部建立了3个大学科技园。其中位于北部清迈大学的科技园成立于2012年，重点领域为农业与食品加工、软件和数字技术、医药卫生和生物技术；位于东北部孔敬大学的科技园重点领域为农业和食品加工、硬盘、企业软件、嵌入式软件、矿业和替代能源；南部宋卡王子大学的科学园重点领域为食品与农业、草药和化妆品。

5. 启动“人才流动计划”

这是一项关于获得政府奖学金的出国留学新政策。以往获政府奖学金的留学人员

回国后，应在政府部门工作一段时间，未来由泰国科技部批准的留学人员、政府部门和高校的研究人员学成回国后，可以全职或兼职在私营部门工作3个月至两年。

6. 在各地成立质量检测机构，为“一村一品”工程保驾护航

“一村一品”是泰国政府2001年为推广传统手工艺业和特色农业产品、增加农民收入而推出的计划。它以村落为基本单位，充分发挥本地资源优势，发展各自产业特色，使一个村拥有一个（或几个）市场潜力大、区域特色明显、附加值高的主导产品和产业，从而大幅度提升农村经济整体实力和综合竞争力的农村经济发展模式。目前泰国“一村一品”村已达7000多个。然而，随着“一村一品”规模的不断扩大，产品质量和食品安全问题日显突出，开始蚕食“一村一品”的声誉。为解决这一问题，泰科技部科技服务局着手在北部、中部、东北部和南部分别建立产品质量检测中心。检测中心不仅测试“一村一品”的产品质量和食品安全，还提供生产工艺等咨询服务，受到农民的欢迎。

四、基础设施及能源规划

在基础设施方面，2015年12月，泰内阁批准了20项重大基础设施工程、总投资额达17 900亿泰铢的行动规划，标志着泰政府2014年提出的《国家交通基础设施8年发展规划（2015—2022）》全面实施。《国家交通基础设施8年发展规划（2015—2022）》的战略目标共分四方面：①建立稳固的交通经济基础；②建立稳定的社会基础；③建立稳定的交通运输安全体系；④最大限度地利用东盟经济共同体的优势。

泰国政府承诺，通过采用新能源，到2030年减少20%～25%的碳排放。根据泰能源部颁布的《2012—2021年替代能源发展规划》，2021年太阳能发电达2000 MW、风能1200 MW、垃圾发电装机容量160 MW，2036年建2座各1000 MW的核电站。2017—2021年，将在泰国境内推广成熟的替代能源技术和社区模式，成为东盟地区生物燃料的发展中心和替代能源技术出口国。

2015年泰国能源部还初步完成了《经济特区电力规划》，该规划主要分为两部分：一是主要由东盟电力网推动的500 kW高压电力输送，连接泰国与周边国家的电力网络；二是经济特区电力系统，包括230 kW、115 kW两个电力输送系统，以及部分地区的可循环能源发电系统，以应对未来5个经济特区开发后电力需求持续增长的形势。

（执笔人：曹周华）

印度尼西亚

2015年是印度尼西亚科技发展大调整、大改革的一年。在组织机构方面，新一届政府将科技与高等教育部门合并，内部机构设置与人员调配初步完成；在科技政策方面，政府发布《印度尼西亚研究、技术与高等教育部战略规划(2015—2019)》，提出未来5年印度尼西亚科技发展的目标与任务。面对科技创新乏力的局面，印度尼西亚政府出台科技园发展战略，计划在未来5年建设100家科技园。

一、科技发展稳中有升

近年来，印度尼西亚科技水平整体稳中有升。根据世界经济论坛发布的《2015—2016年全球竞争力报告》，印度尼西亚的竞争力指数从2009年的4.26升至2015年的4.52，竞争力排名则从居第54位升至居第37位。印度尼西亚的技术准确度指数从2009年的3.20提高到2015年的3.49，而技术准确度排名则从居第88位升至居第85位。另据印度尼西亚科学院和经合组织发布的数据，印度尼西亚研发投入占GDP的比例从2010年的0.048%增至2014年的0.09%；每百万人中研究人员与工程师人数从2010年的438人增至2014年的551人。

但是，印度尼西亚科技发展依然面临很多问题，科研投入维持在较低水平。据印度尼西亚科学院统计，1980—2014年，印度尼西亚政府研发预算虽然保持增长，但在整体预算中所占的比例却出现下滑。其研发强度远低于同属于东盟的新加坡、马来西亚和泰国。科研经费不足致使印度尼西亚科研基础设施落后，人员培训缺乏，科研产出不高，科研水平提升缓慢，产业发展需要的技术严重依赖引进。在印度尼西亚知识产权局注册的专利中，90%来自海外，只有10%来自国内发明。印度尼西亚科研人员发表的国际论文在东盟国家中远低于新加坡、马来西亚和泰国，与菲律宾处于同一水平。

二、发布“科技发展五年规划”

2015年出台的《印度尼西亚研究、技术与高等教育部战略规划（2015—2019）》是印度尼西亚未来5年科技战略的纲领性文件，提出了印度尼西亚科技发展的愿景，明确了未来印度尼西亚科技发展的重点任务。

（一）科技发展愿景

提高国家竞争力是印度尼西亚科技发展的愿景。为此，印度尼西亚需要良好的科技创新环境，包括建立科学的预算制度，简化财政管理程序；建立有效的监管机制，形成良性问责；建立高效的科研投入制度，推进研发；建立以人为本的人力资源体系，促进高科技人才发展与流动；建立技术转移与成果转化制度，形成科技创新网络；加强知识产权管理，促进知识经济发展。目标是2019年使印度尼西亚全球创新指数排名从2014年的居第34位升至居第26位；增加科研投入，使研发强度达到1%，吸引和鼓励公众积极参与科技创新。

（二）重点任务

1. 促进科技研发与应用

根据印度尼西亚《国家中长期发展规划（2005—2025）》，2015—2019年印度尼西亚科技研发的重大举措包括：①在食品与农业领域，为保障国家粮食安全，研发的重点是育种，尤其是面向次优土地的农业育种，如干旱土地、酸性土地、低地沼泽、潮汐沼泽、泥炭地和干燥山地等；②在能源领域，重点建立一个小规模试验核电站和一个小规模试验地热发电站，加强核技术应用监管；③在医药卫生领域，重点是建立印度尼西亚基因组中心和研究热带疾病，研发艾滋病疫苗、登革热疫苗及结核病药物；④在交通运输领域，重点是完成小型飞机N-219研发，完成两个原型机，进行静力试验和飞行试验；⑤在信息通信领域，重点是建设基础设施，尤其要注重信息安全，基于开源软件开发系统平台，尤其是支持电子政务和电子商务的系统；⑥在国防与安全领域，重点支持国防安全战略性产业发展；⑦在先进材料领域，重点建立一个国家先进材料研究中心，研究永磁体、稀土材料、固体电池和硅基材料。

2. 促进自然资源可持续开发与利用

未来5年科技政策的重点是：①加强生物资源勘探、保护、繁育和传播：对陆地和海洋生物群进行广泛勘探，进一步掌握印度尼西亚多样性的生物资源状况；为支持海洋生物研究，在苏门答腊西海岸、马六甲海峡和西加里曼丹的海洋研究站增加科考船数量；建设一个生物资源中心与一个海洋生物中心，保护印度尼西亚的动物、植物和微生物资源；加强生物繁育研究，获取优良品种，促进养殖技术发展；促进生物资源信息向社会传播，加强实验园和相关园区对公众的服务。②非生物资源的政策重点包括：加强海洋资源研究，在东加里曼丹建设海洋研究中心；加强湖泊资源研究，开发测试湖泊管理模式；加强灾害研究，开发防灾减灾技术。③遥感技术的未来发展方向是加强遥感卫星的建造、发射与利用。重点包括：加强遥感数据应用，特别是新一代 SPOT 卫星数据；遥感卫星开发与制造；开发民用运载火箭发射卫星。④气候变化对于自然资源开发利用具有广泛而深远的影响。未来方向是研究减缓气候变化的技术，开展大气研究。

3. 以科技园为抓手，建设科技创新网络

印度尼西亚总统专门为此颁发“加速发展国家科技园计划”总统令，发布了《科技园发展规划》。未来 5 年，印度尼西亚计划分国家级、省级和地市级 3 个层次建设 100 家科技园，使其成为研发中心、创业中心、培训中心和传播中心。①国家科技园的功能是：科技研发中心、高科技创业中心及面向公众的科技服务中心。具体措施包括：升级位于赛尔彭的 Puspiptek 科技研究中心，进行基础设施建设，维修和改造实验室；振兴 Puspiptek 科技研究中心的科技孵化器；振兴位于芝比农的印度尼西亚科学院研发中心，并在其中设立创新中心；在东加里曼丹省 Penajam 建设海洋科技创新中心；在重点大学建设国家科技园。②省级科学园的功能是：由当地大学教授、政府研发机构的专家提供科技知识；针对地方经济发展，开发先进适用技术。具体措施包括：在研究、技术与高等教育部的协调下，建设附属于地方高校的科学园；在其他部委协调下，根据当地条件建设科学园。③地市级技术园的功能是：促进科技成果商业化；技术培训中心、传播中心、商务中心。地市级技术园由地方政府与研究、技术与高等教育部联合筹建。地方政府提供土地和基础设施建设，研究、技术与高等教育部提供政策指导和技术支持。

除了科技园外，印度尼西亚政府还支持孵化器和风险投资发展，鼓励科研院所、大学与企业建立联合研究中心，形成覆盖全国的科技网络。

三、实施科技体制改革

2015 年，印度尼西亚政府将研究技术部和高等教育部门合并，成立研究技术与高等教育部，以便加强科研机构与大学的合作，提升国家的科研实力，激发国家的科技创新活力。研究技术与高等教育部的任务是管理科学研究、技术和高

等教育领域的政府事务。其主要职能包括：制定和实施科学技术与高等教育领域的规划与政策；加强科学研究、技术开发与应用，促进技术创新与转移，强化技术审查能力，保护知识产权；协调科研与高教部门的机构、资源、研发和创新；审批外国科研机构、高等院校、企业和人员在印度尼西亚开展研发活动；依法对科技研发活动的风险进行评估。

为了解决科技成果转化能力较低、产业科技附加值不高、科研机构创新能力不足等问题，印度尼西亚科技体制改革着力突出创新需求：一是设立专门的创新总司，通过支持科技型初创企业和促进产业创新等措施，从国家层面打造印度尼西亚创新体系；二是通过财务、信息、人力、机构和研发等部门的重新部署，整合创新资源，打通创新链条；三是突出知识产权管理，将科技研发、产业升级和知识产权管理整合在一个部门之下，着力发挥知识产权在促进创新中的重要作用；四是发展技术服务业，鼓励创新者将专利和发明实现技术转移，促进产业和科研院所合作，提高国家竞争力。

此次科技体制改革意在整合科研院所与大学的科研力量，强化科技导向，增强创新能力；进一步强化科技部门对国家科研机构的统筹，印度尼西亚科学院、国家航空航天研究院、国家核能局等国家科研机构都要接受科技部门的协调，围绕国家总体科技发展战略聚焦力量，形成合力；通过建设国家科技园，打造研发中心，使印度尼西亚全国各地的科技园和专业性科研中心形成科技创新网络。

四、重点领域取得新进展

（一）能源领域

印度尼西亚将大力发展电气化和可再生能源，到 2020 年实现 99% 的电气化，到 2025 年将可再生能源占能源供应总量的比例提高至 23% 。印度尼西亚国家能源委员会推出《加快利用生物燃料计划》，采取 7 项措施推动生物燃料发展：一是落实能源与矿产资源部关于发展生物燃料的条令，促使业界执行生物柴油含量强制性政策；二是责成相关机构为提供公共服务的运输工具采购生物燃料；三是为生物燃料提供财政补贴；四是设立发展新能源和可再生能源基金；五是责成国有企业支持生物柴油和生物乙醇生产供应；六是发展毛棕榈油和毛棕榈油仁等油棕产业；七是国家标准化机构研究制定生物柴油和生物乙醇国家标准。

（二）交通运输领域

印度尼西亚积极研发支线客机 R80 和 N219。R80 属于新一代螺旋桨飞机，具有运送乘客数量大（载客量为 70 ～90 人）、易于维护和节省燃料等优势，适于印度尼西亚这样的群岛国家。R80 型飞机已在美国进行为期两年的可行性研究，争取在2019年进入市场运营。N219飞机载客19人，可在很短的跑道上起降，具有很高的稳定性，比其他同类型飞机可携带更多燃料，可满足偏僻地区、岛屿之间的空中交通运输。N219飞机配件的40%来自印度尼西亚国内，完全由印度尼西亚国内科研和工程人员组装。N219飞机将于2016年中期试飞，2017年开始批量生产。

印度尼西亚航空航天研究院2015年2月宣布，该院成功研制出“DROBE LSU02”型无人驾驶飞机。该机飞行高度为6000英尺，飞行速度为每小时100英里①，注油一次可飞行4 h或400英里。该无人机70%的材料采用的是印度尼西亚本国生产的复合材料，具有成本低廉的优势。

印度尼西亚海洋研究所2015年3月宣布，该所研制出用于海上监视的无人机。该机时速129 km，最小巡航高度为300 m，续航时间为3h，可以在夜间飞行。该机具有可供选择的起落架，即可在海上起降，也可在陆地起降。该机配备高清晰度视频摄像机和红外镜头。海洋研究所还建立了专门的地面控制站，以便操控该无人机的飞行。

（三）信息通信领域

2015年12月11日，印度尼西亚5家移动运营商（即Telkomsel、XL、Indosat、Ooredo和Axiata）在雅加达宣布，面向全国推出4G移动宽带网络，为公众提供更好的移动通信及互联网服务。根据印度尼西亚官方统计数据，2015年年底，印度尼西亚移动用户达到1.7亿，网民达到1亿。印度尼西亚政府希望通过发展4G移动宽带网络，推动信息产业发展与互联互通。

（四）航天领域

2015年9月，印度尼西亚Lapan-A2国土监测卫星在印度萨迪什·达万航天中心发射升空，开创了印度尼西亚航天事业的新纪元。Lapan-A2由印度尼西亚自主研制，卫星的设计、测试及监控过程全部由印度尼西亚科学家完成。印度尼西亚航空航天研究院组建了卫星监测团队，在茂物和比亚克对卫星进行监测。Lapan-A2是一颗微型卫星，设计寿命30年，每天经过印度尼西亚区域14次，可以拍摄分辨率达4 m的地球表面图像，扫描宽度为7 km，能够用来监视国土。该卫星具有自动识别系统，可用来监测船舶移动、海洋资源开发及海洋安全。

（五）海洋科技领域

为落实印度尼西亚总统提出的“海洋强国”战略，印度尼西亚海洋事物统

① 1英尺=0.3048米，1英里=1609.344米。

筹部和国家发展规划部联合宣布，将加快建设位于东加里曼丹省的海洋科技园，重点开发石油和天然气资源，计划 3 年内取得成效。两部达成的合作协议还提出要大力发展海洋生物柴油和海藻加工产业。印度尼西亚研究技术与高等教育部表示，该园区规划面积为 100 公顷，将成为印度尼西亚继赛尔彭科技园之后又一国家级研究中心。

五、积极开展国际科技合作

印度尼西亚政府积极通过国际合作引进技术，培养人才，获取研发资金与设备，提高科研水平。国际合作是印度尼西亚科技发展的重要手段和资源渠道。

（一）与中国的科技合作不断深化

首届中国印度尼西亚高级别人文交流机制会议标志着中国与发展中国家间建立的第一个人文交流机制正式启动。两国科技主管部门共同签署共建联合实验室、共建技术转移中心和科学家交流计划 3 项合作协议，标志着中国印度尼西亚科技合作进入新的阶段。各领域科技合作取得积极进展。高温气冷堆技术合作成为中国与印度尼西亚科技合作的新亮点，两国核能代表团实现密集互访。中国印度尼西亚航天合作联委会第一次会议于 2015 年 3 月在北京召开，通过并草签了双边航天合作大纲。两国卫生部门就续签卫生合作谅解备忘录进行磋商，对合作协议文本达成一致意见。两国海洋部门就续签海洋合作谅解备忘录和召开第三届中国印度尼西亚海洋科技合作联委会会议保持磋商，共同推动中国印度尼西亚海洋与气候中心建设。

（二）与日本开展海洋与灾害研究合作

日本国立海洋研发机构与印度尼西亚气象气候与地球物理局签署了海洋科技合作备忘录，拟建立长期合作关系，共同开展海洋气象与气候观测、地震观测等合作。双方将推进海洋气象与气候学研究，利用地震监测网开展地球物理学研究，积极进行数据信息交换、会议研讨、人才交流和技术培训活动。印度尼西亚迪查玛达大学与日本立命馆大学进行合作，针对印度尼西亚爪哇岛的 3 个景区开展灾害信息处理研究。

（三）与英国签署多项科技合作协议

印度尼西亚是英国首相卡梅伦当选后访问的首个东盟国家。访问期间，两国签署研究与创新伙伴谅解备忘录，希望通过科技合作促进经济发展。优先合作领域包括能源、气候、海洋、交通、基础设施、粮食安全、科技创新能力建设等。

印度尼西亚航空航天研究院与英国航天局签署航天合作谅解备忘录，开展民用航空合作。两国科技主管部门、大学及科研机构召开联合研讨会，探讨产学研创新合作。双方同意加强教育培训、人员交流及科技创新政策方面的合作。

（四）与德国开展技术转移合作

多年来，德国史太白转移中心帮助印度尼西亚各类企业进行科技研发和应用。双方目前正致力于促进《东盟技术创新计划》（PIT-ASEAN）。该计划是德国政府与东盟国家的合作计划之一，致力于促进技术转移。

（五）与法国进行核能及海洋科技合作

印度尼西亚政府与法国合作建设的海洋监测基础设施工程完工，将被用于监督印度尼西亚的海域状况。印度尼西亚国家核能局与法国企业签署谅解备忘录，开展核能合作。法国将为印度尼西亚培训核电技术人才，并向印度尼西亚输出核电相关技术。

（六）与芬兰签署科技创新与高等教育合作谅解备忘录

双方召开官产研联合研讨会，同意在交通和能源领域开展合作。印度尼西亚与芬兰就开展泥炭地治理与开发技术合作达成一致。芬兰具有先进的泥炭地治理与开发技术。2015 年印度尼西亚上百万公顷泥炭地被烧毁。印度尼西亚与芬兰将通过商业合作模式开发泥炭地成为新的能源。

（执笔人：王　勇）

哈萨克斯坦

据亚洲发展银行统计，2015 年，哈萨克斯坦人均 GDP 预计为 12 424 美元；在世界 140 个国家全球竞争力排名中居第 42 位，比 2014 年上升 8 位，其中创新发展要素排名居第 78 位，比 2014 年上升 11 位。

一、科技发展概况

截至 2014 年年底，哈萨克斯坦全国共有研发机构 392 家，全国研发投入总额为 663. 476 亿坚戈（约合 3. 548 亿美元），占 GDP 的 0. 17% 。其中，应用研究占投入总额的 57. 9% ；基础研究占 23% ；试验设计研究和科技服务占 19. 1% 。哈萨克斯坦全国研发人员总计 25793 人（科学博士 2006 人、副博士 5254 人），其中，科研人员 18 930 人。2014 年，哈萨克斯坦共吸引外国科研人员 600 名，其中 75 人为哈萨克族。

2014 年，哈萨克斯坦创新生产总值达 5803. 86 亿坚戈（约合 31. 04 亿美元），比 2013 年上升 0. 4% ，占 GDP 的 1. 5% ，出口型创新产品总值达 1174. 356 亿坚戈。哈萨克斯坦技术创新型企业 1940 个，创新型加工企业 487 个，占全国加工企业的 25. 5% 。

二、重大科技计划和举措

纳扎尔巴耶夫总统在 2015 年国情咨文《全球新形势下的哈萨克斯坦——增长、改革、发展》中提出关于发展技术人才培养体系和挖掘哈萨克斯坦经济创新潜力的三步走计划：一是大力发展技术人才培养体系和职业教育，与德国、加拿大、澳大利亚和新加坡等国家联合建立人才培训中心；二是推动智能技术、人工智能、数控网络系统、未来能源、设计与工程学领域的发展；三是建立有效的科研创新体系，在纳扎尔巴耶夫大学“阿斯塔纳商业园”和阿拉套 IT 工业园建立研究型大学和创新机构集群。此外，为了加快国家工业创新经济发展，哈萨克斯坦政府在 2015 年出台了多项措施和改革目标。

（一）国家体制改革目标与《百步计划》

2015 年 5 月，纳扎尔巴耶夫总统提出 5 项体制改革：建立专业化国家机关，加强法制建设，落实工业化与保障经济增长，统一与团结和建立责任型政府。这 5 项改革是哈萨克斯坦国家基础设施建设的关键所在，将最大限度地保障《哈萨克斯坦——2050 战略》《光明大道规划》的实施。为有效落实这一改革，哈萨克斯坦于 2016 年 1 月开始实施《百步计划》，其科技相关措施包括：进一步加强两大创新集群建设，发展科技密集型经济；在纳扎尔巴耶夫大学“阿斯塔纳商业园”设立科研中心和实验室，开展联合项目研究和工业试生产，致力于科研成果的商业化推广；吸引国内外高新技术企业进驻科技创新园区，使具体的生产项目能够付诸实施；将根据工业创新发展规划的需要，对科研经费和规划进行重新定位。

（二）修订科技成果商业化法案

根据《百步计划》提出的建立科研和智力活动成果商业化创新和筹资机制，2015 年 11 月，哈萨克斯坦颁布了《关于对科学和（或）科技成果商业化法及其修正案》。该法旨在促进国家五大改革目标和《百步计划》的落实，提高科研效率和创新水平，发展优先经济领域高新技术产业，吸引更多企业和公司投身科研和技术创新。该法主要内容包括：从国家预算中为科技成果商业化项目提供资金补助；为大学、科研院所、商业化中心的科研成果研发人和持有人提供支持措施，保障其在商业化中的收益；为科技成果运用于生产筹措资金；对科研经费和规划结构重新定位，以便符合国家工业创新发展需求。

（三）实施《国家工业创新发展规划》

2015 年是哈萨克斯坦加快实施《国家工业创新发展规划》承上启下的一年。根据哈萨克斯坦《至 2020 年创新发展构想》，将通过“创新发展”和“科学发展”两个五年计划来落实。哈萨克斯坦政府制定的加快国家工业创新发展的第一个五年计划（2010—2014 年）已经完成，第二个五年计划（2015—2019 年）于 2015 年开始实施。哈萨克斯坦将通过实施这一规划，逐步建成国家创新体系，营造创新环境，提高企业创新能力和人力资本，完成能源经济向多元化经济、绿色经济转型。

哈萨克斯坦计划建立 10 个特别经济区（工业园区），其中 8 个特别经济区创新基础设施建设基本完成，到2020年，将完成对所有特别经济区（工业园区）的创新基础设施建设。截至2015年11月，创新基础设施建设投入2647亿坚戈，与2009年相比增加3倍；创新项目投资4186亿坚戈，与2009年相比增加4倍；创造就业岗位9375个，与2009年相比增加4倍；生产总值达8163亿坚戈，与2009年相比增加4倍。

（四）国家科研经费资助专项和创新基金资助专项

2015年，哈萨克斯坦教育科学部公布了“2015—2017年国家科研经费资助专项”，共有58个科研项目获得国家科研经费资助，项目资助总额预计达到190亿坚戈。项目涉及领域和数量如下：自然资源合理利用、原料加工领域项目27个；能源和机械制造领域项目6个；信息通信技术领域项目4个；生命科学领域项目10个；国家高科技智能装备项目11个。

哈萨克斯坦国家技术发展署公布的2015年创新基金项目资助种类和金额如下：引入创新型管理技术和生产创新技术1500万坚戈；资助工程技术人员出国培训200万坚戈；引进高素质外国专家来哈萨克斯坦工作900万坚戈；引进项目咨询、设计和工程机构3500万坚戈；购买创新技术1.5亿坚戈；初级阶段高科技产品制造5000万坚戈；创新产业研究3000万坚戈；在国外专利机构进行专利申请经费支持625万坚戈；技术商业化推广3000万坚戈。

三、重点科技领域发展动态

（一）新能源和清洁能源

根据哈萨克斯坦能源部2015年公布的数据，到2020年年底，哈萨克斯坦将建成106座可再生能源发电设施，总装机容量超过3054 MW。所有项目将通过招商引资的方式完成融资，而不占用政府预算。为了鼓励发展可再生能源，哈萨克斯坦政府对可再生能源发电实施上网电价补贴政策，要求输电企业必须向可再生能源发电企业提供并网基础设施，从事可再生能源发电设计、施工和运营的企业可以获得优先投资权。此外，2015年12月，哈萨克斯坦议会通过核能利用法，要求在保障环境安全、人类健康和坚持核不扩散条约下合理开发本国核能。

（二）宇航事业

在宇航事业领域，哈萨克斯坦一方面重视发展基础研究，另一方面与欧美国家重点合作发展遥感技术。哈萨克斯坦将进一步发展对地遥感技术，开发自主研发的无人机，打造国家遥感技术平台。目前，哈萨克斯坦有4颗在轨卫星，分别是地球静止轨道移动通信卫星（kazsat-2/3）和低轨遥感卫星（kazeosat-1/2）。

2015 年，哈萨克斯坦航天委员会与英国 SSTL 公司联合开发地震预报卫星系统，利用卫星实现空间电磁检测，对哈萨克斯坦地震预报起到积极推动作用。

（三）农业领域

哈萨克斯坦政府对农业商业协会、科研组织的科技服务费提供政府补贴，通过农业组织和商会组织的农业科技培训，帮助农民和农业生产组织科学提高生产效率。2015 年 11 月，哈萨克斯坦正式加入 WTO，通过了生产有机农产品法，为哈萨克斯坦有机产品生产创造条件。哈萨克斯坦政府还在 2015 年成立了国家农业科学教育中心，旨在加快农业领域创新发展，开展高技能人员培训，实现国外农业领域先进技术引进和技术转移。

（四）环保领域

为了严控温室气体排放，启动低碳发展模式，哈萨克斯坦制定了系统性政策，实施温室气体排放量配额交易系统，吸引低碳技术投资，重视可持续发展和能源高效利用。哈萨克斯坦将与日本在节能减排领域加强合作，如火力发电厂废气脱硫技术。

（执笔人：苗雪婷）

澳大利亚

2015 年，澳大利亚科技政策突出创新要素，特别是 9 月特恩布尔政府上台后，改组科技主管部门，强调“把创新放在政府核心位置”；大幅增加政府科技投入，鼓励产学研结合和科技成果转化，扶持创新和创业。澳大利亚科技发展的主要特征是突出创新，强调改革，重视国际合作。2015 年年底，澳新任总理在上任 100 天内签发的首份文件《国家创新和科学议程》是澳大利亚科技发展的重要指南和风向标。

一、科技统计数据

根据最新的统计，澳大利亚 2013—2014 财年研发总支出为 334.72 亿澳元，占 GDP 的 2.12%。其中，企业研发支出为 188.49 亿澳元，占研发总支出的 56.31%；政府直属机构研发支出为 37.52 亿澳元，占研发总支出的 11.21%；高等教育机构研发支出为 99.19 亿澳元，占研发总支出的 29.63%；私营非营利性机构研发支出为 9.52 亿澳元，占研发总支出的 2.84%。企业、政府直属机构、高等教育机构和私营非营利性机构的研发支出分别占 GDP 的 1.19%、0.24%、0.63% 和 0.06%。

与往年类似，澳大利亚企业研发支出（BERD）中，工程相关研究约占 40%，达 74.74 亿澳元，比 2014 年下降了 14%；信息与计算科学约占 32%，达 60.73 亿澳元，比 2014 年增加了 10%。

澳大利亚政府科研投入支出与预算及近年对比参见表 3－3。

表 3-3 2013—2016 财年澳大利亚政府对科学、研究与创新的经费支持

亿澳元

	2013—2014 财年 实际投入	2014—2015 财年 预计支出	2015—2016 财年 预计预算
对内科学、研究和创新经费			
政府研究活动	18.699	18.575	18.0550
联邦科工组织	7.782	7.453	7.497
国防科技组织	4.257	4.165	4.316
其他	6.661	6.958	6.242
对外科学、研究和创新经费			
企业部门	30.043	32.333	31.6110
企业研发税收抵扣	28.960	29.700	29.040
其他	3.083	2.633	2.571
高等教育部门	28.516	28.448	28.280
澳大利亚研究理事会	8.869	8.531	7.897
基于绩效的整体资助	8.745	19.473	19.958
其他	0.902	0.445	0.425
跨部门	21.596	20.97	19.224
国家健康医药研究理事会	8.634	9.301	8.458
其他健康研究	1.018	0.634	0.582
合作研究中心	1.471	1.461	1.467
农村	3.235	3.248	3.045
能源与环境	4.575	4.529	3.629
其他	2.662	1.798	2.042
澳大利亚政府科研投入合计	100.854	100.327	97.170

数据来源：2015—2016 Science，Research and Innovation Budget Tables。

二、改革国家科技创新管理体制，加强协调能力

自进入后矿业繁荣时代，澳大利亚亟须为国民经济寻找新的增长点。目前澳大利亚各界均将科技创新作为保持澳未来处于国际领先地位的核心动力。

（一）国家创新领导机制的变革

2015 年 9 月特恩布尔政府上台后，新政府高度重视科技成果转化，重视创新。特恩布尔强调通过科技创新保证澳经济具有灵活性，“建立一个灵活的、创新的澳大利亚”。新政府推出了一系列体制变革，从中央政府层面理顺创新管理体制。

——改组科技创新主管部委，由工业科学部更名为工业、创新与科学部，突出创新的地位。

——新任首席科学家 Alan Finkel 博士于 2016 年 1 月上任。他是澳大利亚工

程院院士，曾有过非常成功的经营科技公司的经历。新政府任命其为首席科学家，即希望充分发挥其对科技创新与经济发展结合问题的深刻理解和丰富经验，促进澳经济实现创新驱动发展。

（二）澳大利亚联邦科工组织的变革

澳大利亚联邦科工组织（CSIRO）是澳大利亚科技创新的“国家队”，集中了澳最强的科研力量，特别是在国家导向的战略研究重点领域具有举足轻重的作用。CSIRO 在 2015 年度亦进行了大刀阔斧的改革。从上到下全面强调科研工作要服务于产业需要，强调科技成果转化。

——Larry Marshall 博士于 2015 年 1 月 1 日履新 CSIRO 的 CEO。他曾长期从事风险投资工作。在上任之前担任南十字星风险投资公司常务董事，该公司在硅谷、上海和悉尼开展高科技风险投资活动。

——特恩布尔政府对 CSIRO 加大投入，追加经费促进有应用前景的国家重点领域研究工作，与此前政府对该组织缩减经费和裁员收缩的政策形成了鲜明对比。

（三）国家层面的其他创新制度建设

澳政府通过设立总理创新奖、创新基金等方式，多管齐下地在国家层面为创新活动打造良好环境。

——在国家最高科技奖励制度中，澳大利亚在总理科学奖之外设立总理创新奖，鼓励带来巨大商业、经济和社会影响力的科学应用。首奖授予 Graeme Jameson，表彰其成功将化工技术应用于采矿业的，据估算其技术给澳大利亚带来经济效益约 1000 亿澳元。

——在国家层面推出 2 亿澳元创新基金，以私人资本方式运作，撬动社会资金参与，推动科技与经济创新活动。

三、出台《国家创新与科技议程》，规划未来战略

2015 年 12 月 7 日，澳大利亚发布《国家创新与科技议程》（以下简称《议程》），宣布未来 4 年将总计投资 11 亿澳元，以提升澳科技创新能力。《议程》主要包括四方面重点内容。

（一）培育创新、加大资金投入

1. 鼓励风险投资

具体举措包括：①资本对初创企业投资，减税 20%，并且免除资本利得税；

对投资初创企业的风投基金减税 10%。②放宽初创企业税收损失评估标准，鼓励寻找合作伙伴而不用担心带来额外税收负担。③允许专利等无形资产享受终生折旧政策。④改革《破产法》，控制创业者损失。将破产默认期从 3 年降至 1 年，为创业者提供安全保障。一定情况下免除创业者个人责任，可中止履行未到期义务。

2. 支持澳本土创新

具体举措包括：①对 CSIRO 增加 2 亿澳元预算，专门用于投资技术源于 CSIRO 的初创企业；②与私人资本共同投资 2.5 亿澳元设立“生物医药行业转化基金”，用于资助澳医药研究成果的产业转化。

3. 扶持中小企业

具体举措包括：①设立创新孵化器，为相关企业提供商业资源、专业技能和人际网络等服务；②改革员工持股计划的规定，助力初创企业吸引人才；③允许初创企业以众筹的模式发展，放宽筹资金额，年上限为 500 万澳元，远高于美国的 10 万美元，也高于新西兰的 200 万新元上限。

（二）促进合作

1. 建设世界一流的研究基础设施

具体举措包括：①未来 10 年，投资 5.2 亿澳元支持“同步加速器”的建设，投资 2.94 亿澳元支持平方千米阵列天线射电望远镜（SKA）的建设；②投资 15 亿澳元开展“国际合作研究基础设施战略”项目；③ 2016 年就澳在科研基础设施等方面的需求进行全面调研并提出报告。

2. 促进大学与企业合作

具体举措包括：①改善科研投入与项目结构，鼓励研究人员与企业合作。投资 1.27 亿澳元加强前瞻性研究的科技拨款；② 2018 年前完成科技评价制度的改革，加强评估科研活动的非学术成果和与企业合作成效；③执行专项计划，加强中小企业与研究机构的联系，优化有关合作项目申请流程和审批效率。

3. 促进国际合作落地生根

具体举措包括：①在硅谷、特拉维夫建立两个“海外创新桥头堡”，在包括中国的其他 3 个可能地区与国家建立类似机构；②促进澳与国际知名的技术创新开发机构开展合作，如德国弗朗霍夫学会等。

4. 加大量子计算机研发投入

具体举措包括：①澳大利亚量子计算研究水平全球领先，为与之配套，将投资2600万澳元发展硅量子电路，支持量子计算机产业化；②建设“网络安全增长中心”，为澳企业开发和利用量子计算机技术创造机遇。

此外，在《议程》发布前，澳大利亚已先后出台一系列促进科技成果转化的政策，如设立200亿澳元的医药研究基金；在农业、矿业、生物医药等优势领域成立5个增长中心；提供知识产权合同模板和“工具箱”等工具；推动澳最有实力的5所理工类大学成立技术联盟与企业加强合作等。

（三）加强人才与技能培养

1. 加强数学与理工科教育

具体举措包括：①开发网络教育工具，投资500万澳元促进5～7岁儿童学习编程知识，并提高老师教学能力；②为9～10岁的孩子开设STEM和ICT的暑期课堂，推动相关领域顶尖研究人员走进课堂；③投资1550万澳元，将数字技术等内容纳入教学大纲中。

2. 提高女性STEM领域的表现

具体举措包括：①投资1300万澳元，支持女性在STEM领域的研究与创业；②表彰女性STEM领域的出色成就，并促进工作机会与待遇上的男女平等。

3. 改革赴澳签证政策

具体举措包括：①新设“企业家”签证，改进“457”签证，为创新性企业全球招募合适人才提供便利；②利用澳政府海外资源网络广招人才；③为STEM和ICT领域高水平研究生获得澳大利亚永居身份提供便利。

4. 加强科普

具体举措包括：①投资4800万澳元，鼓励澳大利亚学生参加STEM类国际竞赛，在“总理科技成就奖”中专设“青年奖”；②寓教于乐，加强学前班儿童科普教育与知识推广；③通过“国家科技周”等大型活动，促进社区科普活动开展。

（四）发挥政府示范作用

1. 将科技创新置于政策的中心位置

增设独立法人机构“澳大利亚创新与科技组织”，直接对由澳总理任主席的内阁创新与科技委员会负责。其主要职能是协调澳创新相关政策，并对长期的战略性的科技创新事务开展研究、规划和提出政策建议。当前，其首要任务是全面评估澳研发抵税激励政策的有效性，并提出改进建议。

2. 通过政府采购鼓励创新

将ICT产品与服务进行标准化改造，并将每年达50亿澳元的政府ICT项目采购任务拆细，便于中小企业参与；政府拿出一定比例的采购项目，专门对提供创新产品与服务的企业倾斜，而不是将合同签给成熟的老供应商。

3. 政府拥抱“大数据”革命

统一政府采集的数据标准与格式，为机器读取、存储和处理提供便利，促进海量公共数据有效利用；保持澳在大数据分析、网络安全等领域的世界科技领先地位，大力发展相关产业。促进政府与大学合作，加强相关领域博士项目，鼓励学生直接与企业对接。

综上所述，澳大利亚《国家创新与科技议程》针对澳目前创新链条的薄弱环节，提出一系列重点突出、有可操作性的政策规划，使澳政府将创新放在国家发展战略的中心位置的理念有了抓手，代表了澳政府未来一段时间包括冲刺下次大选时期的主要施政方向。通过科技创新提高澳未来竞争力也是澳朝野两党及社会各界的普遍共识。

（执笔人：胡志宇）

埃　及

2015 年，埃及政府的中心工作是努力发展经济，大力吸引外资，继续实施一批国家开发工程。在科技发展和技术应用领域，埃及政府推出一些新举措以促进大众创业创新、可再生能源利用和航天事业发展。

一、发布《2030 年可持续发展战略》

2015 年 3 月，埃及政府在沙姆沙伊赫召开经济发展大会，旨在展示埃及经济改革计划，构建经济发展平台，吸引国际投资，推进社会公平，支持埃及年轻一代发展。会议期间，埃及正式推出酝酿已久的《2030 年可持续发展战略》，目标是建设一个稳定、公平、具有经济竞争力的新埃及。该战略涵盖经济、社会公平、能源、城市建设、环境、教育、知识创新与科研、卫生、文化、政府透明度与效率等方面。

（一）经济

目标是继续支持市场竞争、多样化和私营经济，稳定宏观经济环境，促进全面可持续增长，实现附加值最大化，创造生产性就业机会，以便活跃于世界经济舞台，适应国际发展需求，跨入世界中等收入国家行列。关键绩效指标包括：经济增速平均达到 7%；投资率平均提高到 30%；服务业对 GDP 的贡献率达到 70%；出口对增长的贡献率提高到 25%；失业率降低到 5%。

（二）能源

目标是最大限度地利用国内传统能源和新能源，提高能源行业的竞争力，适应国内和国际能源领域的发展和创新，成为可再生能源领域的先锋。关键绩效指标包括：保障能源安全；增加使用本土资源；降低能耗；提高能源行业对国家收入的实际经济贡献率。

（三）环境

目标是采取综合性环保措施，保持经济增长和环境因素之间平衡，防止环境恶化，实现可持续的消费和生产模式，保护生物多样性，履行环境国际义务，妥善管理废物并促进循环回收利用。关键绩效指标包括：水生产率每年增加5%；与类似国家相比，降低空气质量指数大于100的天数所占的比例；能效提高一倍；人均日垃圾产生量减少到1.5 kg。

（四）知识创新与科研

目标是打造创新和知识经济社会，支撑发展，保障人民福祉，为发展科研和培养创新型、技能型人才，建立体制和法律基础完善的国家体系。关键绩效指标包括：在创新、科研机构质量、创新人才能力三方面居世界前40位；在专利数量、知识产权方面居世界前20位。

二、科技行政管理体制改革

2015年9月，埃及内阁突然全体辞职，并于一周后组成新内阁。新内阁共设33个部门，比先前减少3个，其中科研部和高教部合并，组成高教与科研部；卫生部和人口部合并，组成卫生与人口部；教育部和职业培训部合并，组成教育与职业培训部。

近年来，埃及科研部和高教部数次分合，变动不定。2014年6月，科研部曾从高教与科研部拆分出来独立成部，现在又与高教部合并。高教与科研部新任部长为艾什拉夫希哈（原为宰加济格大学校长）。

三、努力促进创新创业

2015年，埃及政府采取了一些举措来鼓励创业创新，发掘创新潜力。埃及官民合作设立创投基金，应对市场需求，并在2015年年底招标基金管理公司进行专业化管理。埃及通信与信息技术部下属的技术创业创新中心与私营行业合作，面向初创公司，设立2～3个创投基金。其中，政府资金占比20%，由中心和社会发展基金平摊；其余80%为民间资本。目前，中心的年度预算为2500万埃镑，每年资助一些初创公司，每个公司最多12万埃镑，并且不持有任何公司的股份。其战略目标是到2030年，将埃及打造成全球使用技术居前40位的国家，以及使用创新技术和专利居前20位的国家，使埃及成为中东的“硅谷”。

埃及通信与信息技术部下属的信息技术产业发展署从世界银行提供的3亿美元资金中拨款1500万美元，设立风险资本专项基金，支持小企业创新创业。该发展署还计划在离大学近的省份建立创新中心，吸引年轻人的创新创造活动，并由私营部门进行管理。2015年年底，风险资本基金和2个创新中心开始运作。

埃及社会发展基金也拨款31亿埃镑支持小微企业创新项目，其中7亿埃镑用于支持妇女创业创新项目。埃及还借助外资促进发展中小企业。2015年6月，埃及工业与外贸部和美国国际开发署之间为期5年的贸易便利项目结束后，美国国际开发署又计划安排1.5亿美元，启动为埃及中小企业服务的项目，培训埃及工人，为外贸培训中心、工业与外贸部相关机构提供技术支持。此外，埃及政府还将对部分影响创业的法律法规进行修订，如版权法、网络安全法、信息贸易自由法等，以改善创业环境。

四、加快利用可再生能源

2013年年底，埃及电力总装机容量为31 GW，主要为石油、天然气发电，其中风能发电552 MW，太阳能发电20 MW。埃及计划到2020年，新增7000 MW太阳能和风能电力，将可再生能源发电比例提高到20%，其中风电12%，水电6%，太阳能2%，以大规模减少电力生产对油气的依赖。在发展可再生能源方面，埃及以与外资合作为主。

埃及电力与可再生能源部与约旦FAS Energy公司达成协议，投资35亿美元，在阿斯旺省建设装机容量2000 MW的太阳能电站。埃及电力控股公司与Orascom Construction公司达成1亿美元协议，在阿斯旺建设另一座装机容量50 MW的太阳能电站。埃及武装部队阿拉伯产业化组织阿拉伯可再生能源公司的太阳光伏电池板生产线投入运行，总投资340万美元，年发电50 MW。埃及新能源和可再生能源署向41家公司提供了阿斯旺省Beynban的41块地，用于建设太阳能和风能电站，预计总装机容量将达到1950 MW。另外，还有10家公司获得了苏伊士海湾的10块地，用于建设风能发电站，预计总装机容量将达到500 MW。能源署与意大利Building Energy公司签署了谅解备忘录，在上埃及地区Benban建造两座功率各为50 MW的太阳能光伏电站，预计总投资2亿美元，计划2016年夏天开工建设，工期一年，电站将并入阿斯旺至开罗的220 kV高压电网。

五、发展航天事业

埃及政府计划2015年年底或2016年年初成立航天局，协调大学和国家相关研究机构的研发活动，实现共同目标，发展先进航天科学和遥感技术，保障边境安全和优化利用自然资源。埃及有较好的航天科学基础和科学家人才队伍。现有的政府管理和研究机构是高教与科研部下属的国家遥感和空间科学局，从事通信和遥感卫星研制及遥感技术应用等工作。此外，非洲航天科技领导力大会2015年12月在埃及召开，旨在推动非洲各国航天科技合作，促进共同发展。其议题包括国家航天计划、非洲航天政策与战略、非洲航天活动前景与挑战、非洲航天科技研发、大型航天项目的多边合作等。

（执笔人：卫之奇）

第四部分

本部分介绍了三个方面的内容：一是最新的科技统计数据，其中包括研发投入、研发人员、专利、科技论文等；二是国内外相关媒体评选出的2015年世界重大科技进展；三是2015年诺贝尔科学奖的简要介绍。

科技统计表

附表 1-1　2015 年和 2014 年主要经济体世界竞争力排名

国家（地区）	2015 年	2014 年	国家（地区）	2015 年	2014 年
美国	1	1	法国	32	27
中国香港	2	4	波兰	33	36
新加坡	3	3	哈萨克斯坦	34	32
瑞士	4	2	智利	35	31
加拿大	5	7	葡萄牙	36	43
卢森堡	6	11	西班牙	37	39
挪威	7	10	意大利	38	46
丹麦	8	9	墨西哥	39	41
瑞典	9	5	土耳其	40	40
德国	10	6	菲律宾	41	42
中国台湾	11	13	印度尼西亚	42	37
阿联酋	12	8	拉脱维亚	43	35
卡塔尔	13	19	印度	44	44
马来西亚	14	12	俄罗斯	45	38
荷兰	15	14	斯洛伐克	46	45
爱尔兰	16	15	罗马尼亚	47	47
新西兰	17	20	匈牙利	48	48
澳大利亚	18	17	斯洛文尼亚	49	55
英国	19	16	希腊	50	57
芬兰	20	18	哥伦比亚	51	51
以色列	21	24	约旦	52	53
中国大陆	22	23	南非	53	52
比利时	23	28	秘鲁	54	50
冰岛	24	25	保加利亚	55	56
韩国	25	26	巴西	56	54
奥地利	26	22	蒙古	57	54
日本	27	21	克罗地亚	58	59
立陶宛	28	34	阿根廷	59	58
捷克	29	33	乌克兰	60	49
泰国	30	29	委内瑞拉	61	60
爱沙尼亚	31	30			

数据来源：瑞士洛桑国际管理学院《2015 年世界竞争力年鉴》。

附表 1-2 2015—2016 年和 2014—2015 年主要经济体全球竞争力排名

国家（地区）	2015—2016 年	2014—2015 年	国家（地区）	2015—2016 年	2014—2015 年
瑞士	1	1	捷克	31	37
新加坡	2	2	泰国	32	31
美国	3	3	西班牙	33	35
德国	4	5	科威特	34	40
荷兰	5	8	智利	35	33
日本	6	6	立陶宛	36	41
中国香港	7	7	印尼	37	34
芬兰	8	4	葡萄牙	38	36
瑞典	9	10	巴林	39	44
英国	10	9	阿塞拜疆	40	38
挪威	11	11	波兰	41	43
丹麦	12	13	哈萨克斯坦	42	50
加拿大	13	15	意大利	43	49
卡塔尔	14	16	拉脱维亚	44	42
中国台湾	15	14	俄罗斯	45	53
新西兰	16	17	毛里求斯	46	39
阿联酋	17	12	菲律宾	47	52
马来西亚	18	20	马耳他	48	47
比利时	19	18	南非	49	56
卢森堡	20	19	巴拿马	50	48
澳大利亚	21	22	土耳其	51	45
法国	22	23	哥斯达黎加	52	51
奥地利	23	21	罗马尼亚	53	59
爱尔兰	24	25	保加利亚	54	54
沙特	25	24	印度	55	71
韩国	26	26	越南	56	68
以色列	27	27	墨西哥	57	61
中国大陆	28	28	卢旺达	58	62
冰岛	29	30	斯洛文尼亚	59	70
爱沙尼亚	30	29	马其顿	60	63

续表

国家（地区）	2015—2016年	2014—2015年	国家（地区）	2015—2016年	2014—2015年
哥伦比亚	61	66	科特迪瓦	91	115
阿曼	62	46	突尼斯	92	87
匈牙利	63	60	阿尔巴尼亚	93	97
约旦	64	64	塞尔维亚	94	94
塞浦路斯	65	58	萨尔瓦多	95	84
格鲁吉亚	66	69	赞比亚	96	96
斯洛伐克	67	75	塞舌尔	97	92
斯里兰卡	68	73	多米尼加	98	101
秘鲁	69	65	肯尼亚	99	90
黑山	70	67	尼泊尔	100	102
博茨瓦纳	71	74	黎巴嫩	101	113
摩洛哥	72	72	吉尔吉斯斯坦	102	108
乌拉圭	73	80	加蓬	103	106
伊朗	74	83	蒙古	104	98
巴西	75	57	不丹	105	103
厄瓜多尔	76	—	阿根廷	106	104
克罗地亚	77	77	孟加拉	107	109
危地马拉	78	78	尼加拉瓜	108	99
乌克兰	79	76	埃塞俄比亚	109	118
塔吉克斯坦	80	91	塞内加尔	110	112
希腊	81	81	波黑	111	—
亚美尼亚	82	85	佛得角	112	114
老挝	83	93	莱索托	113	107
摩尔多瓦	84	82	喀麦隆	114	116
纳米比亚	85	88	乌干达	115	122
牙买加	86	86	埃及	116	119
阿尔及利亚	87	79	玻利维亚	117	115
洪都拉斯	88	100	乌拉圭	118	120
特立尼达和多巴哥	89	89	加纳	119	111
柬埔寨	90	95	坦桑尼亚	120	121

续表

国家（地区）	2015—2016 年	2014—2015 年	国家（地区）	2015—2016 年	2014—2015 年
圭亚那	121	117	缅甸	131	134
贝宁	122	—	委内瑞拉	132	131
赞比亚	123	125	莫桑比克	133	137
尼日利亚	124	127	海地	134	137
津巴布韦	125	124	马拉维	135	132
巴基斯坦	126	129	布隆迪	136	139
马里	127	128	塞拉利昂	137	138
斯威士兰	128	123	毛里塔尼亚	138	141
利比里亚	129	—	乍得	139	143
马达加斯加	130	130	几内亚	140	144

注：“—”表示数据为零、暂无、无法获得或太少。以下皆同。

数据来源：世界经济论坛《2015—2016 年全球竞争力报告》。

附表 2　2015 年全球创新指数

国家（经济体）	创新指数		收入情况		地区情况		创新情况	
	得分	名次	收入群组	收入名次	所属地区	地区名次	创新效率	效率名次
瑞士	68.30	1	高收入	1	EUR	1	1.01	2
英国	62.42	2	高收入	2	EUR	2	0.86	18
瑞典	62.40	3	高收入	3	EUR	3	0.86	16
荷兰	61.58	4	高收入	4	EUR	4	0.92	8
美国	60.10	5	高收入	5	NAC	1	0.79	33
芬兰	59.97	6	高收入	6	EUR	5	0.77	41
新加坡	59.36	7	高收入	7	SEAO	1	0.65	100
爱尔兰	59.13	8	高收入	8	EUR	6	0.88	12
卢森堡	59.02	9	高收入	9	EUR	7	1.00	3
丹麦	57.70	10	高收入	10	EUR	8	0.75	49
中国香港	57.23	11	高收入	11	SEAO	2	0.69	76
德国	57.05	12	高收入	12	EUR	9	0.87	13
冰岛	57.02	13	高收入	13	EUR	10	0.98	4
韩国	56.26	14	高收入	14	SEAO	3	0.80	27
新西兰	55.92	15	高收入	15	SEAO	4	0.77	40

续表

国家（经济体）	创新指数		收入情况		地区情况		创新情况	
	得分	名次	收入群组	收入名次	所属地区	地区名次	创新效率	效率名次
加拿大	55.73	16	高收入	16	NAC	2	0.71	70
澳大利亚	55.22	17	高收入	17	SEAO	5	0.70	72
奥地利	54.07	18	高收入	18	EUR	11	0.77	37
日本	53.97	19	高收入	19	SEAO	6	0.69	78
挪威	53.80	20	高收入	20	EUR	12	0.73	63
法国	51.59	21	高收入	21	EUR	13	0.75	51
以色列	53.54	22	高收入	22	NAWA	1	0.83	20
爱沙尼亚	52.81	23	高收入	23	EUR	14	0.86	17
捷克	51.32	24	高收入	24	EUR	15	0.89	11
比利时	50.91	25	高收入	25	EUR	16	0.74	59
马耳他	50.48	26	高收入	26	EUR	17	0.95	7
西班牙	49.07	27	高收入	27	EUR	18	0.72	67
斯洛文尼亚	48.49	28	高收入	28	EUR	19	0.82	22
中国大陆	47.47	29	中高收入	1	SEAO	7	0.96	6
葡萄牙	46.61	30	高收入	29	EUR	20	0.73	62
意大利	46.40	31	高收入	30	EUR	21	0.74	57
马来西亚	45.98	32	中高收入	2	SEAO	8	0.74	56
拉脱维亚	45.51	33	高收入	31	EUR	22	0.81	26
塞浦路斯	43.51	34	高收入	32	NAWA	2	0.66	90
匈牙利	43.00	35	中高收入	3	EUR	23	0.78	35
斯洛伐克	42.99	36	高收入	33	EUR	24	0.76	48
巴巴多斯	42.47	37	高收入	34	LCN	1	0.81	25
立陶宛	42.26	38	高收入	35	EUR	25	0.70	74
保加利亚	42.16	39	中高收入	4	EUR	26	0.83	21
克罗地亚	41.70	40	高收入	36	EUR	27	0.75	50
黑山	41.23	41	中高收入	5	EUR	28	0.79	29
智利	41.20	42	高收入	37	LCN	2	0.68	82
沙特	40.65	43	高收入	38	NAWA	3	0.72	69
摩尔多瓦	40.53	44	中低收入	1	EUR	29	0.98	5

续表

国家（经济体）	创新指数		收入情况		地区情况		创新情况	
	得分	名次	收入群组	收入名次	所属地区	地区名次	创新效率	效率名次
希腊	40.28	45	高收入	39	EUR	30	0.65	98
波兰	40.16	46	高收入	40	EUR	31	0.66	93
阿联酋	40.06	47	高收入	41	NAWA	4	0.41	133
俄罗斯	39.32	48	高收入	42	EUR	32	0.74	60
毛里求斯	39.23	49	中高收入	6	SSF	1	0.65	96
卡塔尔	39.01	50	高收入	43	NAWA	5	0.61	110
哥斯达黎加	38.59	51	中高收入	7	LCN	3	0.79	32
越南	38.35	52	中低收入	2	SEAO	9	0.92	9
白俄罗斯	38.23	53	中高收入	8	EUR	33	0.70	33
罗马尼亚	38.20	54	中高收入	9	EUR	34	0.74	58
泰国	38.10	55	中高收入	10	SEAO	10	0.76	43
马其顿	38.03	56	中高收入	11	EUR	35	0.73	64
墨西哥	38.03	57	中高收入	12	LCN	4	0.73	61
土耳其	37.81	58	中高收入	13	NAWA	6	0.81	23
巴林	37.67	59	高收入	44	NAWA	7	0.63	105
南非	37.45	60	中高收入	14	SSF	2	0.66	94
亚美尼亚	37.31	61	中低收入	3	NAWA	8	0.79	34
巴拿马	36.80	62	中高收入	15	LCN	5	0.78	36
塞尔维亚	36.47	63	中高收入	16	EUR	36	0.75	55
乌克兰	36.45	64	中低收入	4	EUR	37	0.87	15
塞舌尔	36.44	65	中高收入	17	SSF	3	0.67	88
蒙古	36.41	66	中低收入	5	SEAO	11	0.61	111
哥伦比亚	36.41	67	中高收入	18	LCN	6	0.60	114
乌拉圭	35.76	68	高收入	45	LCN	7	0.66	91
阿曼	35.00	69	高收入	46	NAWA	9	0.67	86
巴西	34.95	70	中高收入	19	LCN	8	0.65	99
秘鲁	34.87	71	中高收入	20	LCN	9	0.60	113
阿根廷	34.30	72	中高收入	21	LCN	10	0.75	75
格鲁吉亚	33.83	73	中低收入	6	NAWA	10	0.62	107

续表

国家（经济体）	创新指数		收入情况		地区情况		创新情况	
	得分	名次	收入群组	收入名次	所属地区	地区名次	创新效率	效率名次
黎巴嫩	33.82	74	中高收入	22	NAWA	11	0.67	87
约旦	33.78	75	中高收入	23	NAWA	12	0.72	68
突尼斯	33.48	76	中高收入	24	NAWA	13	0.71	71
科威特	33.20	77	高收入	47	NAWA	14	0.73	65
摩洛哥	33.19	78	中低收入	7	NAWA	15	0.64	102
波黑	32.31	79	中高收入	25	EUR	38	0.39	135
特立尼达和多巴哥	32.18	80	高收入	48	LCN	11	0.66	92
印度	31.74	81	中低收入	8	CSA	1	0.79	31
哈萨克斯坦	31.25	82	中高收入	26	CSA	2	0.53	124
菲律宾	31.05	83	中低收入	9	SEAO	12	0.76	44
塞内加尔	30.95	84	中低收入	10	SSF	4	0.81	24
斯里兰卡	30.79	85	中低收入	11	CSA	3	0.76	46
圭亚那	30.75	86	中低收入	12	LCN	12	0.65	95
阿尔巴尼亚	30.74	87	中高收入	27	EUR	39	0.49	129
巴拉圭	30.69	88	中低收入	13	LCN	13	0.75	54
多米尼加	30.60	89	中高收入	28	LCN	14	0.61	108
博茨瓦纳	30.49	90	中高收入	29	SSF	5	0.54	120
柬埔寨	30.35	91	低收入	1	SEAO	13	0.69	80
肯尼亚	30.19	92	低收入	2	SSF	6	0.79	30
阿塞拜疆	30.10	93	中高收入	30	NAWA	16	0.60	115
卢旺达	30.09	94	低收入	3	SSF	7	0.42	131
莫桑比克	30.07	95	低收入	4	SSF	8	0.63	104
牙买加	29.95	96	中高收入	31	LCN	15	0.54	121
印度尼西亚	29.79	97	中低收入	14	SEAO	14	0.77	42
马拉维	29.71	98	低收入	5	SSF	9	0.75	53
萨尔瓦多	29.31	99	中低收入	15	LCN	16	0.62	106
埃及	28.91	100	中低收入	16	NAWA	17	0.68	83
危地马拉	28.84	101	中低收入	17	LCN	17	0.67	89

续表

国家（经济体）	创新指数		收入情况		地区情况		创新情况	
	得分	名次	收入群组	收入名次	所属地区	地区名次	创新效率	效率名次
布基纳法索	28.68	102	低收入	6	SSF	10	0.68	85
佛得角	28.59	103	中低收入	18	SSF	11	0.54	119
玻利维亚	28.58	104	中低收入	19	LCN	18	0.76	45
马里	28.37	105	低收入	7	SSF	12	0.87	14
伊朗	28.37	106	中高收入	32	CSA	4	0.63	103
纳米比亚	28.15	107	中高收入	33	SSF	13	0.51	126
加纳	28.04	108	中低收入	20	SSF	14	0.69	79
吉尔吉斯斯坦	27.96	109	中低收入	21	CSA	5	0.53	122
喀麦隆	27.80	110	中低收入	22	SSF	15	0.84	19
乌干达	27.65	111	低收入	8	SSF	16	0.57	118
冈比亚	27.49	112	低收入	9	SSF	17	0.77	39
洪都拉斯	27.48	113	中低收入	23	LCN	19	0.57	117
塔吉克斯坦	27.46	114	低收入	10	CSA	6	0.65	101
斐济	27.31	115	中高收入	34	SEAO	15	0.28	140
科特迪瓦	27.16	116	中低收入	24	SSF	18	0.90	10
坦桑尼亚	27.00	117	低收入	11	SSF	19	0.77	38
莱索托	26.97	118	中低收入	25	SSF	20	0.50	128
厄瓜多尔	26.87	119	中高收入	35	LCN	20	0.51	127
安哥拉	26.20	120	中高收入	36	SSF	21	1.02	1
不丹	26.06	121	中低收入	26	CSA	7	0.33	138
乌兹别克斯坦	25.89	122	中低收入	27	CSA	8	0.53	123
斯威士兰	25.37	123	中低收入	28	SSF	22	0.42	132
赞比亚	24.64	124	中低收入	29	SSF	23	0.68	81
马达加斯加	24.42	125	低收入	12	SSF	24	0.59	116
阿尔及利亚	24.38	126	中高收入	37	NAWA	18	0.52	125
埃塞俄比亚	24.17	127	低收入	13	SSF	25	0.72	66
尼日利亚	23.72	128	中低收入	30	SSF	26	0.80	28
孟加拉国	23.71	129	低收入	14	CSA	9	0.61	112
尼加拉瓜	23.47	130	中低收入	31	LCN	21	0.47	130

续表

国家（经济体）	创新指数		收入情况		地区情况		创新情况	
	得分	名次	收入群组	收入名次	所属地区	地区名次	创新效率	效率名次
巴基斯坦	23.07	131	中低收入	32	CSA	10	0.76	47
委内瑞拉	22.77	132	中高收入	38	LCN	22	0.68	84
津巴布韦	22.52	133	低收入	15	SSF	27	0.69	77
尼日尔	21.22	134	低收入	16	SSF	28	0.29	139
尼泊尔	21.08	135	低收入	17	CSA	11	0.40	134
布隆迪	21.04	136	低收入	18	SSF	29	0.36	137
也门	20.80	137	中低收入	33	NAWA	19	0.65	97
缅甸	20.27	138	低收入	19	SEAO	16	0.69	75
几内亚	18.49	139	低收入	20	SSF	30	0.61	109
多哥	18.43	140	低收入	21	SSF	31	0.24	141
苏丹	14.95	141	中低收入	34	SSF	32	0.37	136

注：收入分组依据世界银行（2013 年 7 月）。地区划分依据联合国划分法：EUR＝欧洲；NAC＝北美；LCN＝拉美和加勒比海地区；CSA＝中亚和南亚；SEAO＝东南亚和大洋洲；NAWA＝北非和西亚；SSF＝撒哈拉以南非洲地区。

数据来源：世界知识产权组织、美国康奈尔大学和英士国际商学院《2015 年全球创新指数》。

附表 3 主要经济体研发总支出与研究人员（2013 年或最新数据）

经济体	国内研发总支出						研究人员（全时当量）/人年
	当前购买力平价 / 亿美元	经费来源占比 /%		执行部门占比 /%			
		企业	政府	企业	高校	政府	
澳大利亚	209.556[c]	61.9	34.6	57.9[c]	28.1[c]	11.2[c]	92 649
奥地利	121.015[bp]	47.2[cp]	37.3[cop]	68.8[cp]	25.6[cp]	5.1[cp]	39 923[cp]
比利时	106.034[p]	60.2	23.4	69.1[p]	21.7[p]	8.8[p]	44 649[p]
加拿大	245.654[p]	46.4[p]	34.9[cp]	50.5[gp]	39.8[p]	9.2[p]	156 550
智利	14.942[p]	34.5[p]	38.2[p]	35.5[p]	38.8[p]	20.7[p]	5943[p]
捷克	58.129	37.6	34.7	54.1	27.2	18.3	34 271
丹麦	75.134[cp]	59.8[cp]	29.3[cp]	65.4[cp]	31.8[cp]	2.4[cp]	40 858[cp]
爱沙尼亚	5.922	42.1	47.2	47.7	42.3	8.9	4407
芬兰	71.756	60.8	26.0	68.9	21.5	8.9	39 196
法国	552.181[p]	55.4	35.0	64.8[p]	20.7[p]	13.1	265 177[p]

续表

经济体	国内研发总支出						研究人员（全时当量）/人年
	当前购买力平价/亿美元	经费来源占比/%		执行部门占比/%			
		企业	政府	企业	高校	政府	
德国	1009.914[cp]	65.2[cp]	29.8[cp]	66.9[cp]	18.0[cp]	15.1[cop]	360 365[cp]
希腊	22.739	30.3	52.3	33.3	37.4	28.0	29 055
匈牙利	32.496	46.8	35.9	69.4[v]	14.4[v]	14.9[v]	25 038
冰岛	2.706	38.8	36.6	53.4	32.6	12.7	2258
爱尔兰	32.715[c]	50.3[c]	27.3[c]	72.0[c]	23.1[c]	4.8[c]	15 732[c]
以色列	110.329[d]	35.6[d]	12.1[d]	82.7[d]	14.1[d]	2.1[d]	63 728[cd]
意大利	265.204[p]	44.3	42.5	54.0[p]	28.2[p]	14.9[p]	117 973[p]
日本	1602.468	75.5	17.3[e]	76.1	13.5	9.2	660 489
韩国	689.370	75.7	22.8	78.5	9.2	10.9	321 842
卢森堡	5.715[p]	47.8	30.5	61.4[p]	15.3[cp]	23.3[cp]	2615[p]
墨西哥	115.431[cp]	23.8[cp]	73.6[cp]	39.0	28.9	30.5	38 823
荷兰	153.774	51.1	33.3	55.7	32.1[p]	12.2[p]	76 815
新西兰	18.285	39.8	39.8	46.4	30.4	23.2	17 900
挪威	55.138	43.1	45.8	52.5	31.5	16.0	28 312
波兰	79.181	37.3	47.2	43.6	29.3	26.8	71 472
葡萄牙	39.427[p]	46.0	43.1	47.6[p]	37.8[p]	5.8[p]	43 321[p]
斯洛伐克	11.906	40.2	38.9[m]	46.3	33.1	20.5[d]	14 727
斯洛文尼亚	15.378	63.8	26.9	76.5	10.4	13.0	8707
西班牙	191.332	46.3	41.6	53.1	28.0	18.7	123 225
瑞典	141.513[m]	61.0	28.2	68.9[l]	27.1[l]	3.7	62 294[m]
瑞士	132.514	60.8	25.4	69.3	28.1	0.8[h]	35 950
土耳其	133.151	48.9	26.6	47.5	42.1	10.4	89 075
英国	398.588[cp]	46.5[cp]	27.0[cp]	64.5[cp]	26.3[cp]	7.3	259 347[cp]
美国	4569.770[jp]	60.9[jp]	27.7[jp]	70.6[jp]	14.2[jp]	11.2	1 265 064[b]
欧盟 28 国	3424.314[b]	54.5[b]	33.4[b]	62.7[b]	23.5[b]	12.8[b]	1 729 800[b]
经合组织	11 284.682[b]	60.8[b]	28.3[b]	68.1[b]	18.2[b]	11.3	4 403 168[b]
阿根廷	54.379	20.1	75.5	20.7	30.5	47.0	51 686
中国大陆	3364.954	74.6	21.1	76.6	7.2	16.2	1 484 040

续表

经济体	国内研发总支出						研究人员（全时当量）/人年
	当前购买力平价/亿美元	经费来源占比/%		执行部门占比/%			
		企业	政府	企业	高校	政府	
中国台湾	305.112	75.5	23.5	75.5	10.8	13.4	140 124
罗马尼亚	14.529	31.0	52.3	30.7	19.7	49.2	18 016
俄罗斯	406.945	28.2	67.6	60.6	9.0	30.3	440 581
新加坡	81.769	53.4	38.5	60.9	29.0	10.0	34 141
南非	48.707	38.3	45.4	44.3	30.7	22.9	21 383

注：b. OECD 秘书处根据各国（地区）资源情况做出的估计或预测；c. 该国（地区）做出的估计或预测；d. 不含国防部分（全部或几乎全部）；e. 估值；g. 不含人文和社会科学领域的研发；h. 只有联邦或中央政府数据；j. 不含资本支出（全部或大部分）；l. 高估或依据高估数值；m. 低估或依据低估数据；o. 不含其他类别；p. 临时数据；v. 子项之和不计入总数。

数据来源：经合组织（OECD）《主要科技指标》，2015 年 7 月。

附表 4　2013 年主要经济体研发支出与排名

国家（地区）	总支出/亿美元	排名	总支出 GDP 占比/%	排名	人均支出/美元	排名
美国	4535.44[a]	1	2.81[a]	11	1443[a]	8
中国大陆	1912.05	2	2.08	17	141	40
日本	1709.10	3	3.47	3	1343	11
德国	1095.15	4	2.94	9	1350	10
法国	626.16	5	2.23	15	956	17
韩国	541.63	6	4.15	2	1079	14
英国	435.28	7	1.63	25	679	21
澳大利亚	326.62[b]	8	2.18[b]	16	885	19
巴西	299.59[b]	9	1.15[b]	33	1450[b]	7
加拿大	298.58	10	1.62	26	851	19
意大利	268.25	11	1.26	30	443	26
俄罗斯	235.51	12	1.13	34	164	36
瑞士	197.40[a]	13	2.96[a]	8	2482	1
瑞典	191.33	14	3.30	5	1984	2
西班牙	173.30	15	1.24	31	371	28
印度	170.33[a]	16	0.91[a]	39	14[a]	57

续表

国家（地区）	总支出 / 亿美元	排名	总支出 GDP 占比 /%	排名	人均支出 / 美元	排名
荷兰	169.19	17	1.98	19	1007	16
中国台湾	152.80	18	2.99	7	654	22
以色列	122.42	19	4.20	1	1505	6
奥地利	120.48	20	2.81	10	1421	9
比利时	119.69	21	2.28	14	1073	15
丹麦	102.65	22	3.06	6	1832	3
芬兰	88.75	23	3.31	4	1631	5
挪威	86.77	24	1.66	23	1703	4
委内瑞拉	77.95[d]	25	2.37[d]	13	275[d]	32
土耳其	77.78	26	0.94	38	102	44
印度尼西亚	77.33	27	0.89	40	31	53
新加坡	60.46	28	2.00	18	1120	13
墨西哥	49.77[b]	29	0.43[b]	54	43[b]	51
波兰	45.64	30	0.88	41	119	41
捷克	39.78	31	1.91	20	379	27
爱尔兰	36.31[a]	32	1.64[a]	24	792[a]	20
阿根廷	35.32[a]	33	0.58[a]	50	84[a]	46
马来西亚	33.68[a]	34	1.08	35	113	42
葡萄牙	30.83	35	1.36	28	294	30
南非	29.08[a]	36	0.73[a]	46	56[a]	48
新西兰	20.74[b]	37	1.26[b]	29	473[b]	25
中国香港	20.13	38	0.73	45	280	31
希腊	18.94	39	0.78	44	171	35
匈牙利	18.78	40	1.41	27	190	34
阿联酋	18.77[a]	41	0.49[a]	51	214[a]	33
泰国	18.56	42	0.48	52	29	54
斯洛文尼亚	12.41	43	2.59	12	603	23
乌克兰	12.04[b]	44	0.71[b]	47	26[b]	55
智利	9.68[a]	45	0.26[a]	56	58[a]	47
卡塔尔	8.94[a]	46	0.47[a]	53	488[a]	24

续表

国家（地区）	总支出/亿美元	排名	总支出GDP占比/%	排名	人均支出/美元	排名
斯洛伐克	8.11	47	0.83	42	150	38
罗马尼亚	7.41	48	0.39	55	37	52
卢森堡	6.95	49	1.16	32	1294	12
哥伦比亚	6.20[a]	50	0.17[a]	58	13[a]	58
克罗地亚	4.71	51	0.81	43	111	43
立陶宛	4.41	52	0.95	37	148	39
爱沙尼亚	4.33	53	1.74	22	328	29
保加利亚	3.54	54	0.65	49	49	49
哈萨克斯坦	2.96[b]	55	0.16[b]	59	18[b]	56
冰岛	2.90	56	1.88	21	892	18
菲律宾	2.78[b]	57	0.12[b]	60	3[b]	60
约旦	2.68[c]	58	1.01[c]	36	44[c]	50
拉脱维亚	1.87[b]	59	0.66[b]	48	92[a]	45
蒙古	0.29	60	0.23	57	10	59

注：a. 前1年数据；b. 前2年数据；c. 前3年数据；d. 前4年数据。

数据来源：瑞士洛桑国际管理学院《2015年世界竞争力年鉴》。

附表5　主要经济体近年研发支出占GDP比例

(%)

经济体	年份					
	2008	2009	2010	2011	2012	2013
澳大利亚	2.25	—	2.20[c]	2.13[c]	—	—
奥地利	2.59[c]	2.61	2.74[c]	2.68	2.88[c]	2.95[c]
比利时	1.92	1.98	2.05	2.15	2.24[c]	2.28[p]
加拿大	1.87	1.92	1.84	1.78	1.71	1.62[p]
智利	0.37[y]	0.35[ay]	0.33[y]	0.35[y]	0.36[y]	0.39[py]
捷克	1.24	1.30	1.34	1.56	1.79	1.92
丹麦	2.78	3.07	2.94	2.97	3.02	3.06[cp]
爱沙尼亚	1.26	1.40	1.58	2.34	2.16	1.74
芬兰	3.55	3.75	3.73	3.64	3.42	3.31
法国	2.06	2.21	2.18[a]	2.19	2.23	2.23[p]

续表

经济体	年份					
	2008	2009	2010	2011	2012	2013
德国	2.60	2.73	2.72	2.80	2.88	2.85[cp]
希腊	0.66[ac]	0.63[c]	0.50[c]	0.67	0.69	0.80
匈牙利	0.99	1.14	1.15	1.20	1.27	1.41
冰岛	2.53	2.66	—	2.49[al]	—	1.99[a]
爱尔兰	1.39	1.63[c]	1.62[c]	1.53[c]	1.58[c]	—
以色列	4.39[d]	4.15[d]	3.96[d]	4.10[d]	4.25[d]	4.21[d]
意大利	1.16	1.22	1.22	1.21	1.27	1.26[p]
日本	3.47[ay]	3.36[y]	3.25[y]	3.38[y]	3.34[y]	3.47[y]
韩国	3.12	3.29	3.47	3.74	4.03	4.15
卢森堡	1.65	1.72	1.50	1.41	1.16[a]	1.16[p]
墨西哥	0.40	0.43	0.45	0.43	0.43[cp]	0.50[cp]
荷兰	1.65	1.69	1.72	1.90[a]	1.95[a]	1.98
新西兰	—	1.26	—	1.25	—	1.17
挪威	1.56	1.72	1.65	1.63	1.62	1.65
波兰	0.60	0.67	0.72	0.75	0.89	0.87
葡萄牙	1.45[a]	1.58	1.53	1.46	1.38	1.37[p]
斯洛伐克	0.46	0.47	0.62	0.67	0.81	0.83
斯洛文尼亚	1.63[a]	1.82	2.06	2.43[a]	2.58	2.59
西班牙	1.32[a]	1.35	1.35	1.32	1.27	1.24
瑞典	3.50[c]	3.42	3.22[c]	3.22	3.28[c]	3.30[m]
瑞士	2.73	—	—	—	2.96	—
土耳其	0.73[y]	0.85[y]	0.84[y]	0.86[y]	0.92[y]	0.94[y]
英国	1.69[c]	1.75[c]	1.69[c]	1.69	1.63[c]	1.63[cp]
美国	2.77[j]	2.82[j]	2.74[j]	2.76[j]	2.70[j]	2.73[jp]
欧盟 28 国	1.77[b]	1.84[b]	1.84[b]	1.88[b]	1.92[b]	1.91[b]
经合组织	2.29[b]	2.34[b]	2.30[b]	2.33[b]	2.33[b]	2.36[b]
阿根廷	0.42	0.48	0.49	0.52	0.58	0.58
中国大陆	1.47[y]	1.70[ay]	1.76[y]	1.84[y]	1.98[y]	2.08[y]
中国台湾	2.67	2.83	2.80	2.89	2.94	2.99

续表

经济体	年份					
	2008	2009	2010	2011	2012	2013
罗马尼亚	0.57	0.46	0.45	0.49[a]	0.48	0.39
俄罗斯	1.04[y]	1.25[y]	1.13[y]	1.09[y]	1.12[y]	1.12[y]
新加坡	2.62	2.16	2.01	2.15	2.00	—
南非	0.89	0.84	0.74	0.73	0.73	—

注：a. 序列中断，具备上年数据；b. OECD 秘书处根据各国（地区）资源情况做出的估计或预测；c. 该国（地区）做出的估计或预测；d. 不含国防部分（全部或几乎全部）；j. 不含资本支出（全部或大部分）；l. 高估或依据高估数值；m. 低估或依据低估数据；p. 临时数据；y. 依据《2008 年国家账目系统》编辑。

数据来源：OECD《主要科技指标》，2015 年 7 月。

附表 6 主要经济体近年研发人员统计

经济体	研发人员（全时当量）/ 人年					
	2008 年	2009 年	2010 年	2011 年	2012 年	2013 年
澳大利亚	137 489	—	—	—	—	—
奥地利	58 014[c]	56 438	59 923[c]	61 171	64 846[c]	65 800[cp]
比利时	58 476	59 756	60 075	62 895	64 732[c]	66 406[p]
加拿大	256 650	236 760	233 060	236 590[p]	223 930	—
智利	12 571	10 430[m]	11 491[m]	13 052	14 631	13 319[p]
捷克	50 808	50 961	52 290	55 697	60 329	61 976
丹麦	58 589[c]	55 918	56 623	57 585	58 657[cp]	58 530[cp]
爱沙尼亚	5086	5430	5277	5724	5855	5858
芬兰	56 698	56 069	55 897	54 526[a]	54 047	52 972
法国	382 653[d]	390 214[d]	397 756[a]	402 492	412 003	420 588[p]
德国	522 505	534 975	548 723	575 099	591 261	603 861[cp]
希腊	—	—	—	36 913[a]	37 361	42 030
匈牙利	27 403	29 795	31 480	33 960	35 732	38 163
冰岛	3117	3397	—	3244[a]	—	—
爱尔兰	20 018	19 705[c]	19 722[c]	21 560[c]	22 501[c]	—
以色列	—	—	—	70 401[d]	77 281[cd]	—
意大利	221 115	226 527	225 632	228 094	240 179	252 648[p]

续表

经济体	研发人员（全时当量）/ 人年					
	2008 年	2009 年	2010 年	2011 年	2012 年	2013 年
日本	882 739[a]	878 418	877 928	869 825	851 132	865 523
韩国	294 440	309 063	335 228	361 374	395 990	401 444
卢森堡	4652	4711	4988	5351	4880[a]	5003[p]
荷兰	93 432	87 874	100 544	117 436[a]	122 206[a]	123 192
新西兰	—	23 200	—	23 600	—	24 900
挪威	35 485	36 091	36 121	36 950	37 707	38 536
波兰	74 596	73 581	81 843	85 219	90 716	93 751
葡萄牙	47 882[a]	47 097	47 616	49 599	47 554[p]	47 931[p]
斯洛伐克	15 576	15 952	18 188	18 112	18 127	17 166
斯洛文尼亚	11 594[a]	12 410	12 940	15 269[a]	14 974	15 229
西班牙	215 676[a]	220 777	222 022	215 079	208 831	203 302
瑞典	77 549[c]	76 711[m]	77 418[cm]	77 950[am]	81 272[cm]	80 957[m]
瑞士	62 066	—	—	—	75 476	—
土耳其	67 244[m]	73 521[m]	81 792[m]	92 801[m]	105 122[m]	112 969[m]
英国	342 086[cm]	347 486[cm]	350 766[cm]	356 258[m]	356 484[cm]	362 061[cmp]
欧盟 28 国	2 462 005[b]	2 484 976[b]	2 539 534[b]	2 612 632[b]	2 669 545[b]	2 717 944[b]
阿根廷	56 987	59 683	65 761	69 963	71 872	73 818
中国大陆	1 965 357[t]	2 291 252[a]	2 553 829	2 882 903	3 246 840	353 2817
中国台湾	184 633	196 893	210 678	221 371	227 976	232 879
罗马尼亚	30 390	28 398	26 171	29 749[a]	31 135	—
俄罗斯	869 772	845 942	839 992	839 183	828 401	826 733
新加坡	33 165	35 896	37 013	38 996	39 459	—
南非	30 802	30 891	29 486	30 978	35 050	—

注：a. 序列中断，具备上年数据；b. OECD 秘书处根据各国（地区）资源情况做出的估计或预测；c. 该国（地区）做出的估计或预测；d. 不含国防部分（全部或几乎全部）；m. 低估或依据低估数据；p. 临时数据；t. 不完全符合《弗拉斯卡蒂手册》的推荐规范。

数据来源：OECD《主要科技指标》，2015 年 7 月。

附表 7　2013 年主要经济体研发人员统计

国家或地区	研发人员（全时当量）/ 万人年	排名	每万人研发人员数（全时当量）	排　名
中国大陆	353.30	1	26.0	36
日本	86.55	2	68.0	16
俄罗斯	82.67	3	57.7	21
德国	60.46	4	74.5	13
法国	42.06	5	64.2	18
韩国	39.60[a]	6	79.2[a]	9
英国	36.21	7	56.5	22
巴西	26.67[c]	8	14.0[c]	46
意大利	25.26	9	41.8	28
中国台湾	23.29	10	99.6	3
加拿大	22.39[a]	11	64.5[a]	17
西班牙	20.36	12	43.6	27
乌克兰	12.32	13	27.1	34
荷兰	12.15	14	72.3	15
土耳其	11.30	15	14.8	45
波兰	9.38	16	24.4	37
瑞典	8.13	17	84.2	8
墨西哥	7.93[b]	18	6.8[b]	51
以色列	7.73[a]	19	97.1[a]	5
瑞士	7.55[a]	20	94.9[a]	6
阿根廷	7.19[a]	21	17.1[a]	42
泰国	7.07	22	10.9	49
比利时	6.64	23	59.6	19
奥地利	6.58	24	77.6	10
马来西亚	6.28	25	21.0	39
捷克	6.20	26	59.0	20
丹麦	5.85	27	104.5	1
芬兰	5.30	28	97.4	4

续表

国家或地区	研发人员（全时当量）/万人年	排名	每万人研发人员数（全时当量）	排　名
葡萄牙	4.79	29	45.7	25
希腊	4.21	30	38.0	30
新加坡	4.16	31	77.0	11
挪威	3.90	32	76.5	12
匈牙利	3.82	33	38.5	29
南非	3.51[a]	34	6.7[a]	52
罗马尼亚	3.32	35	16.6	43
中国香港	2.60	36	36.2	31
哈萨克斯坦	2.37	37	13.8	47
新西兰	2.36[b]	38	53.8[b]	23
爱尔兰	2.28[a]	39	49.7[a]	24
印度尼西亚	2.08[d]	40	0.9[d]	54
菲律宾	1.92[b]	41	2.0[b]	53
保加利亚	1.75	42	24.2	38
斯洛伐克	1.72	43	31.7	33
斯洛文尼亚	1.52	44	74.0	14
智利	1.46[a]	45	8.8[a]	50
阿联酋	1.20[a]	46	13.7[a]	38
立陶宛	1.07[a]	47	35.5[a]	32
克罗地亚	0.87	48	20.4	40
爱沙尼亚	0.59	49	44.4	26
拉脱维亚	0.54	50	27.1	35
卢森堡	0.50	51	93.2	7
蒙古	0.44	52	14.9	44
冰岛	0.32[b]	53	100.7[b]	2
卡塔尔	0.32[a]	53	17.7[a]	41

注：a. 前 1 年数据；b. 前 2 年数据；c. 前 3 年数据；d. 前 4 年数据。

数据来源：瑞士洛桑国际管理学院《2015 年世界竞争力年鉴》。

附表8 1950—2014年诺贝尔物理学、化学、生理学或医学及经济学奖获奖统计

国家（地区）	总数	总数排名	每亿人获奖数	每亿人获奖数排名
美国	283	1	89	6
英国	61	2	95	4
德国	32	3	39	10
法国	20	4	30	14
日本	15	5	112	18
瑞士	12	6	147	2
俄罗斯	10	7	7	22
瑞典	9	8	92	5
澳大利亚	8	9	34	13
以色列	8	9	96	3
荷兰	8	9	47	8
挪威	8	9	155	1
加拿大	7	13	20	16
意大利	5	14	8	21
奥地利	4	15	47	9
比利时	4	15	36	11
丹麦	4	15	71	7
中国大陆	2	18	0	25
中国台湾	2	18	9	20
阿根廷	1	20	2	23
中国香港	1	20	14	17
捷克	1	20	9	19
爱尔兰	1	20	22	15
印度	1	20	0	26
立陶宛	1	20	34	12
南非	1	20	2	24

数据来源：瑞士洛桑国际管理学院《2015年世界竞争力年鉴》。

附表 9-1 2013 年主要经济体专利统计

国家（地区）	申请数 / 件	排名	每万居民申请数 / 件	排名	专利授予数（2011—2013 年均值）/ 件	排名	每万居民有效数 / 件	排名
中国大陆	73 4081	1	5.395	23	141 571	3	4.57	30
美国	50 1128	2	15.821	11	225 040	2	57.72	8
日本	47 3137	3	37.178	4	329 496	1	200.13	1
韩国	22 3517	4	44.508	3	111 208	4	150.71	3
德国	18 4475	5	22.216	8	77 161	5	57.24	9
法国	71 073	6	10.847	15	39 459	6	45.34	13
中国台湾	58 364	7	24.970	5	32 126	7	93.69	5
英国	51 296	8	8.004	19	19 848	9	18.45	21
瑞士	44 996	9	49.879	1	19 161	10	163.87	2
俄罗斯	34 065	10	2.376	29	23 315	8	9.74	26
荷兰	33 588	11	19.988	10	15 942	12	54.22	10
意大利	28 895	12	4.775	25	17 142	11	12.28	23
加拿大	26 304	13	7.494	21	12 016	13	27.39	17
瑞典	22 647	14	23.481	6	11 809	14	84.53	6
印度	20 907	15	0.167	55	3617	22	0.19	54
奥地利	13 335	16	15.730	12	5351	19	48.00	12
以色列	12 767	17	15.696	13	4554	20	39.86	15
芬兰	12 705	18	23.355	7	6135	15	84.12	7
澳大利亚	12 515	19	5.369	24	5884	17	18.43	22
丹麦	12 207	20	21.788	9	4547	21	52.07	11
比利时	11 726	21	10.516	16	5915	16	30.05	16
西班牙	11 012	22	2.357	30	5382	18	10.00	25
巴西	6846	23	0.341	50	1072	31	0.23	51
波兰	6031	24	1.567	34	2378	24	0.37	48
土耳其	5793	25	0.757	41	1410	28	0.70	45
挪威	5764	26	11.311	14	2516	23	43.25	14
新加坡	5470	27	10.131	17	2190	25	24.69	18
爱尔兰	4389	28	9.556	18	1972	27	19.84	20
乌克兰	3499	29	0.770	39	2009	26	3.21	35
新西兰	3450	30	7.748	20	1048	32	11.93	24
卢森堡	2650	31	49.348	2	1103	30	121.43	4
哈萨克斯坦	2386	32	1.390	35	732	35	0.22	52

续表

国家（地区）	申请数 / 件	排名	每万居民申请数 / 件	排名	专利授予数（2011—2013年均值）/ 件	排名	每万居民有效数 / 件	排名
马来西亚	2299	33	0.769	40	658	36	1.49	38
南非	2211	34	0.416	49	1304	29	3.459	32
墨西哥	2139	35	0.180	54	656	37	0.39	46
捷克	2138	36	2.034	32	838	33	3.95	31
泰国	1911	37	0.296	52	186	46	0.36	49
中国香港	1743	38	2.425	27	791	34	0.361	46
匈牙利	1560	39	1.574	33	650	38	3.60	32
葡萄牙	1318	40	1.257	36	313	42	2.01	37
罗马尼亚	1241	41	0.621	45	466	39	1.33	41
希腊	1083	42	0.979	37	394	40	3.57	33
阿根廷	922	43	0.217	53	292	43	0.26	50
智利	805	44	0.459	47	248	44	0.94	44
印度尼西亚	755	45	0.030	59	25	57	0.04	60
斯洛文尼亚	536	46	2.603	26	361	41	5.96	28
保加利亚	500	47	0.690	44	123	50	1.02	43
拉脱维亚	479	48	2.401	28	246	45	4.61	29
阿联酋	416	49	0.461	46	52	55	0.39	47
克罗地亚	411	50	0.966	38	89	53	1.41	40
斯洛伐克	400	51	0.739	43	104	51	1.24	42
哥伦比亚	382	52	0.081	56	144	47	0.12	56
菲律宾	350	53	0.036	57	64	54	0.04	58
爱沙尼亚	273	54	2.068	31	128	48	3.24	34
冰岛	233	55	7.169	22	127	49	22.98	19
立陶宛	220	56	0.740	42	103	52	3.24	34
约旦	212	57	0.326	51	25	57	0.09	57
秘鲁	97	58	0.032	58	16	59	0.04	59
卡塔尔	84	59	0.419	48	7	61	0.20	53
委内瑞拉	49	60	0.017	60	39	56	0.16	55
蒙古	2	61	0.007	61	8	60	0.03	61

资料来源：瑞士洛桑国际管理学院《2015 年世界竞争力年鉴》。

表 9-2 2011—2013 年主要经济体三方专利族统计

经济体	2011 年		2012 年		2013 年	
	专利数 / 件	占比 /%	专利数 / 件	占比 /%	专利数 / 件	占比 /%
澳大利亚	301	0.58	299	0.57	304	0.56
奥地利	419	0.81	458	0.87	500	0.92
比利时	490	0.94	487	0.92	471	0.87
加拿大	545	1.05	562	1.06	564	1.04
智利	16	0.03	16	0.03	15	0.03
捷克	29	0.06	32	0.06	38	0.07
丹麦	340	0.65	347	0.66	364	0.67
爱沙尼亚	5	0.01	5	0.01	5	0.01
芬兰	230	0.44	240	0.45	241	0.45
法国	2606	5.02	2539	4.80	2484	4.60
德国	5396	10.39	5440	10.29	5465	10.11
希腊	9	0.02	9	0.02	8	0.01
匈牙利	40	0.08	41	0.08	40	0.07
冰岛	3	0.01	3	0.01	3	0.01
爱尔兰	70	0.14	74	0.14	75	0.14
以色列	367	0.71	389	0.74	414	0.77
意大利	688	1.33	696	1.32	705	1.30
日本	16 423	31.61	16 220	30.68	15 970	29.55
韩国	2668	5.13	2887	5.46	3154	5.84
卢森堡	24	0.05	22	0.04	20	0.04
墨西哥	15	0.03	16	0.03	17	0.03
荷兰	961	1.85	930	1.76	916	1.69
新西兰	45	0.09	48	0.09	50	0.09
挪威	118	0.23	121	0.23	122	0.23
波兰	71	0.14	81	0.15	92	0.17
葡萄牙	21	0.04	22	0.04	26	0.05
斯洛伐克	11	0.02	11	0.02	11	0.02
斯洛文尼亚	15	0.03	16	0.03	16	0.03
西班牙	254	0.49	249	0.47	244	0.45

续表

经济体	2011 年		2012 年		2013 年	
	专利数 / 件	占比 /%	专利数 / 件	占比 /%	专利数 / 件	占比 /%
瑞典	675	1.30	677	1.28	644	1.19
瑞士	1106	2.13	1153	2.18	1207	2.23
土耳其	38	0.07	41	0.08	42	0.08
英国	1693	3.26	1715	3.24	1770	3.28
美国	13 254	25.51	13 819	26.14	14 606	27.03
欧盟 28 国	14 067	27.08	14 111	26.69	14 162	26.21
经合组织	48 945	94.22	49 661	93.94	50 604	93.65
阿根廷	7	0.01	7	0.01	7	0.01
中国大陆	1542	2.97	1657	3.14	1785	3.30
中国台湾	458	0.88	447	0.85	438	0.81
罗马尼亚	7	0.01	9	0.02	10	0.02
俄罗斯	102	0.20	111	0.21	119	0.22
新加坡	97	0.19	107	0.20	121	0.22
南非	39	0.08	42	0.08	42	0.08

注：OECD 秘书处根据各国（地区）资源情况做出的估计或预测。

数据来源：OECD 专利数据库，2015 年 6 月。

附表 10-1　2014 年主要经济体科技论文统计

国家（地区）	合计 / 篇	排名			SCIE 2014/ 篇	EI 2014/ 篇	CPCIS 2014/ 篇
		2014 年	2013 年	2012 年			
美国	686 882	1	1	1	486 638	95 244	105 000
中国	494 078	2	2	2	264 522	172 914	56 642
英国	189 163	3	3	3	139 733	28 395	21 035
德国	174 344	4	4	4	121 783	30 893	21 668
日本	143 160	5	5	5	94 757	28 143	20 260
法国	122 193	6	6	6	83 792	24 233	14 168
意大利	110 606	7	7	7	77 491	18 430	14 685
印度	105 753	8	9	9	64 561	28 594	12 598
加拿大	104 238	9	8	8	74 608	17 704	11 926
韩国	93 734	10	11	10	61 200	24 386	8148
西班牙	92 053	11	10	11	64 035	18 381	9637

续表

国家（地区）	合计／篇	排名			SCIE 2014/篇	EI 2014/篇	CPCIS 2014/篇
		2014 年	2013 年	2012 年			
澳大利亚	84 625	12	12	12	63 302	14 821	6502
巴西	61 250	13	13	13	45 444	9280	6526
荷兰	57 859	14	14	14	43 496	7916	6447
俄罗斯	54 415	15	15	16	33 283	14 410	6722
中国台湾	47 392	16	—	15	29 310	12 340	5742
瑞士	45 777	17	16	17	33 307	7413	5057
伊朗	45 048	18	17	18	29 546	13743	1759
土耳其	43 211	19	18	19	31 514	7274	4423
波兰	41 771	20	19	20	27 696	8404	5671
瑞典	39 386	21	20	21	28 309	6812	4265
比利时	33 540	22	21	22	24 304	5568	3668
丹麦	26 131	23	22	24	19 516	3841	2774
奥地利	25 407	24	25	25	18 030	3991	3386
葡萄牙	24 070	25	23	26	15 544	4932	3594
马来西亚	21 840	26	—	—	11 443	5413	4984
捷克	21 496	27	—	—	13 357	3895	4244
新加坡	21 451	28	27	28	13 405	5929	2117
以色列	20 548	29	24	23	14 843	3210	2495
墨西哥	19 487	30	26	27	13 610	3634	2243
希腊	19 393	31	28	29	13 231	3545	2617
芬兰	19 120	32	29	—	13 250	3867	2003
沙特	18 707	33	—	—	12 701	4892	1114
挪威	17 091	34	30	—	12 715	2916	1849
南非	15 251	35	—	—	11 499	2435	1317
埃及	14 726	36	—	—	10 015	3422	1289
罗马尼亚	14 017	37	—	—	8295	2597	3125
阿根廷	13 064	38	—	—	9856	2150	1058
新西兰	9272	39	—	—	9272	2063	874
匈牙利	8243	40	—	—	8243	1677	1502
总计	2 682 387	—	—	—	1 766 293	546 978	369 116

注：1. 2013 年将中国台湾地区三系统论文计入中国科技论文。

2. 统计数据含非第一作者单位所在国（地区）的论文。

数据来源：中国科学技术信息研究所。

表 10-2 2005—2015 年发表 SCI 科技论文数 20 万篇以上国家（地区）论文数及被引情况

国家（地区）	论文数		被引用次数		篇均被引用次数	
	篇数	位次	次数	位次	次数	位次
美国	3 578 497	1	60 417 220	1	16.88	3
德国	935 193	3	14 174 102	2	15.16	6
英国	841 664	4	14 042 524	3	16.68	4
中国	1 581 126	2	12 875 990	4	8.14	15
法国	660 820	6	9 474 241	5	14.34	8
日本	806 493	5	9 188 750	6	11.39	12
加拿大	572 025	7	8 558 172	7	14.96	7
意大利	549 117	8	7 482 787	8	13.63	9
荷兰	326 675	13	5 825 208	9	17.83	2
澳大利亚	431 477	11	5 821 169	10	13.49	10
西班牙	468 337	9	5 790 699	11	12.36	11
瑞士	235 719	17	4 494 425	12	19.07	1
韩国	423 054	12	3 672 993	13	8.68	14
瑞典	216 941	18	3 510 650	14	16.18	5
印度	439 381	10	3 225 074	15	7.34	17
巴西	325 024	14	2 351 918	16	7.24	18
中国台湾	246 125	16	2 188 260	17	8.89	13
俄罗斯	289 607	15	1 633 210	18	5.64	19
波兰	206 740	19	1 588 886	19	7.69	16

注：数据截至 2015 年 9 月。

数据来源：中国科学技术信息研究所。

附表 11-1 2011—2015 财年美国联邦政府研发支出统计

亿美元

年份	总计	研发合计	基础研究	应用研究	实验开发	研究设施
2011	1396.62	1354.91	293.14	287.10	774.67	41.71
2012	1406.36	1384.85	309.59	309.88	765.38	21.51
2013	1272.97	1253.88	297.79	294.20	661.88	19.10
2014（初步数据）	1308.08	1285.88	316.02	310.61	659.25	22.20
2015（初步数据）	1337.40	1306.37	314.56	311.40	680.41	31.03

数据来源：美国国家科学和工程学统计中心《2013—2015 财年联邦研发投入调查》。

附表 11-2　2013 年美国科学家和工程师统计

就业领域	总计	科工学位	科工职业	科工相关职业	非科工职业
总计／万人	2355.7	1244.6	574.9	743.9	1036.8
企业 /%	70.1	71.9	69.7	68.8	71.1
赢利企业 /%	52.4	58.2	61.6	45.3	52.4
非营利组织 /%	11.1	7.2	4.8	18.5	9.2
个体户 /%	6.6	6.4	3.3	5.0	9.5
院校 /%	18.9	15.6	18.1	22.6	16.8
4 年制院校 /%	7.9	8.3	14.5	7.2	4.8
2 年制和预科 /%	11.0	7.3	3.7	15.4	12.0
政府 /%	11.0	12.5	12.2	8.6	12.1
联邦政府 /%	4.3	5.1	6.4	3.3	4.0
州和地方政府 /%	6.7	7.4	5.8	5.3	8.1

注：学位指最高学位。

数据来源：美国《2015 年科学和工程学指标》。

附表 12-1　2013—2015 年加拿大国内研发支出统计

亿美元

主　体		2013 年	2014 年	2015 年
按活动主体划分	企业	160.32	158.77	154.62
	高等教育	127.15	128.60	129.88
	联邦政府	27.36	26.02	26.79
	省政府和研究机构	3.31	3.26	3.17
	私营非营利机构	1.58	1.60	1.58
按来源划分	企业	146.00	144.45	140.42
	联邦政府	61.86	60.87	61.99
	高等教育	62.40	63.11	63.74
	省政府和研究机构	18.83	18.89	18.91
	私营非营利机构	11.67	11.80	11.91
	外国	18.97	19.14	19.07

数据来源：加拿大统计局。

附表 12-2　2008—2012 年加拿大研发人员统计

类别	研发人员（全时当量）/ 人年				
	2008 年	2009 年	2010 年	2011 年	2012 年
研究人员	157 200	150 220	158 660	163 090	156 550
技术人员	65 350	60 380	51 930	55 620	45 950
辅助人员	34 090	26 150	22 470	20 880	21 430
合计	256 650	236 760	233 060	236 590	223 930

数据来源：加拿大统计局。

附表 13-1　2012—2014 年欧盟及 11 个非欧盟国家研发支出统计

国家（地区）	2012 年			2013 年			2014 年		
	总支出 / 亿欧元	人均支出 / 欧元	研发强度 / %	总支出 / 亿欧元	人均支出 / 欧元	研发强度 / %	总支出 / 亿欧元	人均支出 / 欧元	研发强度 / %
欧盟 28 国	2701.84	534.4	2.01	2745.63	542	2.03	2830.09[p]	558.4[p]	2.03[p]
欧盟 15 国	2589.08	—	2.1	2630.43	—	2.12	2708.47[p]	—	2.12[p]
欧元区 19 国	2066.08	613.4	2.1	2093.28	620.2	2.11	2134.89	632.7[p]	2.11[p]
奥地利	91.49[e]	1088.1[e]	2.89[e]	95.71	1132.4	2.96	98.33[ep]	1155.9[ep]	2.99[ep]
比利时	91.54	825	2.36	95.46	855.2	2.42	98.75[ep]	881.1[ep]	2.46[ep]
保加利亚	2.54	34.6	0.62	2.67	36.6	0.65	3.35[p]	46.3[p]	0.8[p]
塞浦路斯	0.83	96.7	0.43	0.84	96.8	0.46	0.83[p]	96.4[p]	0.47[p]
捷克	28.77	273.9	1.79	29.97	285	1.91	30.91[p]	294[p]	2[p]
德国	791.10	966.6	2.87	797.29	972.1	2.83	828.66[ep]	1026[ep]	2.84[ep]
丹麦	75.90	1360	3.03	78.03	1392.7	3.08	79.52[ep]	1413[ep]	3.08[ep]
爱沙尼亚	3.81	287.3	2.16	3.26	247	1.74	2.86[p]	217.3[p]	1.46[p]
希腊	13.38	120.7	0.69	14.66	133.3	0.8	14.82[p]	135.6[p]	0.83[p]
西班牙	133.92	286	1.27	130.12	278.5	1.24	127.25[p]	273.6[p]	1.2[p]
芬兰	68.32	1264.9	3.42	66.84	1231.7	3.3	65.12	1194.6	3.17
法国	465.19	712.6	2.23	474.80	724.2	2.24	481.08[p]	730.7[p]	2.26[p]
克罗地亚	3.30	77.2	0.75	3.55	83.2	0.81	3.40	80	0.75
匈牙利	12.57	126.6	1.27	14.15	142.8	1.41	14.29	144.7	1.38
爱尔兰	27.34[e]	596.6[e]	1.58[e]	27.56	600.4	1.58	28.71[e]	623.5[e]	1.55[e]
意大利	205.03	345.2	1.27	209.83	351.6	1.3	207.70[p]	341.7	1.29[p]

续表

国家（地区）	2012年			2013年			2014年		
	总支出/亿欧元	人均支出/欧元	研发强度/%	总支出/亿欧元	人均支出/欧元	研发强度/%	总支出/亿欧元	人均支出/欧元	研发强度/%
立陶宛	2.98	99.3	0.9	3.32	111.9	0.95	3.70[p]	125.6[p]	1.02[p]
卢森堡	5.61	1069.6	1.29	6.06	1127.9	1.31	6.14[ep]	1117.4[ep]	1.24[ep]
拉脱维亚	1.47	71.7	0.66	1.40	69.1	0.6	1.63[p]	81.3[p]	0.68[p]
马耳他	0.62	147.9	0.86	0.64	152.5	0.85	0.67[p]	158.3[p]	0.85[p]
荷兰	125.13	747.9	1.94	127.43	759.5	1.96	130.75[p]	776.9[p]	1.97[p]
波兰	34.30	90.1	0.89	34.36	90.3	0.87	38.64	101.6	0.94
葡萄牙	23.20	220.1	1.38	22.58	215.4	1.33	22.29[p]	213.8[p]	1.29[p]
罗马尼亚	6.44	32.1	0.48	5.58	27.9	0.39	5.75	28.8	0.38
瑞典	138.91[e]	1464.9[e]	3.28[e]	144.06[e]	1507.6[e]	3.3[e]	136.12[p]	1411.3[p]	3.16[p]
斯洛文尼亚	9.28	451.6	2.58	9.35	454.1	2.6	8.90[p]	431.9[p]	2.39[p]
斯洛伐克	5.85	108.3	0.81	6.11	112.9	0.83	6.70	123.6	0.89
英国	333.04[e]	524.5[e]	1.63[e]	339.99	532	1.69	383.23[ep]	595.9[ep]	1.72[ep]
瑞士	153.57	1930.6	2.96	—	—	—	—	—	—
冰岛	—	—	—	2.17[b]	673.3[b]	1.87[b]	2.43	745.8	1.89
挪威	64.27	1289.1	1.62	65.01	1286.9	1.65	64.37[p]	1260.3[p]	1.71[p]
塞尔维亚	2.87	39.8	0.91	2.49	34.7	0.73	2.56	35.9	0.78
黑山	—	—	—	0.13	20.3	0.38	—	—	—
土耳其	56.46	75.6	0.92	58.45	77.3	0.95	—	—	—
俄罗斯	175.29	122.5	1.13	177.10	—	1.13	166.34	—	1.19
美国	3530.07[dp]	1123.7[dp]	2.81[dp]	—	—	—	—	—	—
中国（不含香港）	1270.59	93.8	1.98	1450.97	106.6	2.08	—	—	—
日本	1549.77	1214.4	3.34	1286.45	1010.2	3.47	—	—	—
韩国	383.02	766	4.03	407.87	812.2	4.15	—	—	—

注：b. 序列中断；d. 定义不同；e. 估值；p. 临时数据。

数据来源：欧盟统计局。

附表 13-2　2011—2013 年欧盟及 11 个非欧盟国家研究人员统计

国家（地区）	研发人员数（全时当量）/ 人年		
	2011 年	2012 年	2013 年
欧盟 28 国	2 529 951	—	2 706 980
欧元区 19 国	1 728 636	—	1 827 084
奥地利	65 609	—	71 448
比利时	63 207	—	66 724
保加利亚	14 794	15 219	16 095
塞浦路斯	1937	1914	2209
捷克	45 902	47 651	51 455
德国	522 010	—	549 283
丹麦	56 845	57 520	57 654
爱沙尼亚	7646	7634	7515
希腊	45 239[b]	—	53 744
西班牙	220 254	215 544	208 767
芬兰	57 549	56 704	56 720
法国	338 470	356 445	366 299
克罗地亚	11 454	11 402	11 168
匈牙利	36 945	37 019	37 803
爱尔兰	22 358	—	25 393
意大利	151 597	157 960[p]	163 925
立陶宛	17 358	17 677	18 083
卢森堡	3114	—	2713
拉脱维亚	7377	7995	7448
马耳他	1261	1442	1437
荷兰	84 072[b]	107 184	110 535
波兰	100 723	103 627	109 611
葡萄牙	82 354	81 750	78 290[b]
罗马尼亚	25 489[b]	27 838	27 600
瑞典	801 54[be]	—	101 820[be]
斯洛文尼亚	12 514[b]	12 362	12 111
斯洛伐克	24 711	25 069	24 441
英国	429 009[e]	442 385[e]	466 689[e]
瑞士	—	60 278	—

续表

国家（地区）	研发人员数（全时当量）/人年		
	2011 年	2012 年	2013 年
冰岛	3 270[b]	—	3458[b]
黑山	1546	—	—
马其顿	1843	2231	—
挪威	45 578	46 747	47 795
塞尔维亚	13 609	—	—
土耳其	137 452	155 133	166 097
中国（不含香港）	1 905 899	2 069 650	—
日本	892 684	887 067	892 406
韩国	375 176	401 724	410 333
俄罗斯	374 791[e]	372 620[e]	369 015[e]

注：b. 序列中断；e. 估值；p. 临时数据。

数据来源：欧盟统计局。

附表 14　2012—2014 年德国研发支出和人员统计

类型	2012 年		2013 年		2014 年	
	研发支出/亿欧元	研发人员（全时当量）/人年	研发支出/亿欧元	研发人员（全时当量）/人年	研发支出/亿欧元	研发人员（全时当量）/人年
公立和私营非营利机构	113.41	95882	118.62	98161	125.27	101005
高等院校	139.80	127900	143.02	130079	143.42	131200
企业	537.90	367478	535.66	360375	569.96	371706
合计	791.10	591261	797.29	588615	838.65	603911

数据来源：德国联邦统计局。

附表 15-1　2013 年英国研发支出统计

亿英镑

资金来源	执行部门						
	政府	研究理事会	高等院校	企业	私营非营利机构	合计	海外
政府	10.50	0.77	3.80	16.46	0.61	32.14	5.47
研究理事会	0.60	6.00	21.21	0.03	1.15	28.99	2.00
高等教育拨款委员会	—	—	22.97	—	—	22.97	—
高等院校	0.01	0.13	3.00	—	0.54	3.68	—

续表

资金来源	执行部门						
	政府	研究理事会	高等院校	企业	私营非营利机构	合计	海外
企业	2.39	0.25	3.13	127.50	0.16	134.13	33.05
私营非营利机构	0.05	0.48	10.51	0.74	1.85	13.62	—
海外	1.12	0.51	11.67	39.45	0.87	53.93	—
合计	14.67	8.13	76.28	184.88	5.18	288.75	—
民口	13.03	8.13	75.92	167.34	5.16	269.59	—
国防	1.64	—	0.37	17.13	0.02	19.16	—

注：私营非营利机构的国防支出沿用了2012年数据。

数据来源：《2013年英国国内研发总支出》。

附表15-2 2013年英国科学家和工程师统计

亿人

	学历情况			男性			女性		
	总数	大学	科学或工程	总数	大学	科学或工程	总数	大学	科学或工程
16～64岁人群	3941.4	1045.5	418.8	1955.6	505.3	184.4	1985.8	540.2	234.3
具备就业能力	3071.7	922.3	362.4	1635.4	462.9	166.3	1436.3	459.5	196.0
就业人数	2849.4	888.8	352.4	1511.6	445.1	160.9	1337.8	443.7	191.5

注：数据截至2013年9月。

数据来源：《2013年英国科学、工程与技术政府支出》。

表16 2010—2013年俄罗斯研发支出与人员统计

项目		年份			
		2010	2011	2012	2013
研发人员／万人		73.65	73.53	72.63	72.7
联邦科技投入	基础研究／亿卢布	821.72	916.845	866.232	1122.309
	应用研究／亿卢布	1554.72	2222.148	2692.969	3130.708
	合计／亿卢布	2376.440	3138.993	3559.201	4253.017
	财政投入占比／%	2.35	2.87	2.76	3.19
	GDP占比／%	0.51	0.56	0.56	0.64
科研内部经费	现行货币／亿卢布	5233.772	6104.267	6998.698	7497.976
	GDP占比／%	1.13	1.09	1.13	1.13

数据来源：俄罗斯联邦统计局《2015年国家统计年鉴》。

附表 17　2011—2013 年中国研发支出与人员统计

项目		年份		
		2012	2013	2014
研发总经费／亿元		1028.4	11 846.6	13 015.6
研发经费投入强度 /%		1.98	2.08	2.05
研发人员（全时当量）／万人年		324.7	360	371.1
研发人员人均经费／万元		31.7	32.9	35.1
投入分配	各类企业	7842.2 亿元(76.2%)	9075.8 亿元(76.6%)	10 060.6 亿元（77.3%)
	政府属研究机构	1548.9 亿元(15%)	1781.4 亿元(15%)	1926.2 亿元(14.8%)
	高等学校	780.6 亿元(7.6%)	856.7 亿元(7.2%)	898.1 亿元(6.9%)
	其他事业单位	116.7 亿元(1.2%)	132.7 亿元(1.2%)	130.7 亿元(1%)
国家财政科技支出／亿元		5600.1	6184.9	6454.5
财政科技支出比重 /%		4.45	4.41	4.25

注："投入分配"中括号内数据为各部门研发投入占总额之比。

数据来源：中国国家统计局《全国科技经费投入统计公报》。

附表 18-1　2011—2013 年新加坡研发支出统计

年份	总额／亿新加坡元	复合年增长率	研发强度	企业研发强度	公共研发强度
2011	74	8.6%（2000—2011 年）	2.2%	1.4%	0.8%
2012	72	7.8%（2002—2012 年）	2.1%	1.3%	0.8%
2013	76	8.2%（2003—2013 年）	2.0%	1.2%	0.8%

数据来源：新加坡科技研究局《2013 年国家研发调查》。

附表 18-2　2011—2013 年新加坡研发人员统计

年份	总人数	复合年增长率	研究人员数	复合年增长率	科学家和工程师人数	复合年增长率
2011	44 855	5.9%（2000—2011 年）	33 023	5.9%（2000—2011 年）	29 482	6.7%（2000—2011 年）
2012	45 001	5.3%（2002—2012 年）	32 508	6.2%（2002—2012 年）	30 109	6.8%（2002—2012 年）
2013	47 525	5.1%（2003—2013 年）	34 373	5.9%（2003—2013 年）	31 943	6.5%（2003—2013 年）

数据来源：新加坡科技研究局《2013 年国家研发调查》。

附表 19　日本 2014 年研发支出与 2015 年研发人员统计

部门	研发支出（2014 年）		研发人员（2015 年）	
	金额 / 亿日元	人均研究费 / 万日元	研发组织个数	总人数
企业	135 874	2684	15073	611 027
非营利组织	2340	2647	458	13 572
公立研究机构	4548	4790	488	61 585
大学	36 962	1272	3657	393 096
总数	189 713	2188	19 676	1 079 270

数据来源：日本总务省《科学技术研究调查》。

附表 20　2012—2014 年以色列研发支出统计

亿谢克尔

年份	类别				
	私营非营利机构	高等院校	政府	企业	总计
2012	4.55	52.91	8.21	347.62	413.29
2013	4.73	54.09	8.14	363.86	430.82
2014	4.87	55.17	9.05	379.53	448.62

数据来源：以色列中央统计局。

附表 21　2011—2016 年澳大利亚政府科研创新投入统计

亿澳元

项目	年度				
	2011—2012	2012—2013	2013—2014	2014—2015（预计）	2015—2016（预算）
内部科研创新活动					
联邦科学与工业研究组织	7.249	7.338	7.782	7.453	7.497
国防科技组织	4.509	4.341	4.257	4.165	4.316
政府研发活动	5.945	6.641	6.661	6.958	6.242
外部科研创新活动					
企业	33.672	29.502	32.043	32.233	31.611
高校	27.608	27.815	28.516	28.448	28.280
其他	22.110	19.836	21.596	20.970	19.224
合计	101.093	95.473	100.855	100.227	97.170

数据来源：《2015—2016 年澳大利亚政府科研创新预算表》。

附表 22 2010—2013 年南非研发支出与人员统计

年度	类别			
	国内研发总支出 / 亿兰特	GDP 占比 /%	研发人员（全时当量）/ 万人年	每万名就业者研发人员数（全时当量）
2010—2011	202.54	0.76	29 486	22
2011—2012	222.09	0.76	30 978	23
2012—2013	238.71	0.76	35 050	24

数据来源：南非科技部《2011—2012 财年国家研究与实验发展调查主体分析报告》。

美国《科学》杂志评选出2015年世界十大科学突破

美国《科学》杂志于2015年12月17日公布了其评选的2015年十大科学突破，被业内誉为“基因剪刀”的CRISPR基因组编辑技术当选2015年头号突破。

1. CRISPR基因组编辑技术

CRISPR全名为“成簇的、规律间隔的短回文重复序列”，是细菌防御病毒入侵的一种机制，2012年才被科学家发现并加以利用，成为生物医学史上第一种可高效、精确、程序化地修改细胞基因组包括人类基因组的工具。由于CRISPR技术精确、成本低、操作简便，全球众多生物医学实验室和制药企业开始广泛应用此项技术。

2015年，CRISPR技术在多个方向取得突破。一是4月，中国中山大学的科学家黄军就等人披露，首次利用CRISPR技术成功修改人类胚胎的一个基因，阻止这一基因上的突变导致地中海贫血症。黄军就因此入选《自然》年度十大人物。二是11月，美国科学家成功利用“基因驱动”系统研制出一种携带抗疟疾基因并能将该基因传给后代的转基因蚊子，人类有望据此根除疟疾、登革热等虫媒疾病、消灭或控制入侵物种。三是美国哈佛大学研究人员利用CRISPR技术一次性敲除猪细胞中62个逆转录病毒基因，从而扫清猪器官用于人体移植的重大难关，为全世界需要器官移植的上百万患者带来希望。

2.“新视野”探测器与冥王星“约会”

美国“新视野”号探测器于2006年1月发射升空，经过长达9年多的追逐后，于美国东部时间2015年7月14日近距离飞过冥王星，成为首个探测这颗遥远矮行星的人类探测器。

3. 发现脑内淋巴管

淋巴系统是一个网状液态系统，能帮助清理人体废弃物并运输免疫细胞。2015 年，科学家在实验鼠脑内发现连接免疫系统的淋巴管，颠覆几十年来教科书中“脑内没有淋巴管”的旧观念。

4. 用酵母合成阿片类止痛药

阿片类药物是止痛效果最好的一种药物，但其唯一来源是罂粟，生产依赖于罂粟种植。美国科学家通过基因工程技术改造酵母，可把糖转化成蒂巴因，后者可用来生产阿片类止痛药。

5. 量子纠缠状态获证实

这一概念是指空间上分离的两个粒子可互相影响，无论它们之间的距离是多少。测出一个粒子的性质，就可以立即判断出另一个粒子的性质。2015 年，荷兰代尔夫特理工大学科学家采用贝尔实验方法，证实相距 1.3 km 的成对电子之间存在“量子纠缠”。

6. 发现地幔柱存在的证据

有关地幔柱是否存在已争论了 40 年，支持者认为地幔柱把地心热量输送到地表，可解释夏威夷火山形成于地壳板块中部的原因。2015 年，科学家利用改进的地震波成像技术绘制出迄今精度最高的地球内部模拟图，发现了 28 个地幔柱存在的证据。这些地幔柱宽达 800 km，是此前预测的 3 倍多，地核冷却模型因此可能需要修正。

7. 研制埃博拉疫苗

埃博拉药物与疫苗的研发进展总体令人失望，但由加拿大公共卫生局等机构研发的 VSV-EBOV 埃博拉疫苗 3 期临床试验结果令人鼓舞，其保护效果为 75%～100%。

8. 改善心理学研究

许多心理学实验结果都无法重复，而今提出的一种解决方法是“预注册”，即在做实验前就公布实验方案，最终无论结果如何都会公布结果与统计分析，从而保证实验的透明性，避免研究人员仅选择有利的那部分数据。

9. 发现新古人种化石

2015 年 9 月，南非金山大学人类学家在南非某岩洞深处发掘出 1500 多块骨骼化石，这些化石不同寻常地混合了原始人类和现代人类的特征。科学家将这个新人种命名为“纳莱迪人”，是目前发现的最早人种之一。

10. 科学证实早期美洲人来自亚洲

科研人员对一个被称为肯纳威克人的骨骼进行了基因组测序，这一骨骼距今有8500年。测序结果表明，早期美洲人是从亚洲迁移而来。这一研究可能有助平息有关早期美洲人祖先的争议。

美国《自然》杂志展望2016年世界科研热点

美国《自然》杂志于2015年12月22日刊发文章，展望了2016年的11个世界科研热点。

1. 二氧化碳的吸收

一家瑞士公司将成为首个从大气中捕获二氧化碳并进行商业规模销售的企业，此举有朝一日将成为研发对抗全球变暖的大型设备的一块敲门砖。2016年7月，Climeworks公司将在其位于苏黎世的工厂每月捕获约75 t二氧化碳，然后再将这些气体卖给附近的温室以促进农作物生长。位于加拿大卡尔加里的二氧化碳工程公司则将计划将二氧化碳转化为液体燃料。

2. 剪切和粘贴基因

采用脱氧核糖核酸（DNA）编辑技术的治疗方法将开始人体试验。美国加利福尼亚州里士满Sangamo生物科学公司将测试用锌指核酸酶纠正导致血友病的一种基因缺陷。通过与马萨诸塞州剑桥市的Biogen公司合作，它还将试验该项技术可否提高β-地中海贫血患者体内一种血液球蛋白的功能性。科学家与伦理学家希望在2016年晚些时候就基因编辑技术的人体应用达成广泛的安全与伦理指南。

3. 宇宙研究

得益于先进激光干涉引力波天文台（先进LIGO），物理学家认为他们有望发现引力波（由致密的移动物体如螺旋中子星形成的时空涟漪）的首个证据。日本将发射下一代X射线卫星天文台——Astro-H，从而可以证明或驳斥重中微子发出暗物质信号的说法。自2015年6月开始运转的大型强子对撞机（LHC）也将积累更多数据。即使新粒子没有得到证实，LHC还是可以挖掘其他奇异现象。

4. 科研风险评估

2014年10月，美国政府突然停止了对“功能获得性”研究的资助。这些试验能够增加对于某些病原体如何进化或被摧毁的认知，但批评者指出，这些研究同时也有危险性，如致命病毒的意外泄漏。一份风险效益分析已于2015年12月完成，美国国家生物安全科学顾问委员会将在未来几月就是否恢复此类研究提出建议，据分析有可能会收紧对研究的限制。

5. 商业收益

互联网巨头谷歌公司和美国心脏协会资助5000万美元用于某研究小组的心脏病研究。谷歌的疾病研究投资组合正在增长，而神经科学家都渴望看到美国国家精神健康研究所前所长Thomas Insel将在谷歌的作为——自2015年11月以来，他一直领导一项心理健康计划。私人资金也有望在空间领域开花结果：加利福尼亚州帕萨迪纳市非营利组织行星协会计划在2016年4月发射价值450美元的光驱动飞船——光帆号。

6. 超越火星

地球和火星的轨道将使两颗行星在2016年彼此接近，欧洲空间局（ESA）与俄罗斯联邦航天局将利用这个机会，使造访这一红色星球成为可能。将于2016年3月发射的微量气体轨道探测器ExoMars旨在分析火星大气并测试着陆技术。而在更远的地方，美国宇航局（NASA）的朱诺任务将在7月到达木星。9月，ESA的罗塞塔号探测器将对其环绕的彗星进行一次死亡俯冲。NASA发射的OSIRIS-Rex飞行器将带回小行星Bennu的样本。

7. 空间探测

随着斥资1亿美元的暗物质粒子探测器（DAMPE）于2015年12月发射升空，中国还将继续发射空间科学探测器。世界上第一个量子通信试验卫星将于2016年6月发射升空，而硬X射线调制望远镜也将在2016年年底前上天，以搜寻太空辐射能量来源，如黑洞和中子星。9月，中国500 m口径球面射电望远镜（FAST）将完成建设，取代波多黎各的阿雷西博天文台成为世界上最大的射电望远镜。在美国夏威夷，备受争议的30 m望远镜团队将试图找出是否可以及如何将该项目向前推进。

8. 揭示微生物世界

地球微生物组计划于2010年启动，旨在测序和描绘从科摩多龙舌尖到西伯利亚冻土层的至少 20 万个微生物 DNA 样本。2016 年，此分析全球微生物群落的雄心勃勃计划将取得第一批研究成果，对生物多样性做出前所未有的发现。

9. 政治巨变

2016 年 11 月，美国将选出新任总统。如果共和党人入主白宫，长期争论的把核废料埋藏在内华达州尤卡山的计划可能将重出水面，而与气候和社会科学有关的联邦资金可能面临削减风险。同时，如果加拿大自由党政府履行其选前承诺，该国首席科学官将履职，研究人员相信他将重新恢复政府科学家耗尽的荣誉。

10. 做梦基因

神经科学家希望最终能确定调节睡眠时机和长短的关键基因，但这一过程非常困难，或许是因为这些基因在大脑中还有其他功能。确定这些基因可能有助于治疗睡眠障碍和某些精神疾病，科学家认为它们与高度睡眠紊乱有关。

11. 照亮科学角落

SESAME（中东同步辐射光源实验科学与应用）装置将于 2016 年年底在约旦开启。这一环形粒子加速器产生的强光将在原子能级上探测材料与生物结构。这是该地区首个主要国际研究设施，包括伊朗、以色列与巴勒斯坦权力机构在内的各国政府罕见地进行了合作。支持在非洲建立类似设施的行动可能也会加快速度。而 2016 年 6 月，科学家将能使用位于瑞典隆德的世界首个第四代同步加速器 MAX IV 所产生的明亮 X 射线束。

《科技日报》评出 2015 年国内、国际十大科技新闻

2015 年 12 月 27 日，由科技日报社主办，部分两院院士、中央主流媒体负责人和资深科技记者共同评选出的“奥科杯”《科技日报》2015 年国内、国际十大科技新闻在京揭晓。

一、国内十大科技新闻

1. 防护等级最高的传染病实验室建成

中国科学院武汉国家生物安全实验室 2015 年 1 月 31 日竣工，我国终于有了国际先进的 P4 实验室，可研究类似埃博拉病毒一样具有烈性传染的病原体。该实验室将成为新发传染病疾病研究中心、烈性病毒的生物资源中心和联合国世界卫生组织的传染性疾病参考实验室，最终成为我国新生疾病研究网络核心。

按照密封程度不同，生物实验室分为 P1、P2、P3 和 P4。如炭疽杆菌、霍乱菌、埃博拉病毒、天花病毒这样难以防范、一旦传播就麻烦大了的妖魔，需要在 P4 里研究。

2. 中科大首次成功实现“单光子多自由度量子隐形传态”

2015 年 2 月 26 日，《自然》杂志封面发表了潘建伟、陆朝阳等人的《单个光子的多个自由度的量子隐形传态》论文，它完成的是某种意义上的“瞬间移动”。

中国科学家发展了“非摧毁性测量技术”，首次让一个光子的“自旋”和“轨道角动量”两项信息能同时传送。《自然》同期配发评论称：“该实验为理解和展示量子物理的一个最深远和最令人费解的预言迈出了重要的一步，并可以作为未来量子网络的一个强大的基本单元。”审稿专家认为实验“绝对新颖、重

要，处于量子光学和量子信息领域的最前沿，可认为是一大成就”。

3. 新政策力挺“大众创业、万众创新”和科技体制改革

当前，我国经济发展步进入新常态，经济发展方式从规模速度型粗放增长转向质量效率型集约增长。2015 年在国家层面多项政策并举，力挺大众创业、万众创新。全社会的创业创新热情不断高涨，创业创新氛围日益浓厚。

政府工作报告明确提出，打造大众创业、万众创新和增加公共产品、公共服务成为实现中国经济提质增效升级的“双引擎”。

3 月，国务院印发《关于发展众创空间推进大众创新创业的指导意见》，部署推进大众创新和万众创业，“加快发展众创空间等新型创业服务平台，营造良好的创新创业生态环境”。同样在 3 月发布的《关于深化体制机制改革加快实施创新驱动发展战略的若干意见》则提出，到 2020 年，基本形成适应创新驱动发展要求的制度环境和政策法律体系，为进入创新型国家行列提供有力保障。

9 月，《深化科技体制改革实施方案》出台，该方案包括企业技术创新、科研机构改革和人才培养激励等多项改革举措。实施方案提出，到 2020 年，力争我国在科技体制改革的重要领域和关键环节上取得突破性成果，并基本建立适应创新驱动发展战略要求、符合社会主义市场经济规律和科技创新发展规律的中国特色国家创新体系。

4. 发现外尔费米子

2015 年 7 月，中国科学院物理研究所宣布发现了具有“手性”的电子态——外尔费米子。

基本粒子虽然小，但像地球一样是可以自转的，而且可以正转也可以反转。1929 年，德国科学家外尔（H. Weyl）推测，无“质量”（线性色散）的电子，可以分为左旋和右旋两种不同“手性”，或者说，存在“外尔费米子”，但是 86 年来实验从未观测到。中科院物理所的科学家 2015 年年初找到了钽砷晶体（taas）等 4 种非磁性外尔半金属材料，这是取得进展的关键。中国科学家还将努力寻找“拓扑超导”等新物理现象。

5. 中国学者论文遭国际期刊大量撤回

2015 年 3 月，英国 BMC 出版社撤回 43 篇论文，其中 41 篇来自中国；8 月，德国施普林格出版集团撤回旗下 64 篇论文，绝大部分来自中国；10 月，爱思唯尔撤销旗下 9 篇论文，全部来自中国。施普林格出版集团在声明中说，该集团的期刊编辑在内部调查中发现了大量伪造的同行评议报告。

构建诚信土壤是学术生存的根本，因此打击学术不端行为非常有必要，而且

力度应该进一步加大。应对这一弊端，既需要改革科研评价制度，也要弘扬科学道德，从管理和思想两方面厘清学界风气。

6. 获得高分辨率的剪接体三维结构图

2015年8月，《科学》杂志发表了清华大学生命科学学院施一公研究组的两篇论文，《3.6埃[①]的酵母剪接体结构》和《前体信使RNA剪接的结构基础》。他们用冷冻电镜获得了分辨率高达3.6埃的剪接体三维结构，并在此基础上，阐述了剪接体是如何剪接的。这两篇论文被学界认为破解了结构生物学最大的难题之一。还有评论认为，这是近30年中国在基础生命科学领域做出的最大贡献。

一直以来，解析剪接体三维结构被认为是分子生物学里的热门研究。施一公团队成功的前提，是使用了裂殖酵母为实验对象，并且拥有世界最大的冷冻电镜。他们的研究成果，使人们第一次在近原子分辨率上看到了剪接体的细节——剪接体的外形轮廓十分不对称，各个蛋白相互缠绕，形成了分子量和体积巨大的复合物。这是自1993年RNA（核糖核酸）剪接发现以来，科学家率先对剪接体近原子分辨率结构进行解析，对人类进一步揭示与剪接体相关疾病的机制，提供了结构基础和理论。

7. 中国锶光钟1.38亿年不差一秒

2015年7月，中国计量科学研究院顺利完成了锶87原子光晶格钟（以下简称锶光钟）首次系统频移评定和绝对频率测量工作，准确度相当于1.38亿年不差一秒。包括中国计量院在内的8家国际科研机构的锶光钟数据被国际频率标准工作组采纳，中国在未来重新定义秒的国际问题上争得了话语权。

国际频率标准工作组9月在法国决定，于2025—2028年完成新一代秒的定义。如果使用光钟的新技术来重新定义秒，将对全球卫星定位导航系统、人类探索宇宙和研究物理学规律等领域产生极为深远的影响。研究者称，如果中国在这方面失去话语权，现有系统就不能够独立复现秒定义，所有与此相关的科研和应用都将失去独立性。

8. 中国女科学家屠呦呦获诺贝尔生理学或医学奖

2015年10月5日，瑞典卡罗琳斯卡医学院宣布中国女药学家屠呦呦荣获2015年诺贝尔生理学或医学奖。

作为第一位获诺贝尔科学奖项的中国本土科学家，84岁的中国女药学家屠呦呦长期从事中药和中西药结合研究。在获奖致辞中，屠呦呦感言青蒿素是传统

① 埃，长度单位，1埃 $=10^{-10}$ 米。

中医药献给世界的礼物。历史上，疟疾是最为流行且凶险的传染病之一。屠呦呦从我国传统医学典籍中获得灵感，从野草中提取出抗击疟疾的良药。青蒿素现已在全球拯救了数以百万人的生命。屠呦呦与她所在科研团队发现的青蒿素必将载入科技发展历程的光辉史册。其获诺奖展示了中国在医学方面的斐然成就，让世界重新认识到传统中医药的巨大价值。

9. 中国自研大型客机 C919 首架下线

2015 年 11 月 2 日，我国自主研制的 C919 大型客机首架正式下线。

作为中国首款按照最新国际适航标准研制的干线民用飞机，C919 基本型混合级布局 158 座，全经济舱布局 168 座，高密度布局 174 座，标准航程 4075 km，增大航程 5555 km。C919 大型客机拥有自主知识产权，是建设创新型国家，提高我国自主创新能力和增强国家核心竞争力的标志性工程。

10. 暗物质卫星“悟空”上天

暗物质是宇宙最大谜题之一。搭载着暗物质粒子探测卫星的长征二号丁运载火箭，2015 年 12 月在酒泉卫星发射中心升空，顺利入轨。24 日，卫星成功获取首批科学数据，并下传至中科院国家空间科学中心空间科学任务大厅。未来它会巡天观测两年，然后定向观测两年。

名为“悟空”的暗物质粒子探测卫星，是中科院空间科学战略性先导科技专项中首批立项研制的 4 颗科学实验卫星之一，是目前世界上观测能段范围最宽、能量分辨率最优的暗物质粒子探测卫星，超过所有同类探测器。卫星上装载的暗物质粒子探测器，将在太空中开展高能电子及高能伽马射线探测任务，探寻暗物质存在的证据，它还将帮助科学家研究宇宙射线起源。

二、国际十大科技新闻

1. 中科大首次成功实现“单光子多自由度量子隐形传态”

中国科技大学潘建伟团队 2015 年 2 月公布的一项突破性研究，似乎让这一话题又热了起来。

从理论上来说，一个粒子所有的性质都可以通过量子纠缠传到很远的地方。这便是 1993 年美国科学家贝内特等人提出的量子隐形传态的概念，即通过光子等基本粒子的量子态携带信息，然后利用两个粒子在遥远距离上的诡异互动，将信息传送到接收地点进行复制。

2015 年 2 月，中国科技大学潘建伟团队研发出“非摧毁性的测量技术”，首次实现单光子多自由度量子隐形传态——同时传送了单光子的自旋和轨道角动量两项信息。量子隐形传态是构建量子通信和量子计算系统最关键、最基础的“砖石”，这项最新成果将相关技术提升到了一个新水平。

2. “罗塞塔”号探测器在67P彗星上发现氮和氧

2015年3月，通过“罗塞塔”号探测器传回的照片和数据，科学家了解到67P/丘莫留夫-格拉西缅科彗星（简称67P彗星）的组成和内部结构，并首次探测到了珍贵元素——氮。这是太阳系形成时最常见的氮的类型，被科学家称为“最想找到的分子”。

10月，美国密歇根大学研究小组通过对“罗塞塔”号数据的分析，在67P彗星彗核周围的气体——彗发中发现了氧气分子。这对彗星来说是破天荒的头一次，极有可能刷新人们对太阳系形成过程涉及的化学反应的认识。

“罗塞塔”号探测器传回地球的宝贵数据，蕴含彗星保存了数十亿年之久的太阳系初期“资料”。人类可以从其中提炼出关于自身形成和生命起源的重要信息，并借此回溯太阳系古老的历史。

3. 人类首次近距离观察冥王星

美国国家航空航天局（NASA）2006年发射了“新视野”号探测器，目标直奔遥远矮行星冥王星，9年后，美国东部时间2015年7月14日7时49分，在飞行48亿千米后，“新视野”号近距离飞掠冥王星，人类首次近距离观察冥王星，标志着行星探索黄金时代顶峰的到来。

人们此前对冥王星几乎一无所知，此次“会面”使人类对冥王星的认识发生革命性变化——其直径为2370.6 km（±19.3 km），密度比此前预想的更低些，内部可能拥有更多的冰和更少的岩石，科学家还证实了其北极确如所推测的那样由冰组成，而且还富含甲烷和氮冰。

“新视野”号不久将进入太阳系边缘神秘的柯伊伯带（太阳系形成过程中尚未来得及成长为行星的残骸），进一步窥探太阳系的起源。

4. 科学家开发出效率极高的埃博拉疫苗

从2014年起，埃博拉疫情开始蔓延，相关药物与疫苗的研发赶不上疫情发展速度。世界卫生组织（WHO）称之为：迄今为止所面对的和平年代的最大挑战。

2015年4月，埃博拉疫苗顺利进入人体试验阶段。8月，世界卫生组织宣布，经过初步临床实验分析，一种由加拿大卫生部等机构研制的VSV-EBOV疫苗对预防埃博拉病毒感染非常有效，该疫苗包括一种弱化后的活病毒，被改造用来生产埃博拉蛋白质。目前，根据仍在几内亚进行的临床测试初步分析，暴露在病毒中后不久接种疫苗的患者，疫苗可为其提供近乎100%的保护。

5. 美国科学家完成目前最复杂人脑直连实验

大脑中有大约1000亿个神经元，彼此通信，形成100万亿个突触，数量之繁密，胜过整个银河系的星辰。我们可以探索数光年之外的星系，却对两耳间的大脑知之甚少。

2013年，欧盟和美国先后启动《人脑工程》和《脑计划》，分别计划10年内投入10亿欧元和45亿美元，向“最后的科学堡垒和终极前沿”——“脑科学”进军。

2015年9月，美国华盛顿大学研究人员使用脑脑直连方式，让5对受试者通过互联网传递大脑信号来玩问答游戏。这一实验首次证明两个大脑可以直接连接，且无须发声，一方就能准确猜出另一方的想法。

非侵入式脑脑直连是未来深层次情感、知识、记忆等“交互”的基础之一，所以，哪怕只实现了一个拙朴的“游戏”，仍然带给人们无限的希望。

6. NASA公布火星表面有液态水的“强有力”证据

北京时间2015年9月28日，NASA宣布利用火星勘测轨道飞行器（MRO）上搭载的成像光谱仪，在这颗红色星球表面的神秘条痕中找到了在水中沉淀形成的水合盐物质。这是一个非常重要的进展，因为它证实了水——尽管是咸水——流淌在现今火星的表面上，这对火星上是否存在生命和人类能否在这个星球上永续生存都具有重大影响。

人们终于发现在火星赤道附近，时不时有着液态水流动。这也让火星生命的形式基本排除了“小绿人”的可能，更倾向是一些小小微生物。液态水的存在，还意味着它可供未来登陆火星的人类使用，降低了未来探索任务的成本，增加了人类在这个红色星球上活动的“弹性”。

7. 中国女科学家屠呦呦获诺贝尔生理学或医学奖

2015年，诺奖东风，擦亮了一张中华文化“名片”。

10月5日晚，作为第一个被公布的获奖项目，卡罗林斯卡医学院将生理学或医学奖授予了威廉·坎贝尔、大村智和中国药学家屠呦呦，以表彰他们在寄生虫疾病治疗研究方面所做出的成就。其中，屠呦呦因对青蒿素的发现及其应用于治疗疟疾方面所做出的杰出贡献，分享一半奖金。这是中国科学家因在本土进行的科学研究而首获诺贝尔科学奖，也是中医药成果获得的最高奖项。

几千年来，对于自然植物资源药用价值的整理归纳，使中国医药学成为一个伟大的宝藏，青蒿素正是从这一宝藏中发掘出来的。以青蒿素为主的联合疗法，已成为世界卫生组织推荐的抗疟疾标准疗法，尤其在疟疾重灾区非洲，青蒿素拯救了上百万人的生命。诺贝尔生理学或医学奖对屠呦呦及其研究成果的肯定，打开了一扇中医药国际化的希望之门，蕴涵于传统中医药中的宝贵资源，也有望被全世界的医药学者发掘提高，造福全人类。

8. 人类成功实现火箭回收

2015年11月23日，美国蓝色起源公司发射的“新谢泼德”探空火箭进入地球大气层内的亚轨道飞行后，首次成功实现软着陆并完成回收。

12月21日，美国太空探索公司（SpaceX）的“猎鹰9号”运载火箭在将11颗通信卫星送入预定轨道的同时，成功实现火箭第一级的软着陆和高精度回收。

火箭软着陆回收将显著降低太空飞行的成本。以“猎鹰9号”火箭为例，实现一级火箭的重复使用，可使发射成本降低80%。权威人士分析，是足够强大的电子火箭电子系统让发动机可以调节推力进而实现平稳着陆。

9. 基因编辑技术争议不断促使国际峰会首次划出“红线”

人类基因编辑技术CRISPR被业界誉为“基因剪刀”，其全名“成簇的、规律间隔的短回文重复序列”，2012年才被科学家发现并加以利用，现已成为生物医学史上第一种可高效、精确、程序化地修改细胞基因组包括人类基因组的工具。

这项技术可以对包括精子、卵子在内的活体细胞中的脱氧核糖核酸（DNA）序列进行修剪、切断、替换或添加，理论上可以改变特定的遗传性状，可用来改造胎儿，让他们不再携带家族遗传的缺陷基因或致病基因。由此也引发全球研究人员和生物伦理学家的关注——对生殖细胞的基因治疗会不会超出原有范围？是否应将基因编辑技术运用到人体上？

2015年12月，华盛顿，在人类基因编辑国际峰会上，来自20多个国家的近500位伦理学家、科学家和法律专家共同参与讨论。3天后，峰会发表声明，明确划出了一道不得逾越的“红线”：禁止出于生殖目的而使用基因编辑技术改变人类胚胎或生殖细胞。不过，他们并未直接禁止将技术用于基础研究。

与会中国专家称，鉴于该技术将带给人类治疗诸多遗传疾病的巨大潜力和好处，理应在规范的前提下，谨慎发展和完善该技术，并开展相关基础研究工作。

10. 气候变化巴黎大会通过全球气候新协议

地球在变暖，这既是气候的自然演化所致，更是人为推动的结果。正因为如此，12月12日联合国气候变化大会达成的《巴黎协定》释放出了清晰而坚定的信号：气候危机迫在眉睫，国际社会正毋庸置疑地走上向低碳转型的绿色发展之路。气候治理是一个漫长征程，唯合作才能共赢，主动才有希望。

基于科学的预测，《巴黎协定》制定了到21世纪末全球气温升幅不超过工业化前水平2℃的长期目标，考虑到小岛国的诉求，低于1.5℃为理想愿景。资金方面，发达国家2009年承诺“在2020年之前每年为发展中国家提供1000亿美元援助”。行动方面，根据“共同但有区别的责任”原则，各方以“国家自主贡献”的方式参与减排。在巴黎大会开幕前，提交“自主贡献”文件的国家已超过180个，涉及全球95%以上的碳排放量。

在全球气候谈判过程中，中国始终发挥着积极、建设性作用，不仅做出到2030年碳排放量达到峰值的承诺，还拿出200亿元人民币建立“南南合作基金”，为贫穷国家减排提供支持，展示了负责任大国的形象。

2015年诺贝尔科学奖

1. 2015年诺贝尔生理学或医学奖

2015年10月5日瑞典卡罗琳医学院在斯德哥尔摩宣布，将2015年诺贝尔生理学或医学奖授予中国女药学家屠呦呦、爱尔兰科学家威廉·坎贝尔和日本科学家大村智，表彰他们在寄生虫疾病治疗研究方面取得的成就。

这是中国科学家因为在中国本土进行的科学研究而首次获得诺贝尔科学奖，是中国医学界迄今为止获得的最高奖项，也是中医药成果获得的最高奖项。2015年诺贝尔生理学或医学奖奖金共800万瑞典克朗（约合92万美元），屠呦呦将获得奖金的一半，另外两名科学家将共享奖金的另一半。

诺贝尔奖评选委员会称，由寄生虫引发的疾病困扰了人类几千年，构成重大的全球性健康问题。屠呦呦发现的青蒿素应用在治疗中，使疟疾患者的死亡率显著降低；坎贝尔和大村智发明了阿维菌素，从根本上降低了河盲症和淋巴丝虫病的发病率。2015年的获奖者们均研究出了治疗“一些最具伤害性的寄生虫病的革命性疗法”，这两项获奖成果为每年数百万感染相关疾病的人们提供了“强有力的治疗新方式”，在改善人类健康和减少患者病痛方面的成果无法估量。评选委员会主席齐拉特表示，“中国女科学家屠呦呦从中药中分离出青蒿素应用于疟疾治疗，表明中国传统中草药也能给科学家们带来新的启发”，经过现代技术的提纯和与现代医学相结合，中草药在疾病治疗方面所取得的成就“很了不起”。

二十世纪六七十年代，在极为艰苦的科研条件下，屠呦呦团队与中国其他机构合作，经过艰苦卓绝的努力并从《肘后备急方》等中医药古典文献中获取灵感，先驱性地发现了青蒿素，开创了疟疾治疗新方法，全球数亿人因这种“中国神药”而受益。目前，以青蒿素为基础的复方药物已经成为疟疾的标准治疗药物，世界卫生组织将青蒿素和相关药剂列入其基本药品目录。

2. 2015年诺贝尔物理学奖

2015年10月6日，瑞典皇家科学院宣布，将2015年诺贝尔物理学奖授予日本科学家梶田隆章（Takaaki Kajita）和加拿大科学家阿瑟·麦克唐纳（Arthur B. McDonald），以表彰通过中微子振荡发现中微子具有质量这一研究。诺贝尔评选委员会称两人的发现改变了人类对宇宙的历史、结构和未来的认识。

中微子是轻子的一种，它在宇宙中无处不在，几乎零质量，很少与其他任何物质互动，因而很难研究它们。梶田隆章和麦克唐纳使用日加两国的大型仪器对中微子做出了重要测量，证明中微子存在质量。

在新千年交替之际，梶田隆章公布了他在超级神冈探测器（Super-Kamiokande detector）上的发现：大气中的中微子会在两种状态之间转换。同时，远在加拿大，由麦克唐纳领导的研究小组也通过实验发现，太阳中的中微子并不会消失在其前往地球的路上——相反，他们在萨德伯里中微子天文台（Sudbury Neutrino Observatory）中捕捉到另一种状态的太阳中微子。

这个困扰物理学家数十年的中微子谜团就此解开。对于粒子物理学而言，这是一个历史性的发现，它建立的物质最深处运动标准模型获得了巨大的成功，经受住20多年实验的验证。然而，正如他所要求的中微子应该没有质量，这项新发现清晰地表明了标准模型并不能成为解释宇宙基本成分的完美理论。

获得了2015年的诺贝尔物理学奖的这项发现打开了认识隐藏在世界里的中微子的大门。继光子粒子之后，中微子成为宇宙中最多的物质。地球无时无刻不在承受中微子的轰击。

许多中微子是由宇宙辐射和地球大气之间的联系而被创造的，其他的中微子是由太阳内部的核反应而产生的。每秒钟有数以亿计的中微子从我们身体流过，几乎没有任何东西可以阻挡中微子通过，中微子是自然界中最难以捉摸的基本粒子。

3. 2015年诺贝尔化学奖

2015年10月7日瑞典皇家科学院宣布，将2015年诺贝尔化学奖颁发给瑞典科学家托马斯·林达尔（Tomas Lindahl）、美国科学家保罗·莫德里（Paul Modrich）和土耳其科学家阿齐兹·桑贾尔（Aziz Sancar），以表彰他们在DNA修复机制研究方面的贡献。

诺贝尔奖评选委员会称，3位科学家从分子水平上揭示了细胞如何修复损伤的DNA及如何保护遗传信息，为我们了解活体细胞是如何工作提供了最基本的认识，有助于新癌症疗法的开发。

每一天，我们的DNA都会在紫外辐射、自由基和其他致癌物质的作用下发生损伤，但即使没有这些外部伤害，DNA分子也天生就不是个安分的家伙——

细胞的基因组中每天都要发生数千次的自发变化。而且，每当细胞产生分裂、DNA 发生复制时，缺陷都会产生，这样的事情每天都在人体中重演上百万次。

而我们身体内的各种遗传物质并不会瓦解、演变成为一场化学混乱的原因则在于，一系列的分子机制持续监视并修复着 DNA。2015 年的诺贝尔化学奖授予了这 3 位先驱科学家，表彰他们为从分子水平上详细揭示若干个此类修复是如何运行的原理而做出的贡献。

在 20 世纪 70 年代早期，科学家们认为 DNA 是一种非常稳定的分子，但林达尔却发现，DNA 会以一定的速率发生衰变——按此速率，地球上的生物甚至都不该存在并发展下来的。这让他揭示了一种分子机制——碱基切除修复——该机制不断地抵消了 DNA 的崩溃。

莫德里则证明了细胞在有丝分裂时如何去修复错误的 DNA，这种机制就是错配修复。错配修复机制使 DNA 复制出错概率下降了 1000 倍。如果先天缺失错配修复机制可导致癌症的发生，如遗传性结肠癌的发生。

桑贾尔绘制出了核苷酸切除修复机制，细胞利用切除修复机制来修复 UV 造成的 DNA 损伤。天生缺失这种机制的人暴露在太阳光下，可导致皮肤癌的发生。细胞还可以利用此机制修复致突变物或其他物质引起的 DNA 损伤。